Nora Fischer und Anna Mader-Kratky (Hg.)

Schöne Wissenschaften

Sammeln, Ordnen und Präsentieren im josephinischen Wien

ÖSTERREICHISCHE AKADEMIE DER WISSENSCHAFTEN
PHILOSOPHISCH-HISTORISCHE KLASSE
SITZUNGSBERICHTE, 905. BAND

VERÖFFENTLICHUNGEN ZUR KUNSTGESCHICHTE 20
HERAUSGEGEBEN VON HERBERT KARNER

Nora Fischer und Anna Mader-Kratky (Hg.)

Schöne Wissenschaften
Sammeln, Ordnen und Präsentieren im josephinischen Wien

VERLAG DER
ÖSTERREICHISCHEN
AKADEMIE DER
WISSENSCHAFTEN

Angenommen durch die Publikationskommission der philosophisch-historischen Klasse der Österreichischen Akademie der Wissenschaften:

Michael Alram, Bert G. Fragner, Andre Gingrich, Hermann Hunger, Sigrid Jalkotzy-Deger, Renate Pillinger, Franz Rainer, Oliver Jens Schmitt, Danuta Shanzer, Peter Wiesinger, Waldemar Zacharasiewicz

Veröffentlicht mit Unterstützung des Austrian Science Fund (FWF): PUB 733-Z

FWF Der Wissenschaftsfonds.

Bildnachweis für das Cover:
Die obere und die untere Schilddrüsenarterie (A. thyreoidea superior et a. thyreoidea inferior) sowie andere Äste der äußeren Kopfschlagader (A. carotis externa) und die Wirbelschlagader (A. vertebralis), Wachsmodell aus der Werkstatt von Felice Fontana und dazugehörige Zeichnung, Aquarell, Florenz, 1781–1786 (Josephinum – Ethik, Sammlungen und Geschichte der Medizin, MedUni Wien; Wachsmodell: Foto © Josephinum / Alexander Ablogin)

Diese Publikation wurde einem anonymen, internationalen Begutachtungsverfahren unterzogen.
Peer Review ist ein wesentlicher Bestandteil des Evaluationsprozesses des Verlages der Österreichischen Akademie der Wissenschaften. Bevor ein Buch zur Veröffentlichung angenommen werden kann, wird es von internationalen Fachleuten bewertet und muss schließlich von der Publikationskommission der Österreichischen Akademie der Wissenschaften genehmigt werden.

Bibliografische Information der Deutschen Nationalbibliothek
Die Deutsche Nationalbibliothek verzeichnet diese Publikation in der Deutschen Nationalbibliografie, detaillierte bibliografische Daten sind im Internet über http://dnb.d-nb.de abrufbar.

Die verwendete Papiersorte in dieser Publikation ist DIN EN ISO 9706 zertifiziert und erfüllt die Voraussetzung für eine dauerhafte Archivierung von schriftlichem Kulturgut.

ISBN 978-3-7001-8642-7
Satz: Ferdinand Berger & Söhne, Horn–Wien
Druck: Prime Rate, Budapest
https://epub.oeaw.ac.at/8642-7
https://verlag.oeaw.ac.at
Made in Europe

Inhalt

Nora Fischer und Anna Mader-Kratky

Einleitung

Es liegt nahe, sich in einer Zeit, in der Fragen zur Museums- und Wissenschaftsgeschichte eine besondere Konjunktur erleben, mit den Sammlungen zur Zeit Josephs II. (reg. 1765–1790) zu beschäftigen und damit mit jener Epoche, in der sich Galerien und Kabinette zu Museen und wissenschaftlichen Institutionen im modernen Verständnis wandelten.[1] In bemerkenswert dichter zeitlicher Abfolge ereigneten sich damals in Wien rund um den kaiserlichen Hof eine ganze Reihe von Sammlungsneuordnungen bzw. Sammlungsneuaufstellungen: die Neuordnungen der drei kaiserlichen Kabinette im Augustinergang, wo die Sammlungen Kaiser Franz I. Stephans nach dessen Tod präsentiert wurden, die kaiserliche Gemäldesammlung in der Neuaufstellung von 1781 im Oberen Belvedere und die 1785 gegründete medizinische Sammlung des Josephinums. Zwar wurden in den letzten Jahren diverse Studien zu den genannten Sammlungen publiziert,[2] die sich auf ihre Geschichte und Entwicklung konzentrierten, selten jedoch wurden die institutionen- und disziplinenübergreifenden Bezüge zueinander, seien sie thematischer, methodischer oder personeller Natur, und ihre Wirkungen hinterfragt. Dies ist umso bemerkenswerter, als die verschiedenen Sammlungen in der zweiten Hälfte des 18. Jahrhunderts vergleichbare Prozesse der Musealisierung, der Verwissenschaftlichung und der Publizität durchliefen, die ihre Entwicklung bis heute bestimmen. Nicht nur fanden die Neuordnungen – mit der Spätzeit der Aufklärung als Hintergrund und dem großen Einschnitt der Französischen Revolution – in einer Zeit des gesellschaftlichen Umbruchs statt, sondern die Sammlungen öffneten sich auch für ein allgemeines Publikum. Um Museen und Ausstellungswesen veränderten sich die wissenschaftlichen Diskurse, wurden neue Wissenschafts- und Kunstinstitutionen gegründet und etablierte Sammlungen einer öffentlichen Neubewertung unterzogen. Es ist das Ziel dieses Sammelbandes, durch die vergleichende Analyse der josephinischen Sammlungen die Prämissen, Kriterien, Methoden und Konzepte der Aufstellung, Präsentation und Inszenierung zu differenzieren und ein genaueres Bild darüber zu entwerfen, wie sich der allgemeine Wandel vollzog, der in Wissenschafts- und Kunstinstitutionen bis in die Gegenwart nachwirkt.

1 Die Publikation ging aus einer internationalen Tagung hervor, die unter dem Titel *Schöne Wissenschaften. Sammeln, Ordnen und Präsentieren unter Kaiser Joseph II.* vom 19.–20. Juni 2017 von der Abteilung Kunstgeschichte des Instituts für kunst- und musikhistorische Forschungen (IKM) an der Österreichischen Akademie der Wissenschaften in Wien veranstaltet wurde.

2 Dazu zählen nicht zuletzt die Forschungen der Autorinnen, die für diese Publikation gewonnen werden konnten: Elisabeth Hassmann (Hassmann 2013, Hassmann 2015, Hassmann / Winter 2016), Christa Riedl-Dorn (Riedl-Dorn 1998, Riedl-Dorn 2009, Riedl-Dorn 2011), Anna Maerker (Maerker 2011, Maerker 2015), Nora Fischer (Fischer 2013a und b) und Debora Meijers (Meijers 1995, Meijers 2013, Meijers 2016).

Die Idee zum Thema kam aufgrund von bestimmten Objekten bzw. Objektgruppen in der anatomischen Wachsmodellsammlung im Josephinum und in der kaiserlichen Gemäldegalerie im Oberen Belvedere der 1780er-Jahre, deren Repräsentationen sich auf den ersten Blick zu widersprechen, bei genauerer Betrachtung jedoch spannungsvoll zu bedingen scheinen: Zum einen fand sich im Josephinum in der Sammlung medizinischer Wachspräparate von 1785 ein Modell, das – in Anspielung auf die berühmte antike Venus, die in den Uffizien ausgestellt war – die „Nachahmung der Mediceischen Venus; mit herausnehmbaren Eingeweiden“[3] genannt wurde, zum anderen in der kaiserlichen Galerie ein Arrangement von Gemälden, das vor allem wegen seines wissenschaftlichen Charakters gerühmt wurde.[4] Auf der einen Seite steht also eine primär (natur-)wissenschaftliche Sammlung, die sich – auch – an den ästhetischen und anschaulichen Qualitäten der ausgestellten Werke orientiert; auf der anderen eine Sammlung von Kunstwerken, die den wissenschaftlich begründeten Erkenntnissen des Gebiets der Kunstgeschichte Rechnung trägt. Diesem bemerkenswerten Zusammenspiel zwischen den auf wissenschaftliche Information abzielenden und zugleich auf ihren ästhetischen Reiz aufbauenden Sammlungen nachzugehen und sich zu fragen, welche genauen Gewichtungen den Gesichtspunkten Wissenschaft und Ästhetik in den Sammlungsaufstellungen zukam, bildete den Ausgangspunkt der Überlegungen.

Mit „Schöne Wissenschaften“, so der Titel der Publikation, wird assoziativ ein Wortspiel aufgenommen, das sich auf einen zentralen, wenn auch diffusen Begriff in der Philosophie der Aufklärung bezieht, der im Mittelpunkt des kunsttheoretischen Diskurses stand und Gegenstand heftiger Auseinandersetzungen war.[5] Die Unschärfe dieser Terminologie hat bereits Johann Gottfried Herder treffend auf den Punkt gebracht: „Vielleicht sind wenige Worte in der Sprache so unbestimmt als die Namen ‚schöne Wissenschaften und Künste‘. Bei dem verworrenen Begriff, den man mit ihnen verbindet, weiß man oft nicht, was sie bedeuten.“[6] Weder war klar, welche Disziplinen die „Schönen Wissenschaften“ umfassten, noch, was sie überhaupt charakterisiert. Einmal bezog man sich damit auf die Poesie, die visuellen Künste (Architektur, Malerei, Plastik) und die Musik, dann wiederum nur auf die Dichtkunst oder erweiterte die Skala um die humanistischen Studien (Geschichte, Archäologie). Der Terminus „Schöne Wissenschaften“ steht nicht nur – analog zu den „Schönen Künsten“ – als Synonym für die Gesamtheit einzelner oder mehrerer ästhetischer Disziplinen, sondern meint eigentlich – in Auswechslung der Worte – die „Wissenschaft vom Schönen“ im Sinne der Ästhetik als philosophische Disziplin. Das Eigenschaftswort „schön“ bezeichnet eben nicht die Wissenschaften, sondern ihren Gegenstand. Der deutsche Philosoph, Mediziner und Psychologe Max Dessoir hat diese grammatikalische Verwirrung thematisiert: „In der That ist es eine Vermengung, die Ästhetik eine

3 Die Katalog-Nr. 244 der Sammlung anatomischer Wachspräparate, vgl. Allmer / Jantsch 1965, 70.

4 Nicolai 1784, 500–501.

5 Zur Begriffsgeschichte der „Schönen Wissenschaften“ vgl. Strube 1990, 136–216.

6 Herder 1800 (Suphan 1888), 301.

ars – und gewisse Künste ‚schöne Wissenschaften' – zu nennen: sie soll doch über das Schöne denken, nicht schön denken! Der allgemeine Denkfehler, der hier unterliegt, ist eine Art Verwechslung von Inhalt und Form."[7] Es geht also, wie Georg Friedrich Meier schon 1748 in *Anfangsgründe aller schönen Wissenschaften* formuliert hat, um die „Wissenschaft der schönen Erkentnis"[8] – eine Wissenschaft, deren eigentliche Bestimmung, die „Erkenntnis", auch in Sammlungen zum Tragen kommt. Der ästhetische Reiz von Sammlungen, sei es im Bereich der Kunst oder der Naturwissenschaft, wurde niemals negiert, doch wurde immer versucht, ihn in Richtung Erkenntnisgewinn zu lenken.

Den Diskurs, der sich mit den „Schönen Wissenschaften" verbindet, die Verbindung von Schönheit und Erkenntnis bzw. Kunst und Wissenschaft, hat Alexander Gottlieb Baumgarten Mitte des 18. Jahrhunderts zur eigenen Theorie entfaltet und damit bekanntlich die Ästhetik als philosophische Disziplin begründet. In seiner *Aesthetica* betrachtet Baumgarten die Kunst nicht nur als ein zu beschreibendes oder beobachtendes Phänomen, sondern auch in Hinblick auf ihren Erkenntniswert, wobei die Schönheit als „Vollkommenheit der sinnlichen Erkenntnis"[9] begriffen wird. Im Zusammenhang der „Schönen Wissenschaften" mit Sammlungen ist aufschlussreich, dass Baumgarten die Ästhetik sowohl als systematische Wissenschaft als auch als Lehre von der Sinnlichkeit, der „cognitio sensitiva"[10] (sinnlichen Erkenntnis) auffasst. Damit begibt er sich zum einen unter die „Obhut der systematischen Philosophie"[11], bezieht sich zum anderen jedoch auf die Naturerkenntnis bzw. empirische Analyse, die im Verlauf des 18. Jahrhunderts zu *dem* rationalen Prinzip in den Naturwissenschaften geworden war. In seinen *Philosophischen Brieffen*, mit denen Baumgarten seine theoretischen Positionen publizistisch verbreitete, diskutiert er die Bedeutung der „Aesthetischen Erfahrungs Kunst" und die Funktion der äußeren Sinne für die Naturerkenntnis. Neben Werken von Pieter van Musschenbroek, Robert Boyle, Nicolas des Malebranche oder Francis Bacon, die allesamt empirische Verfahren der Naturwissenschaften zum Inhalt haben, empfiehlt er als praktische „Hülffs-Mittel, wodurch die Sinnen erhöht, und erweitert werden könnten", auch Apparaturen, die zur Beobachtung oder im Experiment verwendet werden können, wie „Vergrößerungs- und Fern-Gläser, künstlige Ohren und Sprach-Röhre, [...] den ganzen Vorrath der Barometers, Thermometers, Hygrometers, Manometers, Pyrometers usw. die die versuchende Physik braucht [...]."[12]

Kennzeichnend für die empirischen Analyseverfahren im 18. Jahrhundert – und relevant für die „Schönen Wissenschaften" – sei, so Ernst Cassirer in seinem Grundlagenwerk *Die Philosophie der Aufklärung*, die Akzentverschiebung in der

7 Dessoir 1902, 559.

8 Meier 1748, 45.

9 Baumgarten 1750–1758 (Mirbach 2007), § 14.

10 Ebenda, § 1.

11 Vgl. Cassirer 1932, 346.

12 Baumgarten 1741, 8. Vgl. Allerkamp / Mirbach 2016, 231–232.

Korrelation von „Phänomen“ und „Prinzip“. Im Unterschied zur rein deduktiven Logik, die vom Allgemeinen zum Besonderen führt oder das Besondere vom Allgemeinen ableitet, legt die empirische Analyse Prinzipien und Grundsätze nicht a priori fest, sondern will das Allgemeine aus dem Besonderen gewinnen bzw. „am konkreten Gebilde und am konkreten Phänomen die verborgene Regel“[13] entdecken. Auch in den Sammlungen des 18. Jahrhunderts wird immer wieder das Verhältnis von der aus den Sammlungsobjekten gewonnenen Erkenntnis mit der Systematisierung des spezifischen Wissensgebietes, in dem die (Kunst-)Werke verankert waren, ausgelotet und der Akzent das eine Mal mehr in die eine, das andere Mal in die andere Richtung verschoben.

In den Spannungsfeldern dieser wechselseitigen Aspekte – Ästhetik / Wissenschaft, Schönheit / Erkenntnis oder auch empirische Analyse / deduktive Logik, Phänomen / Prinzip – ereigneten sich auch die Neuordnungen und Präsentationen der josephinischen Sammlungen. So, wie sich mit dem Diskurs von den „Schönen Wissenschaften“ verschiedene Vorstellungen von Schönheit und Wissenschaft verbinden, spielten in den Sammlungen interferierende Prozesse zwischen Wissenschaftsklassifikation und Ästhetik die entscheidende Rolle. Es wirft die Vielschichtigkeit der Terminologie „Schöne Wissenschaften“ zahlreiche Fragen auf, deren Beantwortung den Blick besonders auf die für uns so interessanten Wissens- und Erkenntnisstrukturen richtet.

Die prozesshaften Veränderungen, die in den josephinischen Sammlungen bezüglich ihrer inneren Struktur, ihrer Präsentation nach außen und ihrer Funktion vor sich gingen, fanden nicht isoliert von den epistemologischen, politischen und ökonomischen Veränderungen der Zeit statt. Am Höhepunkt des Epochenwechsels, den Reinhart Koselleck als „Sattelzeit“[14] an der Schwelle zur Moderne beschrieben hat, spiegeln die Sammlungen diese Umbruchsituation in vielerlei Facetten. Dies berücksichtigend, ist der Sammelband in drei Abschnitte gegliedert: Der erste beschäftigt sich als konkreter Ausgangspunkt mit vier *Sammlungen* aus den Bereichen der Naturwissenschaften und der Kunst zur Zeit Josephs II., der zweite mit jenen *Denksystemen und Ordnungsmethoden*, die im weiteren Umfeld dieser Sammlungen und des Wiener Hofes diskutiert wurden, und der dritte mit den *Konzepten der Präsentation und Publizität*, die die Sammlungen einer allgemeinen Öffentlichkeit sichtbar machten und vermittelten.

Die Sammlungen: Konstitutionen von Wirklichkeiten und Wissensformen

„Wie man in der Menschheitsgeschichte die Urkunden zurate zieht, die Münzen und Medaillen untersucht, die alten Inschriften entziffert, um die Umwälzungen in ihr zu bestimmen und die Epochen des geistigen Geschehens festzustellen, so muss man auch in der Naturgeschichte die Archive der Welt durchstöbern, die frühesten Denkmäler den Eingeweiden der Erde entreißen, die Trümmer sammeln und alle Anzeichen der

13 Cassirer 1932, 350, 353.

14 Brunner / Conze / Koselleck 1972, XIII–XIV.

physischen Veränderungen, die uns zu den verschiedenen Lebensaltern der Natur zurückführen können, in ein einziges Korpus von Zeugnissen vereinen."[15] Ersetzt man in diesem Zitat aus Georges-Louis Leclerc de Buffons *Les époques de la natur* den Terminus „Korpus" mit jenem der „Sammlung", dann können diese Zeilen auch als Anleitung für die Interessen und die Sammeltätigkeit von Kaiser Franz I. Stephan gesehen werden, der mit seinen Sammlungen von Objekten der Mineralogie, der Botanik und der Numismatik die Grundlagen für die späteren musealen Präsentationen des kaiserlichen Naturalienkabinetts, des Münzkabinetts und des Physikalischen Kabinetts schuf. Seiner Passion ging Franz I. Stephan im eher privaten Rahmen des sogenannten Kaiserhauses nach, einem Wiener Palais in der Wallnerstraße, das er zum Ort des Experiments und der Forschung machte. Private Leidenschaft und professionelle Wissenschaftlichkeit schlossen sich hier nicht aus, sondern bedingten einander – darauf verweist nicht zuletzt der Kreis an Wissenschaftlern, die im Auftrag des Kaisers die Sammlungen aufbauten und betreuten. Nach seinem Tod (1765) wurden die Sammlungen aus dem Kaiserhaus in den sogenannten Neuen Augustinergang in der Hofburg überführt und einer breiteren Öffentlichkeit als Ausstellungs- und Forschungsraum nutzbar gemacht. Der Standortwechsel bedeutete nicht nur die definitive Ausgliederung der Sammlungen aus dem privaten Kontext; die architektonisch autonomere Präsentation der Objekte war auch ausschlaggebend dafür, dass sich die privaten Sammlungen zu öffentlichen Institutionen wandeln konnten.

Elisabeth Hassmann und Christa Riedl-Dorn haben diese Prozesse der Verwissenschaftlichung, Institutionalisierung und Musealisierung in ihren Beiträgen für das kaiserliche Münzkabinett und Physikalische Kabinett bzw. das Naturalienkabinett in der josephinischen Zeit nachgezeichnet. Beide Studien konzentrieren sich auf die Erschließung und Systematisierung der Objekte, auf die besonderen Kommunikationsformen und personellen Netzwerke für den Informationsaustausch und Objekterwerb sowie auf die Publizität der Sammlungen. Sie beschreiben die Erschließung, Aufstellung, Inventarisierung und Katalogisierung der Sammlungsobjekte sowie die Ankäufe, Tausche und Forschungsreisen als ausschlaggebende Faktoren, die nicht nur den Wissenschaftsbetrieb, sondern auch die Öffnung der Sammlungen für ein allgemeines Publikum möglich gemacht haben.

Zufall oder nicht, befanden sich die Kabinette im Augustinergang in unmittelbarer Nähe zur Hofbibliothek und bildeten nicht nur eine räumliche, sondern auch eine konzeptuelle Einheit. Der Plan, das Areal um die Hofbibliothek mit den wissenschaftlichen Kabinetten nicht nur zu einem Zentrum der Gelehrsamkeit, sondern in Einbeziehung der Gemäldegalerie zu einem Zentrum der Wissenschaft *und* Kunst zu machen, konnte, wie Elisabeth Hassmann in ihrem Beitrag nachweist, nicht realisiert

15 Buffon 1780, 1: „Comme dans l'Histoire civile, on consulte les titres, on recherche les médailles, on déchiffre les inscriptions antiques, pour déterminer les époques des révolutions humaines, & et constater les dates des événements moraux; de même, dans l'Histoire Naturelle, il faut fouiller les archives du monde, tirer des entrailles de la terre les vieux monuments, recueillir leurs débris et rassembler en un corps de preuves tous les indices des changements physiques qui peuvent nous faire remonter aux différents âges de la Nature." (Deutsche Übersetzung nach Cassirer 1932, 82.)

werden; er verweist aber einmal mehr auf das Grundthema dieser Publikation: die Verbindung von Wissenschaft und Kunst. Auch daran werden die Nahtstellen – und Bruchstellen – deutlich, dass etwa die Schaustücke im Naturalienkabinett der frühen 1780er-Jahre nach dem traditionellen Prinzip von Gemäldehängungen (dem sogenannten *Pendantsystem*) achsensymmetrisch in den Schaukästen gruppiert wurden, während die restlichen Objekte – streng systematisch geordnet – in den Schubladen verschwanden, wie Christa Riedl-Dorn in ihrem Artikel aufzeigt.

Um die komplexe Wechselbeziehung von Wissenschaft und Kunst geht es auch im Beitrag von Anna Maerker zur Sammlung medizinischer Wachspräparate im Josephinum, und zwar aus dem Blickwinkel der zeitgenössischen Rezeption der *Anatomia Plastica*, die sich nach der Eröffnung des Josephinums in den Debatten zur Sammlung manifestierte. Der Versuch, im Josephinum lehrreiche Anschaulichkeit und ästhetisches Vergnügen miteinander zu verknüpfen, wurde in der Öffentlichkeit äußerst ambivalent beurteilt. Vor allem vonseiten der Ärzteschaft und der Medizinstudenten, deren Studium die *Anatomia Plastica* eigentlich hätte dienen sollen, sah sich die Sammlung heftiger Kritik ausgesetzt. Ihr wissenschaftlicher Wert per se wurde infrage gestellt: Didaktischer Zweck und künstlerische Präsentation der Wachsmodelle würden sich, so das Postulat der Mediziner, gegenseitig ausschließen. Abseits des Zirkels von Ärzten empfand man die anatomische Wachsmodellsammlung dagegen als ein ästhetisches Vergnügen – und so wurde sie zu einem Publikumserfolg. Je nach Perspektive und je nach sozialer Stellung nahm die heterogene Öffentlichkeit die Sammlung im Hinblick auf ihren Erkenntniswert und ihre Ästhetik unterschiedlich wahr. Damit war die Schere der Ambivalenz im Spannungsfeld zwischen Schönheit und Wissenschaft aufgetan: Aufgrund der Zwitterstellung der *Anatomia Plastica* als Studienobjekt *und* als Kunstwerk stand die Sammlung an der Schnittstelle einander widersprechender Wahrnehmungen in epistemologischer und öffentlichkeitswirksamer Hinsicht.

Die Frage nach der Korrelation zwischen lehrreicher Anschauung und ästhetischem Genuss bzw. Wissenschaft und Kunst stellte sich nicht nur in naturwissenschaftlichen Sammlungen, sondern auch in Kunstsammlungen. Die Neuaufstellung der kaiserlichen Gemäldegalerie im Oberen Belvedere von 1781 wurde in deutlicher Bezugnahme auf eine sich etablierende Kunst*wissenschaft* zuwege gebracht. Der neuen Ausrichtung in der Hängung der Gemälde sollte ein dezidiert kunsthistorischer Subtext zugrunde liegen und das Arrangement darauf ausgerichtet sein, durch visuell hergestellte Zusammenhänge zwischen den Gemälden die ihnen zugrundeliegenden theoretischen Konzepte anschaulich und verständlich zu machen. Welche Theorien und Konzepte Eingang in die Aufstellung fanden und auf welche Systematisierungsmethoden und Ordnungspraktiken zurückgegriffen wurde, ist Thema des Beitrags von Nora Fischer.

Einer wissenschaftlichen Auseinandersetzung mit Gemälden standen gegen Ende des 18. Jahrhunderts mehrere Hemmnisse entgegen: Zum einen war eine Kunsttheorie frühneuzeitlicher Malerei im Sinne einer systematischen Kunstgeschichte noch nicht ausgearbeitet. Zwar lieferte Johann Joachim Winckelmanns *Geschichte der Kunst des*

Alterthums (1764) einen Beitrag zur Systematisierung der Kunst in Form einer Kunstgeschichte, beruhte jedoch auf der Antike. Zum anderen fand eine innovative Theoriebildung im Bereich frühneuzeitlicher Kunst abseits der Gattung Gemälde in den weniger prominent exponierten graphischen Kabinetten statt. Praxisbezogen basierte die Theoriebildung in Graphiksammlungen auf der wissenschaftlichen Methode des Vergleichens und systematischen Zusammenstellens einzelner Blätter – eine Praktik, die in Parallele zur Ordnungsfindung des ersten Zettelkatalogs einer Bibliothek, des sogenannten *Josephinischen Katalogs*, in der Hofbibliothek von 1780 betrachtet werden kann. Es scheint alles, was an Ideen, Konzepten und Praktiken „brauchbar" war, in die kaiserliche Galerie von 1781 transferiert und transformiert worden zu sein: Die Hängung neuzeitlicher Gemälde wurde epochenübergreifend auf Grundlage der Kunstgeschichte der Antike entwickelt und medienübergreifend aus den Systematiken von Graphiksammlungen abgeleitet. Es zeugen die Einbindung und Umwandlung dieser wissenschaftlichen und sammlungsmethodischen Motive von einem erstaunlich offenen Umgang mit neuen Vorstellungen und Ideen, wodurch der kaiserlichen Galerie von 1781 ein bemerkenswert experimenteller Charakter verliehen wurde.

Denksysteme und Ordnungsmethoden

Welcher Gehalt, welche Bedeutung und welche Beurteilung den in den Sammlungen relevanten Systematiken, Praktiken und Präsentationen zukamen, erschließt sich eher, wenn sie in Bezug zum wissenschaftlichen Denken der Zeit bzw. zu den damals handlungsleitenden Denkmustern gebracht werden. In den kulturpolitisch so interessanten Umbruchsjahrzehnten zwischen 1765 bis 1795 muss der Erwerb von Ideen und Konzepten auch im Kontext alternativer Möglichkeiten betrachtet werden, die über das Sammlungswesen im engen Sinn hinausgehen. In Wien kamen in dieser Zeitspanne unterschiedlichste Projekte zur Durchführung und wurden verschiedenste Denksysteme publiziert, die sich alle programmatisch mit dem Verwissenschaftlichen, dem Systematisieren, dem Ordnen und dem Normieren auseinandersetzten und somit wesentliche theoretische und praktische Impulse für die Sammlungen bereithalten konnten. Die Skala reicht hier von der Gründung und dem Aufbau der Druckgraphiksammlung von Albert von Sachsen-Teschen (1776), die das kunstwissenschaftliche Denken von allen Kunstsammlungen am weitestgehenden verwirklichten; über die Neuauflage von Johann Joachim Winckelmanns *Geschichte der Kunst des Alterthums* (1776) an der Akademie der bildenden Künste, die einen Beitrag zur Systematisierung im Sinne einer Historisierung der Kunst und Natur lieferte; über die Schriften des Joseph von Sonnenfels (1768, 1786), die eine der wenigen Auseinandersetzungen mit bildender Kunst in Österreich darstellten; über die sogenannten *Ingenieurs-Directiva* (1784) des Hofbauamtes, die Vorschriften zur Normierung bestimmter Verfahrensweisen im Bauwesen bestimmten; bis hin zur Erstellung des *Josephinischen (Zettel-) Katalogs* (1780) in der Hofbibliothek, der durch die mediale Praktik des Verzettelns, die Methode frei zu kombinierende Blätter in eine bestimmte Systematik einzuordnen, zahlreiche Anregungen bereithält. Die Beiträge in *Betrachtungsweisen und*

Denksysteme knüpfen mehr oder weniger eng an diese Initiativen an oder werfen zumindest einen Seitenblick darauf, wobei durchaus unterschiedliche methodische Hinsichten angestellt und thematische Querverbindungen gezogen werden.

Gernot Mayer widmet sich der damaligen Suche nach dem Ursprung der Ölmalerei bzw. des Kupferstichs, die eng mit der Identitätsfindung durch einen jeweils eigenen nationalen Stil in der deutschen bzw. der italienischen Kunst verbunden ist. Die maßgeblich involvierten Personen dieser wissenschaftsgeschichtlich bedeutenden Vorgänge, Christian von Mechel und Giacomo Graf Durazzo, waren auch jene, die für die Neuaufstellung der kaiserlichen Gemäldesammlung im Oberen Belvedere und den etwa zeitgleichen Aufbau der graphischen Sammlung von Albert von Sachsen-Teschen verantwortlich zeichneten. Neben den Taktiken und Manövern, mit denen Mechel und Durazzo versuchten, die Entstehung der Ölmalerei oder des Kupferstiches – entgegen der historischen Fakten – in der deutschen bzw. italienischen Kunstnation zu verankern, lassen die starken Parallelen ihrer Argumentationen nicht nur dieselben personellen Netzwerke annehmen, sondern auch gemeinsame, vorbildlich wirkende Denksysteme vermuten.

Unter anderem dürfte das theoretische Werk von Johann Joachim Winckelmann maßgeblich gewesen sein, an dem nicht nur Mechel und Durazzo, sondern auch tonangebende Kreise am Wiener Hof interessiert waren. Dafür spricht nicht zuletzt die zweite deutsche Edition der *Geschichte der Kunst des Alterthums*, die 1776 an der Wiener Akademie der bildenden Künste unter dem Protektorat des Staatskanzlers Wenzel Anton Fürst Kaunitz-Rietberg herausgegeben wurde. Die *Geschichte* ist bekanntlich als Kulturgeschichte konzipiert, in der Kunst und Zivilisation eng miteinander verflochten sind. Winckelmanns Vorstellung des Gleichklangs von Geschichte und Kultur folgte konsequenterweise das Argument, dass sich der Fortschritt der Zivilisation und der Fortschritt der Kunst eines Landes oder einer Nation gegenseitig bedingen. Diese Einschätzung einer wechselseitigen Steigerungsbewegung führte – vor allem in den deutschsprachigen Ländern – zu der von Gernot Mayer dargestellten Diskussion um einen eigenen nationalen Stil in der Kunst und dem Versuch, das Ansehen der Kunst in ihrer und durch ihre Geschichte zu erhöhen.

Nur im zweiten Teil der *Geschichte* hat Winckelmann die Kunst „nach den äußeren Umständen der Zeit“ beschrieben, im ersten Teil versuchte er dagegen, wie er formuliert, ein „Lehrgebäude“ der Kunst zu errichten.[16] In diesem Dualismus zwischen historisch bedingter Stilentwicklung in der Kunst und normativer Schönheitslehre kommt noch einmal jene Korrelation zwischen dem abstrakt Rationalen und dem konkret Empirischen zum Ausdruck, die in der Wissenschaftsgeschichte und Ästhetik der Spätaufklärung ganz allgemein bemerkbar ist. Dass Winckelmanns Kunsttheorie für die Systematisierung und Historisierung der gesamten, nicht nur der antiken, sondern auch der neuzeitlichen Kunst wirksam werden konnte, obwohl seine Theorie nur anhand des antiken und zudem noch – wie Hans C. Hönes in seinem Beitrag zu Winckelmanns Auseinandersetzung mit der Sammlung in der Villa Albani auseinan-

16 Winckelmann 1764, IX; ders. 1776, II.

dersetzt – eines extrem eingeschränkten Studienmaterials ausgearbeitet wurde, ist dieser Wechselbeziehung von Prinzip und Phänomen geschuldet.

Einer der Gründe, warum man im Umkreis von Kaunitz darum bemüht war, Winckelmann bzw. sein Werk an Wien zu binden,[17] lag darin, dass zur bildenden Kunst in Österreich in der zweiten Hälfte des 18. Jahrhunderts kaum eine theoretische Auseinandersetzung stattfand. Lediglich der Staatsmann, Schriftsteller und Ratgeber des Wiener Hofes, Joseph von Sonnenfels, dessen publizistische Aktivität von einer enormen Bandbreite seiner Interessensgebiete zeugt, brachte mit einigen wenigen Schriften das Thema in die österreichische Wissenschaftslandschaft ein. Sein Traktat *Von dem Verdienste des Portraitmalers* (1768), dem sich Werner Telesko widmet, basiert auf einer Rede, die Sonnenfels am 23. September 1768 an der Wiener Akademie hielt. In seiner Rede verknüpft er die Porträtkunst mit der Geschichte des Landes, wodurch ästhetische und politische Repräsentationsformen des Hauses Habsburg-Lothringen miteinander verbunden werden. Gegenüber älteren Repräsentationsformen ist mit der zunehmend „aufgeklärten" Haltung des habsburgischen Hauses auch eine Akzentverschiebung in der Funktion und Aufgabe der Porträtkunst zu erkennen: Sonnenfels argumentiert mit den positiven Auswirkungen der Porträtkunst auf das Gemeinwohl – dies war die Legitimationsgrundlage, das „Verdienst", das zu einer Nobilitierung nicht nur der Porträtkunst, sondern der Kunst im Allgemeinen führen sollte. Der Terminus „Verdienst" kann dabei durchaus auch in seiner ökonomischen Bedeutung aufgefasst werden. Es kommt hier eine Überlegung zum Ausdruck, die schon Kaunitz in einem Memorandum vom 25. Mai 1770 in Bezug auf die Akademie der bildenden Künste ausführte, die besagt, dass „die großen Meister Poussin, LeBrun, Girardon, Mansard und viele andere […] der Nation durch ihre Verbesserung des Geschmackes in den Kunsterzeugnissen, und die Bildung guter Schüler einen dauerhafteren Vorteil als Condé, Turenne, Luxenbourg, Vauban, Villars und andere Feldherren, gebracht"[18] hätten. Der Gedankengang, dass die Bildung des guten Geschmacks ein ökonomisch verwertbares und damit nationales Interesse sei, kann umso mehr mit Sonnenfels in Verbindung gebracht werden, als dieser ab 1763 auch die Lehrkanzel an der Wiener Universität für Polizei- und Kameralwissenschaften, also der Ökonomie, innehatte.[19]

Das Thema der Ökonomie bzw. des ökonomischen Nutzens, das in dieser Zeit an der Schwelle des Übergangs zur kapitalistischen Wirtschaft den Diskurs von Regierenden und Verwaltungsbeamten bestimmte, kann auch für die josephinischen Reformen als handlungsleitend angesehen werden, wie Anna Mader-Kratky am Beispiel der 1783 gegründeten Oberhofbaudirektion und der Etablierung länderübergreifender

17 Joseph von Sperges, Vertrauter und Kunstberater von Kaunitz, bot Winckelmann die Stelle eines Sekretärs der 1766 gegründeten k. k. Zeichnungs- und Kupferstecherakademie an, die 1772 mit der k. k. Akademie vereinigt wurde; vgl. Lützow 1877, 58.

18 Memorandum vom 25. Mai 1770, zit. nach Wagner 1967, 37–38.

19 Sonnenfels wollte eigentlich deutsche Rhetorik lehren und bewarb sich 1762 erfolglos um eine Professur für „Eloquenz", wie der Lehrstuhl für Deutsche Sprache und Literatur genannt wurde. Ab 1763 hatte er die Lehrkanzel an der Wiener Universität für Polizei- und Kameralwissenschaften inne; Karstens 2011, 69–78.

Baunormen im habsburgischen Bauwesen ausführt. Ökonomisch begründete Motive, die dem aufgeklärten Absolutismus nach den Vorstellungen Josephs II. entsprachen – Zentralismus, staatliche Eingriffe, Kostenreduktion und öffentliche Wohlfahrt –, kommen auch in der Reformierung des Hofbauamtes deutlich zum Tragen. Mit der Einrichtung einer Oberhofbaudirektion in Wien schuf der Kaiser eine zentrale Controllingstelle, die alle aus öffentlichen Geldern finanzierten Bauangelegenheiten (Hoch-, Wasser- und Straßenbau) in den Kronländern steuern und zugleich für einheitliche Verfahren und Prozesse in den zuvor eigenständig agierenden Baubehörden sorgen sollte. Dabei ging es vorweg um Lösungen für den unmittelbar anstehenden, erhöhten Bedarf an staatlichen Bauten in den habsburgischen Erblanden, zum Beispiel infolge der Impopulationspolitik in das Banat, der mit verwaltungstechnischen Maßnahmen bewältigt werden sollte. Beabsichtigt war eine Steigerung der Effizienz und eine Rationalisierung der administrativen Prozesse im Hofbauwesen, mit dem Ziel, die diversen Bauprojekte zu vereinfachen und zu beschleunigen. In diesem Sinne wurden in der Oberhofbaudirektion die sogenannten *Ingenieurs-Directiva* (1784) als Handlungsanleitung entwickelt, die neben den Vorschriften der Kostenabrechnung, Bestimmungen von Verantwortlichkeiten und Richtlinien zur Personalakquise auch eine normierte Darstellung aller Architekturentwürfe vorsahen. Was die *Ingenieurs-Directiva* implizierten, war die streng utilitaristische Ausrichtung der Bauaufgaben und der Verzicht auf jeglichen individuellen und künstlerischen Anspruch der Bauausführungen sowie eine auf nominalistischen Prinzipien fußende mechanische Konzeption der Architektur. Im Spannungsfeld zwischen Schönheit und Wissenschaft verschiebt sich der Akzent deutlich in Richtung Wissenschaft, wenn Architektur dem Primat der Ökonomie unterliegt.

Markus Krajewski widmet sich den unkonventionellen Ordnungsmethoden und Normierungsbestrebungen, die notwendig wurden, weil im letzten Viertel des 18. Jahrhunderts, in einer Periode der politischen, sozialen, wissenschaftlichen und künstlerischen Umbrüche, die gewohnten Settings in Bewegung geraten waren. Bewegung ist hier im eigentlichen Sinn gemeint, wenn etwa die flüchtenden Rekruten mittels der sogenannten *Seelenkonskription* erfasst werden, die in der weiteren Folge gleich mit einer Durchnummerierung und Verzeichnung der Häuser in Wien verknüpft wurde; oder wenn die Administration der Hofbibliothek der zunehmenden Bücherflut des späten 18. Jahrhunderts mit dem schon angesprochenen *Josephinischen (Zettel-)Katalog* Herr zu werden versuchte. Auch mit der „Stillstellung des Ephemeren sowie einer administrativen Beweglichkeit des Festgehaltenen“ (Markus Krajewski) lässt sich eine gedankliche Verbindung zum Sammlungswesen herstellen. Dem an und für sich statischen Charakter von Sammlungen sind ebensolche divergente Dynamiken inbegriffen: Zuwachs und Verminderung, Ortswechsel und Umräumen halten die Objekte ständig in Bewegung, die desgleichen mit speziellen Ordnungstechniken, Inventarisierungsmethoden und Normierungsverfahren fixiert werden müssen.

Konzepte der Präsentation und Publizität

Eine wesentliche Rolle für die Sammlungsgeschichte kommt der Sichtbarmachung der Sammlungen und der Vermittlung ihrer Inhalte zu. So lassen sich die Sammlungs- und Ordnungsprojekte des späten 18. Jahrhunderts auch als Initiativen betrachten, in denen das Epochenbewusstsein der Aufklärung zum Ausdruck gebracht und in den Sammlungen anschaulich gemacht wird, die die Ideen bündeln, in die Praxis übersetzen, verbreiten und popularisieren. Auch in diesem Abschnitt wird es weniger um die Präsentation und Publizität der Sammlungen im Speziellen gehen, sondern um die Popularisierung und Verbreitung von aufgeklärten Wissensformen im Allgemeinen. Diese erfolgten in Wien abseits des klassischen Disziplinenkanons, wo man an den Universitäten noch mehr an scholastischen Denkmethoden festhielt und weniger an eine an den Natur-, Geschichts- und Kunstwissenschaften orientierte wissenschaftliche Auseinandersetzung anknüpfte und wo erst viel später, Mitte des 19. Jahrhunderts, die Akademie der Wissenschaften gegründet wurde. Aufgeklärte Wissensformen wurden maßgeblich von Zeitschriften, Gelehrtennetzwerken, der Akademie der bildenden Künste – und eben auch von natur- und kunstwissenschaftlichen Sammlungen verbreitet und popularisiert.

Dem Zeitschriftenwesen wendet sich Andrea Seidler in ihrem Beitrag zu, im Besonderen den Gelehrten Zeitschriften, die gegen Ende der 1760er-Jahre auch in Wien allmählich die zuvor so populären Moralischen Wochenschriften ersetzten. Im Vergleich zu Frankreich, Italien, England oder „Deutschland" traten die Gelehrten Zeitschriften in den österreichischen Erblanden mit deutlichem zeitlichem Abstand auf. Erst verspätet scheint sich das intellektuelle Klima hier soweit gewandelt zu haben, dass man sich einer substanziellen inhaltlichen Auseinandersetzung in wissenschaftlichen oder künstlerischen Belangen nicht mehr verschließen konnte. Charakteristisch für diese Periodika ist, dass sie neben Berichten aus Naturwissenschaft und Kunst auch die sogenannte „Critique", d. h. Buchbesprechungen, enthielten und sich – in der Landessprache gehalten, moderat im Ton und leicht handhabbares Wissen vermittelnd – an eine breite Öffentlichkeit wandten. Überblickt man mit Andrea Seidler die Gelehrten Zeitschriften, die zwischen 1767 und 1786 in Wien erschienen sind, dann lassen sich mehr oder weniger drei einander kreuzende, sich überlagernde Ausrichtungen unterscheiden: Rezensionszeitschriften, die vorwiegend Buchbesprechungen enthielten, Fachjournale, die sich einem speziellen Wissenschaftsbereich widmeten und Vermischte Zeitschriften oder Real-Zeitschriften, die in erster Linie Essays oder wissenschaftliche Abhandlungen publizierten, Buchbesprechungen dagegen weniger Raum gaben. Meist überdauerten die Gelehrten Zeitschriften nur wenige Jahre. Die Frage, warum sie nur eine so kurze Laufzeit erfahren haben, wird in der Forschung immer wieder mit dem Mangel einer kritischen Leserschaft in Österreich beantwortet. In den Zeitschriften selbst finden sich kaum Hinweise darauf, sondern eher das Gegenteil: Aus den Reaktionen der Zeitungsmacher auf das Publikum kann man auf eine intensive Lektüre der Gelehrten Zeitschriften schließen. Auch die vermehrte Tendenz, sich mit tagesaktuellen Ereignissen auseinanderzusetzen und diesen gleichsam ein intellektuelles Spiegelbild entgegenzuhalten, dürfte für die zeitgenössische Leserschaft besonders interessant gewesen sein. Daher müssen die Hintergründe der kurzen Dauer wahrscheinlich – wie so oft in Wien – in den jeweiligen personellen Konstellationen der an den Gelehrten Zeitschriften Beteiligten gesucht werden.

Die prozesshaften Veränderungen, die in Wien um 1780 in den Bereichen Wissenschaft und Kunst vor sich gingen, wurden in der Öffentlichkeit intensiv und kontrovers diskutiert und das Interesse, stets auf dem Laufenden zu sein, verlangte kommunizierende Netzwerke zum Informationserwerb. Diesen Prozessen bzw. den Verbindungen zwischen den intellektuellen Akteuren widmet sich Thomas Wallnig in Anwendung digitaler Methoden. Die Bezugnahme auf die historischen Daten mit Mitteln der neuen Informations- und Kommunikationstechnologien erweist sich auch deshalb als so aufschlussreich, weil sich in der durch die gesteigerte Publizistik verursachten Disponibilität großer Mengen an Informationen im späten 18. Jahrhundert und der durch die elektronischen Medien hervorgerufenen Datenflut der Gegenwart ähnliche Problemlagen ausmachen lassen. So gibt die digitale Bearbeitung des historischen Quellenmaterials, gleichsam in Wiederholung der historischen Prozesse, den Blick auf ein Spannungsfeld frei, das uns bis heute beschäftigt: die Frage nach der Aussagekraft und dem Aussagewert von Daten(an)sammlungen. „Jenseits einer Polarität von *Fakt* und *Fiktum*, von *belastbaren Daten* und *arbiträren Bildern*“ plädiert Thomas Wallnig daher für eine „Auffassung von *wissenschaftlichem Wissen*“, die auf die Erkenntnisprozesse selbst gerichtet ist. Der Frage nach der Bedeutung wendet er sich aus mehreren Blickwinkeln zu: von dem Gesichtspunkt der Personennetzwerke und des geographischen Raums, wie sie in der umfassenden Bio-bibliographie der habsburgischen Länder *Das gelehrte Österreich* von Ignaz de Luca (1776/1778) dargestellt werden; aus Sicht der Druckorte der vom Verleger Johann Thomas Trattner 1777 in Wien angebotenen Werke; vom Standpunkt der dazu gespiegelten Referenzorte der *Göttinger Anzeigen von gelehrten Sachen* aus dem Jahr 1780; und schließlich vonseiten der Korrespondenznetzwerke, die sich zu den prominenten Gelehrtenpersönlichkeiten Nikolaus Joseph von Jacquin, Joseph von Sonnenfels und Ignaz von Born aus der Korrespondenzdatenbank *Kalliope* extrahieren lassen. Die Analyse und Zusammenführung dieser verschiedenen Perspektiven ergeben – als Vervollständigung zur quellenbasierten, akademisch verschriftlichten Forschungsarbeit gedacht – ein genaueres Bild vom „Wissen in Wien, 1780“.

Über die personell begrenzten Gelehrtennetzwerke hinaus beschäftigt sich Debora J. Meijers mit einer breiteren Öffentlichkeit und geht der Frage nach, welche Anbindung für das allgemeine Publikum an die Wiener Hofsammlungen im Kontext habsburgischer Repräsentation überhaupt möglich war, festgemacht an ihrer Öffnung und Zugänglichkeit. Aus den Verordnungen des Wiener Hofes und den damit verbundenen Reaktionen lässt sich ablesen, dass es zwischen 1765 und 1813 drei verschiedene, zeitlich aufeinander folgende Konzepte der Zugänglichkeit zu den Sammlungen gab: als Gnade des Hofes, als Vergünstigung für das und als Recht des Publikums. Es liegt nahe, diese Öffnungsprozesse in Parallele zum Bedeutungs- und Funktionswandel der Öffentlichkeit zur Zeit der Aufklärung zu sehen, insbesonders weil sich die Differenzierung des allgemeinen Publikums der Hofsammlungen auch auf die soziale Struktur der Bevölkerung in Wien umlegen lässt. Dass trotz der Widerstände, die vonseiten der Sammlungsdirektoren den Öffnungsprozessen für alle sozialen Schichten (auch für die „geringen Leuthe“) entgegengebracht wurden, der uneingeschränkte Zugang weiterhin bestehen blieb, lässt vermuten, dass für den Wiener Hof andere Motive für die Repräsentation von Sammlungen ausschlaggebend waren als jene der Sammlungsdirektorien.

Als ebenso aufschlussreich in diesem Kontext erweist sich die Verwendung des Begriffs „Publikum“: Während in den Galerieakten der Hofbehörden kaum vom „Publikum“ gesprochen wurde, kommt der Terminus in den privat herausgegebenen Publikationen zu den Sammlungen (in Katalogen, Stadtführern, Zeitungen und Zeitschriften) ab den frühen 1770er-Jahren vor. Auf die erwähnte zeitliche Abfolge von Gnade, Vergünstigung und Recht umgelegt, kommt Debora J. Meijers zu dem Schluss, dass überhaupt erst ab dem Zeitpunkt vom (Museums-)Publikum gesprochen wird und werden kann, ab dem der Zugang nicht mehr als Gnade gewährt wurde, sondern als Vergünstigung durch den Hof. Zu einer Zugänglichkeit von Sammlungen als (juridischem) Recht des Publikums, wie es die französische Verfassung nach der Revolution ab 1793 für die nunmehr verstaatlichten Museen garantierte, kam es in Österreich erst mit dem Ende der Monarchie 1918.

Der Sammelband schließt mit einer Studie von Eva Kernbauer zu einem Gemälde, das die angesprochenen Episteme noch einmal aufnimmt und gleichsam ver(sinn)bildlicht: der *Aktsaal der Wiener Akademie im Sankt Anna Gebäude* von Martin Ferdinand Quadal aus dem Jahr 1787. Das Gemälde zeigt eine Gruppe von Professoren und Schülern der Akademie in Ausübung ihrer Kunst. Es sind die einzelnen Porträts der Akademiker „nach der Natur“ dargestellt; die Gruppenkomposition spiegelt aber vor allem ein Ideal des wissenschaftlich arbeitenden Künstlers wider. Die dargestellten Requisiten ermöglichen das Zeichnen, Malen und Modellieren, das Augenmerk liegt jedoch – angeleitet durch (künstliche) Lichtquellen – auf dem empirisch genauen Sehen der Künstler, auf ihrem wissenschaftlich analytischen Blick. Deutlich wird, dass die gemeinschaftlich agierende Gruppe nicht nur zusammengefunden hatte, um ihre Kunst auszuüben, sondern um – in deutlicher Bezugnahme auf zeitgenössische wissenschaftliche Darstellungen – den Fortschritt der Kunst zu befördern. So liegt der Fokus in dem Gemälde nicht nur in dem, *was*, sondern in dem *wie* und letztlich in dem *wozu* wahrgenommen wird, also in den Wahrnehmungs- und Erkenntnisprozessen selbst. Das künstlerische Interesse richtet sich auf die „cognitio sensitiva“[20] im Verständnis von Baumgarten, in dem Schönheit und Wissenschaft eine Einheit bilden. Quadal macht damit eigentlich das Denken der Künstler sichtbar und präsentiert den *Aktsaal* als ein Modell der neuen Konfiguration von Kunst und Ästhetik in der Spätaufklärung, die in den „Schönen Wissenschaften“ ihre Begrifflichkeit gefunden hat.

In dieser Publikation geht es um programmatische Sammlungs- und Ordnungsprojekte in Wien im späten 18. Jahrhundert, die nicht nur in ihrer unmittelbaren

20 Baumgarten 1750–1758 (Mirbach 2007), § 1.

Evidenz und Parallelität, sondern auch in ihrer historischen Bedeutung gezeigt werden sollen. Die Herausforderung besteht einerseits darin, die Sammlungs- und Ordnungsprojekte und ihre öffentliche Darbietung über ein einzelnes Fallbeispiel hinaus gemeinsam in den Blick zu nehmen und aufeinander zu beziehen und sie andererseits zugleich und darüber hinaus als Ausdruck des („aufgeklärten") Bewusstseinswandels, eines neuen Blicks auf die Welt zu betrachten. Es gilt, die verborgenen Grundlagen der Sammlungs- und Ordnungsprojekte ausfindig zu machen, indem auch das theoretische, kulturpolitische wie soziale Geschehen um sie herum beleuchtet wird. Zu zeigen, dass mit der interdisziplinären Zusammenschau der kunst- und naturwissenschaftlichen Sammlungen ein tieferes Verständnis und eine vielfältigere Differenzierung der grundlegend neuen Qualität der Episteme der Spätaufklärung gewonnen werden kann, ist das Anliegen dieses Sammelbandes.

Wir danken dem Forschungsbereich Kunstgeschichte des Instituts für die Erforschung der Habsburgermonarchie und des Balkanraumes (IHB) der Österreichischen Akademie der Wissenschaften und dem Wissenschaftsfonds (FWF), die die Drucklegung vorliegender Publikation ermöglicht haben.

Elisabeth Hassmann

„… zur Ehre des Höchsten Hofes und Aufnahme der Wissenschaften"

Publikumsbesuch und Wissenschaftspflege in den drei kaiserlichen Kabinetten in Wien (1765–1790)

Mit Handbillet vom 11. April 1787 forderte Kaiser Joseph II. den Ersten Obersthofmeister Georg Adam Fürst Starhemberg dazu auf, präzise Tätigkeits- und Gebarungsberichte aller Hofämter vorzulegen, um sich „eine kurze und bündige Übersicht aller jener wichtigen Vorgänge und Veranstaltungen in allen Branchen der öffentlichen Staats-Verwaltung zu verschaffen". Anhand der Berichte sollten einerseits Einsparungsmöglichkeiten, andererseits auch etwaig notwendige „Verbeßerungen in den allenfalls noch neu ein[zu]führenden Etablissements" dargelegt werden.[1] Unter den bis Mitte Juni 1787 eingelangten Berichten befinden sich auch jene der k. k. Sammlungen,[2] in denen die Stellung des Kaisers gegenüber jener Maria Theresias in den Vordergrund gerückt wird. Da Entscheidungen, die nachweislich auf Maria Theresia zurückgingen, laut dieser Berichte lediglich „auf allerhöchsten Befehl" erfolgten, ohne die Kaiserin namentlich zu nennen, entsteht unweigerlich der Eindruck, auch diese Entschließungen seien allein von Joseph II. getroffen worden. Tatsächlich lässt sich bei den kaiserlichen Sammlungen anhand der Akten mehrfach nicht eindeutig feststellen, wer von beiden einzelne Weisungen gab.

Übertragung der drei franziszeischen Kabinette in die Hofstaatsverwaltung

Der überraschende Tod Kaiser Franz Stephans am 18. August 1765 brachte für die kaiserlichen Sammlungen eine entscheidende Zäsur. Bis dahin gab es in Wien mit der Schatzkammer, der Bildergalerie und dem karolinischen Münzkabinett drei kaiserlich-habsburgische Hofsammlungen. Nach dem Tod Franz Stephans kamen als weitere Sammlungen seine drei privaten Kabinette mit den Münzen und Medaillen, den Naturalien und den Maschinen hinzu.[3]

Der verstorbene Kaiser hatte bezüglich seiner drei Kabinette keinerlei letztwillige Verfügungen getroffen. Sein Testament war bereits am 28. Jänner 1751 abgefasst

1 Handbillet Kaiser Josephs II. an seinen Ersten Obersthofmeister Georg Adam Fürst Starhemberg vom 11. April 1787; Hassmann 2015, Nr. 479 (diese Edition ist unter http://www.oapen.org/download?type=document&docid=576950 [08.08.2020] abrufbar). Laut Protokollbucheintragung hatte der Kaiser allerdings zu dieser umfangreichen Berichterstattung keine Resolution gefasst.

2 Ebenda, Nr. 488–491, Nr. 494–496.

3 Grundlegend zu den Hofsammlungen: Lhotsky 1941–1945; zu den Beziehungen zur Universität: Lein 1949; zur Wissenschaftspflege des aufgeklärten Absolutismus: Hamann 1983; zuletzt zu den k. k. Sammlungen: Lorenz / Mader-Kratky 2016, 487–517; speziell zum Münzkabinett: Hassmann / Winter 2016; zum Naturalien- und zum Physikalischen Kabinett: AK Maria Theresia 2017b, 116–123 (Andreas Fingernagel).

worden, als die franziszeischen Kabinette noch in Aufbau begriffen waren. Franz Stephan setzte seinen ältesten Sohn Joseph zum Universalerben ein. Das Einverständnis zwischen Joseph II. und seiner Mutter über die Verlassenschaft ist mit 16. Oktober 1765 datiert. Darin wird unter anderem festgesetzt, dass die „Medaillen- wie auch Naturalien Cabineter und Raritäten [...] zur Zierde Unsers Ertzhauses und zum beständigen dankbaren Angedenken" an den Verstorbenen „nicht veräusseret, vermacht oder getrennt werden, sondern beständig bey Unserem Ertzhauß und Thron-Nachfolgern Verbleiben" sollen.[4] Bereits zuvor hatte Joseph II. (nicht Maria Theresia, wie es in der Literatur sonst heißt) mündlich resolviert, dass die drei Kabinette künftig dem kaiserlichen Oberstkämmereramt zu unterstehen haben,[5] dem auch die Oberleitung über die Schatzkammer und die Bildergalerie oblag.

Verlegung der Kabinette in den (ehemaligen) Neuen Augustinergang 1765/1766

Zu Lebzeiten Kaiser Franz Stephans befand sich sein Münzkabinett im Kontrollorgang des Leopoldinischen Traktes der Wiener Hofburg unterhalb der kaiserlichen Appartements,[6] sein Naturalienkabinett lag in den Räumen neben der Hauptstiege der Hofbibliothek[7] und sein Maschinenkabinett war vermutlich im sogenannten *Kaiserhaus* in der Wiener Wallnerstraße untergebracht.[8] 1756 wurde beschlossen, den bisherigen Augustinergang, der entlang des Burgwalls verlief und die Alte Burg mit dem Augustiner-Hofkloster verband, abzubrechen. Er sollte, wie der damalige Oberstkämmerer Johann Joseph Graf Khevenhüller-Metsch in seiner Tagebucheintragung vom 10. Juni 1756 vermerkte, „nunmehro zum Repositorio des Baillouischen Cabinet oder, besser zu sagen, des Kaysers Mayestät Naturalien- und Raritäten-Collection zubereitet" werden.[9] Wie die 1760 datierbare Bauaufnahme der Hofbibliothek zeigt (Abb. 1), war der sogenannte Neue Augustinergang damals dreigeschoßig, wies aber nur in den beiden unteren Geschoßen vorgelagerte Räume auf.

Aus nicht belegbarer Ursache verblieb das franziszeische Naturalienkabinett jedoch weiterhin an seinem alten Standort in der Hofbibliothek. Nach dem Tod Franz Stephans beschloss wohl Maria Theresia, nicht nur das Naturalienkabinett, sondern auch die beiden anderen franziszeischen Kabinette in den Neuen Augustinergang zu übertragen, der zu diesem Zweck erweitert werden sollte. Bereits am 31. Oktober 1765

4 Zit. nach Mikoletzky 1961, 67.

5 Vortrag des Oberstkämmerers Anton Graf Salm-Reifferscheid an Joseph II. vom 6. Oktober 1765; Zimmermann 1903, Nr. 19335 (diese Edition ist unter http://jbksak.uni-hd.de [08.08.2020] abrufbar).

6 Bericht zum modernen Münzkabinett von 1787; Hassmann 2015, Nr. 495; Lorenz / Mader-Kratky 2016, Abb. 340b (Albertina Wien, Az. 6172; um 1765).

7 Bericht zum Naturalienkabinett von 1787; Hassmann 2015, Nr. 496.

8 Vgl. AK Lothringens Erbe 2000, 151–154 (Renate Zedinger).

9 Khevenhüller-Metsch 1756–1757 (Khevenhüller-Metsch / Schlitter 1914), 26. Mit den „Raritäten" könnten die Maschinen gemeint sein; vgl. den Wortlaut des Abkommens vom 16. Oktober 1765. Zu den Augustinergängen vgl. Lorenz / Mader-Kratky 2016, 306–309 (Anna Mader-Kratky), 503–506 (Anna Mader-Kratky und Jochen Martz).

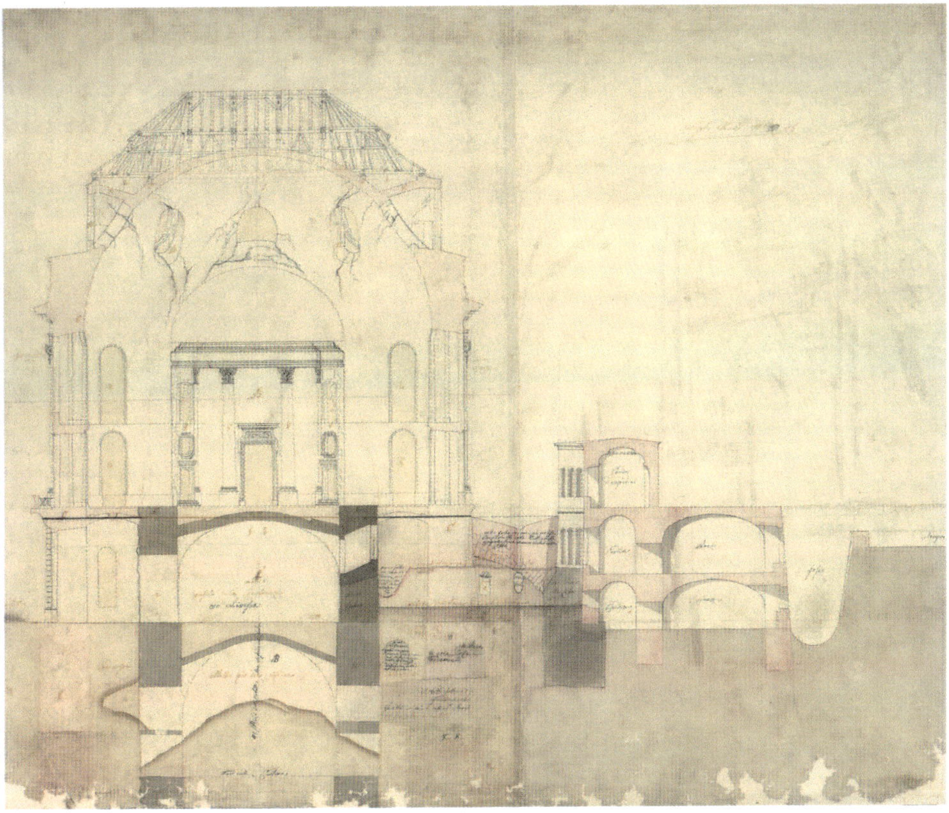

Abb. 1: Nikolaus Pacassi, Querschnitt durch den Kuppelsaal der Hofbibliothek und den teilweise ausgebauten Neuen Augustinergang, um 1760 (Wien, HHStA, PAB, C-VII-1, Nr. 1174)

konnte das Hofbauamt die Kosten zur „Vergrösserung und Zurichtung des neuen Gebäu neben dem Augustiner Gang für das Naturalien, Medaillen, und Mechanic-Cabinet" vorlegen, die mit einem *placet* genehmigt wurden.[10] Die mit 1765 datierte Gedenktafel oberhalb des Portals, das vom Korridor in den Vorraum des Naturalienkabinetts führte (Abb. 2), trug folgende Inschrift: „Wunderdinge der Natur und Kunst, die zusammen mit den Münzen fast aller Völker, der römische Kaiser Franz allerorten sammelte, haben Joseph II. und Maria Theresia unter Einbeziehung auch des Münzschatzes der Ahnen[11] zur Erinnerung an einen guten Vater und liebevollen Gatten hier dem allgemeinen Nutzen gewidmet 1765."[12] Wie die Inschrift zeigt, kam den Kabinetten im Augustinergang eine Doppelfunktion als Sammlungs- und Gedächtnisort zu.

10 Wien, HHStA, Kabinettsarchiv, Staatsratprotokolle Bd. 20, Nr. 2474. Die Anordnung an die Hofkammer erteilte Maria Theresia; Lorenz / Mader-Kratky 2016, 309, Anm. 1420 (Anna Mader-Kratky).

11 Damit ist das karolinische Münzkabinett gemeint, das nun aus der kaiserlichen Schatzkammer ebenfalls in den Neuen Augustinergang übertragen wurde; Hassmann / Winter 2016, 57, Abb. 1.

12 Lhotsky 1939, 51; der Wortlaut in Latein ebenda, 28; zum Portal vgl. Hassmann / Winter 2016, 90–91.

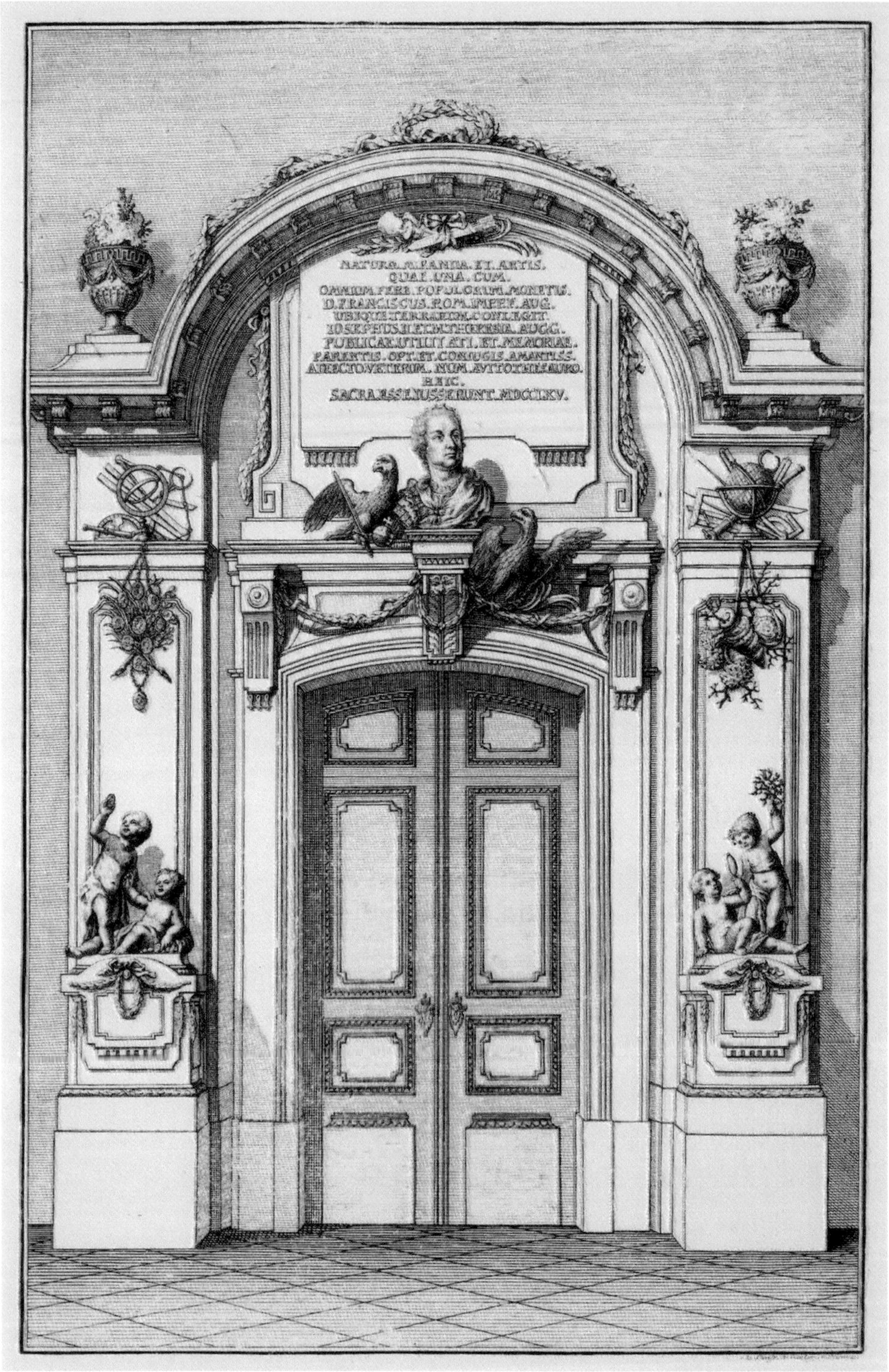

Abb. 2: Johann Christoph Winkler, Ansicht des ehemaligen Marmorportals im Neuen Augustinergang, undatierter Kupferstich (Wien, KHM, Neg.-Nr. II-31.085)

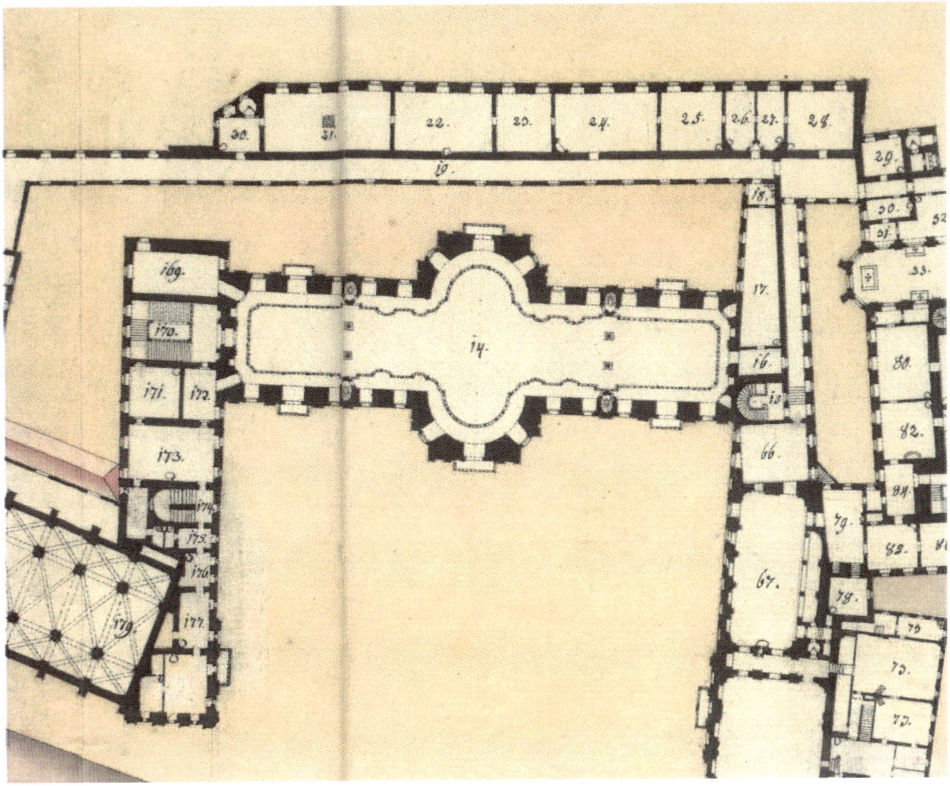

Abb. 3: Quartierplan der Wiener Hofburg, Piano nobile, Ausschnitt mit Hofbibliothek und parallel verlaufendem Neuen Augustinergang (oben), Augustinertrakt (links) und Redoutensaaltrakt (rechts), um 1775 (Wien, ÖNB, Bildarchiv und Grafiksammlung, Pk 227,3)

In der Legende eines um 1775 datierbaren Hofburgquartierplanes wird die Nutzung der Räume im obersten Geschoß des Neuen Augustinergangs folgendermaßen angegeben (Abb. 3): Nr. 19 Augustinergang, Nr. 20–23 Naturalienkabinett (Nr. 20 war das Vorzimmer mit angrenzender Wendeltreppe, Nr. 23 war das zum Naturalienkabinett gehörige Mosaikzimmer[13]), Nr. 24–26 Physikalisches Kabinett, Nr. 27–28 Münzkabinett. Diese Nutzung bestand bis 1790, als das Physikalische Kabinett nach dem Tod Josephs II. aufgehoben wurde.[14] Das Naturalienkabinett und das Münzkabinett verblieben bis zur Eröffnung des naturhistorischen Hofmuseums (1889) und des kunsthistorischen Hofmuseums (1891) im Neuen Augustinergang (Abb. 4). Dieser traktförmige Bau war nach Alphons Lhotsky „nichts anderes als der Vorläufer der

13 Das Mosaikzimmer war offensichtlich der Gedächtnisraum für den verstorbenen Kaiser. Dort befanden sich die Pietra-dura-Arbeiten bzw. Florentiner Mosaike und der berühmte Edelsteinblumenstrauss aus dem Nachlass Franz Stephans sowie das sogenannte *Kaiserbild* (vgl. Tafel 1); Nicolai 1784, 848; Hassmann 2015, Nr. 496.

14 Zur Raumverteilung nach 1790 vgl. Hassmann / Winter 2016, 79, Abb. 47.

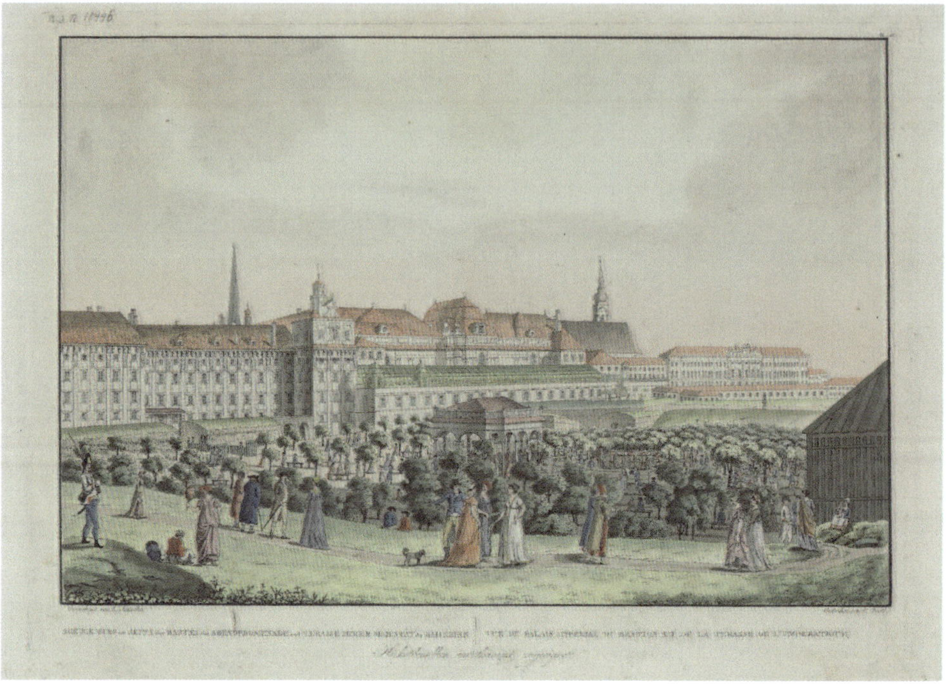

Abb. 4: Carl Postl nach einem Aquarell von Laurenz Janscha, Blick von der Burgbastei gegen den (ehemaligen) Neuen Augustinergang und die Hofbibliothek im Hintergrund, 1798 (Wien Museum, Inv.-Nr. 10.446)

beiden großen Hofmuseen";[15] eine Feststellung, die allerdings nur in Hinblick auf die erwähnten Sammlungsbestände ihre Berechtigung hat, war die kaiserliche Gemäldegalerie doch seit 1776 im Oberen Belvedere untergebracht.

Die Übersiedelung der naturwissenschaftlichen Kabinette in den Neuen Augustinergang dürfte Mitte des Jahres 1766 beendet gewesen sein.[16] Die Neuaufstellung wurde von jenen Sammlungsbetreuern durchgeführt, die zuvor von Kaiser Franz Stephan privat bedienstet worden waren und nun als Sammlungsdirektoren in den Stab des Oberstkämmerers aufgenommen wurden. Für das Münzkabinett war dies Valentin Jameray, genannt Duval, für das Naturalienkabinett Ludwig Balthasar von Baillou und für das Physikalische Kabinett Abbé Jean François de Marcy.

Das sogenannte *Kaiserbild*, das 1767 und somit erst nach dem Tod Franz Stephans entstand (Tafel 1),[17] zeigt Duval hinter dem Tisch und Marcy rechts davon. Links

15 Lhotsky 1939, 28.

16 In dem mit 22. August 1766 datierten Vorschlag zur Führung des in den Neuen Augustinergang verlegten Münzkabinetts heißt es, dass sich die drei Kabinette nunmehr gemeinsam in einem Gebäude befinden und eine Galerie bilden; Hassmann 2015, Nr. 5; Hassmann / Winter 2016, 116.

17 Im August 1767 erhielt „Franz Mößner Mahler" für dieses Gemälde 300 Dukaten; Fleischer 1932, Nr. 456. Die Korrektur der bisherigen Datierung 1773 bei Lorenz / Mader-Kratky 2016, 515, Anm. 1184 (Anna Mader-Kratky). Zum *Kaiserbild* vgl. auch den Beitrag von Christa Riedl-Dorn in diesem Band.

neben dem Kaiser steht der Erste kaiserliche Leibarzt Gérard van Swieten, der ab 1745 das Ehrenamt des Präfekten der Hofbibliothek innehatte und wohl deshalb dargestellt wurde, weil sich das franziszeische Naturalienkabinett zuvor im Hofbibliothekstrakt befunden hatte. Im Hintergrund ist nicht Ludwig von Baillou, sondern sein Vater Jean de Baillou[18] zu sehen, dessen Naturalienkabinett den Grundstock des franziszeischen Naturalienkabinetts bildete. Die dargestellte Situation ist zwar fiktiv, das Interieur, das den ersten Raum des Naturalienkabinetts mit den Schalentieren zeigt, dürfte hingegen authentisch wiedergegeben sein.[19]

Öffnung der Kabinette für den allgemeinen Publikumsbesuch

Im August 1766 legten Marcy und Duval ihre Überlegungen zur künftigen Organisation der Kabinette unter der Leitung des Oberstkämmerers dar.[20] Diese beiden Dokumente geben erstmals einen konkreten Einblick in den Sammlungsbetrieb, wobei die frühere und nunmehrige Situation verglichen wird. Zu Lebzeiten Franz Stephans sei es schwierig, ja beinahe unmöglich gewesen, in dessen Münzkabinett zu gelangen, daher sei es nur einer kleinen Anzahl von Gelehrten oder interessierten Fremden zugänglich gewesen. Der verstorbene Kaiser selbst habe sich um die Anordnung der Münzen und die Bestandserweiterung gekümmert. Nun habe sich die Anzahl der Besucher erhöht, was dem Wunsche Kaiser Josephs II. und Maria Theresias entspreche, doch habe sich dadurch die Arbeit im Kabinett vergrößert. Das Münzkabinett sei durch die Zusammenlegung der Münzbestände vergrößert worden. Zu jedem Stück sei ein Karton[21] mit einer historischen Erklärung samt Angabe der Größe und des Gewichts anzufertigen. Dazu seien die Stücke zu untersuchen, zu beschreiben, zu entziffern, zu klassifizieren und zu rangieren. Außerdem habe man sich um die Erweiterung zu kümmern und die Angebote zu prüfen. Im Physikalischen Kabinett seien die Maschinen zu reparieren und deren Anzahl zu erhöhen sowie die notwendigsten Bücher anzuschaffen.

Eine Besuchsmöglichkeit zu fixen Besuchszeiten ohne Voranmeldung wurde erstmals 1769 beim Naturalienkabinett auf „Ihro Kaiserlich-Königliche Apostolische Majestät" Anordnung eingeführt. Diese habe in der „Absicht, den Nutzen dieses herrlichen Denkmales […] allgemein zu machen, allergnädigst zu verordnen geruhet, daß in Zukunft alle Künstler, alle vom Handel- und Burgerstand beyderley Geschlechts, in gedachtes Kabinet eingelassen werden sollen; Zu welchem Ende solches alle Montage morgens von 9. bis 12. Uhr offengehalten werden soll, in der Zuversicht, daß das Publicum diese allerhöchste Gnade, durch ungeziemendes Betragen keineswegs mißbrauchen werde. Was übrigens die Gelehrte, und Personen von Range betrift, welche von

18 Nachruf auf Jean de Baillou in Wien[n]erisches Diarium Nr. 95 (29. November 1758), pag. 6; sein Tod werde „von allen Gelehrten, welche nur besagtes bey der allhiesig Kaiserl. Königl. Bibliothec sich befindliche Musaeum jemals gesehen, einhellig bedauret."

19 Vgl. die Beschreibung bei Sander 1784, 492; Hassmann 2015, Nr. 212.

20 Ebenda, Nr. 4–5; Hassmann / Winter 2016, 157–162.

21 Damit sind die Unterlagszettel gemeint, auf denen die Münzen und Medaillen lagen; ebenda, Abb. 77.

den in mehr erwehntem Kabinet befindlichen Stücken ausführliche Erklärung verlangen, so können sich selbe wie bishero bey dem Director um Bestimmung eines Tages melden".[22]

1773 wurden auch für das Münzkabinett und das Physikalische Kabinett fixe Besuchszeiten eingeführt, und zwar täglich außer Montag.[23] In der Bildergalerie wurden 1777, erst nach der Übertragung der Galerie in das Belvedere 1775/1776, Montag, Mittwoch und Freitag „auf allerhöchsten Befehl" zur allgemeinen Besichtigung festgesetzt.[24] In der Schatzkammer war stets eine vorherige Anmeldung erforderlich. Den Sammlungsangestellten war untersagt, von den Besuchern Trinkgelder oder Geschenke anzunehmen. Dies wurde offenbar nicht strikt befolgt, denn 1781 sah sich Joseph II. veranlasst, das Annahmeverbot zu wiederholen, da er eine „dergleichen herab sezende Unanständigkeit bey allerhöchst dero Hof Staat bey Verlust des Dienstes ernstlich abgestelt wissen" wollte.[25]

Anfängliche Probleme bei der Inventarisierung und Katalogisierung

Eine wissenschaftliche bzw. „literarische" Tätigkeit lässt sich innerhalb der Hofsammlungen nach Gustav Heraeus, Medailleninspektor und Hofantiquarius unter Kaiser Karl VI., zunächst nicht belegen. Der 1755 gedruckte Katalog zu den antiken Münzen mit dem Titel *Numismata Cimelii Caesarei* wurde im Wesentlichen von dem sammlungsfremden Jesuiten Erasmus Froelich, Mathematiker und Betreuer der Granellischen Münzsammlung in der Theresianischen Akademie (*Theresianum*) in Wien, verfasst, da das habsburgische Münzkabinett damals keinen eigenen Betreuer hatte. Die anonym erschienenen, von Duval und seinem Assistenten Johann Verot erstellten Kataloge zu den *Monnoies en Or* (1759, 1769) und *Monnoies en Argent* (1756, 1769, 1770) beinhalten fast nur Abbildungen und kamen nie in den Handel.[26]

Bezeichnend ist, dass zunächst zwischen Inventar und beschreibendem Katalog nicht klar unterschieden wurde. So benannte Marcy 1766 die zwölf Teile des summarischen Münzverzeichnisses als „catalogues raissonnés"[27], hingegen wurde 1775 der in Arbeit befindliche Katalog für das Naturalienkabinett als „Inventaire resonée" bezeichnet (siehe unten). Das Inventar der Münzen ist, ebenso wie der Katalog des Naturalienkabinetts, nicht überliefert. Doch lässt sich anhand der Akten anschaulich dokumentieren, mit welchen Problemen der Naturalienkabinettsdirektor Ludwig von Baillou bei dieser für ihn neuen Aufgabe der Inventarisierung bzw. Katalogisierung konfrontiert war (Abb. 5).

22 Fuhrmann 1770, 589.

23 Almanach 1773, 44; vgl. auch die Übersicht bei Hassmann 2015, Nr. 20.

24 Indexeintragung vom April 1777; ebenda, Nr. 70.

25 Oberstkämmereramtsintimate an alle k. k. Sammlungen vom 14. Oktober und 19. November 1781; ebenda, Nr. 218, 227. Zum Trinkgeld vgl. Savoy 2006, 20–21.

26 Lhotsky 1941–1945, 425 mit detaillierter Übersicht; Hassmann / Winter 2016, Abb. 39.

27 Ebenda, 60.

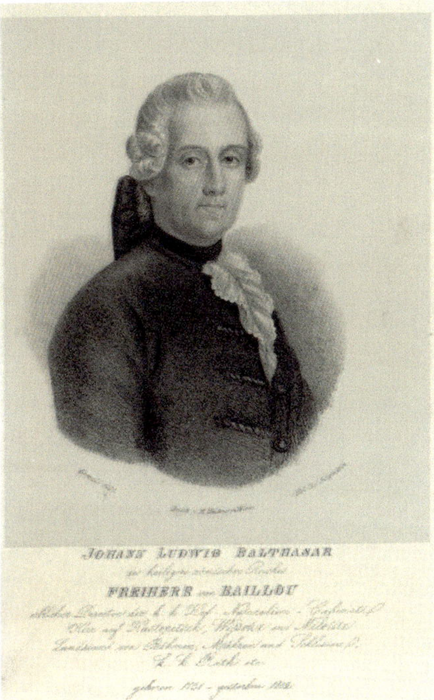

Abb. 5: Joseph Seligmann, Porträt von Ludwig Balthasar von Baillou, Lithographie nach einer unbekannten Vorlage von 1801 (Wien, ÖNB, Bildarchiv und Grafiksammlung, PORT 00159098-01)

Als Maria Theresia im April 1773 die Vorlage des bisher ausgearbeiteten Inventarkonzepts verlangte, schlug Oberstkämmerer Heinrich Fürst Auersperg vor, dazu ein Fachgutachten einzuholen und der Monarchin künftig alle zwei Wochen die neu verfassten Abschnitte zu zeigen. Das undatierte und anonyme Gutachten belegt die hoch gestellten Anforderungen: Erstens sollten neben den griechischen Fachtermini möglichst auch die deutschen, französischen und italienischen Benennungen hinzugefügt werden. Zweitens sollte „der Haubt-Gebrauch, oder die Anwendung zur Nothwendigkeit, Zierde, oder Bequemlichkeit, auch in so weit es einen Menschen zu ergründen möglich ist, das sonst sonderliche Ziel und Ende des Schöpfers bey jedem Gegenstand ganz kurz angedeutet seyn". Drittens wären „auch ganz kurz die verschiedenen Meinungen der Authoren in Betracht auf die Bestand-Theile dieser natürlichen Gegenstände, ihr erstes Herkommen, Wachstum und Art, sich zu vermehren, und so weiter, anzuführen".[28] Zum dritten Punkt merkte Baillou an, er verfüge über zu wenig Literatur und das Kabinett habe kein Geld für Bücherankäufe, daher ersuche er um Leihgenehmigung für Bücher der Hofbibliothek. Weiters besitze er keinen Arbeitsplatz, weshalb er am Montag, dem allgemeinen Besuchstag, stets unterbrochen werde. Baillou bat, diesen wieder einstellen zu dürfen, da an diesem Tag ohnehin nur Diener, Juden, arbeitslose Handwerker und kontaktsuchende (Freuden-)Mädchen in das Kabinett kämen. Diese Leute könnten keinen Nutzen aus dem Kabinett ziehen und seien ständig im Auge zu behalten.[29] Maria Theresia gewährte die vorläufige Einstellung des allgemeinen Besuchstages, doch dürfe Baillou nicht mehr als einen Band aus der Hofbibliothek entlehnen. Er könne dort aber einen separaten Studierplatz erhalten.[30] Das Inventar des Naturalienkabinetts war schließlich Ende 1774 fast fertig.[31]

28 Vortrag Auerspergs vom 15. April 1773 mit einliegendem Gutachten; Zimmermann 1903, Nr. 19385; Hassmann 2015, Nr. 19.

29 Promemoria Baillous vom 1. Mai 1773; ebenda, Nr. 20.

30 Resolution Maria Theresias auf die Note Auerspergs vom 24. Mai 1773; ebenda, Zusatz zu Nr. 21.

31 Vortrag Obersthofmeisters Khevenhüller-Metsch an Maria Theresia vom 30. Dezember 1774; ebenda, Nr. 32.

Die Hofkammer in Münz- und Bergwesen verlangte aber vehement einen gedruckten Katalog zum Naturalienkabinett, da „allen Kennern und jedermann sowohl Inn- als Ausländern in die Augen leichtender Haupt-Mangel dero so prächtigen und reichen Naturalien Cabinets darinnen bestehet, daß bis dato davon kein Catalog vorhanden ist. Jeder Kenner beklagt diesen Mangel um so mehr, als es bey dem blossen Anschauen des Cabinets unmöglich ist, daß alle Seltenheiten in die Augen fallen sollten, wenn man nicht vorher durch die Überlesung eines Catalogs sich davon unterrichten“ könne. Außerdem sei der Katalog „nicht allein zum Splendeur“ des Kabinetts erforderlich, sondern werde auch benötigt, um „die zur Vollständigkeit noch abgängigen Stücke bekannt“ zu machen, die „sonach beygeschafft werden können“.[32]

Im März 1775 gab der Präsident der Hofkammer in Münz- und Bergwesen Franz Graf von Kolowrat-Novohradský sein Gutachten zu Baillous „so benanten Inventaire resonée concernant la Mineralogie“ ab. Es seien darin „weder eine denen mineralogischen Wissenschaften angemässene systematische Abtheilung zu erkennen, und noch dazu solche Dinge angebracht […], so der gelehrten Welt allzuviel Gelegenheit zu gegründeten Ausstellungen geben würde“. Dieser „zur Belehrung des Publici“ bestimmte Katalog werde dem Urteil „der Gelehrten und besonders der in diesem Fach der Natur-Geschichte sehr weit gekommenen auswärtigen Akademien der Wissenschaften“ nicht standhalten. Nach Ansicht Kolowrats gebe es „keinen geschicktern […] als den Herrn Berg Rath und Professorem Cimiae v. Jaquin“, der „ein solches zum grösten Ruhm dieser kayß. Residenz-Stadt gereichendes und schon so lang von allen inn- und ausländischen Gelehrten erwünschtes Werk verfertigen“ könne.[33]

Born soll als externer Fachmann den Katalog zum Naturalienkabinett erstellen

Entgegen diesem Rat wurde die Arbeit jedoch nicht Nikolaus Joseph von Jacquin übertragen, sondern über ein Jahr lang bis zum Oktober 1776 weiterhin Baillou belassen. Parallel dazu hatte Maria Theresia, offenbar über Vermittlung von Oberstkämmerer Franz Graf Rosenberg, dem Mineralogen und Bergrat zu Prag Ignaz von Born den Auftrag zur „Beschreibung“ des Naturalienkabinetts zugesagt. Born übersiedelte daraufhin samt Familie mit großem Kostenaufwand von Böhmen nach Wien und war Anfang Juni 1776 bereit, mit der Arbeit zu beginnen, hatte jedoch noch kein Versicherungsdekret erhalten.[34] Vermutlich im Juli 1776 übergab Rosenberg „das von dem Baron Baillou schon größten theils verfertigte Naturalien-Cabinets-Inventarium“ dem Propst des *Theresianums,* damit dieser „mit Zuziehung einiger hiesigen Gelehrten in diesem Fach die eigentliche Beschaffenheit des in Frage befangenden Inventarii genau untersuchen“ könne.[35] Dieses leider nicht erhaltene Gutachten ergab, dass die

32 Vortrag der Hofkammer in Münz- und Bergwesen an Maria Theresia vom 16. Dezember 1774; Zimmermann 1903, Nr. 19401; Hassmann 2015, Nr. 30.

33 Vortrag an Obersthofmeister Khevenhüller-Metsch vom 16. März 1775; Hassmann 2015, Nr. 39.

34 Undatierte eigenhändige Supplikation Borns; ebenda, Nr. 59.

35 Vortrag Rosenbergs vom 1. August 1776 zu einer undatierten Supplikation Borns; ebenda, Nr. 55.

von „Baron Baillou verfertigte Arbeit keinen hinlänglichen Grund und Bestand habe",[36] worauf Born endlich das mit 30. Oktober 1776 datierte Versicherungsdekret erhielt. Born war mittlerweile im Auftrag der Hofkammer in Münz- und Bergwesen als Hofkommissar nach Tirol abgereist, wo er sich ein halbes Jahr aufhielt.[37] Seine Arbeit im Naturalienkabinett konnte daher erst im darauffolgenden Jahr beginnen.[38]

Im Überblick zeigen diese, sich über vier Jahre hinziehenden Arbeiten im Naturalienkabinett, dass seitens des Hofes hinsichtlich der „literarischen" Arbeit zwar ein hoher Anspruch gestellt wurde, den Ausführenden im Vorhinein jedoch keine entsprechenden Richtlinien und Hilfestellungen geboten wurden, um diesen Anspruch auch erfüllen zu können. Selbst als mit Born eine sammlungsfremde Kapazität gefunden worden war, die diesen Anforderungen von sich aus gerecht werden konnte, ließ man ihn monatelang im Ungewissen und machte ihn zum Bittsteller. Nach diesen anfänglichen Schwierigkeiten konnte Born jedoch den ersten Teil des Katalogs mit den Schalentieren bereits 1778 als im Handel erwerbbare Studienausgabe in Latein und Deutsch sowie 1780 auch als illustrierte Prachtausgabe in Latein herausgeben.[39]

Die Hofmathematiker Marcy und Nagel im Physikalischen Kabinett

Als Gegenbeispiele zu Ludwig von Baillou, der – abgesehen von seiner früheren Funktion als Assistent seines Vaters Jean de Baillou – wohl keine weitere Ausbildung genossen hatte, können die beiden Direktoren des Physikalischen Kabinetts, Abbé Jean François de Marcy und dessen Nachfolger Joseph Anton Nagel, genannt werden. Beide standen schon als Hofmathematiker im Dienst Kaiser Franz Stephans und scheinen in den ab 1747 (jedoch nur lückenhaft) erhaltenen Besoldungslisten „de la Maison de Sa Majesté Imperiale" teils im Maschinen- und teils im Naturalienkabinett auf.[40] Marcy unterrichtete Erzherzog Peter Leopold und war ab 1770 Rat der Wiener Kunstakademie. Er verließ Wien im Jahr 1772, um die Würde eines Propstes von St. Peter in Löwen (Leuven) zu übernehmen.[41]

Joseph Nagel war gleichfalls eine vielseitige und viel beschäftigte Persönlichkeit. In dessen Anstellungspatent als Hofmathematiker vom 19. Jänner 1748 wird angeführt, dass er „sich auf die Arithmeticam, Geometricam elementarem et sublimiorem, Trigonometriam, Mechanicam, Hydrostaticam, Aerometriam, Hydraulicam, Opticam, Architecturam civilem und Algebram nebst der Zeichnungskunst geleget" habe.[42] In

36 Anfrage Rosenbergs an Maria Theresia vom 28. Oktober 1776; ebenda, Nr. 57. Das Dekret an Born; ebenda, Nr. 58.

37 Hofer 1955, 35, 63, 66–67 mit Quellenverweisen.

38 Oberstkämmereramtsanweisung an Baillou vom 25. Jänner 1777, Born zu unterstützen; Hassmann 2015, Nr. 62.

39 Zur Studienausgabe ebenda, Nr. 71–75, zur Prunkausgabe Nr. 109, 112. Zu Born und dessen Katalog vgl. den Beitrag von Christa Riedl-Dorn in diesem Band.

40 Hassmann / Winter 2016, 119, Anm. 150.

41 Büchner 1976, 254–256.

42 Kollationierte Abschrift; Hassmann 2015, Nr. 1.

seinem Pensionsgesuch vom Dezember 1791 umreißt der damals 75-jährige Nagel seine „theils bey mathematischen, theils bey verschiedenen anderen Vorfällen ununterbrochen" geleisteten Dienste, und zwar bei „Untersuchung der erbländischen Seltenheiten der Natur; bey dem Donau-Strom- und Brucken-Bau; bey Unterrichtung Sr. K. H. des Erzherzogs Karl[43] seel. ged[enkens] in den mathematischen Wissenschaften; bey der Einführung der neuen Salz-Sud Manipulation zu Halle in Tirol; bey der Zimentirungs-Hofkommission; bey Aufnehmung des Plans der Stadt Wien und ihrer Vorstädte; bey der Direktion des physischen Hofkabinets".[44] Nagel war außerdem, wie auch Marcy zuvor, Studiendirektor der Philosophischen Fakultät an der Wiener Universität für die mathematischen und physikalischen Studienfächer sowie Beisitzer der Studienhofkommission. In den Akten des Oberstkämmereramtes scheint Nagel kaum auf. Auch sein bis 1765 zurückreichender Tätigkeitsbericht für das Physikalische Kabinett ist geradezu dürftig.[45] Umso länger und detaillierter war hingegen seine vor Juli 1781 abgefasste Stellungnahme zu dem Buch *Selbstschreibende Wundermaschinen*[46], das der Kabinettsinspektor Friedrich von Knauß drucken ließ, worin sich dieser den Titel Direktor anmaßte.[47]

Immerhin erfahren wir durch Nagels Stellungnahme von 1781, dass Marcy von den beiden Schauräumen des Physikalischen Kabinetts den ersten und Nagel den zweiten konzipiert habe. Sowohl Marcy als auch Nagel dürften im Übrigen aber kaum Kabinettsdienst geleistet haben. Es ist wohl kein Zufall, dass das Kabinett nach dem Tod von Knauß im Jahr 1790 aufgehoben wurde,[48] obwohl Nagel damals noch im aktiven Dienst stand. Trotz der hohen fachlichen Qualifikation seiner beiden Direktoren ist zum Physikalischen Kabinett kein Katalog erschienen. Da auch das einzig belegbare Inventar von 1773[49] verschollen ist, liegen nur wenige verlässliche Quellen zum ehemaligen Sammlungsbestand dieses Kabinetts vor. Ebenso mit Vorsicht zu bewerten ist eine undatierte Gouache, die angeblich den Unterricht der Erzherzöge im Physikalischen Kabinett zeigt (Tafel 2).[50] Der ältere Herr mit Brille könnte Joseph Nagel sein, wofür das vor ihm ausgebreitete kartographische Planmaterial spricht. Der dargestellte Raum kann jedoch allein aufgrund der beidseitigen Belichtung und der hohen Lage über der Stadt nicht einen der Schauräume des (zwischen August 1790 und Jänner 1791 geräumten) Physikalischen Kabinetts im Neuen Augustinergang darstellen.[51]

43 Erzherzog Karl Joseph, siebentes Kind von Maria Theresia und Franz Stephan.

44 Eigenhändige Ausfertigung vom 1. Dezember 1791; Wien, HHStA, Oberstkämmereramt, Akten Serie B, Karton 14, Nr. 173, liegt ein in Nr. 17 ex 1792, unfoliiert.

45 Undatierte eigenhändige Ausfertigung, wohl Mai/Juni 1787; Hassmann 2015, Nr. 491.

46 Knauß 1780.

47 Schönburg-Hartenstein 1987, 95–96; in vollem Wortlaut bei Hassmann 2015, Nr. 203.

48 Schönburg-Hartenstein 1987, 102–103; Hassmann 2015, 28 und Anmerkung zu Nr. 11.

49 Es wurde im Zuge der Generalinventur der k. k. Sammlungen 1772/1773 erstellt und lag Ende Dezember 1774 in zweifacher Ausfertigung vor; ebenda, Nr. 32.

50 Schönburg-Hartenstein 1987, 4, 96; mit Datierung 1790.

51 Eher käme einer der beiden Räume des Astronomisch-mathematischen Turms an der Südecke der Alten Burg infrage, der 1793 bereits benützbar war; Huber-Frischeis / Knieling / Valenta 2015,

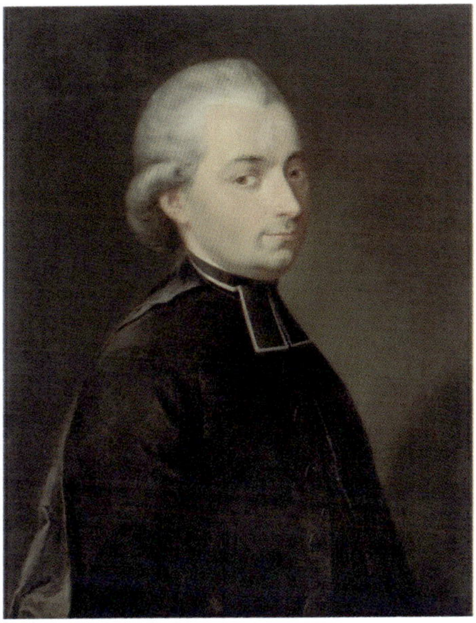

Abb. 6: Peter Fendi nach Johann Georg Weikert, Porträt von Abbé Joseph Hilarius Eckhel in Soutane, um 1775/1780 (Wien, KHM, Münzkabinett; vormals Gemäldegalerie, Inv.-Nr. 5863)

Berufung Eckhels in das Münzkabinett und an die Wiener Universität

Infolge der Aufhebung des Jesuitenordens im Juli 1773 ergaben sich im Münzkabinett unerwartete Veränderungen. Im Februar 1774 ordnete Maria Theresia an, dass die im *Theresianum* verwahrte, vom Jesuiten Karl Granelli gegründete Sammlung antiker Münzen in das kaiserliche Münzkabinett überstellt werden solle.[52] Im darauffolgenden Monat ernannte sie den Exjesuiten Abbé Joseph Hilarius Eckhel, der die Granellische Münzsammlung zuletzt betreut hatte, zum Direktor der *Antiken Münzen* (Abb. 6).[53] Diese Abteilung des Münzkabinetts wurde in der Folge als Antikes Münzkabinett oder kurz als Antikenkabinett bezeichnet. Gemäß Anstellungsdekret hatte Eckhel „alle Wochen wenigstens zwei Mal in dem k. k. Cabinete eine ausführliche historische Explication über die Beschaffenheit und Gegenstände der ihm anvertrauten antiken Münzen den Liebhabern zu machen".[54] Laut diesem Dekret sollte Eckhel auch den Lehrstuhl für Altertumskunde an der Universität Wien erhalten, der ihm tatsächlich im September 1774 übertragen wurde. Eckhel gibt in seinem umfassenden Bericht von 1787 an, dass zugleich mit der Granellischen Münzsammlung auch die dazugehörige Handbibliothek mitübernommen wurde, wodurch „man in dem Stand gesetzt [worden sei], das kais[erliche] Kabinet zu literarischen Ausarbeitungen nützen zu können".[55]

Eckhels zweibändiger *Catalogus Musei Vindobonensis numorum veterum* erschien 1779. Zuvor hatte er allerdings ab 1776 das antike Münzkabinett, wie Eckhel (im Bericht von 1787) mit bescheidenen Worten angibt, „nach einer systematischen Ordnung" neu eingerichtet. Dabei handelt es sich um eine primär geographisch-

185–187 (Rainer Valenta). Zu diesem Turm liegen zwei Bauaufnahmen vor (Albertina Wien, Az. 6705 und Az. 6887), die allerdings auch diese Zuordnung nicht zweifelsfrei bestätigen.

52 Insinuat des Obersthofmeisteramtes an das Oberstkämmereramt vom 14. Februar 1774; Zimmermann 1903, Nr. 19394.

53 Handbillet Maria Theresias vom 5. März 1774; ebenda, Nr. 19397.

54 Zit. nach Bergmann 1857, 328; das betreffende Dekret vom 14. März 1774 (Wien, KHM, Antikensammlung, Münzkabinettsakt Nr. 19, olim Nr. 16) ist heute verschollen.

55 Abschrift des mit 1. Juni 1787 datierten Berichtes; Hassmann 2015, Nr. 494.

chronologische Ordnung, allgemein als *Eckhel'sches System* bezeichnet, das die antike Numismatik in den Rang einer Wissenschaftsdisziplin erhob. Auf Wunsch Kaiser Josephs II., wie Joseph Bergmann vermerkt, verfasste Eckhel ein Lehrbuch in deutscher Sprache, das in erster Auflage 1786 oder 1787 unter dem Titel *Kurzgefaßte Anfangsgründe zur alten Numismatik* erschien und in mehrere Sprachen übersetzt wurde.[56] Dieses Werk, kurz „der kleine Eckhel" genannt, diente auch seinen Nachfolgern als Grundlage für die Vorlesungen an der Universität Wien.[57] Nach jahrelangen Vorarbeiten kam schließlich Eckhels berühmtes achtbändiges Hauptwerk, die *Doctrina numorum veterum*, zwischen 1792 und 1798 heraus, worin er weit über den Rahmen des kaiserlichen Münzkabinetts hinausging. Die erhaltene Fachkorrespondenz Eckhels zeugt von seinem europaweiten wissenschaftlichen Austausch.[58] Dennoch wollte Eckhel nie seine Arbeit im Münzkabinett zugunsten jener an der Universität aufgeben.[59] Er legte sogar die ihm 1789 verliehene Dekanswürde an der philosophischen Fakultät der Universität zurück,[60] wohl um genügend Zeit für seine wissenschaftlichen Arbeiten im Kabinett zu finden.

Geplante Neubearbeitung des Katalogs zu den modernen Münzen und Medaillen

Im *modernen* Münzkabinett, wie das ehemalige franziszeische Münzkabinett[61] nach Ernennung Eckhels ab 1774 genannt wurde, versuchte Oberstkämmerer Rosenberg, ähnlich wie beim Naturalienkabinett, mithilfe eines externen Spezialisten eine Neubearbeitung des Kataloges zustande zu bringen. Ursprünglich beabsichtigte Maria Theresia nur eine Zweitauflage der bereits erwähnten *Monnoies*-Kataloge, doch Rosenberg riet davon ab, „damit selbige nicht der billigen Critique sowohl des inn- als ausländischen Publici wie die erstere unterworfen seye".[62] Insbesondere die mangelnden Erläuterungen wurden beanstandet.[63] Anfang 1779 bewilligte Maria Theresia, den Exjesuiten Joseph Benedikt Heyrenbach, Professor für Diplomatik an der Universität

56 Bergmann 1857, 341–342; mit Angabe der Fassungen in Latein (1799), Italienisch (1808) und Französisch (1828).

57 Lein 1949, 92, 108.

58 Dazu das von Bernhard Woytek 2013–2015 an der ÖAW geleitete Forschungsprojekt „Joseph Eckhel (1737–1798) and his Numismatic Network" (FWF – Der Wissenschaftsfonds, Projekt P 25282); Williams / Woytek 2015.

59 Das geht indirekt aus einer mit November 1775 datierbaren Supplikation Eckhels an Maria Theresia hervor; wörtlich bei Hassmann / Winter 2016, 168–169.

60 Wien, KHM, Antikensammlung, Münzkabinettsakt Nr. 63, olim Nr. 71, vom 5. Dezember 1789; Bergmann 1857, 336; Lein 1949, 91.

61 Franz Stephan sammelte fast ausschließlich Münzen und Medaillen ab der Zeit Kaiser Karls des Großen (747/748–814); Bericht an das Oberstkämmereramt vom 24. Dezember 1796; Hassmann / Winter 2016, 177.

62 Vortrag Rosenbergs vom 5. Jänner 1778; Hassmann 2015, Nr. 90; Hassmann / Winter 2016, 134, Anm. 258.

63 Lengnich 1780; betrifft die *Monnoies*-Kataloge insgesamt.

Wien und Kustos an der Hofbibliothek, mit der Neubearbeitung zu beauftragen.[64] Ausdrücklich wurde festgehalten, dass diese in Deutsch und Latein abzufassen sei. Heyrenbach konnte krankheitsbedingt die Arbeit nur eingeschränkt voranbringen und verstarb am 20. April 1779. Im Dezember 1779 wurde der von Oberstkämmerer Rosenberg vorgeschlagene Piarist Adauctus Voigt, Historiker und Kustos der Wiener Universitätsbibliothek, mit der Weiterarbeit betraut.[65] Voigt legte Mitte 1781 seine bisherige Arbeit zur Begutachtung vor. Michael Ignaz Schmidt, Professor für Geschichte und Direktor des kaiserlichen Hausarchivs, befand, dass an der „Käntnis des Verfassers nichts auszustellen wäre", doch würde das Werk „zu keinen Nutzen dienen" und könne – sollte es so fortgesetzt werden wie bisher – nicht zu Lebzeiten Voigts abgeschlossen werden.[66] Damit musste Voigt die Arbeit einstellen, woraufhin das Katalogprojekt zum Stillstand kam.

Neueinrichtung des zweiten Saals des Naturalienkabinetts, jedoch keine Katalogisierung

Im August 1781 konnte Born mit seinem Assistenten Karl Haidinger, der ihm auch bei der europaweiten Korrespondenz mit den Akademien und Gelehrten behilflich war, die Neueinrichtung des zweiten Schauraums des Naturalienkabinetts mit den Mineralien abschließen.[67] Born hatte explizit darauf hingewiesen, die Neueinrichtung müsse vor Erstellung des zweiten Katalogteiles erfolgen, da sonst die Mängel der Mineraliensammlung zum Vorschein kämen, was „diesem kaiserlichen Kabinette nicht zur Ehre gereichen würde". Allerdings, dieser zweite Teil mit den Mineralien, Borns eigentlichem Fachgebiet, kam nicht zustande. Der Grund dafür geht aus den damaligen Akten nicht hervor. Ob es tatsächlich nur an der Einstellung der Geldmittel für den Kabinettsmaler Bernhard Albrecht Moll lag, wie Heinrich Sander[68] meinte, oder an der Auslastung Borns durch seine zahlreichen anderweitigen Projekte, muss offenbleiben.

Karl Haidinger publizierte aber 1782 ein kleines Verzeichnis mit der Beschreibung, nach welchen Systemen das Naturalienkabinett von Born neu geordnet worden war. Laut Haidinger habe gerade der allgemeine Zugang des Publikums eine durchgängig systematische, lehrhafte Aufstellung verhindert. Um nämlich die Schaustücke in den Glaskästen denjenigen, „welche diese Sammlung täglich besuchen", gefällig zu präsentieren, musste vielfach „der Simmetrie wegen" eine methodische Anordnung aufgegeben werden. In den Schubladen „hingegen liegen die sämmtlichen Gattungen, Arten,

64 Resolution Maria Theresias zum Vortrag Rosenbergs vom 5. Jänner 1778; Hassmann 2015, Nr. 90.

65 Vortrag Rosenbergs vom 8. Dezember 1779 mit Resolution Maria Theresias; ebenda, Nr. 124.

66 Die Beurteilung Schmidts wird im Vortrag Rosenbergs vom 28. August 1781 zusammengefasst; ebenda, Nr. 209.

67 Dazu Borns Konzept zur Neueinrichtung vom 31. Jänner 1780, weiters Insinuat des Oberstkämmereramtes mit der Anzeige der baldigen Wiedereröffnung des Kabinetts vom 5. Mai 1781 und Vortrag Rosenbergs zu den Kosten der Neueinrichtung vom 26. August 1781; ebenda, Nr. 136, 197, 208; vgl. auch Anm. zu Nr. 212.

68 Sander 1784, 497; Erläuterung bei Hassmann 2015, Anm. zu Nr. 109.

und Abarten jeder Klasse nach der strengsten systematischen Ordnung".[69] Demzufolge blieb gerade dieser lehrhafte Teil der Sammlung den Augen des allgemeinen Publikums verborgen, während die Schaustücke – vergleichbar der damals üblichen *Pendanthängung* von Gemälden – entsprechend dem ästhetischen Symmetrieprinzip angeordnet wurden.

Während der Alleinregierung Kaiser Josephs II. ab Ende November 1780 konnte nur ein einziger Sammlungskatalog gedruckt werden, und zwar jener des Basler Kupferstechers, Verlegers und Kunsthändlers Christian von Mechel, der Anfang 1783 in Basel erschien. Er beinhaltet ein Verzeichnis der Gemälde, die in der 1781 abgeschlossenen Neueinrichtung der Bildergalerie im Oberen Belvedere in Wien hingen. Ursprünglich war dazu ein illustrierter erläuternder zweiter Band geplant, der jedoch nicht realisiert wurde.[70] Wie im Falle des Naturalienkabinetts wurde mit Mechel auch bei der Bildergalerie ein externer Fachmann betraut, und ebenso erfolgte vor der Katalogisierung eine Neuaufstellung der Sammlung.[71]

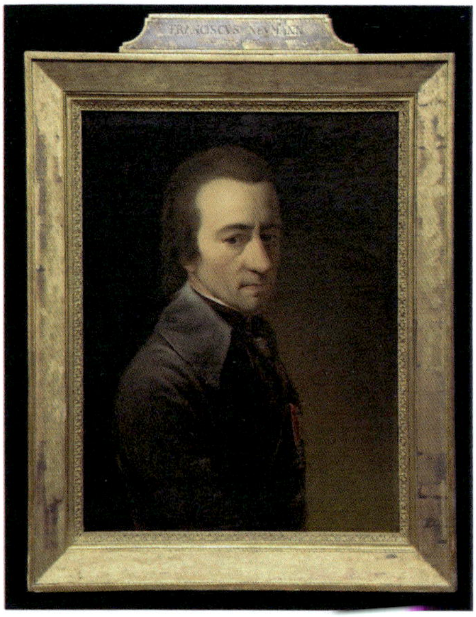

Abb. 7: Peter Fendi nach Michael Wutky, Porträt von Franz Neumann mit dem Ritterkreuz des österreichischen Leopoldsordens, das ihm am 22. März 1812 verliehen wurde (Wien, KHM, Münzkabinett)

Neumanns Inventare zu den modernen Münzen und Medaillen

1783 erhielt das moderne Münzkabinett mit Franz de Paula Neumann eine unerwartete personelle Aufstockung (Abb. 7). Neumann war Kanoniker des Augustinerchorherrenstiftes St. Dorothea in Wien, das 1782 von Joseph II. aufgehoben und in der Folge dem Stift Klosterneuburg einverleibt worden war. Da es nach Neumanns eigener Aussage „das Schlimmste [gewesen] wäre, nach Klosterneuburg eingetheilet" zu werden, bewarb er sich um eine Anstellung im k. k. Münzkabinett oder in die Hofbibliothek. Oberstkammerer Rosenberg sah „keine Art, ihn [Neumann] zu dem Münzkabinett anzuwenden", doch Joseph II. beschloss die Aufnahme, da „dieser Geistliche keinen weiteren

69 Haidinger 1782, Vorrede, unpaginiert; Hassmann 2015, 19. Vgl. den Beitrag von Christa Riedl-Dorn in diesem Band. Zu den Ordnungssystemen im Naturalienkabinett und ihren ideellen Hintergründen vgl. Meijers 1995, 104–137.

70 Hassmann 2013, Nr. 147.

71 Zu Mechel und seiner Arbeit in der Bildergalerie vgl. den Beitrag von Nora Fischer in diesem Band.

Gehalt verlangt".[72] Im Dekret an Neumann vom 5. Dezember 1783 wurde ihm aufgetragen, „die Fortsezung eines richtigen Katalogs, wie es die Ordnung eines Kabinets erfordert", zu besorgen. Doch Neumann verfasste während seiner gesamten Zeit als Kabinettsdirektor weder einen Katalog noch eine andere eigene Publikation.[73] Hingegen legte er 1787 und 1801 zwei summarische Inventare vor,[74] führte detaillierte Sammlungsakten und kümmerte sich unermüdlich um die Erweiterung des Sammlungsbestandes. Joseph Eckhel, der seinerseits kein einziges summarisches Inventar angelegt hatte, würdigte Neumann als außerordentlich geübten Kenner,[75] dagegen monierte dieser nach dem Tod Eckhels die seiner Meinung nach vernachlässigte Sammeltätigkeit seines Kollegen.[76] Seitens des Hofes wurden derart unterschiedliche Prioritäten in der Kabinettsleitung allerdings akzeptiert und durch keinerlei Instruktionen reglementiert.[77]

Ein höfisches Zentrum der Wissenschaften im Areal der Hofbibliothek

Überblickt man die drei kaiserlichen Kabinette über die gesamte Regierungszeit Josephs II. ab 17. September 1765, so war die im Oktober 1765 erfolgte Institutionalisierung als Hofsammlungen, die dem öffentlichen Nutzen zu dienen und allgemein zugänglich zu sein hatten, von grundlegender Bedeutung. Damit war nicht nur deren Weiterbestand gesichert, sondern auch der Impuls zur Erschließung der Sammlungsbestände gesetzt worden. Durch die 1766 abgeschlossene Verlegung der Kabinette in den eigens dazu erweiterten Neuen Augustinergang befanden sich diese vereint in unmittelbarer Nähe der Hofbibliothek. Damit wurde dieser bislang vernachlässigte periphere Bereich des Hofburgareals aufgewertet. Die Hofbibliothek und die drei Kabinette bildeten nun ein höfisches Zentrum der Wissenschaften zum Nutzen des Publikums. In diesem Bereich repräsentierte die Hofburg nicht primär ein „Gehäuse der Macht", sondern ein „Gehäuse des Wissens".[78] Eine wohl 1772 datierbare Planung sah vor, dass am Bibliotheksplatz (heutiger Josefsplatz) an der Stelle des Redoutensaaltraktes die kaiserliche Gemäldegalerie[79] und im gegenüberliegenden Trakt bei der

72 Vortrag Rosenbergs vom 3. Februar 1785 mit Resolution Josephs II.; weiters Versicherungsdekret an Neumann vom 5. Februar 1793; Hassmann 2015, Nr. 296–297.

73 Neumann gab lediglich 1807 eine erweiterte Neuauflage des „kleinen Eckhel" heraus. Zusammenfassend zu Neumanns unveröffentlichten Schriften vgl. Bergmann 1858, 560–561, und Lhotsky 1941–1945, 507; zu Neumanns Korrespondenz vgl. Haarmann 2016.

74 Wien, KHM, Münzkabinett, Inventare und Verzeichnisse, Bd. 95 (beendet im Juli 1784) und Bd. 96 (Stichtag 1. Oktober 1801).

75 Eckhel im ersten Band der *Doctrina*, 1792, CLXX; für den Hinweis danke ich Bernhard Woytek (ÖAW).

76 Berichte Neumanns an das Oberstkämmereramt vom 29. und 30. Dezember 1799; Hassmann / Winter 2016, 83–84, Anm. 363–364.

77 Die ersten Dienstinstruktionen wurden 1834 für das Münz- und Antikenkabinett erstellt; Wien, KHM, Antikensammlung, Münz- und Antikenkabinettsakt Nr. 19 ex 1834.

78 Zu diesem Begriffspaar vgl. Rößler 2013, 11.

79 Diese befand sich damals noch in der Stallburg schräg gegenüber der Hofbibliothek (vgl. Abb. 3).

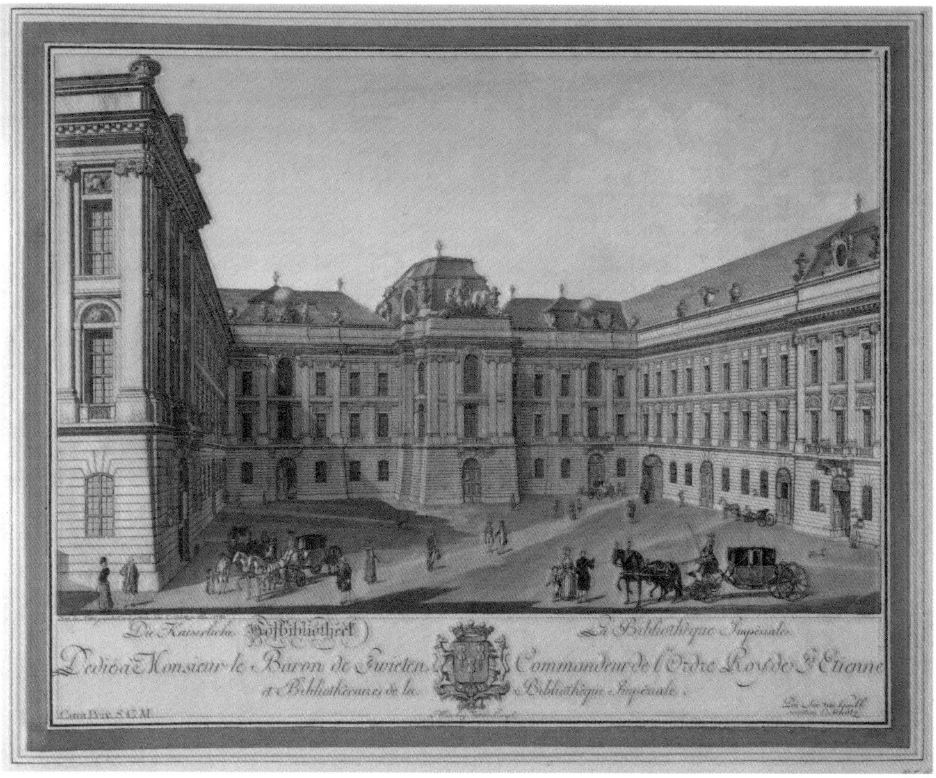

Abb. 8: Carl Schütz, Ansicht des Josefsplatzes mit der Hofbibliothek, dem Augustinertrakt (links) und dem Redoutensaaltrakt (rechts), 1780 (Wien, ÖNB, Bildarchiv und Grafiksammlung, Pb 207586-F.Por, Tafel 6)

Augustinerkirche eine „Academie“ untergebracht werden sollten (Abb. 8).[80] Dieser nicht realisierte Plan dokumentiert, dass das Areal um die Hofbibliothek auch als ein höfisches Zentrum der Künste erwogen wurde.[81] Im Dezember 1774 unterbreitete Obersthofmeister Khevenhüller-Metsch der Monarchin den Vorschlag, „die drei Kabinette“, die „zur Ehre des Höchsten Hofes und Aufnahme der Wissenschaften […] wie die Bibliothec zum Besuch […] offen zu stehen haben“, gemeinsam mit der Hofbibliothek unter die Oberaufsicht des Obersthofmeisteramtes zu stellen.[82] Dieser Vorschlag zeigt klar, dass die drei Kabinette bereits damals bei Hof als wissenschaft-

80 Lorenz / Mader-Kratky 2016, 178–179 (Christian Benedik und Anna Mader-Kratky) und Abb. 128 (Albertina Wien, Az. 6097).

81 Bereits Nikolaus Pacassi hatte in einer 1763 datierbaren Planung vorgeschlagen, die Bildergalerie und die franziszeischen Raritätenkabinette direkt um den Bibliotheksplatz anzuordnen; Lorenz / Mader-Kratky 2016, 165, 514 (Anna Mader-Kratky), Abb. 117 (Albertina Wien, Az. 6096) und Abb. 118 (Wien, HHStA, PAB, Nr. 4061).

82 Maria Theresia entschied, dass alle Wiener Hofsammlungen und die Hofbibliothek künftig unter der gemeinsamen Oberaufsicht des Obersthofmeisters und des Oberstkämmerers zu stehen haben; Hassmann 2015, Nr. 31.

liche Institute anerkannt wurden. Da das 1774/1775 wieder aufgegriffene Projekt zur Gründung einer Akademie der Wissenschaften erneut scheiterte,[83] behielten die Kabinette diesen Status im außeruniversitären Bereich auch weiterhin uneingeschränkt.

Während seiner Alleinregierung setzte Joseph II. hinsichtlich der Kabinette keine Schritte, die ähnlich innovativ wie jene der Zeit davor gewesen wären.[84] Nach Aufhebung des Königinklosters ließ Joseph II. 1783 die direkt gegenüber der Hofbibliothek freigewordene Bauparzelle versteigern,[85] statt sie dem Bau einer öffentlichen Anstalt für die Wissenschaften oder Künste zu widmen. Erst unter seinen Nachfolgern wurden wieder maßgebliche Entscheidungen zur Bildung eines höfischen Zentrums der Wissenschaften rund um den Bibliotheksplatz (Josefsplatz) getroffen. So ließ Kaiser Franz II. (I.) 1796/1797 sein Tierkabinett im Augustinertrakt einrichten und vereinte es mit seinem 1794 gegründeten, bis dahin im Astronomisch-mathematischen Turm befindlichen Physikalisch-astronomischen Kabinett.[86] Damit lagen für die nächsten knapp hundert Jahre alle öffentlich zugänglichen kaiserlichen Kabinette in unmittelbarer Nähe zur Hofbibliothek.[87]

83 Feil 1861, 363–387; AK Maria Theresia 1980, 464–465.

84 Es wurde die Dotation geregelt (Hassmann 2015, Nr. 190–191, 201, 402, 496) und zwecks Vermeidung von Dubletten der Ankauf ganzer Sammlungen unterbunden (Hassmann / Winter 2016, 69–71).

85 Lorenz / Mader-Kratky 2016, 176 (Anna Mader-Kratky und Manuel Weinberger).

86 Dieses vereinte Kabinett scheint erstmals im Hof- und Staatsschematismus von 1796, 369, mit der Bezeichnung *K. K. phisikal- und astronomisches Kunst- und Natur-Thier Kabinet* auf und wurde von Abbé Simon Eberle eingerichtet.

87 Auch im 19. Jahrhundert wurde der Josefsplatz als ein Zentrum der Wissenschaften angesehen. Der Direktor des Münz- und Antikenkabinetts Joseph Arneth schlug 1842 im Zusammenhang mit der Gründung einer Akademie der Wissenschaften vor, den Redoutensaaltrakt und das vis-à-vis der Hofbibliothek erbaute Palais Fries (nachmals Palais Pallavicini) für museale Zwecke umzuwidmen; Lhotsky 1941, 36.

Christa Riedl-Dorn

Ordnung muss sein

Von der Naturaliensammlung zu den „Vereinigten k. k. Naturaliencabineten" unter besonderer Berücksichtigung der Zeit Josephs II.

Im späten 17. Jahrhundert lösten für ein allgemeines Publikum zugängliche Museen allmählich die Kunst- und Wunderkammern sowie Studierstuben der Gelehrten des Humanismus ab. So reichen die Ursprünge der großen europäischen naturhistorischen Museen etwa in London und Paris ins 17. Jahrhundert zurück. Durch Expeditionen in alle Welt wurde eine immer größer werdende Zahl an Tieren und Pflanzen bekannt, doch gab es zu dieser Zeit noch kein einheitliches System zur Klassifikation der Exponate. Erst um die Mitte des 18. Jahrhunderts wurden von Carl von Linné naturwissenschaftliche Benennungen nach der von ihm eingeführten binären Nomenklatur sowie Fachbegriffe standardisiert, die bis heute ihre Gültigkeit haben.

Kaiser Franz I. Stephan zeigte großes Interesse an den Naturwissenschaften, wobei für ihn der mögliche Nutzen für die wirtschaftliche Entwicklung im Vordergrund stand, wie sich vor allem in seiner Förderung der Bergbaukunde zeigt.[1] Im Jahr 1750 kaufte er in Florenz die 30.000 Objekte umfassende Naturaliensammlung des Chevaliers Jean de Baillou[2], die vorerst in das sogenannte *Kaiserhaus* in der Wiener Wallnerstraße gebracht wurde, später aber wahrscheinlich in der Nähe der Hofbibliothek untergebracht war. Neben dem Kaufpreis von 42.000 Scudi war vereinbart worden, dass Baillou diesem neugegründeten Naturalienkabinett als Direktor vorstehen und diese Würde erblich auch auf den jeweils ältesten Sohn seiner Nachkommen übertragen werden sollte.

Das heute im Stiegenhaus des Naturhistorischen Museums in Wien ausgestellte Ölgemälde, das den Kaiser im Kreis der Direktoren seiner drei Sammlungen, Valentin Jamerey-Duval für das Münzkabinett, Jean de Baillou für die Naturaliensammlung (im Hintergrund) und Abbé Jean François de Marcy für das Physikalisch-astronomische Kabinett sowie den kaiserlichen Hofarzt und Präfekten der Hofbibliothek Gérard van Swieten zeigt, wurde aber erst nach dem Tod von Franz Stephan angefertigt (Tafel 1).[3] Durch weitere Sammeltätigkeit im In- und Ausland wurden die Bestände

1 Riedl-Dorn 2001, 29–39.

2 Jean de Baillou (1684 oder 1686 Frankreich – 1758 Wien) war ab 1731 in den Diensten des letzten Mediceers in der Toskana sowohl für das Bergbauwesen und die Gärten wie auch ab 1735 für die Uffizien zuständig. Seine Sammlung von naturwissenschaftlichen Objekten (Mineralien, Fossilien, Schnecken, Muscheln, „vom Sandkorn bis zum künstlichen Edelstein") war berühmt; Riedl-Dorn 1998, 22–23. Zum Erwerb vgl. dies. 2000, 112.

3 Nach Fitzinger 1856, 17, wäre das Bild 1773 entstanden, hingegen ist nach Fleischer 1932, Nr. 456, in den Geheimen Kammerzahlamtbüchern vermerkt, dass Franz Messmer bereits 1767 für die Fertigstellung des Gemäldes mit 300 Dukaten entlohnt wurde, vgl. dazu Lorenz / Mader-Kratky 2016, 515, Anm. 1184 (Anna Mader-Kratky).

laufend vergrößert. Die bedeutendste in diesem Zusammenhang ausgerüstete Expedition unter der wissenschaftlichen Leitung des von van Swieten empfohlenen niederländischen Gelehrten Nikolaus Joseph von Jacquin in den Jahren 1754 bis 1759 hatte die Karibik und die nördlichen Küsten von Südamerika zum Ziel. Die Instruktionen für das Unternehmen hatte der Kaiser selbst konzipiert.[4]

Ordnung der Naturaliensammlung

Joannon de Saint-Laurent, der in einem literarischen Zirkel 1745 in Florenz mit Baillou in Kontakt kam und häufig seine Sammlungen und Vorträge besuchte, publizierte ohne Zustimmung von Baillou in *Description abregée du fameux Cabinet de M. le Chevalier de Baillou pour servir a l'histoire naturelle des pierres précises, métaux, minéraux et autres fossiles* (1746) eine Beschreibung von dessen Kabinett und dem System der Mineralogie in Auszügen. Saint-Laurent kündigte darin auch ein siebenbändiges Werk mit 600 Abbildungen der „trefflichsten Stücke" in Folio der Baillou'schen Sammlung an, das Baillou geplant hatte.[5] Dieses ist jedoch aus Kostengründen nicht gedruckt worden. Der Gedanke, der hinter der Sammlung stand, war nicht Prahlerei, sondern – im Sinne der Aufklärung – das Eindringen in die Geheimnisse der Natur, die Erkenntnis der Wahrheit und der Kampf gegen Aberglauben und Scharlatanerie.

In Wien begann Baillou gemeinsam mit seinem Sohn Ludwig Balthasar sein nunmehr verkauftes Naturalienkabinett nach einem von ihm selbst entwickelten System der Mineralogie aufzustellen, das heute eher skurril wirkt. Die Verbindung zwischen Mineral- und Pflanzenreich wurde etwa so hergestellt, dass von den erdigen Substanzen über Erdpeche zur Pflanzenwelt übergegangen wurde.[6] Der Kaiser bekundete sein Interesse dadurch, dass er die Sammlung täglich besucht haben soll.

Nach dem Tod des Kaisers übergab Maria Theresia 1765 die Naturaliensammlungen in das Eigentum des Staates und unterstellte sie dem Oberstkämmereramt. Die Kaiserin verfügte auch die Überführung aus den Räumen der Hofbibliothek und dem *Kaiserhaus* in der Wallnerstraße in zwei Säle (einen Saal und einen kleinen Vorraum) des sogenannten Neuen Augustinerganges. Dieser 1756 fertiggestellte Korridor ermöglichte den Mitgliedern des Hofes, aus ihren Appartements auf kürzerem Weg in die Hofkirche St. Augustin zu gelangen, ohne den Residenzkomplex verlassen zu müssen. Zusätzlich war von Beginn an geplant gewesen, die naturwissenschaftlichen Sammlungen des Kaisers in Räumlichkeiten entlang des Korridors unterzubringen,[7] wofür der Ankauf der Sammlung von Baillou den Ausschlag gegeben haben könnte. Unmittelbar nach der Übersiedlung in den Neuen Augustinergang soll die Sammlung

4 Zedinger 2009, 293–300.
5 Saint-Laurent 1746, 149–155.
6 Vgl. Blöchinger von Bannholz 1868, 18.
7 Lorenz / Mader-Kratky 2016, 307–308 (Anna Mader-Kratky).

ab 1766 zwei Tage die Woche öffentlich zugänglich gewesen sein.[8] Von 1769 bis 1793 war die Öffnungszeit für allgemeine Besucher auf Montagvormittag beschränkt.[9]

Nach dem Tod von Jean de Baillou 1758 trat sein Sohn Ludwig (Luigi) Balthasar seine Nachfolge an, jedoch zeigte sich bald, dass er nicht über die erforderlichen Fähigkeiten verfügte, um sich entsprechend um die von ihm verwaltete Sammlung zu kümmern. Maria Theresia war an einer Vergrößerung, Bearbeitung und Veröffentlichung des Bestandes gelegen,[10] wobei weniger ihr eigenes Interesse als das Andenken an ihren verstorbenen Gatten im Vordergrund stand. 1766 ließ Maria Theresia auch den aus 2102 Diamanten und 761 anderen Schmucksteinen (Edelsteinen und Halbedelsteinen) angefertigten Blumenstrauß, ein Geschenk, das sie ihrem Gemahl zwei Jahre zuvor gemacht hatte, in das Naturalienkabinett transferieren.

Inventare und Kataloge

Die Bestände des Naturalienkabinetts sollten durch Kataloge erschlossen werden, als deren Voraussetzung eine systematische Aufstellung notwendig war. Auf Anordnung von Maria Theresia sollte Ludwig Baillou ein Inventar erstellen und dieses alle 14 Tage zur Kontrolle der Fortschritte vorlegen.[11] Der Sammlungskatalog sollte auch gedruckt und verkauft werden, doch war Baillou mit diesen Aufgaben überfordert. Daher ersuchte er 1773, das Kabinett für Besucher wieder zu schließen, um der Forderung nach Erstellung eines Bestandskatalogs nachzukommen. Dazu meinte er, die Mineraliensammlung wäre „ärmer als auswärtige Cabinete", das Verfassen eines „Catalogues" nehme zu viel Zeit in Anspruch und wäre zu kostspielig.[12] Angesichts des misslichen Zustandes der Sammlung empfahl der Präsident der Hofkammer in Münz- und Bergwesen Franz Graf von Kolowrat-Novohradský 1775, dem „Herrn Berg-Rath und Professor der Chimiae [Nikolaus Joseph] von Jacquin", der selbst ein großes Mineralienkabinett besaß, diese Aufgaben zu übertragen. Kolowrat ergänzte, er könne „keinen geschicktern" und „in diesem Fach der Erzstuffen-Käntniß geübtern in Vorschlag bringen".[13]

Dennoch war Baillou weiter mit der Katalogerstellung betraut, und erst als im Oktober 1776 eine weitere negative Beurteilung über seine Arbeiten vorlag, berief

8 Fitzinger 1856, 446–447.

9 Hassmann 2015, 71. Zur Öffnung der Kabinette vgl. auch den Beitrag von Elisabeth Hassmann in diesem Band.

10 Den Auftrag, einen Katalog, ein Inventar der Sammlung anzufertigen, erteilte Maria Theresia am 14. April 1773; Wien, HHStA, OKäA, Akten Serie B, Karton 4, Nr. CCCC 3, vgl. Hassmann 2015, Nr. 19.

11 Wien, HHStA, OKäA, Akten Serie B, Karton 4, ohne Nr.; vgl. Hassmann 2015, Nr. 22, 73 und dies. in diesem Band.

12 Wien, HHStA, OKäA, Akten Serie B, Karton 4, Nr. CCCC 20, fol. 17–18 und 25–26, Vortrag Obersthofmeister Khevenhüller-Metsch an Maria Theresia, 11. Jänner 1775; vgl. Hassmann 2015, Nr. 33, 95–96, und dies. in diesem Band.

13 Wien, HHStA, OKäA, Akten Serie B, Karton 4, ohne Nummer, Kolowrat an Obersthofmeister Khevenhüller-Metsch, 16. März 1775; vgl. Hassmann 2015, Nr. 39, 98–99 und dies. in diesem Band.

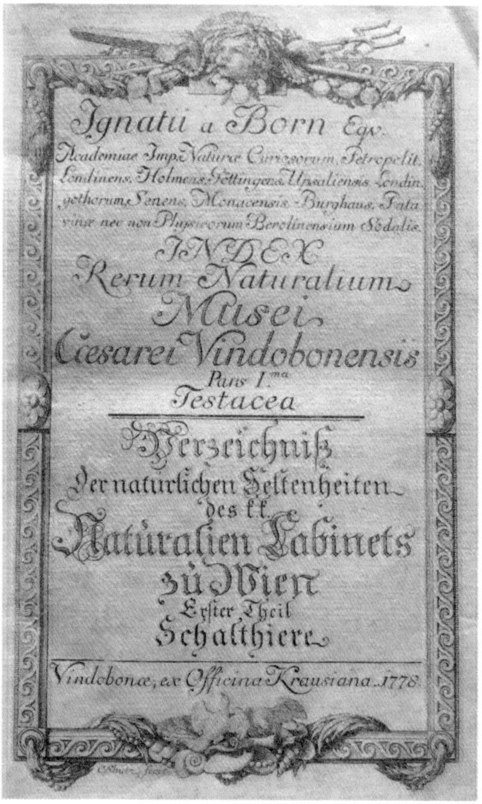

Abb. 1: Ignaz Born, Index rerum naturalium Musei Caesarei Vindobonensis. Testacea, 1. Teil, Wien 1778, Titelblatt (Wien, NHM, 3. Zoologische Abt. Molluskensammlung E, Inv.-Nr. 76.734)

Maria Theresia noch im selben Jahr den Bergbaufachmann und Mineralogen Ignaz von Born[14] zur Betreuung des kaiserlichen Naturalienkabinetts, zur Neuordnung nach dem neuesten Stand der Wissenschaften und zur Veröffentlichung der Bestände nach Wien. Born hatte vor allem als Förderer der gesamten Naturwissenschaften und als Meister des Stuhles der Freimaurerloge *Zur wahren Eintracht* Bedeutung erlangt. Er erhielt vorerst einen Dreijahresvertrag mit einem jährlichen Gehalt von 2000 Gulden, der bei Bedarf 1780 für weitere drei Jahre verlängert werden sollte.

Born schlug vor, den Katalog ähnlich Jacquins *Flora Austriaca*[15] zu gestalten.[16] Von den geplanten Publikationen über die Sammlungen des gesamten Bestands des Naturalienkabinetts erschien jedoch 1778 nur der Band über die Schaltiere[17] *Index rerum naturalium Musaei Caesarei Vindobonensis. Testacea. Vol. I* (Abb. 1). Zwei Jahre später folgte hiervon eine reich bebilderte Prachtausgabe *Musaei Caesarei Vindobonensis. Testacea, quae jussu Mariae Theresiae disposuit* (Tafel 3). Im Vorwort schreibt Born, „daß der Hauptzweck, welcher die Errichtung öffentlicher Naturaliencabinette veranlaßt hat, in so lange verfehlet werde, bis diese nicht durch eine vollständige Beschreibung aller einzelnen Theile derselben allgemein bekannt gemacht und auf diese Art gleichsam in die Hände eines jeden, der solche benützen kann,

14 Ignaz von Born (1742 Karlsburg / Alba Julia, Siebenbürgen, heute Rumänien – 1791 Wien) war Bergbaufachmann und verbesserte als Mineraloge das Amalgamierungsverfahren. 1779 wurde er Hofrat bei der Hofkammer für Münz- und Bergwesen. Als „Meister vom Stuhl" der Freimaurerloge „Zur wahren Eintracht" förderte er Wissenschaft und Künste, richtete ein kleines Museum mit naturwissenschaftlichen Sammlungen und eine Bibliothek ein und propagierte die Publikationen seiner „einträchtigen Freunde" in eigenen Journalen. Zur Biographie: Lindner 1986; Riedl-Dorn 1987, 35–74; Reinalter 1991.

15 Jacquin 1773–1778.

16 Wien, HHStA, OKäA, Akten Serie B, Karton 6, ohne Nummer, Ignaz von Born an Oberstkämmerer Rosenberg, ohne Datum [vor Mai 1777]; vgl. Hassmann 2015, 119–120.

17 Gemeint sind damit Schnecken und Muscheln.

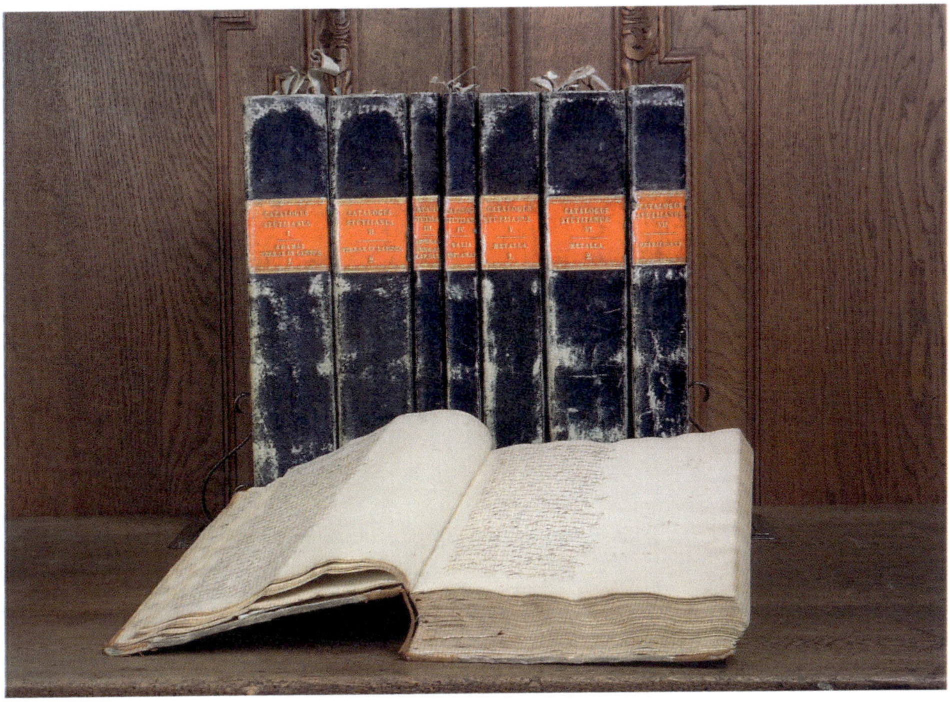

Abb. 2: Andreas Xaverius Stütz, „Catalogus Stützianus“, sieben handgeschriebene Kataloge, 1797–1806 (Wien, NHM, Mineralogisch-Petrographische Abt., Sign. K37, Inv.-Nr. 11.229)

gebracht werde“.[18] Born beschrieb die Objekte auf Deutsch, Englisch, Französisch und Latein, denn Kolowrat hatte an dem *Inventaire raisonné* von Ludwig Baillou beanstandet, dass es nur auf Französisch abgefasst war. Born verwendete nun erstmals die lateinische und später übliche Bezeichnung „kaiserliches Museum“ für das Naturalienkabinett.

Erst 1797 wurde mit der Aufnahme der erdwissenschaftlichen Objekte in Form eines Inventars begonnen. So entstand zwischen 1797 und 1806 der früheste von Abbé Andreas Xaver Stütz handschriftlich verfasste Katalog der Sammlung, *Catalogus Stützianus*, in sieben Folianten (Abb. 2). Das zeitgleich erstellte *Einschreibebuch für Zusendungen und Erwerbungen 1797–1806* enthält keine gültigen Inventarnummern und wurde auch nicht konsequent geführt.

Aufstellung der Sammlungen

Nach der Übertragung der Sammlungen in den Neuen Augustinergang der Wiener Hofburg (1766) waren die Objekte nach Baillous System geordnet worden: Nach dem laut Saint-Laurent geplanten Werk Baillous wurde die Einteilung auf der einen Seite in Edelsteine, Metalle, Mineralien und Fossilien, auf der anderen Seite aber in versteinerte

18 Born 1780, Vorrede; zit. nach Riedl-Dorn 1998, 37.

Meerespflanzen, Crustaceen und Muscheln sowie Gegenstände wie Brennspiegel und Fernrohre[19] als völlig disparate Objekte vorgenommen. Im ersten Raum übernahm Born die Aufstellung der Schalentiere, Korallen und Versteinerungen offenbar noch von Baillou bzw. nach dem Werk von Saint-Laurent.[20] Im zweiten Raum befanden sich die Mineralien im eigentlichen Sinn. Bei der Aufstellung in den Jahren 1778 bis 1780 hatte Born Unterstützung durch den Mineralogen Karl Maria Haidinger, Johann Baptist Megerle von Mühlfeld, den Chemiker und Apotheker Franz Xaver Bonsaing, Karl Ehrenbrecht von Moll, den für Conchylien zuständigen Georg Sebastian Helbling von Hirzenfeld und Saldonner. Die Mineralien wurden nach den Systemen der renommierten schwedischen Mineralogen Johann Gottschalk Wallerius und Axel Frederic Cronstedt geordnet.

Nach Abschluss der Einrichtung des zweiten Saals veröffentlichte Karl Maria Haidinger eine *Eintheilung der kaiserl. königl. Naturaliensammlung zu Wien*. Erstmals scheinen hier auch „Felsgesteine" im Anhang zu den Mineralien auf,[21] doch kritisierte Haidinger die Präsentation im Neuen Augustinergang: „[…] so sind auch hier zur Befriedigung der Neugierigen die größeren, auffallenden, und glänzenden Schaustücke, welche das Aug ergötzen, hinter Glasschränke, doch so aufgestellt, daß die zu einer und derselben Ordnung gehörigen Stücke beysammen stehen, obschon der Simmetrie wegen nicht selten die Arten aus der Reihe, in welcher sie aufeinanderfolgen sollten, getrennet werden mußten."[22] Hingegen konnten die in den Schubladen unterhalb der Glaskästen befindlichen Objekte streng systematisch geordnet aufbewahrt werden. Haidinger wurde 1780 als Adjunkt und später als Direktionsadjunkt am Naturalienkabinett angestellt. Als er 1786 an die Bergakademie in Schemnitz berufen wurde, schlug Born den ehemaligen Augustiner-Chorherrn und Professor der Naturgeschichte und Geographie an der k. k. Real-Akademie Abbé Andreas Xaver Stütz als dessen Nachfolger auf den Posten eines Direktionsadjunkten vor.

Nach dem Tod Josephs II. (1790) ließ Leopold II. das Physikalische Kabinett aufheben und überließ dem Naturalienkabinett einen dritten Saal, der nun von Stütz nach Plänen von Born eingerichtet wurde. Hatte Born die systematische Einteilung der mineralogischen Objekte nach Cronstedt und Wallerius, die Krebse, Conchylien und Rindentiere (Radiaten in der Bezeichnung von Frédéric Cuvier) nach Carl von Linné und die Zoophyten (Korallen und verwandte Gruppen) nach Peter Simon Pallas vorgenommen, so bezog Stütz auch Arbeiten von Antoine Laurent de Lavoisier auf chemischem und solche von Abraham Gottlob Werner auf geologisch-mineralogischem Gebiet ein. Modifikationen ergaben sich bei den Krebsen durch die Berücksichtigung der Werke von Johann Christian Fabricius und Johann Friedrich Wilhelm Herbst und bei den Korallen durch das Manuskript von Johann Paul Karl von Moll. Der vierte

19 Saint-Laurent 1746, 249.

20 Haidinger 1782, Vorrede.

21 Flügel 2003, 541. Haidinger erhielt 1785 für seinen „Entwurf einer systematischen Eintheilung der Gebirgsarten" den Preis der kaiserlichen Akademie der Wissenschaften in St. Petersburg.

22 Haidinger 1782, Vorrede. Vgl. auch den Beitrag von Elisabeth Hassmann in diesem Band.

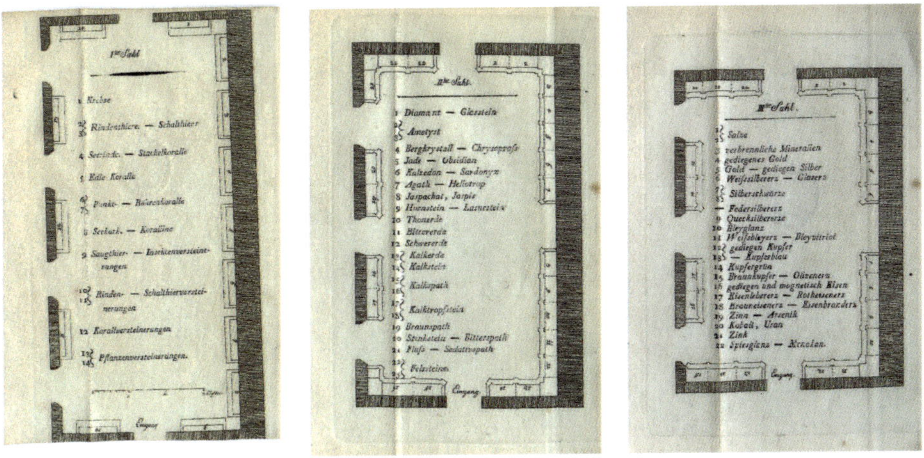

Abb. 3: Aufstellung der Naturaliensammlung in drei Sälen des Neuen Augustinerganges, in: Andreas Stütz, Neue Einrichtung der k. k. Naturalien Sammlung zu Wien. Mit drey gestochenen Grundrissen, Wien 1793 (Wien, NHM, Mineralogisch-Petrographische Abt., Bibliothek)

Raum mit dem Edelsteinstrauss aus der Schatzkammer und Pietra-dura-Bildern war nur für besondere Besucher zugänglich.

Von der Neuaufstellung, die Leopold II. nicht mehr erlebte, gab Abbé Andreas Xaver Stütz 1793 in *Neue Einrichtungen der k. k. Naturaliensammlung* einen Überblick: „Diese besteht wie ehmals nur aus Krebsen, rindenartigen und schaligen Schlammthieren, Pflanzenthieren, Versteinerungen, Steinen, und Mineralien. Das Mineralreich macht noch immer den grössten Theil desselben aus. Nach der neuen Anordnung sind im ersten Sahle die thierischen Körper und die Versteinerungen, im zweyten die Erden und Steine allein, im dritten die Salze, verbrennlichen Mineralien und Metalle angebracht. Damit sind 58 Schränke angefüllet. Die obere Hälfte jedes Schrankes ist für die Schaustücke mit Gläsern versehen, und im ersten Sahle in drey, in den zween übrigen in zwey Fächer untertheilet. Die untere Hälfte besteht aus Laden, worinn die kleineren Stücke, systematisch eingetheilet, liegen. Die Zahl der Schränke macht die Grösse der Sammlung begreiflich. Die Krebse hat man nach den bessten Authoren, *Herbst*, *Fabrizius*, und *Linné*, die Rindenthiere nach *Linné*, die Schalthiere nach dem schon gedruckten Werke, *Musaei Caesarei Testacea*, des Hofraths von *Born*, mit Verbesserung einiger Irrungen, und Einschaltung des sehr beträchtlichen Zuwachses, die Thierpflanzen nach des weltberühmten *Pallas Zoophytis*, und unsers *Karls* von *Moll* darüber verfassten Manuskripts, die Versteinerungen grösstentheils nach *Linné's Systema naturae* geordnet. Bey der Bestimmung, besonders der thierischen Körper, haben eben erwähnter H. von *Moll* und Herr Kustosadjunct *Megerle*, so wie bey der ganzen Einrichtung dessen Vater Herr Kustos *Megerle* ungemeine Hilfe geleistet. Die mechanische Eintheilung ist nur darinn abgeändert worden, dass wegen grösseren Platzes mehrere vorzügliche Stücke aus den Schubladen unter die Glasschränke sind versetzet worden. Die verschiedenen chemischen Zeichen, deren einige aus Mangel schon vorhandener neu ausgedacht worden sind, hat man jedem Geschlechte der Mineralien beygefüget, um auch hierin öffentliche Rechnung von der innern Einrichtung dieser an Mineralien gewiss vorzüglichsten Sammlung der Welt abzulegen." Des Weiteren fährt er fort: „Nach allerhöchster Verordnung ist dieser Besuch alle Dienstage des ganzen Jahres, wenn kein Feyertag einfällt, Vormittags von halb zehn Uhr bis Mittag erlaubt. Fremden, Leuten vom Stande, auch Gelehrten wird die Sammlung auch an andern Tagen vorgezeiget, wenn sie sich, wenigstens Tages zuvor melden lassen. Man öffnet ihnen alsdann auch ein viertes, zum Naturalienkabinete gehöriges Zimmer mit den aus wirklichen Steinen bestehenden Florentiner Bildern und Tischen, worinn auch der bekannte, aus Edelsteinen bestehende, prächtige Blumenstrauss aufbewahret wird."[23] Im Anhang des Werks sind die Grundrisse der drei Schauräume mit genauen Angaben zur Anordnung und zum Inhalt der Schränke beigefügt (Abb. 3).

Personalstand der Sammlungen

Das Sammlungspersonal wurde unter Maria Theresia noch teilweise aus dem Geheimen Kammerzahlamt (der „Privatkasse" der Kaiserin) bezahlt, unter Joseph II. aber aus dem Budget des k. k. Oberstkämmereramtes. Die Besoldung für die einzelnen Bediensteten war dabei sehr unterschiedlich: Während Ludwig von Baillou bis zu seinem Tod 1802 eine Leibrente in der Höhe von 3000 Gulden im Jahr erhielt, mussten sich Stütz mit 800 Gulden und Johann Baptist Megerle sogar nur mit 350 Gulden und 69 Gulden Quartiergeld begnügen.[24]

Erweiterung der Sammlungen

Bereits Maria Theresia hatte angeordnet, dass alle Bergämter Belegstücke an die Naturaliensammlung abliefern mussten. Es entsteht jedoch der Eindruck, dass sich erst Joseph II. nach dem Tod seiner Mutter der tatsächlichen Vergrößerung der Bestände des Naturalienkabinetts, des Botanischen Gartens und der Menagerie gewidmet habe, wobei nun wissenschaftliche Gesichtspunkte in den Vordergrund traten. Im Jahr 1787 forderte er einen Bericht zu den Veränderungen im k. k. Naturalienkabinett seit Beginn seines Regierungsantritts ein, in dem Born vor allem auf die erfolgten Erwerbungen eingeht.[25] Selbst nach Gründung einer eigenen Naturaliensammlung waren ungewöhnliche Naturalien noch in die Schatzkammer gebracht bzw. dort aufbewahrt worden, wie zum Beispiel die als Luftsteine – „Aerolithen" – bezeichneten Meteoriten. Erst 1778 wurden sie unter Anleitung von Born ins Naturalienkabinett überführt.

Im Zuge der josephinischen Ordens- und Klosteraufhebungen ab 1782 (Schwarzspanier-Kloster, Augustinerchorherrenstift St. Dorothea etc.) und der Aufhebung der

23 Stütz 1793, XIII–XVI; zit. nach Riedl-Dorn 1998, 53; dies. 2011.

24 Ausführlich bei Hassmann 2015, 321–322.

25 Wien, HHStA, OKäA, Akten Serie B, Karton 9, ohne Nr., Konvolut Nr. 41 ex 1787, undatierter Bericht von Born an den Oberstkämmerer; vgl. Hassmann 2015, Nr. 496, 326–327.

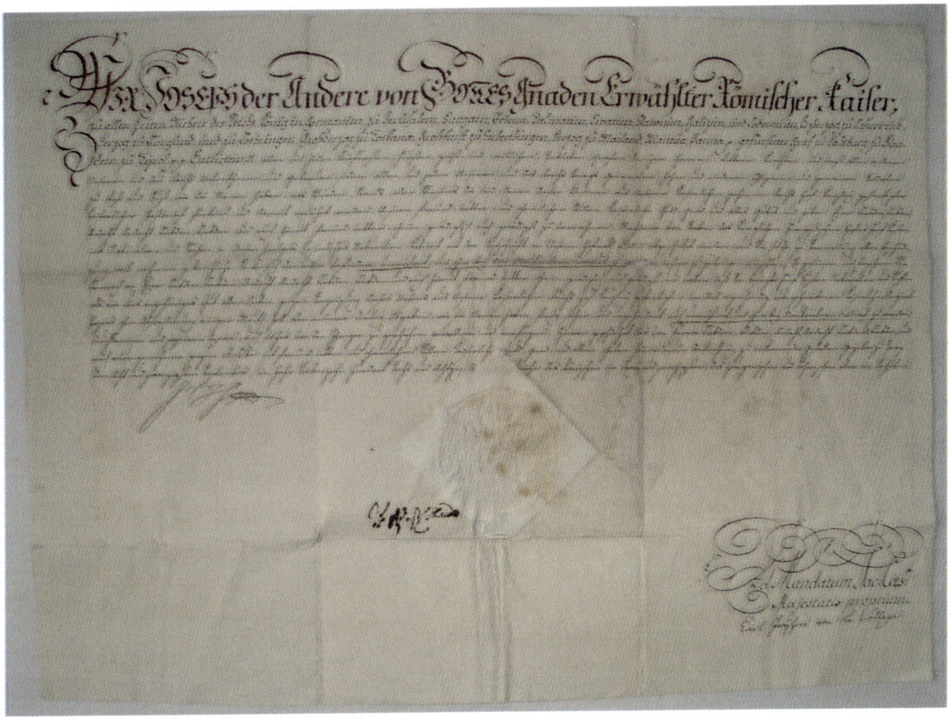
Wir Joseph der Andere von Gottes Gnaden Erwählter Römischer Kaiser,

Abb. 4: „Passbrief“ von Kaiser Joseph II., ausgestellt in Prag am 28. September 1786 (Wien, NHM, Mineralogisch-Petrographische Abt., Archiv, Sign. „Alter Panzerschrank“)

Theresianischen Akademie 1784 durch den Kaiser wurden aus deren Besitz Objekte für die kaiserlichen Kabinette ausgewählt. Weitere Zuwächse erlangten sie durch Schenkungen, Ankäufe und Expeditionen sowie aus Verlassenschaften.

Tausch

Im Jahre 1781 leitete Kaiser Joseph II. den Austausch von Naturalien mit dem französischen Cabinet d’Histoire Naturelle du Roi in die Wege. Um die Sicherheit der Objekte zu gewährleisten, stellte er am 28. September 1786 einen „Passbrief“ aus, der heute in einem Panzerschrank der Mineralogisch-Petrographischen Abteilung des Naturhistorischen Museums aufbewahrt wird (Abb. 4): „Nach dem von Seiten des Königlichen Französischen Hofes fünf Küsten mit Naturalien und Stuffen an Unser hiesiges Kaiserliches Naturalien-Kabinet mit der Aufschrift an Unseren Hofrath Born abgeschicket werden, und Wir solche zu Vermeidung aller Beschädigung, weil mehrere gebrechliche Stücke sich darinnen befinden, uneröffnet und ohne bei den Mautämtern visitiret zu werden anhero zu gelangen wünschten. So gesinnen und begehren wir demnach an Euer Liebden […] und euch hiermit Freund-Vetter-Oheim gnädiglich auch gnädigst und wollen, daß Sie besagte fünf Küsten Naturalien und Stuffen als ein Uns angehöriges Gut aller Orten gegen Vorzeigung dieses Unseres aus Unserer Kaiserlichen Reichs-Hof-Kanzley gefertigten von Uns eigenhändig unterschriebenen Kaiserlichen Original Passes ohne Abforderung einiger Mauth, Zoll oder anderen derley Abgaben, wie sie Namen haben, frey sicher und ungehindert, auch uneröffnet und ohne bey Mautämtern visitiret zu werden durchkommen und passieren lassen, auch solches von den Ihrigen zu geschehen anordnen und verfügen."[26] Ignaz von Born wählte für das königliche französische Naturalienkabinett eine Sammlung von Dubletten aus vergleichbaren Institutionen, Akademien und von verschiedenen Naturforschern, die er durch seine weitreichenden Beziehungen im Laufe der Zeit erhalten hatte, so aus Russland, England, Holland, Spanien, Frankreich und Italien. Für die aufwendige Durchführung des Tausches sollte ihm Haidinger als Assistent zugeteilt werden.

Aus dem Jahr 1785 sind Sammlungsabgänge von 31 Kisten mit Naturalien aus den kaiserlichen Beständen an die Universität Lemberg sowie von Mineralien, Insekten und fast allen Tierpräparaten an die Universität von Pavia verzeichnet. Es scheint, dass Joseph II. – wie bereits sein Vater – im Naturalienkabinett keine Tierpräparate sehen wollte,[27] obwohl er neben Muscheln auch ausgestopfte Vögel aus der Karibik bestellte.[28] Erst unter seinem Neffen Franz II. (I.) wurde ein Tierkabinett 1796 am Josefsplatz eingerichtet,[29] das neben ausgestopften Tieren sogar vier präparierte Menschen zur Schau stellte – unter ihnen den afrikanischen Kammerdiener der Fürsten Liechtenstein, Angelo Soliman.[30]

Ankäufe und Nachlässe

Aufgrund von Klagen Borns, im Kabinett seien zu wenige einheimische Mineralien für die Neuaufstellung der Sammlungen und Komplettierung der Mineraliensammlung vorhanden, kaufte Maria Theresia 1780 die Mineraliensammlung von dem k. k. Hofsekretär Josef von Dam (oder Damm) um 10.000 Gulden an. Dieser Erwerb ermöglichte Born die Fertigstellung der Neueinrichtung von 1781.

Die Ankäufe gingen unter Maria Theresia teilweise zu Lasten ihrer Privatkasse (Geheimes Kammerzahlamt), unter Kaiser Joseph II. trug die Kosten hingegen der Hofärar („Staatskasse"). Der Kaiser kontrollierte die Neuerwerbungen auch strenger als seine Mutter zuvor. Zu den Zuwächsen gehörten etwa Zeolithen und Chalcedone aus Island und von den Färöern aus dem Besitz des Kaufmanns und „beeidigten Juwelen-Marklers in Hamburg" Pierre Laporterie, die zu einem Preis von 1500 Dukaten

26 Wien, NHM, Mineralogisch-Petrographische Abteilung.

27 Hassmann 2015, Nr. 401. Die präparierte Leiche eines Knaben ließ Joseph II. an das Josephinum abgeben; ebenda, Nr. 502.

28 Wien, NHM, AfW, Briefe an N. J. Jacquin-1/8/52, Brief von Charles Aquart an Nikolaus Joseph von Jacquin, St. Pierre Martinique 4. Juli 1785.

29 Kaiser Franz II. (I.) kaufte bereits 1793 die Sammlung von Tierpräparaten von Josef Natterer.

30 Zu Angelo Soliman vgl. Bauer 1922 (Firla-Forkl 1993); Firla 1996; Riedl-Dorn 1998, 62–64; AK Soliman 2011.

angekauft wurden.[31] Anstelle einer Bezahlung erhielten die Sammler nun immer häufiger Geschenke für die Übergabe ihrer Kollektionen wie zum Beispiel der Botaniker und Direktor des Jardin des Pamplemousses (heute Sir Seewoosagur Ramgoolam Botanical Garden) Jean Nicolas Céré,[32] der in russischen Diensten stehende Naturforscher Peter Simon Pallas, der Entomologe Johann Christian Fabricius und Gottlieb Heinrich Kannegiesser, Professor der Medizin aus Kiel.

Joseph II. veranlasste auch, dass eine Auswahl von Naturalien und Mineralien aus der hinterlassenen Sammlung seines Onkels, des k. k. Feldmarschalls und Generalgouverneurs der Niederlande Herzog Karl Alexander von Lothringen, von Brüssel nach Wien an das Naturalienkabinett gebracht wurde, wobei der Transport aus der Staatskasse bezahlt werden musste.

Sammelreisen[33]

Auch war Joseph II. nicht abgeneigt, eigene Expeditionen zur Erweiterung der Sammlungsbestände auszurüsten, wobei die Hoffnung im Vordergrund gestanden haben dürfte, auf diese Weise an ökonomisch wichtige Produkte und möglicherweise auch an eigene Kolonien zu kommen. Bereits 1781 wurde mittels Zirkular von Vizekanzler Johann Philipp Graf von Cobenzl an verschiedene Gesandte versucht, Pflanzen und Tiere zu organisieren. Der rege Briefwechsel mit Konsuln in Hafenstädten sollte sich aber erst fünf Jahre später bezahlt machen.

Schlechte Erfahrungen beim Transport von Pflanzen, etwa aus dem Jardin des Pamplemousses auf Mauritius, und der Verlust der von Jacquin mitgebrachten und in Schönbrunn kultivierten Pflanzenkollektion durch die Unachtsamkeit eines Gärtnergehilfen ließen den Wunsch nach großangelegten Sammelreisen in exotische Länder im Kaiserhaus wach werden. Bereits zu Lebzeiten Maria Theresias wurden verschiedene Pläne in Erwägung gezogen, darunter eine von Born vorgeschlagene Weltumsegelung im Stil jener von James Cook oder von Louis-Antoine Bougainville, doch wurde diese Idee verworfen. Einerseits gab es Schwierigkeiten, ein dafür geeignetes Schiff aufzutreiben, nachdem Verhandlungen mit dem in einen Prozess verstrickten Oberstleutnant und Schiffseigentümer William Bolts gescheitert waren, andererseits erkrankte Born, der die wissenschaftliche Leitung der Expedition übernehmen hätte wollen. Auch andere Entwürfe erwiesen sich als undurchführbar. Schließlich einigte man sich auf eine neuerliche Expedition in die Karibik und nach Nordamerika. An Jacquin und Born erging die Anweisung, Richtlinien zu verfassen und Teilnehmer vorzuschlagen.

---

31 Fitzinger 1856, 451, schreibt „Professor de la Patrie in Hamburg".

32 Mauritius, Réduit, MSIRI, Collection of the Royal Society of Art and Science, Lettres du Jardin de l'Isle de France, vol. 5, 117–119, Brief von Jean Nicolas Céré an Philipp Graf von Cobenzl vom 18. April 1787, und ebenda, 119, Brief von Céré an Castries vom 21. April 1787, in dem sich Céré für die Geschenke des Kaisers (Pflanzen und Heilmittel) bedankt.

33 Basiert auf (in Auswahl) Riedl-Dorn 1989, 24–29; dies. 1998; dies. 2001a, 436–445; dies. 2001b, 17–24 und die dort angegebenen Literatur- und Quellenangaben; dies. 2002, 349–353; dies. 2003, 508–520; dies. 2009.

Born nannte seinen Logenbruder Franz Joseph Märter, Professor der Naturgeschichte und Ökonomie an der k. k. Theresianisch-Savoyischen Ritterakademie, Jacquin empfahl den jungen Mediziner Matthias Leopold Stupicz. Beide schlugen Karl Maria Haidinger vor, der aber, als er davon in Kenntnis gesetzt wurde, dass Märter „zum Direktor der Reisegesellschaft" bestimmt worden war, „sogleich der Reise entsagte".[34] Für die Teilnahme an der Expedition stellte der Schönbrunner Hofgärtner Richard van der Schot den Obergesellen und späteren Leiter der k. k. Hofgärten Franz Boos und den Gärtnergesellen Franz Bredemeyer für die Betreuung der Pflanzen und Tiere, besonders während des Transports, ab; als Naturalienmaler wurde Bernhard Albrecht Moll engagiert. Im April 1783 konnten sämtliche Mitglieder der ausgewählten Gruppe aufbrechen und über Belgien und Paris die bereitgestellte amerikanische Fregatte *Washington* zur Abfahrt nach Philadelphia erreichen. Fortan sandte Märter regelmäßig Berichte an Ignaz von Born, der sie ab 1785 in seinen *Physikalische[n] Arbeiten der einträchtigen Freunde in Wien* veröffentlichte.[35] An der nordamerikanischen Ostküste wurden Gebiete von Florida bis New Jersey und die Bahamas besucht. Während der Reise setzten sich Moll und Stupicz von der Gruppe ab, um sich in den Staaten anzusiedeln, und Bredemeyer kehrte mit der ersten Ausbeute nach Wien zurück, wo sich der Kaiser die mitgebrachten Schätze und Aufzeichnungen vorlegen ließ.[36]

1784 trat Bredemeyer gemeinsam mit dem Gärtnergesellen des Schönbrunner Hofgartens Joseph Schücht abermals eine Reise nach Amerika an, und im Mai 1785 traf Bredemeyer in Martinique ein. Hier sollte er bei Charles Aquart, dessen 1774 verstorbener Bruder Benoit mit Jacquin befreundet gewesen war und mit diesem 20 Jahre zuvor Streifzüge durch die Karibik unternommen hatte, auf den damals in Neuengland befindlichen Märter warten.[37] Die während seiner Expedition von 1754 bis 1759 geknüpften Kontakte verhalfen dem Kaiserhaus noch Jahrzehnte nach Jacquins Rückkehr zu seltenen Objekten. Aquart berichtete etwa, dass er auf Wunsch von Cobenzl Muscheln und schöne, ausgestopfte Vögel von Cayenne nach Wien senden werde und dass er Bredemeyer, der nach Caracas weitergereist war, Gewürzpflanzen für den kaiserlichen Garten mitgegeben habe.[38]

Inzwischen war Boos mit zahlreichen Exemplaren von Tieren und Pflanzen bereits in die Residenzhauptstadt zurückgekehrt. 1785 trafen die Gärtner Bredemeyer und Schücht mit Märter in San Domingo zusammen und wurden von ihm nach Caracas entsandt, von wo sie nach Überwindung zahlreicher Schwierigkeiten 1788 erfolgreich mit 65 Kisten voll Sammlungsobjekten heimkehrten (Abb. 5). Jacquin beschrieb

34 Jacquin 1811, 160.

35 Joseph Märter hatte bereits ab 1783 in *Physikalische Arbeiten der einträchtigen Freunde* in Wien publiziert, etwa über Kolibris aus der Südsee, allerdings sind seine Reisebeschreibungen erst ab 1785 abgedruckt worden; vgl. Märter 1785.

36 Lhotzky 1941–1945, 458.

37 Wien, NHM, AfW, Briefe an N. J. Jacquin-1/8/52, Brief von Charles Aquart an Nikolaus Joseph von Jacquin, St. Pierre Martinique, 4. Juli 1785.

38 Ebenda und Wien, NHM, AfW, Briefe an N. J. Jacquin-1/8/53, Brief von Charles Aquart an Nikolaus Joseph von Jacquin, St. Pierre Martinique, 6. Juli 1785.

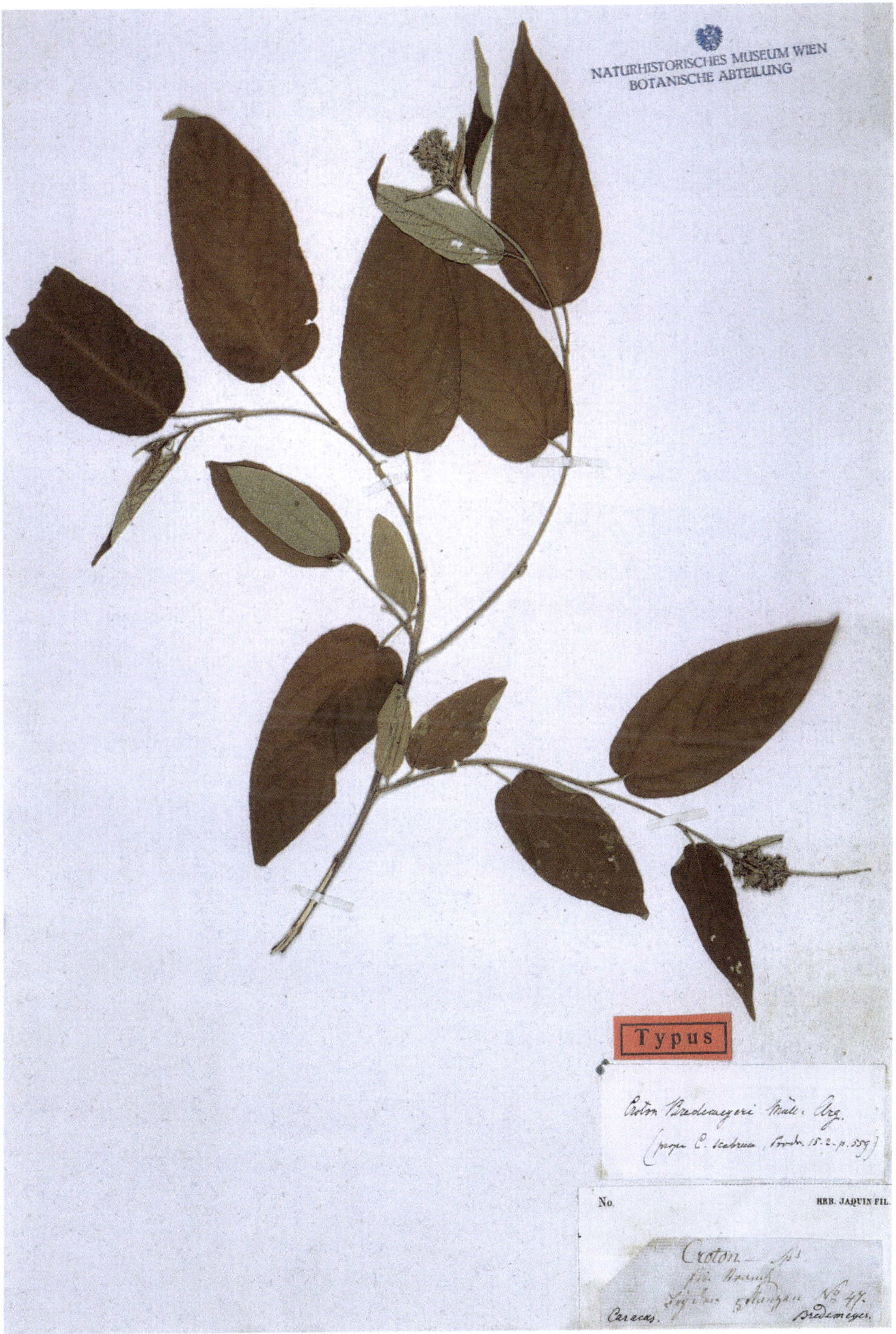

Abb. 5: Croton bredemeyeri aus Caracas, benannt nach dem Sammler Franz Bredemeyer, aus dem Herbar von Joseph Franz von Jacquin, um 1786 (Wien, NHM, Botanische Abt., Inv.-Nr. W 0051191)

zahlreiche auf diesen Reisen gesammelte Pflanzen in dem vierbändigen Prachtwerk *Plantarum rariorum horti Caesarei Schoenbrunnensis descriptiones et icones*, das in Wien zwischen 1797 und 1804 erschien.

Eine weitere von Richard van der Schot angeregte Expedition führte 1785 den eben erst aus Amerika zurückgekehrten Gärtner Franz Boos und den Gärtnergehilfen Johann Georg Scholl an das Kap der Guten Hoffnung und Ersteren auf die Maskarenen. Besonders erwünscht waren neben Pflanzen und Mineralien „vierfüßige" Tiere aller Art mit Ausnahme von Raubtieren. Vor allem Zebras, Elefantenjunge, Nashornkälber sowie Flusspferde und „Camelopardus oder Gyrafen" waren von Interesse. Zumindest der Wunsch nach einem Zebra konnte bald erfüllt werden: Noch bevor die Gärtner in Südafrika eintrafen, schenkte der Prinz von Oranien 1786 Joseph II. ein Zebra, allerdings betrugen die Kosten für den Transport nach Wien 345 Gulden.[39]

Nach ihrem Eintreffen am Kap im Mai 1786 unternahmen die Gärtner zahlreiche Streifzüge ins Landesinnere. Boos reiste neun Monate später weiter nach Mauritius, Scholl sollte die bisher erworbenen Tiere und getrockneten Pflanzen im Kapland betreuen und nach Möglichkeit vermehren. In Mauritius erhielt Boos von dem Agraringenieur, Politiker und Forschungsreisenden Joseph-François Charpentier de Cossigny de Palma zwei große Bergkristalle aus Madagaskar als Geschenk für Kaiser Joseph II.[40] Einer der beiden Bergkristalle, ein 115 Kilogramm schweres Exemplar, ist auch heute noch in der Kastenvitrine im Saal I des Naturhistorischen Museum zu bewundern (Abb. 6).

Nach seiner Rückkehr ins Kapland schiffte Boos die umfangreichen Sammlungen aus allen drei Naturreichen ein und traf 1788 mit reicher Ausbeute an Tieren (darunter 250 Vögel, zwei Zebras und elf Affen), Pflanzen und Mineralien wieder in Wien ein. Ein mitgebrachter Graupapagei (Psittacus e. erithacus) aus Südafrika befindet sich heute ausgestopft in der Vogelsammlung des Naturhistorischen Museums, seine sterblichen Überreste waren bereits vor 1806 an das „Thiercabinet" gekommen. Boos brachte ein Straußenpärchen mit. Das Weibchen lebte 18 Jahre in der Menagerie in Schönbrunn und wurde nach seinem Ableben ebenso präpariert und im Naturalienkabinett ausgestellt wie das Männchen, das bereit 1797 infolge eines verschluckten Eisenstückes verendete und in der Schausammlung präsentiert wurde.[41] Auch die vier mitgebrachten Rosa Pelikane (Pelecanus onocrotalus) verbrachten 20 Jahre in der Schönbrunner Menagerie, bevor sie an das „Hof-Naturalien-Cabinet" gelangten.[42] Viele der für die Menagerie bestimmten Tiere überlebten den Transport allerdings nicht.

Durch eine Verkettung widriger Umstände musste Scholl bis 1799 im Gebiet des heutigen Südafrika bleiben und unternahm dort weitere Sammelfahrten in weite Teile

39 Wien, HHStA, OMeA, SR 177.

40 Cossigny hatte in Palma (Mauritius) einen Akklimatisationsgarten gegründet, in dem er seltene Pflanzen züchtete, die er von seinen Expeditionen mitbrachte; vgl. Dictionnaire de biographie mauricienne, Bd. I (1941), 11–12.

41 Schiffter 1982, 134; Riedl-Dorn 2005, 233.

42 Fitzinger 1853, 108; Schiffter 1982; Riedl-Dorn 2005, 233.

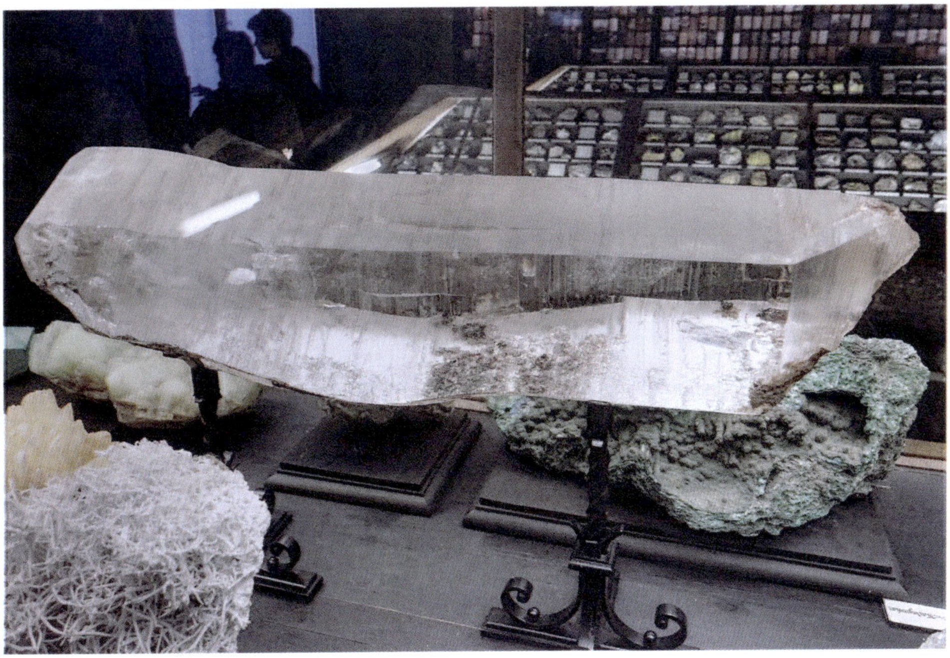

Abb. 6: Bergkristall aus Madagaskar in einer Schauvitrine des Naturhistorischen Museums (Wien, NHM, Mineralogisch-Petrographische Abt., Inv.-Nr. Acq.-Post. A.y.190)

des Landes. Er dokumentierte seine Ausgaben in der „Rechnung des Gärtner Scholl vom Jahre [1]788 bis [1]799 samt Beylagen“ genau.[43] Daraus erfahren wir unter anderem, dass er monatlich 20 holländische, später kaiserliche Gulden verdiente und Sklaven „bezahlte“. Darunter verstand er sowohl die direkte Entlohnung an einige Sklaven als auch die Miete, die an deren Besitzer zu zahlen war; ebenso geht aus Scholls Abrechnung hervor, an wen und wann er Postsendungen abschickte.

Als Spanien einen Naturforscher für die Teilnahme an einer großangelegten wissenschaftlichen Expedition zur Gewinnung neuer Erkenntnisse über Landwirtschaft und Bergbau in exotischen Ländern unter der Leitung von Alessandro Malaspina suchte, schlugen Jacquin und Born ihren hochbegabten Schüler Thaddeus Peregrinus Haenke vor, obwohl Joseph II. seine Zustimmung nur zögernd auf Rat van Swietens gab. Er befürchtete, dass Haenke dem Beispiel von Moll und Stupicz folgend nicht wieder zurückkehren würde, was sich schließlich auch bewahrheitete. Joseph II. erinnerte sich nur ungern an die Expedition unter Märter, und wollte vermeiden, dass „es mir nicht wieder ergehe wie es schon geschehen ist, dass Ich Leute auf Anempfehlung des Jacquin mit Kosten nach Amerika habe reisen lassen, die hernach, als sie etwas gelernth hatten, sich in andere Dienste begeben haben, und nicht wieder zurückgekommen sind“.[44]

43 Wien, HHStA, OMeA, SR 175.

44 Wien, HHStA, Staatsrat ad Nr. 2415 ex p 789, zit. nach Raffler 1999, 188.

Die Pazifikexpedition führte von 1789 bis 1793 über die Philippinen, die Marianen, Neuseeland und Australien an die Westküste von Nordamerika von Mexiko bis Alaska, unterbrochen durch eine Reihe von Exkursionen ins Landesinnere, und schließlich entlang der südamerikanischen Küste nach Lima, wo Haenke sich – wie von Joseph II. befürchtet – von ihr trennte und weitere sieben Jahre in spanischen Diensten weite Teile des Subkontinents in naturwissenschaftlicher, geographischer und archäologischer Hinsicht erforschte, sich um die Rechte der indigenen Bevölkerung große Verdienste erwarb und vor allem im heutigen Bolivien vielseitig tätig war. Er kehrte nicht mehr nach Europa zurück.

Die Jahre der josephinischen Alleinregierung sind für die Weiterentwicklung der systematischen Wissenschaften, die Ordnung in die beobachteten Erscheinungen der Natur bringen sollten, wesentlich. Besonders durch die Schriften von Carl von Linné waren für das gesamte naturwissenschaftliche Denken entscheidende Grundlagen geschaffen worden. Der dadurch gewonnene Überblick erleichterte auch die praktische Anwendung der in ihrem Umfang ständig wachsenden Kenntnisse. Museen boten die Möglichkeit, die nunmehr geordnete Vielfalt gleichsam als Norm darzulegen und als Anschauungsmaterial den Lernenden zugänglich zu machen. Es war das Verdienst des Kaisers, das zu erkennen und zu fördern, wobei er freilich vor allem das von seiner Mutter übernommene Konzept sinnvoll weiterführte.

Das Naturalienkabinett nach Joseph II.

Von 1796 bis 1802 existierte neben dem nunmehr „verstaatlichten" Kabinett ein im kaiserlichen Besitz stehendes „K. k. Physikalisches-Astronomisches, Kunst- und Natur-Thier-Cabinet" im Augustinertrakt der Wiener Hofburg. Schon 1795 war Abbé Simon Eberle[45] mit der Direktion des Physikalischen Kabinetts betraut worden. Da damals in den für das Kabinett gedachten Räumen unterhalb des Astronomischen Turmes zoologische Objekte gelagert waren, schlug Eberle vor, die astronomischen und physikalischen Geräte einschließlich der Automaten mit der Tiersammlung zu vereinen. Im Jahre 1796 kam eine Sammlung an Geweihen, darunter auch Missbildungen, sowie Steinbock- und Gämshörner hinzu, die Kaiser Franz II. (I.) von Schloss Kaiserebersdorf in die Hofburg bringen ließ. Dieses Sammelsurium an physikalischen Objekten und das im Entstehen begriffene „Thiercabinet" sollten im Augustinertrakt am Josefsplatz untergebracht werden, jenem Trakt südöstlich der Hofbibliothek, der auch an den Neuen Augustinergang anschloss. Nachdem das Generalhofbauamt seine dortigen Räumlichkeiten 1792 verlassen hatte, stand dieser Seitenflügel leer. Zudem mussten die darin befindlichen, 1784 von Joseph II. vergebenen Naturalwohnungen (Dienstwohnungen) für die Präfekten der Hofbibliothek und andere höhere Beamte in den oberen Stockwerken 1796 geräumt werden. Die zahlreichen verwinkelten Räume

45 Abbé Simon Eberle, Naturwissenschaftler und Probst, wurde 1798 in den Adelsstand erhoben. Nach seiner Versetzung in den Ruhestand eröffnete er 1802 in der Florianigasse in Wien-Josefstadt ein Museum und eine Sternwarte.

in dem schmalen und relativ hohen Bau, die nur wenig Licht erhielten, waren für ein Museum aber wenig geeignet.

Ziel des neuen Museums mit dem etwas abstrusen Namen „K. k. Physikalisches-Astronomisches Kunst- und Natur-Thier-Cabinet" war es, die Bildung zu fördern und die kaiserliche Privatsammlung zugänglich zu machen. Die Direktion wurde Eberle übertragen, der wegen „Geldverschwendung" allerdings 1802 in den vorzeitigen Ruhestand versetzt wurde.

Neben Ludwig von Baillou wurde 1797 Abbé Andreas Xaver Stütz als zweiter Direktor der alten Naturaliensammlung eingesetzt, der nach dem Abgang Eberles zusätzlich mit der Leitung des Kabinetts am Josefsplatz betraut wurde. Im Jahr 1802 starb Ludwig Baillou und sein Sohn Josef verzichtete auf das erbliche Direktorat, somit konnten die beiden Naturaliensammlungen nunmehr unter dem Namen „Vereinigtes Naturalien- und Physikalisches-Astronomisches Cabinet" auch administrativ vereinigt werden. Stütz begann die Sammlungen wieder nach wissenschaftlichen Kriterien zu ordnen und aufzustellen, sein früher Tod 1806 führte jedoch neuerlich zu einer Umstrukturierung: Kaiser Franz I. (II.) ließ die Kabinette in ein „Physikalisch-Astronomisches" und ein „Naturalien-Cabinet" teilen. Seit diesem Jahr mussten verpflichtend Inventare geführt werden. Objekte, die vor diesem Datum an das Naturalienkabinett gelangt waren, erhielten Vermerke wie „vor 1806" oder „Verzeichnis von Pflanzen, die schon unter Direktor Stütz vorhanden waren".

Der Kaiser legte 1803 den Grundstock zu seinem Botanischen Kabinett, dem er 1808 sein Privatherbar eingliederte. 1810 erfolgte die Dreiteilung in das „Vereinigte k. k. Naturalien-Cabinet" (Botanisches, Zoologisches und Mineralogisches Kabinett), und ein Jahr später schenkte der Kaiser das Tier- und Pflanzenkabinett aus seinem Privatbesitz dem Staat. Carl Franz Anton von Schreibers[46] stand von 1806 bis 1851 den „Vereinigten k. k. Naturalien-Cabineten" als Direktor vor. Damit war auch der Auftrag verbunden, die zoologische Schausammlung auf seriöse Belehrung umzustellen und alle Sammlungen mit einem Organisations- und Arbeitsplan zur Rationalisierung der wissenschaftlichen Verwaltung zu versehen sowie diese, unter Einhaltung der systematischen Aufstellung der Bestände, weiter auszubauen mit dem Ziel, die Sammlungen in Forschungsstätten umzuwandeln, die der wissenschaftlichen Lehre dienen sollten.

46 Carl Franz Anton von Schreibers heiratete 1810 Isabella, die Tochter von Nikolaus Joseph von Jacquin.

Anna Maerker

Objekt, Verstand und Mitgefühl

Die anatomischen Wachsmodelle des Josephinums im Zeitalter medizinischer Professionalisierung

Im Jahre 1780 besuchte Kaiser Joseph II. seinen Bruder, den toskanischen Großherzog Peter Leopold. In Florenz besichtigte der Kaiser das neue Museum für Physik und Naturkunde und insbesondere dessen berühmte Sammlung anatomischer Wachsmodelle. Die Modelle, lebensgroß und in Miniatur, stellten die Strukturen des gesunden menschlichen Körpers im Detail dar: lebende, attraktive Körper in Wachs. Joseph war von der Sammlung so beeindruckt, dass er bei dem Direktor des Museums, dem Naturwissenschaftler Felice Fontana, Kopien für Wien bestellte.

In Florenz waren die anatomischen Modelle in einem der allgemeinen Öffentlichkeit zugänglichen Museum ausgestellt. Sie wurden von Toskanern und ausländischen Besuchern gleichermaßen als ästhetisch und wissenschaftlich hochwertige Darstellungen des menschlichen Körpers gefeiert, die die Volksaufklärung und die medizinische Lehre beförderten. Die Beurteilung der Florentiner Modelle in Wien war allerdings deutlich ambivalenter. Satiriker und Mediziner kritisierten die künstlichen (und kunstvollen) Körper und verneinten ihren Anspruch auf Nützlichkeit. Der folgende Beitrag untersucht die Rezeption der Modelle in Wien und identifiziert insbesondere Debatten um die Verstrickung von Objekt, Emotion und Geschlecht in medizinischer Lehre und Praxis als maßgeblich für ihren Tenor.

Zur Geschichte anatomischer Modelle

Die Visualisierung des Körperinneren stellte über Jahrhunderte eine Herausforderung für anatomische Forschung und Lehre dar, vor allem im Zusammenhang mit der umstrittenen Praxis der Leichensektion. Mit dem Beginn der Frühen Neuzeit suchten Mediziner zunehmend die Zusammenarbeit mit Künstlern, um das Körperinnere auch ohne Zugriff auf Leichen sichtbar zu machen. Einen frühen Höhepunkt fand diese Entwicklung mit Andreas Vesals reich illustrierter Abhandlung *De humani corporis fabrica* (1643). Abbildungen in zwei Dimensionen waren jedoch in mancher Hinsicht problematisch, da sie den komplexen räumlichen Gegebenheiten des Körperinneren nicht gerecht wurden. Erfindungsreiche Klapp-Anatomien, die die Organe in zweidimensionalen Schichten präsentierten, lösten das Problem nur bedingt. Im 18. Jahrhundert wurden zunehmend dreidimensionale Modelle angefertigt. Hier kamen verschiedene künstlerische Traditionen zusammen: die medizinische Illustration, aber auch die Herstellung religiöser Kunst in Form von Votivgaben und Heiligenskulpturen sowie die Fertigung kolorierter Porträtbüsten in Wachs. Die Kombination medizinischer und künstlerischer Traditionen war insbesondere in Italien fruchtbar. Am

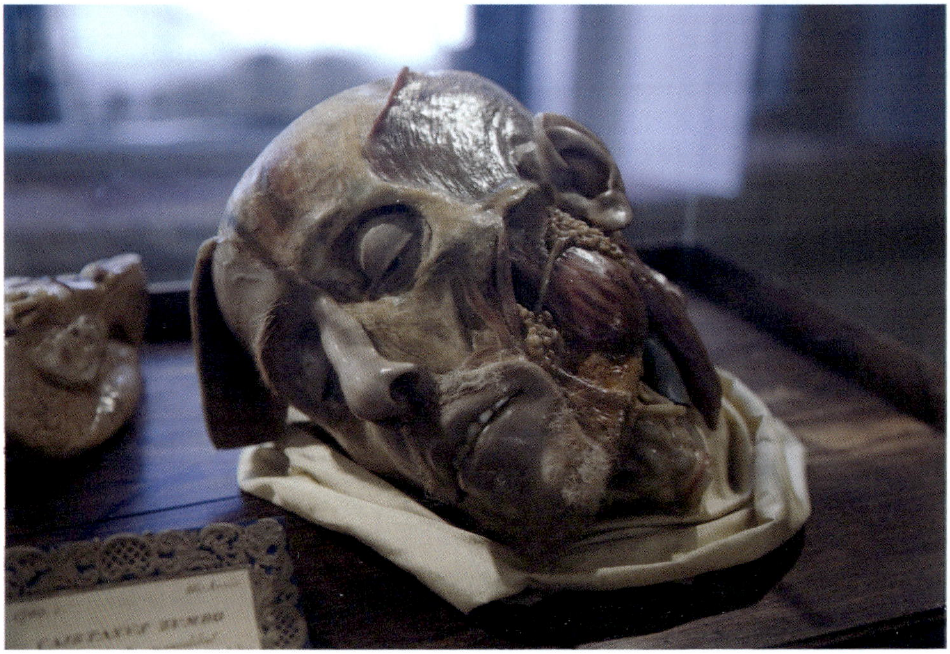

Abb. 1: Gaetano Giulio Zumbo, Modell eines Kopfes, Wachs auf Knochen (Florenz, Museo di Storia Naturale, La Specola)

Hofe der Medici in Florenz fertigte der sizilianische Priester Gaetano Zumbo der süditalienischen Tradition der Weihnachtskrippen nachempfundene, anatomisch realistische Miniaturszenen von Tod und Verwesung an, die als *Memento Mori* den Betrachter zu Reflektion und Buße animieren sollten. Zumbos Werke sind oft im Grenzbereich von Kunst und Anatomie zu verorten, etwa sein lebensgroßer, auf einem echten Schädel modellierter Wachskopf (Abb. 1). Wachs war in der Frühen Neuzeit vielfach konnotiert, sowohl als Material, das dem menschlichen Gewebe ähnelte als auch als fester Bestandteil religiöser Rituale.[1] In Bologna förderte die Akademie der Wissenschaften Mitte des 18. Jahrhunderts die Herstellung anatomischer Modelle zur Unterstützung des Lehrbetriebs. Besonders gefeiert wurden die Werke der Anna Morandi, die mit ihrem Gatten Giovanni Manzolini anatomische Wachsmodelle herstellte und anatomischen Unterricht gab.[2] Ihre künstlerische Begabung und ihr anatomisches Wissen machten Morandi zu einer international anerkannten Figur. Die Modellsammlung in Bologna inspirierte den toskanischen Großherzog Peter Leopold zur Gründung einer eigenen anatomischen Modellwerkstatt in Florenz, die Objekte für ein geplantes naturwissenschaftliches Museum fertigen sollte.

1 Dacome 2007, 522–550.

2 Dacome 2017, 93–129.

Aufklärung und Naturwissenschaft am Florentiner Museum

Wie Joseph II. hatte auch sein jüngerer Bruder Peter Leopold eine gründliche, von der Philosophie der Aufklärung geprägte Erziehung genossen, bevor er mit 18 Jahren den toskanischen Thron bestieg. Fasziniert von der experimentellen Naturwissenschaft seiner Zeit beschloss der junge Regent, sein Großherzogtum wie ein Labor zu führen: die Gesetze der menschlichen Natur seien auf experimentelle Weise zu ergründen und zur Grundlage des idealen Staates zu machen. Zu den Reformplänen Peter Leopolds gehörte auch die Gründung eines naturwissenschaftlichen Museums, das der Öffentlichkeit zugänglich sein und der Erziehung der toskanischen Untertanen zu mündigen Bürgern dienen sollte.[3] Der Großherzog bestellte den anerkannten Trentiner Naturwissenschaftler Felice Fontana an seinen Hof. Unter Fontanas Leitung wurde die Naturalien- und Kuriositätensammlung der Medici, die Peter Leopold übernommen hatte, in eine moderne naturwissenschaftliche Sammlung umgewandelt und erweitert. Fontana begab sich auf eine ausgedehnte Reise nach Paris und London, um dort naturwissenschaftliche Instrumente der renommiertesten Instrumentenbauer Europas zu erwerben. Die Sammlung, die die Naturgesetze im Museum für die Bürger anschaulich machte, sollte eine Gesamtschau der Schöpfung darstellen – von Mineralien, Pflanzen und Tieren bis hin zu physikalischen, chemischen und astronomischen Instrumenten. Das Museum öffnete 1775 im Palazzo Torrigiani, unweit der großherzoglichen Residenz, und war – im Gegensatz zu den herrschaftlichen Kunst- und Wunderkammern der Frühen Neuzeit – von Beginn an ausdrücklich dem allgemeinen Publikum zugänglich.

Auch der Mensch war ein wohlüberlegter Teil dieses gesetzhaften Ganzen, weshalb eine umfangreiche Sammlung anatomischer Modelle des gesunden menschlichen Körpers einen wichtigen Bestandteil der Ausstellung bildete. Der menschliche Körper sollte in seiner Schönheit und Komplexität dem Publikum zugänglich gemacht werden, ohne jedoch den problematischen Umgang mit Leichen in Anspruch zu nehmen. Von der Bologneser Wachsmodellsammlung beeindruckt, veranlassten der Großherzog und sein Hofwissenschaftler Fontana die Gründung einer eigenen Wachsmodellwerkstatt in Florenz. Fontana stelle dafür klassisch ausgebildete Wachsbildhauer ein, von denen insbesondere Clemente Susini, der im Jahre 1782 die Leitung der Werkstatt übernahm, für seine akkuraten und eleganten Darstellungen gepriesen wurde.

Die Modelle wurden in der Florentiner Werkstatt in einer Kollaboration von Künstlern und Wissenschaftlern gefertigt. Als Vorlage dienten einerseits Abbildungen aus zeitgenössischen anatomischen Veröffentlichungen (zum Beispiel die neuesten Werke renommierter Anatomen wie Samuel Thomas von Sömmering und William Hunter), andererseits aber auch Leichen und Leichenteile aus dem Florentiner Krankenhaus Santa Maria Nuova und dem Waisenhaus Ospedale degli Innocenti. Anatomische Experten sezierten und präparierten die Körperteile, die dann zusammen mit

3 Zur Geschichte des Museums La Specola vgl. Contardi 2002; zur Wachsmodellsammlung des Museums vgl. Maerker 2011.

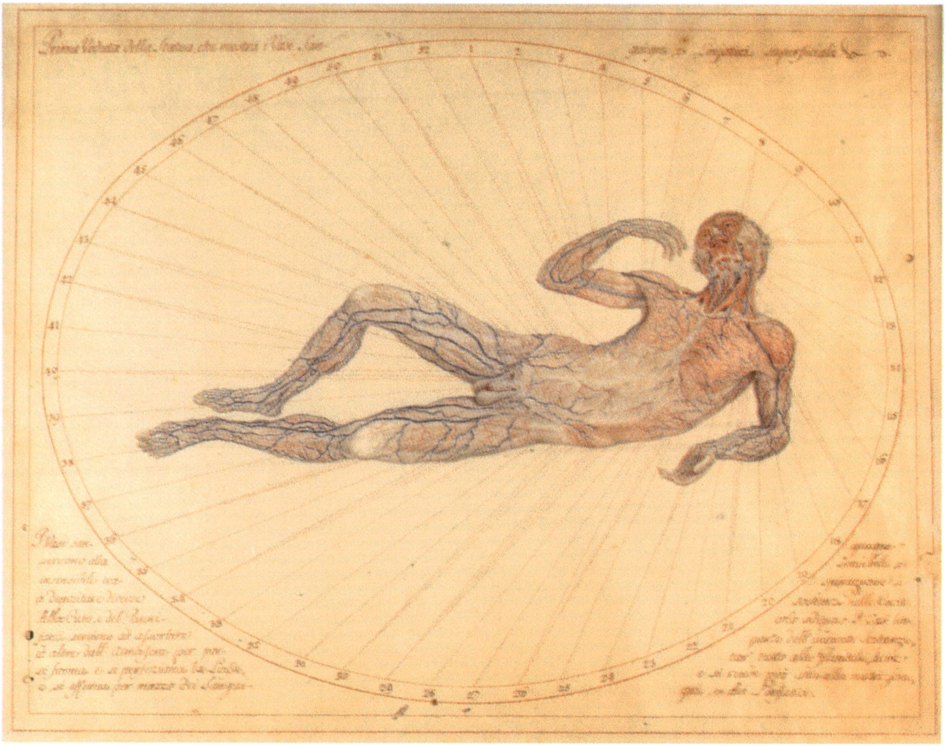

Abb. 2: Diagrammatisches Schaubild mit Nummern (Florenz, Museo di Storia Naturale, La Specola)

den zweidimensionalen Abbildungen den Bildhauern zur Verfügung gestellt wurden. Ziel der Florentiner Modelle war die synoptische Gesamtschau des Körperinneren, die nicht nur für Mediziner, sondern auch für ein breites Publikum geeignet sein sollte, da die Modelle anatomisch korrekt und ästhetisch ansprechend (und im Gegensatz zur Leiche geruchlos) waren. Die Modelle waren meist lebensgroß und zeigten Organe, Muskeln, Nerven und Knochen in verschiedenen räumlichen Zusammenhängen. Das gefärbte Wachs ermöglichte eine besonders lebensechte Nachahmung, sowohl in der exakten Farbwiedergabe als auch in der Imitation der Transparenz und der Feuchtigkeit lebenden Gewebes. Die Figuren stellten den lebenden Körper dar, oft in ausdrucksvollen Posen und Gesten, die den Kunstwerken der Florentiner Sammlungen nachempfunden waren.[4]

Die dreidimensionalen Modelle wurden von schematischen Abbildungen begleitet, auf denen anatomische Details nummeriert und benannt waren. Die Kombination von plastischen und bildhaften Elementen sollte dem Besucher einen unmittelbaren Einblick in den Körper und seine Gesetzmäßigkeit gewähren (Abb. 2). Direktor Fontana

4 Zu den Anspielungen auf tradierte Formen der Kunst in den Florentiner und Wiener Wachsmodellen vgl. Dürbeck 2001, 35–54.

unterstrich: „Man sieht alles, und versteht alles, auf einen Blick.“[5] Dieser intendierte Nutzen der Florentiner Wachsmodelle als Instrumente der Volksaufklärung wurde allerdings von den Besuchern nicht immer wahrgenommen. Sie rezipierten die anatomischen Modelle im späten 18. und frühen 19. Jahrhundert oft auf andere Weise. Für die einen waren die wächsernen Körper Anlass zur moralischen Kontemplation, anderen schenkten sie eine religiöse Erfahrung und offenbarten ihnen die Allmacht des Schöpfers. So stellte die französische Malerin Elisabeth Vigée-Lebrun fest: „In Monsieur Fontanas Kabinett muss man einfach glauben und niederknien.“[6]

Medizinische Reformen in Österreich

Von 1784 bis 1786 kamen insgesamt 1192 Wachsmodelle auf dem Rücken von Mauleseln über die Alpen nach Wien. Sie waren für die von Joseph neu gegründete medizinisch-chirurgische Militärakademie bestimmt und wurden dort seit der Eröffnung der sogenannten Josephsakademie (Josephinum) im November 1785 öffentlich zur Schau gestellt. In einem Brief an Peter Leopold vom 11. November 1784 lobte Joseph die anatomischen Präparate als „Zierde der neuen Akademie“.[7] Die Modelle des Josephinums können als Teil eines breiteren Unterfangens zur Verbesserung der medizinischen Versorgung in Österreich verstanden werden. Unter Kaiserin Maria Theresia waren verschiedene Institutionen und Autoritäten für die öffentliche Gesundheit verantwortlich, darunter die medizinischen Fakultäten der Universitäten, aber auch lokale wohltätige Stiftungen und Kommunen.[8] Bereits zu Zeiten der Kaiserin und ihres Protomedicus Gerhard van Swieten wurden Maßnahmen zur Zentralisierung medizinischer Versorgung getroffen, etwa im Sanitätsnormativ von 1770, das die Sanitäts-Hofdeputation zur Zentralbehörde erhob, der die landschaftlichen Sanitätskommissionen und auf der lokalen Ebene die Kreisphysici unterstellt waren.[9] Van Swieten war als Protomedicus und zugleich Direktor der Medizinischen Fakultät der Universität Wien und Präsident der Studienhofkommission besonders einflussreich. Sein Nachfolger Anton Störck (seit 1772) verlor an Einfluss und überwarf sich mit Joseph II., der sich intensiv mit der medizinischen Versorgung seiner Untertanen auseinandersetzte.

Joseph führte zur stärkeren Zentralisierung und Vereinigung der öffentlichen Gesundheitsvorsorge eine Reihe von Maßnahmen durch, darunter die Gründung des Allgemeinen Krankenhauses in Wien im Jahre 1784. Die Reaktionen der medizinischen Elite Österreichs auf die josephinischen Reformen waren gemischt. Einerseits befürworteten prominente Ärzte und Professoren die Verbesserung der medizinischen

5 „[...] e a un colpo d'occhio tutto si vede, tutto si conosce“; Saggio del Real Gabinetto di Fisica 1775, 29–30.

6 „Dans le cabinet de M. Fontana il faut croire et se prosterner“; Vigée-Lebrun 1835, 154.

7 „[E]lles feront l'ornement de l'Académie de chirurgie“; Arneth 1872, 229.

8 Vgl. Spary 2012, 583–740.

9 Vgl. Schulz 2009, 17–19; auch Lesky 1959.

Versorgung der Untertanen. So erklärte zum Beispiel der Direktor des Wiener Allgemeinen Krankenhauses Johann Peter Frank in der Vorrede zum dritten Band seines einflussreichen Werkes zur medizinischen Polizei: „[...] ich wünsche nur allgemein begreiflich zu machen: daß so, wie die Gesundheit einzelner Glieder des Staates die allgemeine Brauchbarkeit des großen Körpers bestimmet; also auch die Leichtigkeit in Erwerbung des benöthigten Unterhaltes, überhaupt die gute physische Beschaffenheit der arbeitsamen Klasse, und die Dauerhaftigkeit einzelner Bürger, folglich den Werth der Bevölkerung eines Landes, erhöhe."[10] Andererseits waren sie jedoch nicht mit den Maßnahmen Josephs einverstanden, wo diese die Befugnisse der medizinischen Fakultät einschränkten, wie zum Beispiel die Aufhebung der universitätseigenen Gerichtsbarkeit und Vermögensverwaltung. Praktische Gesichtspunkte sollten bei den josephinischen Reformen im Vordergrund stehen. So wurde 1785 die Inauguraldissertation durch eine Prüfung am Krankenbett ersetzt. Hauptsächlich die Schaffung der Position des Protochirurgus 1783 stellte eine Provokation für Störck dar, da nun der neue oberste Chirurg des Landes das gleiche Gehalt von 3000 Gulden pro Jahr erhielt, Leiter des gesamten Militärsanitätswesens und seit 1786 erster Direktor der Josephsakademie wurde. Die Stärkung der Chirurgie und der Einfluss des kaiserlichen Leibchirurgen Giovanni Alessandro Brambilla waren in Medizinerkreisen umstritten und verursachten Widerstand.

Joseph II. hatte schon lange ein Interesse an der Verbesserung des Gesundheitswesens, speziell beim Militär. So gründete er 1775 eine neue „Lehranstalt für die Behandlung der inneren Krankheiten und zur Erlernung der Militär-Arzneimittellehre" in Gumpendorf. Die neue Anstalt sollte neben dem Handwerk auch vertiefte Kenntnis der Medizin vermitteln. In einem Dekret von 1781 betonte Joseph: „Meine Absicht geht keineswegs dahin, dass den Chirurgen, die hier formiert werden sollen, nur die Oberfläche von einer jeden der angegebenen Wissenschaften beigebracht und sie bloss mit der Kenntnis der Kunstwörter und einer übereilten und seichten Lehr von hier abgefertigt werden. Ich will vielmehr, dass sie ihre Kenntnisse gründlich fassen und mit solchen versehen zu den Regimentern zurückkehren." Insbesondere die Anatomie wurde so zu einem zentralen Element chirurgischer Ausbildung. In einem weiteren Dekret von 1784 hob Joseph die Chirurgie in denselben Rechtsstand wie die Medizin: als freie Kunst und frei vom Zunftzwang. Da die Gumpendorfer Lehranstalt schon bald zu klein war, wurde 1784 für eine neue Akademie ein Gebäude neben dem Allgemeinen Krankenhaus errichtet. Die neue Josephsakademie (Josephinum), unter der Leitung von Josephs Leibchirurg Giovanni Alessandro Brambilla, war direkt dem Hofkriegsrat unterstellt. Das Gebäude enthielt Wohnungen für Lehrpersonal und Angestellte, eine Sammlung chirurgischer Instrumente, eine Bibliothek, pathologische Präparate – und die Florentiner Wachsmodelle normaler menschlicher Anatomie (Abb. 3).

So wie die Rezeption der anatomischen Wachsfiguren am Florentiner Museum nicht abzusehen war, so stand ihre Vorführung auch in anderen institutionellen

10 Frank 1786–1787, Bd. 3, Vorbericht, iv, vgl. Schulz 2009, 14.

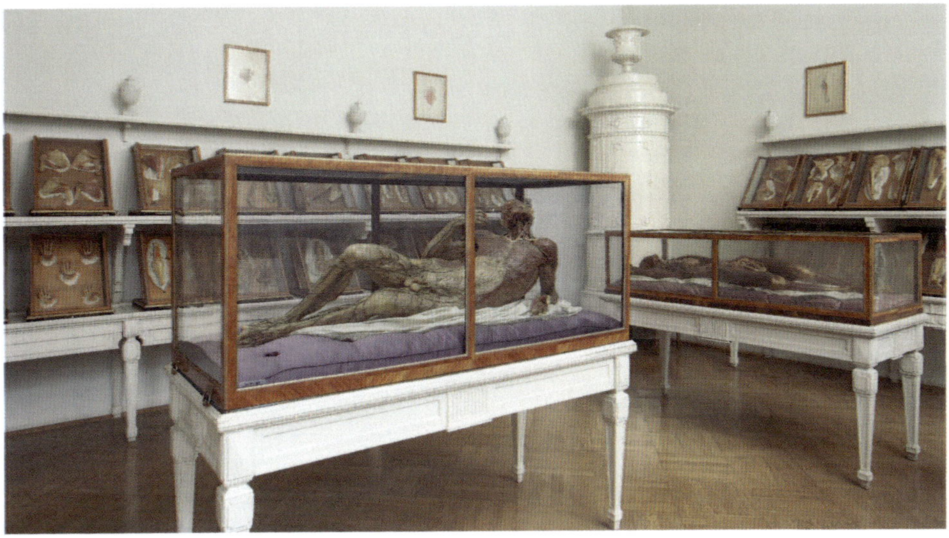

Abb. 3: Josephinum, Anatomische Wachsmodelle (Josephinum – Ethik, Sammlungen und Geschichte der Medizin, MedUni Wien)

Kontexten für ein Spektrum von Deutungen offen. Während die Modelle in Florenz als Ausdruck höchster Kunstfertigkeit und als Instrument der Aufklärung gefeiert wurden, war die öffentliche Reaktion in Wien eher kritisch. Die Kopien der Florentiner Modelle im Josephinum wurden dort nicht unbedingt als Mittel der anatomischen Aufklärung akzeptiert. In Wien kritisierten vor allem Ärzte und Satiriker die Wachsmodelle als „Spielzeug" und frivolen Luxus, und damit als Objekte, die nur der Unterhaltung, aber nicht dem medizinischen Wissenserwerb dienen konnten. Die Wurzeln für diese Kritik sind in einer Reihe von Faktoren zu lokalisieren: in einer zunehmend kritischen öffentlichen Einstellung zu den Reformen Josephs II., einer wachsenden Skepsis gegenüber der Volksaufklärung, aber auch in der Rivalität zwischen Ärzten und Chirurgen, die durch die Aufwertung der Chirurgie durch Joseph II. und die Gründung des Josephinums neue Nahrung fand.

Lernen am Objekt

Prinzipiell schien der Akzeptanz anatomischer Modelle im medizinischen Lehrbetrieb nichts entgegenzustehen, da pädagogische Theorien der Aufklärung das Lernen am Objekt oft in den Mittelpunkt rückten.[11] Zum Zeitpunkt der Ankunft der Florentiner Modelle in Wien war der Gebrauch pädagogischer Objekte schon so selbstverständlich, dass der Nutzen der künstlichen Körper zunächst nicht infrage gestellt wurde.[12] Die Pädagogik des 18. Jahrhunderts berief sich insbesondere auf die Werke weit

11 Te Heesen 1997.

12 Vgl. Maerker 2015.

rezipierter Denker wie Johann Amos Comenius. Einflussreiche Lehrinstitutionen wie die Hallenser Francke'schen Stiftungen richteten zum Teil umfangreiche Lehrsammlungen ein, die sowohl natürliche als auch künstliche Objekte enthielten – von Walzähnen bis hin zu Holzminiaturen des Salomonischen Tempels.[13] So erklärte zum Beispiel der Hallenser Pädagoge Christoph Semler schon zu Beginn des 18. Jahrhunderts, das Lernen am Original oder am dreidimensionalen Modell sei allen anderen Arten der Repräsentation weit überlegen, da (im Gegensatz zu verbaler Beschreibung oder Illustration in zwei Dimensionen) das Objekt direkt vor unseren Augen erscheine und so „klare" Ideen im Betrachter erzeuge, die einen tiefen Eindruck hinterließen.[14] „[Wenn der Unterrichtsgegenstand] In natura selbst und gegenwärtig vor Augen geleget wird / so ist unstreitig solches unter allen vorerwähnten der höchste Grad der Erkenntnüß / und kan sich das Gemüthe alsdenn die beste ideam davon fürstellen."[15] August Hermann Francke nutzte Modelle ausdrücklich, um in den Schülern emotionale Reaktionen der Liebe und Neugier zu wecken.[16] Kritiker dieser Lehrmethode verwiesen auf die Gefahr der „Schwärmerei": der Umgang mit Dingen sollte daher stets geschickt gelenkt werden, um unangebrachtem Enthusiasmus und ungezügelter „Imagination" vorzubeugen.[17]

Insbesondere der Umgang mit künstlichen Körpern, das Spiel mit der Puppe, erfuhr im 18. Jahrhundert eine Aufwertung. Wurde im 17. Jahrhundert das Puppenspiel noch als Anleitung zu Eitelkeit und Putzsucht kritisch betrachtet, deuteten Philosophen der Aufklärung wie Jean-Jacques Rousseau diese Tendenz positiv um. Die natürliche Rolle der Frau sei es, so Rousseau, dem Mann zu gefallen und Mädchen könnten dies an der Puppe lernen. „Die Puppe ist das bevorzugte Spiel dieses Geschlechts. Deutlich ist ihre Neigung von der Berufung bestimmt. Das Greifbare in der Kunst zu gefallen, liegt im Putz."[18] Der Pädagoge Rudolf Wilhelm Zobel entwickelte eine regelrechte „Philosophie der Puppen"[19]: Danach ahmten Mädchen mit der Puppe Verhaltensweisen nach, die sie in ihrem Umfeld wahrnehmen, und übten damit zukünftige gesellschaftliche und familiäre Rollen ein. Zobel begann seine Philosophie der Puppen mit der zentralen Rolle der Imitation in der Erziehung: „Kinder ahmen alles nach, was sie sehen."[20] So lerne das bürgerliche Mädchen den höflichen Umgang beim gesellschaftlichen Besuch, den Umgang mit Dienstboten und die Mutterrolle. Gleichzeitig habe das Spiel mit der Puppe unter Umständen auch diagnostischen Wert, da „man nie das Herz eines Kindes besser kennen lernt, als wenn man auf sein Verhalten beim Spiel Acht giebt."[21] Auch der praktische Umgang mit der

13 Whitmer 2015, Kap. 4.

14 Semler 1709, 9–10.

15 Ebenda, 10; vgl. Müller 1997, 47.

16 Whitmer 2015, 74–79.

17 Te Heesen 1997, 187.

18 Barth 1997, 94.

19 Zobel 1773, XIX. Brief, 124–133.

20 Ebenda, 126.

21 Ebenda, 128.

Puppe sei nützlich, da das Kind Ordnung, Reinlichkeit und handwerkliche Fähigkeiten wie Nähen einübe. „Wie ein Mädgen in der Kindheit mit den Spielsachen verfährt, so verfährt es bei erwachsenen Jahren mit der Welt."[22] Debatten um den Umgang mit Dingen verhandelten nicht nur die gesellschaftliche Rolle der Frau, sondern oft auch die weibliche Natur selbst. So erklärte Jean Paul: „Ein Mann hat zwei Ich, eine Frau nur eines und bedarf des fremden, um ihres zu sehen. Aus diesem weiblichen Mangel an Selbstgesprächen und an Selbstverdopplung erklären sich die meisten Nach- und Vorteile der weiblichen Natur. [...] Die Männer lieben mehr Sachen, z. B. Wahrheiten, Güter, Länder; die Weiber mehr Personen; jene machen sogar leicht Personen zu dem, was sie lieben; so wie, was Wissenschaft für einen Mann ist, wieder leicht für eine Frau ein Mann wird, der Wissenschaft hat. Schon als Kind liebt die Frau einen Vexier-Menschen, die Puppe, und arbeitet für diese; der Knabe hält sich ein Steckenpferd und eine Bleimiliz und arbeitet mit dieser."[23] Die klare Zuordnung der Puppe zur weiblichen Erziehung und zur weiblichen Natur erwies sich für das medizinische Lernen am Modell als problematisch.

Objekt, Medizin und Gefühl

Nicht nur in der allgemeinen Pädagogik, sondern auch in der medizinischen Ausbildung des 18. Jahrhunderts wurde das Lernen am Objekt thematisiert. Eine grundlegende Frage dabei war, inwieweit es problematisch sei, den Patienten selbst als Objekt zu instrumentalisieren. Dies hatte sowohl praktische als auch moralische Gründe. Gerade an Universitätsspitälern, die der medizinischen Ausbildung dienten, wurden die (meist armen) Patienten zum Lehrmaterial: Patienten bekamen kostenlose medizinische Behandlung und standen im Gegenzug den Medizinstudenten zur Ausbildung zur Verfügung. Auseinandersetzungen bezüglich dieser Praxis brachen besonders in der Geburtshilfe aus. Im 18. Jahrhundert wurden sogenannte geburtshilfliche Phantome eingeführt – lebensgroße Modelle eines weiblichen Unterleibs mit Kind. Aus robusten Materialien wie Holz, Knochen, Leder und Textilien gefertigt, ermöglichten diese Phantome die Einübung geburtshilflicher Handgriffe (Abb. 4). Der Direktor der Universitätsentbindungsanstalt in Göttingen, Friedrich Benjamin Osiander, beschrieb sein Phantom als „ein gut geformtes, mit Leder überzogenes, weibliches Becken, das einen die Bauchhöhle vorstellenden Raum und abgestumpfte Schenkel hat, und [...] also den Rumpf vor[stellt], von der Spitze des Brustknorpels bis zu der Mitte der Schenkel. [...] Das Fantome ist auf einen besonderen Kasten, und dieser während den Uebungen in der Mitte des Saals jedesmal auf den Boden festgeschraubt. Die Höhe des Fantom's ist so, daß die Operationsübungen sowohl sitzend, als kniend vorgenommen werden können."[24]

22 Ebenda, 132.

23 Jean Paul 1827, 54, 57.

24 Osiander 1794–1795, Bd. 1, cviii–cviv; vgl. Loytved 2007, 361 und Metz-Becker 1997, 192.

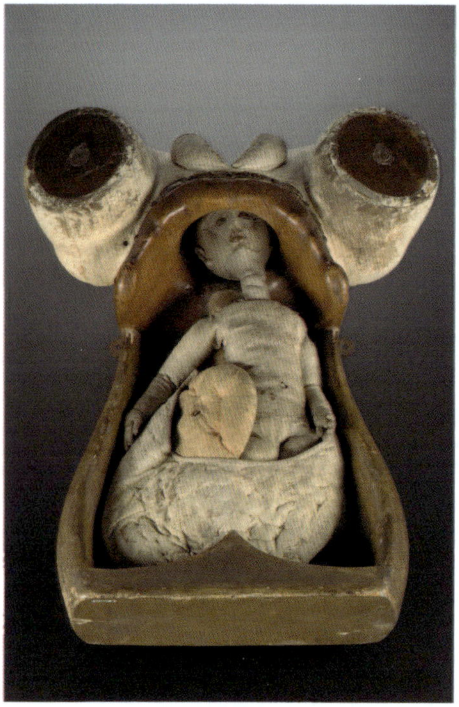

Abb. 4: Geburtshilfliches Phantom, Italien, 18. Jahrhundert (London, Science Museum, Inv.-Nr. A600052)

Bei Osiander waren sowohl echte als auch künstliche Körper fester Bestandteil des Lehrbetriebs. Er ließ in seiner Anstalt verschiedene Lehrmittel anfertigen, etwa die „Nachbildungen der Vaginals-Portion der Bärmutter aus Seife und ein Pelviarium von Gyps", die er dem Geburtshelfer Justus Christian Loder in Jena schickte.[25] Osiander verkündete: „Da der ganze Zweck dieses Instituts dahin gerichtet ist, dass den Studierenden der Geburtshülfe sowohl, als den Hebammen, der Vorteil verschafft werde, sich durch Zusehen und Handanlegen zu wahren, der Menschheit nützlichen Geburtshelfern und Hebammen zu bilden; ferner dass der Lehrer Gelegenheit haben möchte, seinen Zuhörern die Lehrsätze der Geburtshülfe in der Natur anschaulich zu machen, so werden auch die ins Haus aufgenommenen Schwangeren und Kreißenden gleichsam als lebendige Fantome angesehen, bei denen alles das (immer freilich mit der größesten Schonung der Gesundheit und des Lebens ihrer und ihres Kindes) vorgenommen wird, was zum Nutzen der Studirenden und Hebammen und zur Erleichterung der Geburtsarbeit vorgenommen werden kann."[26] Diese Haltung war jedoch bereits unter Osianders Kollegen und Studenten umstritten. So gründete sein ehemaliger Student, der Privatdozent Joseph Jacob Gumprecht, ein ambulantes Entbindungsklinikum mit der Ansage: „[...] heißt es etwa nicht, mit dem Leben des Menschen spielen, wenn man Frauenzimmer in Kindesnöten als Phantom gebraucht?"[27]

Die Grenzen zwischen lebenden, toten und künstlichen Körpern waren bei dieser Art des Lernens am Objekt oft porös. So hatte zum Beispiel eine dieser Gebärmaschinen „zu ihrer Grundlage ein natürliches Frauengerippe, gänzlich ausgestopft und mit Leder bezogen. In dem Becken ist eine künstliche lederne Gebärmutter von natürlicher Größe angebracht, in welcher vermittelst lederner Puppen, von ordentlicher Größe neugeborner Kinder, welche mit natürlichen Kinderköpfen versehen sind, alle Arten widernatürlicher und schwerer Geburten, sie mögen einzig und allein mit der Hand, oder mittelst der Instrumenten operirt werden müssen, verrichtet werden

25 Loder 1806, 191.

26 Osiander 1794–1795, cix–cx; vgl. Schlumbohm 2012, 389.

27 Joseph Jacob Gumprecht zit. in Schlumbohm 2012, 389.

können. Ja, ich pflege oft allerley schwere Geburtsoperationen mit würklich neugebornen aber todten Kindern, in dieser Maschine vorzunehmen und verrichten zu lassen."[28] Auch Osiander bestätigte, dass bei ihm alle „Uebungen am Fantome mit Kinderleichnamen gemacht [werden], aus der Ueberzeugung, dass auch die künstlichste Puppe ein zweckloses Spielzeug zu diesen Uebungen ist. [...] Die tauglichsten Leichname von Kindern, welche auf dem Hause sterben, werden daher immer zu dieser Absicht in Weingeist aufbewahrt."[29] Der Gebrauch geburtshilflicher Modelle und heterogener Mischungen von natürlichem und künstlichem Material sowie die Instrumentalisierung schwangerer Patientinnen als Übungsmaterial, warfen damit dreierlei Fragen auf:

- Schadet die Instrumentalisierung den Patientinnen?
- Ist der Gebrauch von Phantomen ebenso nützlich wie das Üben am echten – lebenden oder toten – Körper?
- Welche Auswirkungen hat der Umgang mit simulierten Körpern auf die Geschicklichkeit, Einfühlsamkeit und Moral der Geburtshelfer?

Diese Debatten um den Nutzen und die Gefahren des medizinischen Lernens am Objekt waren geprägt von dem umstrittenen Begriff der Empfindsamkeit. Während die Empfindsamkeit als ein Erkennungsmal des moralischen Menschen seit der Mitte des 18. Jahrhunderts vielfach positiv gewertet wurde, blieb das angemessene Ausmaß emotionaler Regungen gerade in Bezug auf Männer und Mediziner umstritten. So erklärte der Theologe Johann August Eberhard: „Menschen haben immer ein Mitgefühl an dem Glück und dem Unglück anderer Menschen empfunden. Aber bey männlichern Nationen, bey unsern männlichern Vorfahren war dieses Mitgefühl eine ernsthafte Sache. Es gieng in Thätigkeit über, führte zum Berathschlagen über die Verminderung des Elends, zum Wirken und Handanlegen, um des Unangenehmen dieses Gefühls los zu werden, und die Freuden der hülfreichen Barmherzigkeit zu geniessen. Indeß schwelgt die Empfindsamkeit in wollüstigen Schmerzen über erdichtete Leiden, und schmachtet bey den wirklichen in Thränen dahin, haucht ihre Kraft in Seufzern aus, und sinket unter den Verzückungen eines theatralischen Schmerzes nieder; [...] Der Wundarzt darf mit seinen Gedanken nicht bey den Schmerzen des Leidenden verweilen, wenn ihm die Regeln seiner Kunst sollen gegenwärtig genug seyn, um eine schmerzhafte Operation glücklich zu verrichten, das Uebel aus der Wurzel zu heben, jeden gefährlichen Schnitt zu vermeiden, [...] aber auch keinen nöthigen zu sparen. Das alles erfordert Besonnenheit, Gegenwart des Geistes und Festigkeit der Hand; und in dem genauen Maasse, als er diese gewinnt, muß die Empfindsamkeit weichen, und dem sanftern, mildern Gefühle der vernünftigen, hellen, unbetäubenden Menschlichkeit Platz machen."[30] Sowohl der angemessene Umgang mit Objekten als auch mit Menschen war für Männer und Mediziner ein Balanceakt, der die Debatte um die anatomischen Modelle prägte. Ein weiterer diskursiver Kontext, der die Debatte

28 Stein 1797; vgl. Metz-Becker 1997, 193.
29 Osiander 1794–1795, cviii; vgl. Metz-Becker 1997, 194.
30 Eberhard 1786, 119–123.

beeinflusste, war die zunehmende Kritik an den Reformen Josephs II., und insbesondere die Kritik an Volksaufklärung und Volksbelustigung.

Kritik an Reformen und Volksbelustigung

Die späten 1780er-Jahre wurden zu einer „Krisenzeit des Josephinismus", in der die Reformen des Monarchen zunehmend als verfehlt und übereilt beurteilt wurden.[31] So fand zum Beispiel der Schriftsteller Franz Xaver Huber in seiner satirischen Schrift *Der blaue Esel. Eine Geschichte von einem gelehrten Maulthiere geschrieben* starke Worte: „Seine Majestät waren ein gewaltiger Poltron. In der ersten Hitze fühlten Sie Kraft zu Herkulischen Thaten; aber war diese verflogen, und stellten sich dem bediademten Herkules nur einköpfigte Schlangen in den Weg, so warf er seine Riesenkeule weg, und gab furchtsam und zitternd, wie ein Zwerge, alle seine großen Entwürfe auf."[32]

Parallel zu der zunehmenden Kritik an den josephinischen Reformen nahm auch die Skepsis gegenüber der Volksaufklärung zu. Insbesondere das Fortbestehen abergläubischer Praktiken schien zu beweisen, dass das gemeine Volk „aufklärungsresistent" war. So beschrieb der Zeitgenosse Hieronimus Weiskopf entsetzt die populären Reaktionen der Wiener auf den Fund des unverwesten Körpers einer Nonne, die die Vernunft der Wiener infrage stellten: „Manche rissen ihr einen Zahn, oder ein Büschchen Haare aus, und trugen es als ein Heiligthum nach Hause, wo sie es unter den übrigen Reliquien sorgfältig verwahren, oder sie nähen das geraubte heilige Uiberbleibsel in ein Amulette – und tragen es, als ein Mittel wider alles Uibel, bei sich, und ihr Glaube an Heilige und Wunderwerke [...] ist nun wieder [...] so stark, als er es nur immer sein konnte. [...] So nachtheilig als [die Zurschaustellung des Körpers] für die Vernunft war, eben so nachtheilig war sie für die guten Sitten."[33]

Auch die Begeisterung der Wiener für Belustigungen aller Art wurde von Intellektuellen skeptisch betrachtet. Die Florentiner Wachsmodelle wurden in Wien in einem Milieu ausgestellt, in dem öffentliche Zurschaustellungen wissenschaftlicher Objekte und Phänomene zum Zwecke der Unterhaltung üblich waren. So zeigen Programme und Ankündigungen von Sehenswürdigkeiten und Schaustellungen[34] unter anderem „magische Experimente" an, oder die Demonstration einer Pastete, die „mit lebenden Meerschweinchen gefüllt" war, sowie einen Zauberkünstler, der „eine Taschenuhr in ein 16-jähriges Mädchen verwandeln" konnte. Auch Wachsfiguren in verschiedenen Formen waren in der Stadt besonders beliebt. Eine weibliche Wachspuppe, die sogenannte „schöne Wienerin", demonstrierte am Stock-im-Eisen-Platz die neuesten Moden an täglich wechselnden Kleidern, die von Einheimischen und Reisenden

31 Vgl. Bodi 1995.

32 Huber 1786, Bd. 2, 230–231.

33 Weiskopf 1786, 8–12.

34 Wienbibliothek im Rathaus, Konvolut Schaustellungen und Sehenswürdigkeiten aller Art, D-64522.

gleichermaßen bestaunt wurden.[35] Die stumme Schönheit der Wachsfigur wurde als Inbegriff weiblicher Tugenden in Gedichten und Theaterstücken gefeiert. Joseph Müllers Wachsmuseum am Stock-im-Eisen-Platz zeigte historische Figuren von Mitgliedern europäischer Königshäuser bis zu den französischen Revolutionären, aber auch „eine weibliche lebensgroße Figur, anatomisch bearbeitet, [...] welche eine schwangere Frau vorstellt, und die gegen doppeltes Legegeld zerlegt gezeiget wird". Die Grenzen zwischen anatomischer Belehrung und Pornographie waren dabei manchmal fließend. So beschrieb ein Diplomat im Jahre 1791 eine Polizeirazzia in der „Müller'schen Kunstgalerie": Die vorgefundenen Objekte demonstrierten laut dem Zeitzeugen „so manche Attitüden, deren Anblick bei den meisten Christen unserer Zeit die guten Lehren ihrer respektive Fastenprediger über den Haufen geworfen hätte". Die Polizei beschloss daher, „daß es wider alle Sittlichkeit sei, irgendeinen Menschen so etwas sehen zu lassen" und vernichtete die Sammlung.[36] Die Lebensechtheit der Wachsfiguren war ein wesentlicher Faktor für ihre Anziehungskraft (Tafel 4). So warb die „Große Kunst-Gallerie" im Prater: „Man wird bey den Gestalten dieser Gallerie weder in Hinsicht des Kolorits, der Augen, der Haare noch ihrer Stellungen und Bekleidungen etwas zu wünschen finden, und [...] wir [werden] unwillkührlich bei diesen zu der Stimmung gebracht, die der lebendige Character-Ausdruck ihrer Originell contrastirenden Phisiognomien in der wirklichen Welt hervorbringen würde, wir werden mit dem Lacher lachen, wir werden mit dem Gähner einen kleinen Hang zum Gähnen nicht unterdrücken können."[37]

Im Kontext solcher Attraktionen ist auch der Publikumserfolg der Sammlung der Josephsakademie zu sehen. Der Satiriker Joseph Richter mokierte sich über die Schaulust der Wiener, die sich an „wilden Thieren", „Riesen und Zwergl" und „Mißgeburten" ergötzten. Für Richter war dieser Affekt weiblich konnotiert: Er kritisierte insbesondere die „neugierigen Weiber". In seinen fiktiven *Briefen eines Eipeldauers* nahm Richter die naive Schaulust des Volkes aufs Korn. So beschrieb sein Protagonist, der provinzielle Eipeldauer, einen Besuch des Josephinums: „Die Täg hat mich mein Frau Gmahlinn in d'Wahringergassn mitgnommen, wo d'Josephinische Akidemi ist, und da warn ein Menge schöne Sachen z'sehn, und da warn so viel tausend Menschen da, daß s'so gar d'Wacht übern Haufen gworfn haben. Da sind ein Menge gläserne Flaschen da gstanden, und die sind mit Brandwein angfüllt gwesen, und da sind wunderbare Sachen drin ghenkt, und da sind d'Fraunzimmer vor einigen Flaschen gar nicht weg z'bringen gwesen. Ein Sechswochenkind ist auch in so einer Flaschen ghenkt; das war aber nicht so groß, als's Sechswochenkind von meiner Frau Gmahlinn."[38]

35 Richter 1785–1797 (Paunel 1917), xcix.

36 Ebenda, 374.

37 Lotz 1824, 1064.

38 Richter 1785–1797 (Paunel 1917), 247–248.

Die Rivalität zwischen Chirurgen und Ärzten

Satiren wie Richters *Eipeldauer* drückten eine wachsende Skepsis des gebildeten Bürgertums gegenüber der Ambition der Volksaufklärung aus. Ein weiterer wichtiger Faktor in der Rezeption der anatomischen Wachsmodelle in Wien war die Konkurrenz zwischen Ärzten und Chirurgen, die durch die Gründung der Josephs-Akademie verschärft wurde. Am 7. November 1785 wurde die neue Akademie feierlich eingeweiht. Die *Wiener Zeitung* berichtete von der Zeremonie, bei der Mitglieder des Hofkriegsrates, hohe Beamte aus Militär- und Zivilverwaltung, Wiener Ärzte und Studenten präsent waren (Abb. 5). Im Rahmen der Feier hielt Brambilla als Direktor der neuen Akademie eine provokante Rede. Wie Joseph II. selbst wies auch Brambilla auf die anatomische Kenntnis als unverzichtbare Grundlage der Chirurgie hin: „[D]er Chirurg muß so Meister von seiner Hand und von seinen Instrumenten seyn, auch seine Operation mit einer solchen Zuverläßigkeit verrichten, als wenn er die in dem menschlichen Körper verborgen liegende Theile vor seinen Augen liegen hätte, oder wie durch ein Glas betrachten könnte, so ungefähr, wie man die in einem Krystall oder Bernstein eingeschlossenen Thierchen ganz klar unterscheiden kann.“[39] Diese Behauptung war zunächst nicht kontrovers, provokant waren allerdings die Verkündungen des Direktors zum relativen Nutzen von Medizin und Chirurgie. In Anwesenheit der medizinischen Elite Wiens erklärte Brambilla, „daß die diätetische Heilkunst eine Tochter der chirurgischen sey“; „Die Erdbürger können zwar ohne die diätetische Heilkunst leben; aber ohne die Chirurgie können sie nicht bestehen“; „daß [die Medizin] ihrer Natur nach meistens nur auf Muthmassungen beruhet, so, daß auch der geschickteste Arzt sehr oft sich selbst betrügt, und auch betrogen werden kann“. Er schloss damit, „daß die Chirurgie in vielen Stücken vor der innerlichen Heilkunst einen Vorzug habe [und daß] letztere ohne die Chirurgie beynahe unnütz sey“.[40]

Die Wiener Ärzte und ihre Unterstützer in der Wiener Bürgerschaft ließen diese Provokation nicht unbeantwortet. Wiener Mediziner waren schon vor der Gründung des Josephinums rege an der Fertigung und dem Austausch von Streitschriften beteiligt. So griff beispielsweise der pseudonyme „Simplizius Schwab“ den Protomedicus von Störck als „Wolf im Schafspelz“ scharf an.[41] Eine der frühesten Antworten auf die Herausforderung Brambillas stammte wieder von dem Satiriker Joseph Richter: In *Das Affenland oder der Doktor Fanfarone* (1787) brachte Richter eine Reihe diskursiver Elemente zusammen: den Konflikt zwischen Ärzten und Chirurgen, Kritik am Regenten und seinen Reformen und Kritik an den Wachsmodellen als Spielzeug und Luxus, die letztendlich nicht von Nutzen seien. In seiner anonymen Satire persiflierte Richter Österreich als ein von der Natur gesegnetes Land – allerdings waren die Einwohner des Affenlandes zu sehr geneigt, ausländische Sitten ohne Verstand nachzuäffen und zu sehr bereit, auf ausländische Scharlatane (wie den Doktor Fanfarone alias

39 Brambilla 1790, 23.

40 Ebenda, 14, 19, 22, 29.

41 Schwab 1792. Simplizius Schwab sah die Veröffentlichung seines Angriffs auf den korrupten Störck als Beitrag zum „Wohl des Staats“; Schwab 1792, 61.

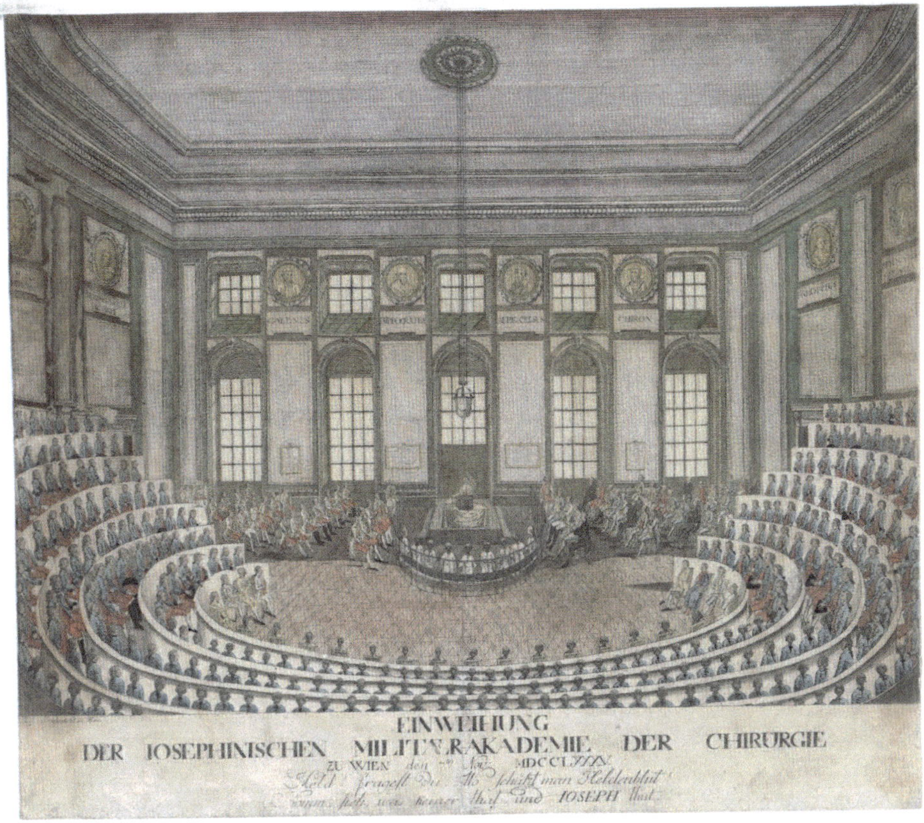

Abb. 5: Hieronymus Löschenkohl, Einweihung der josephinischen Militärakademie der Chirurgie in Wien, 1785 (Wien Museum, Inv.-Nr. HMW 185.858)

Brambilla) zu vertrauen. Das Hauptziel von Richters Kritik war die Josephsakademie oder in seinen Worten das „chirurgisch-medicinische Treibhaus". Entgegen den Versicherungen Brambillas betonte Richter, „daß die Zöglinge dieses medicinisch-chirurgischen Treibhauses unmöglich die Arzneikunst ausüben könten, weil sie nicht Gelegenheit hätten, sich mit allen Krankheiten bekannt zu machen: daß es überhaupt schwer sei, in zwei ganz verschiedenen Künsten groß zu werden, da die Erlernung einer einzigen die ganze Lebenszeit erfordert, [...] und daß die Pflanzen dieses Treibhauses Hermaphroditen, und also weder vollkommene Aerzte noch Wundärzte sein würden; allein die Aerzte erinnerten sich, daß der König nicht gern nein sagte, wenn er einmal ja gesagt hatte: das Treibhaus wurde also errichtet; Fanfarone hielt eine Rede alla Fanfarone, worin er die Wundärzte und Feldscherer den wirklichen Aerzten auf den Kopf stelte, und die Aerzte begnügten sich, daß sie über diese Rede und das chirurgisch-medizinische Treibhaus lächelten".[42]

42 Richter 1787, 38–39.

Absicht der Richter'schen Kritik war es, die Chirurgen und Studenten der Akademie als unmännlich, unreif und unzivilisiert darzustellen. „Am lächerlichsten betrugen sich die Lehrer und Zöglinge des medizinisch-chirurgischen Treibhauses. Die Erstern [...] schimpften, troz Fleischerknechten, auf die medizinische Fakultät. Die andern aber, (wenn sie gleich größtenteils unbärtige Buben waren,) spukten aus, so oft sie einem Arzt begegneten."[43]

„Fanfarone schikte nun seine jungen Sprossen [...] wie Christus einst die Apostel, in die ganze Welt aus. Sie erschienen vor dem Krankenbett; aber nicht mit der menschenfreundlichen den leidenden Kranken so aufrichtenden, so Trost und Hofnung einflößenden Miene. Ihr Ton war rauh und gebietrisch, ihr Blick finster, und stolz, und der gefüllose Feldscherer gukte auf allen Seiten durch den travestirten Arzt durch. Das brachte sie nicht in den besten Ruf, und wen nicht die Not drükte, ließ einen wirklichen Arzt rufen. Die Aerzte lächelten über diesen kleinen Sieg, den sie ohne Streit und Blutvergiessen über den grossen Fanfarone davon trugen; Fanfarone aber ärgerte sich über die Einwohner des Affenlandes, die von einem Arzt eine menschenfreundliche Miene, Teilnehmung und Höflichkeit fordern."[44]

Der Gebrauch teurer Wachsmodelle war in Richters Darstellung Beweis für den chirurgischen Mangel an Vernunft, Reife und Einfühlungsvermögen, und so endete er seinen Angriff auf die neue Institution mit einer langen Mängelliste, die die teuren anatomischen Modelle enthielt: „Die Aerzte lächeln also noch immer über den Doktor Fanfarone, [...] seine unbärtige Zöglinge, die vor jedem Arzt auspuken, über die Bartscherer in Doktorhüten, über die schöne Rarität, schöne Spielebät seiner anatomischen Präparaten, [...] über seine Autorschaft, über seine Latinität ohne Latein, über seine medizinische Pfuscherei, [...] über seinen Haß gegen alle Aerzte, und endlich über das ganze medizinisch-chirurgische Treibhaus, durch daß er alle Aerzte aus der Welt hinaus zu treiben hoffet."[45]

Mitglieder der Josephsakademie versuchten schon früh, auf diese Vorwürfe zu antworten. So betonte der Dozent Johann Hunczovsky in einer Rede im selben Jahr (Abb. 6), dass „[b]ey der Aufnahme dieser Zöglinge sowohl auf die Eigenschaften des Körpers als jene der Seele Rücksicht genommen [wird], und man ist ebenso aufmerksam auf ihr sittliches Betragen, als man es in der Folge auf die Fortschritte wird, die sie in den Wissenschaften machen".[46]

Trotz dieser Repliken bestimmte Richters Satire maßgeblich den Ton für weitere öffentliche Angriffe auf das Josephinum und seine Wachsmodellsammlung. Der Arzt Johann Peter Franz Xaver Fauken griff insbesondere das Motiv der mangelnden Reife und Männlichkeit in seinem *Entwurf zu einer Einrichtung der Heilkunde* von 1794 auf. Darin lobte er Ärzte als wahre „Staatsbürger", die „die Wirthschaft und den

43 Ebenda, 53–54.

44 Ebenda, 59–60.

45 Ebenda, 64–68.

46 Hunczovsky 1787, 21.

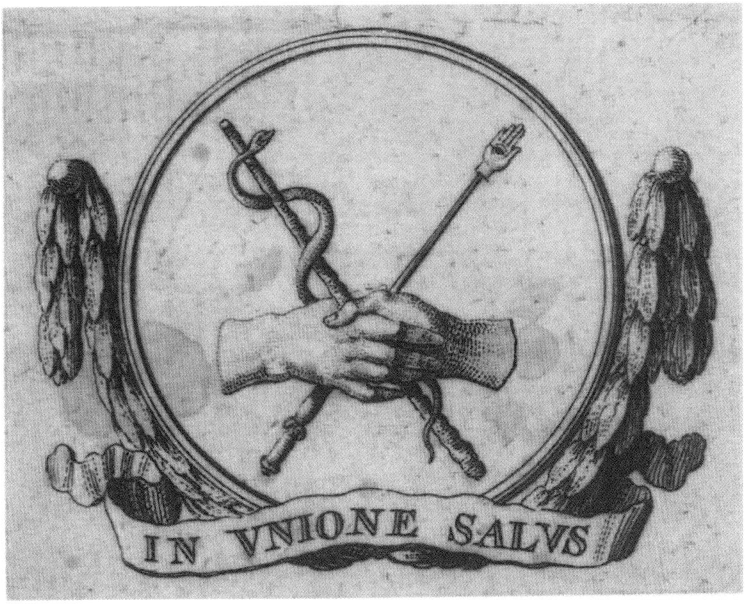

Abb. 6: Die Union von Medizin und Chirurgie, in: Johann Hunczovsky, Ueber die neuere Geschichte der Chirurgie in den k. k. Staaten, Wien 1787, 27 (Wien, ÖNB, Bildarchiv und Grafiksammlung, Sign. 253.183-B.Adl.5)

Vortheil des Staates befördern".[47] Die überzogenen Ansprüche der Chirurgen dagegen bezeichnete er als „eine kindische, und für gelehrte männlich denkende Männer unanständige Zänkerey; ein wahrhaft Gelehrter und Weiser betrachtet dergleichen Luftstreiche, wie die erwachsene Person die Seifenblasen der Kinder".[48] Wie Richter lehnte auch Fauken die teuren Wachsmodelle ausdrücklich ab – sie seien, in Faukens Worten, „nur ein Spielwerk für Kinder und für Leute [...], welche von der Wissenschaft gar keine Begriffe haben, und dergleichen Sachen betrachten, wie das Kind die Puppe".[49] Ein weiterer, anonymer Kritiker sah die Schuld an den Problemen des Josephinums in der Figur Brambillas: „Unglückseliger Weise setzte der Kaiser sein Vertrauen in einen Mann, der unstreitig unter die verworrensten, und verwirrendsten Köpfe des achtzehnten Jahrhunderts gehört."[50] Zeichen des Versagens Brambillas sei vor allem die Wachsfigurensammlung: „Theils hat er [Brambilla] geradezu bey seinen Einrichtungen das Unentbehrliche dem voluptuösen Luxus aufgeopfert."[51]

Die öffentliche Wahrnehmung Brambillas als Hauptursache für die Probleme der Akademie kam den übrigen Akademikern zugute, als Josephs Nachfolger Franz II. (I.) im Jahre 1794 eine Untersuchung des Instituts anordnete. Eine Kommission von

47 Fauken 1794, xiii.

48 Ebenda, 34.

49 Ebenda, 24.

50 Medicinisch-Chirurgische Zeitung 1794, Bd. 2, 325.

51 Ebenda, Bd. 3, 61.

Ärzten und Chirurgen, sowohl aus den Reihen des Josephinums als auch extern rekrutiert, beschloss ihren Bericht zu einer Kompromisshaltung. Der Bericht betonte: „Medizin und Chirurgie ... beruhen auf einerlei Grundsätzen; sie sind nicht nur verwandt, sondern machen vielmehr ein unzertrennliches Ganzes aus"; „Es gab von Anbeginn bis jetzt nur eine Heilkunst, gleichwie es von Anbeginn bis jetzt nur eine nach immer gleichen Gesetzen organisirte und wirkende Natur gab."[52] Andererseits kritisierte die Kommission aber Brambilla (und indirekt den inzwischen verstorbenen Joseph II.) bezüglich seiner Entscheidung, die teuren Wachsmodelle aus Florenz für die Akademie anzuschaffen. Dies, so die Kommission, ging auf Kosten der anatomischen Ausbildung am echten Körper. „Die beständigen anatomischen und chirurgischen Übungen an Leichen sind zur Bildung der Feldärzte eine so unentbehrliche Sache, dass der Mangel an solchen Übungen bisher eine Mitursache war, dass sich keine geschickten und beherzten Ärzte bilden konnten."[53] Ähnlich äußerte sich auch Johann Peter Frank in seiner Bestandsaufnahme der medizinischen und chirurgischen Ausbildung von 1798: „Freilich ist bei einer so theuren Sammlung blos anatomischer Präparaten mehr Luxus, als wahrer Reichthum; aber bei alledem kann das Vorräthige zur nützlichen Übersicht dienen."[54] Durch die Ablehnung der Wachsmodelle und damit der Vision Brambillas für das Josephinum konnte so seine Nachfolgegeneration an der Akademie mit der Ärzteschaft gemeinsame Grundlagen artikulieren.

Die in Florenz gefeierten Wachsmodelle wurden am Josephinum hingegen in einem anderen institutionellen und kulturellen Zusammenhang rezipiert. Mehrere Faktoren sind für die negative Rezeption der künstlichen Körper in Wien besonders hervorzuheben: eine zunehmend kritische Einstellung des Bürgertums gegenüber den Reformen Josephs II. und gegenüber dem Potenzial der Volksaufklärung sowie die Rivalität zwischen Ärzten und Chirurgen. Das öffentliche Interesse an den anatomischen Wachsfiguren rückte die Sammlung des Josephinums in die Nähe unzivilisierter, ungehemmter – und oft weiblich konnotierter – Schaulust. Diese problematische Nähe wurde von den Kritikern des Josephinums, von Satirikern und der Ärzteschaft, im Streit um die Vorherrschaft in der Gesundheitspflege ausgenutzt. So zeichneten Angriffe die Lehrer und Studenten der neuen Institution in ihrem Umgang mit leblosen Wachskörpern einerseits als „gefühllose Feldscherer" und „Fleischerknechte" ohne Mitleid, andererseits als „unbärtige Buben" ohne Erfahrung und Urteilsvermögen. Ein wahrer Mann und Arzt, so das Fazit, spielt nicht mit Puppen. Eine jüngere Chirurgengeneration distanzierte sich von den Wachsmodellen, um ihre eigene intellektuelle und emotionale Reife zu demonstrieren und um weiterhin eine harmonische Koexistenz von Medizin und Chirurgie zu gewährleisten.

52 Protokoll der unterthänigsten Militär-Sanitäts-Kommission, die Verbesserung der k. k. Josephs-Akademie und des gesamten k. k. Militär-Sanitätswesens betreffend, Vienna, 2. Mai 1795; zit. nach Habart 1896, 58.

53 Ebenda.

54 Wien, HHStA, Studienrevisionshofkommission 1795–1803, Karton 26, Gutachten des Hofraths und Professors Johann Peter Frank, in Rücksicht auf das medicinische und chirurgische Studium, 31. Oktober 1798, 134–135.

Nora Fischer

Von der „Augenbelustigung“ zur „dem Auge sichtbaren Geschichte der Kunst“

Wege der Ordnungsfindung in der kaiserlichen Galerie von 1781

1781 war die Neuaufstellung der Gemälde in der kaiserlichen Galerie im Oberen Belvedere Gegenstand einer heftigen Kontroverse zweier Gruppen von Kritikern. Für die eine Seite war die kaiserliche Sammlung „um den Charakter einer Galerie gebracht und zu einer Bildermusterkarte reduzirt“ worden, was einem „Galeriemord“ gleichkam;[1] für die andere Seite hingegen hatte die Galerie aufgrund ihrer klaren Ordnung „den Karakter einer Gallerie unstreitig mehr erlanget, als verloren“ und stellte nun „eine anschauliche Geschichte des menschlichen Geistes“ dar.[2] Einig war man sich nur in der Wahrnehmung, dass die neue Form der Hängung ein außerordentliches Ereignis und eine bedeutende Zäsur nicht nur für die kaiserliche Galerie, sondern auch generell für Museumsordnungen im europäischen Kontext darstellte.

Wie diese Umbildung der kaiserlichen Galerie zustande kam, welche Personen involviert waren und welche Gemälde ausgewählt wurden, ist aufgrund der umfänglich erhaltenen Quellen bekannt und wurde in verschiedenen Studien eingehend untersucht.[3] Die Hängung der Gemälde wurde bis 1781 unter der Federführung des Basler Kupferstechers, Verlegers und Kunstexperten Christian von Mechel verwirklicht. 1779 war dieser aus Basel nach Wien gekommen, war von Kaiser Joseph II. dem seit 1772 amtierenden Galeriedirektor Joseph Rosa vorgezogen und für die Neuaufstellung der kaiserlichen Galerie bestellt worden. Rosas eigentlicher Anteil an der Sammlungserneuerung lässt sich heute aufgrund fehlender Dokumente kaum rekonstruieren. Es ist aber davon auszugehen, dass er durch seine grundlegenden Arbeiten – die Sichtung, Klassifizierung und Restaurierung der Gemäldebestände sowie deren grundsätzliche Ordnung nach süd- und nordalpinen Malerschulen – entscheidend zum nachfolgenden Innovationsschub in der Neugestaltung der Galerie beitrug.[4] Dass Mechel gegenüber Rosa derart hervorgehoben wurde, gehört zu den Folgen der konsequenten Umsetzung und bemerkenswerten Publizität seiner Galerieaufstellung. In nur zwei Jahren schuf Mechel die als „revolutionär“[5] empfundene Gemäldehängung und einen weit verbreiteten Galeriekatalog in deutscher (1783) und in französischer Fassung (1784).[6]

1 Fortsetzung der Gedanken 1782, 254.

2 Wezel 1783, 182–185.

3 Der Artikel basiert auf der Dissertation der Autorin, vgl. Fischer 2013a. Nach wie vor grundlegend: Meijers 1995; neuere Studien: Meijers 2007 und dies. 2013; Hassmann 2013 und dies. 2015; Swoboda 2013; Fischer 2013b.

4 Zum Konflikt Rosas mit Mechel vgl. Meijers 1995, 64–76.

5 Vgl. Pommier 2006, 55–65.

6 Mechel 1783 und ders. 1784.

Vergegenwärtigt man sich die historische Hängung, werden Protest oder Applaus plausibler: Die grundsätzliche Struktur und das Organisationsprinzip der Neuaufstellung lässt sich anhand des Grundrisses im Katalog summarisch ablesen, das Wandarrangement wiederum aufgrund des Verzeichnisses der Gemälde im Katalog detailliert rekonstruieren (Tafel 5). Im ersten Stock des Oberen Belvedere befanden sich in den sieben Zimmern rechts des Marmorsaals die Gemälde der italienischen Malerschulen, wobei das erste und zweite Zimmer der Venezianischen Schule gewidmet war, das dritte der Römischen Schule, das vierte der Florentiner, das fünfte der Bologneser, das sechste der Lombardischen Schule, das siebente Zimmer war nach italienischen Schulen gemischt. In den sieben Zimmern links davon waren die bedeutendsten niederländischen Meisterwerke des 16. und 17. Jahrhunderts ohne differenzierte geographische Binnengliederung angeordnet. Rubens, van Dyck, Teniers als Vertreter der Niederländer und Tizian auf Seiten der italienischen Schulen, von denen die kaiserliche Sammlung überragende Bestände besaß, waren im ersten Stock eigene Räume gewidmet. Im zweiten Stock war die altniederländische bis zur niederländischen Malerei des 17. Jahrhunderts vornehmlich kleineren Formats versammelt, daran schloss rechter Hand die Deutsche Schule – in chronologischer Reihenfolge – von den ältesten Beispielen des späten 13. Jahrhunderts bis zur jüngsten Gegenwart Mechels an.

Die Präsentation nach Malerschulen zeigte sich somit in den vier Flügeln des Oberen Belvedere ganz unterschiedlich ausgerichtet: nach regionalen Schulen differenziert bei den Italienern und nach kanonischen Malerœuvres bei den Niederländern im ersten Stock; nach einem stilistisch-organologischen Entwicklungsgang bei den Niederländern und in historisch-chronologischer Perspektive bei den Deutschen im zweiten Stock. Es kamen, soviel wird auf den ersten Blick deutlich, in der Gemäldegalerie verschiedene Systematisierungsansätze zur Anwendung: Kein kohärentes System wird entfaltet, sondern ein Amalgam unterschiedlicher Konzepte erzeugt.

Welche theoretischen Annahmen und methodischen Umsetzungen dabei konkret zum Tragen kamen, ist nicht einfach auszumachen. Mechel scheint mit großer Offenheit vieles, das ihm innovativ und zur Umsetzung geeignet erschien, in der kaiserlichen Galerie rezipiert zu haben, egal welcher disziplinären Gattung es entstammte – und dabei unbefangen nicht unmittelbar Anwendbares beiseitegelassen und immanente Widersprüche ignoriert zu haben. Damit hat er der kaiserlichen Galerie um 1780 jenen zugleich eklektizistischen wie experimentellen Gehalt verliehen, der die Kritik so vehement herausforderte.

Dieser Charakteristik zufolge erscheint es legitim, die Mechel'sche Galerieaufstellung mit dreien jener kreativen und originellen Systematisierungs- und Ordnungsprojekte in Zusammenhang zu bringen, die in Wien um 1780 in inhaltlicher, zeitlicher und örtlicher Parallele zur Durchführung kamen: dem *Josephinischen Katalog* der kaiserlichen Hofbibliothek in Wien, der Druckgraphiksammlung von Albert von Sachsen-Teschen und der Wiener Edition von Johann Joachim Winckelmanns *Geschichte der Kunst des Alterthums.* Diese drei programmatischen Projekte sollen – so das Experiment – zu Vergleichen herangezogen werden, um Übereinstimmungen in Methoden, Konzepten, Begriffen und Kategorien der Rationalisierung und Verwissenschaftlichung festzumachen. Dies betrifft den Umgang mit den Gemälden ebenso wie die Kombinatorik von Gemälden an der Wand und die darin angewandten theoretischen Konzepte.

Als konkreter Ausgangspunkt zur Bildung thematischer Querverbindungen bietet sich als unmittelbarste Quelle der Gemäldehängung der Katalog respektive das *Verzeichniß der Gemälde der Kaiserlich Königlichen Bilder Gallerie in Wien* von Christian Mechel an. In einem relativ kurzen Textabschnitt manifestiert sich darin verdichtet die ganze Ordnung der Bilder: „Der Zweck alles Bestrebens gieng dahin, dieses schöne durch seine zahlreiche Zimmer-Abtheilungen dazu völlig geschaffne Gebäude so zu benutzen, daß die Einrichtung im Ganzen, so wie in den Theilen lehrreich, und so viel möglich, sichtbare Geschichte der Kunst werden möchte. Eine solche grosse öffentliche, mehr zum Unterricht noch, als nur zum vorübergehenden Vergnügen, bestimmte Sammlung scheint einer reichen Bibliothek zu gleichen, in welcher der Wißbegierige froh ist, Werke aller Arten und aller Zeiten anzutreffen, nicht das Gefällige und Vollkommene allein, sondern abwechselnde Kontraste, durch deren Betrachtung und Vergleichung (den einzigen Weg zur Kenntnis zu gelangen) er Kenner der Kunst werden kann."[7] Allein anhand dieser Quintessenz lässt sich das ganze Programm der kaiserlichen Galerie von 1781 – von der Zimmereinteilung, über das Arrangement der Bilder bis zum theoretischen Überbau – auslegen, indem man den Textabschnitt Zeile für Zeile analysiert und in den Kontext der genannten drei Wiener Systematisierungs- bzw. Ordnungsprojekte stellt.

Ordnen wie in einer Bibliothek

> „Eine solche grosse öffentliche, mehr zum Unterricht noch, als nur zum vorübergehenden Vergnügen, bestimmte Sammlung scheint einer reichen Bibliothek zu gleichen, […]."[8]

Der Topos einer Korrespondenz zwischen Galerie und Bibliothek als Orte der Gelehrsamkeit und des Erwerbs von Wissen steht im ausgehenden 18. Jahrhundert in einer langen Tradition und reicht bis zu den *Inscriptiones vel Tituli Theatri amplissimi […]* (1565)[9] des als Gründungsvater neuzeitlicher Sammlungstheorie geltenden Samuel Quicchelberg zurück.[10] Die Analogie wird im späten 18. Jahrhundert immer wieder herangezogen, etwa von Johann Georg Sulzer in seiner *Allgemeinen Theorie der schönen Künste* 1775, wo es heißt: „Dergleichen Gallerien [in Florenz, Wien, Dresden, Düsseldorf und Sanssouci] sind für die zeichnenden Künste, was die öffentlichen Bibliotheken für die Gelehrsamkeit; […] In dieser Absicht aber sollten sie auch nach

7 Mechel 1783, XI–XII.

8 Ebenda.

9 Quicchelberg 1565, d iii.

10 Vgl. Brakensiek 2003, 62.

einem besonders dazu entworfenen Plan angelegt seyn, nach welchem jeder Teil der Kunst sein besonderes Fach hätte."[11] Oder in Luigi Lanzis programmatischer Schrift zur Galerieaufstellung in den Uffizien, *La Real Galleria di Firenze [...]* von 1782, der befindet: „Mit einem Wort, das königliche Museum von Florenz [ist] auf das System einer gut geordneten Bibliothek reduziert [worden], wo jede Gruppe ihren eigenen Platz hat, der sich von allen anderen unterscheidet."[12] In all diesen sammlungstheoretischen Texten bezieht sich die Gleichsetzung von Kunstsammlung und Bibliothek auf zweierlei: auf die klassifikatorische Ordnung in der Aufstellung der Kunstwerke und auf den wissenschaftlichen Gebrauch einer Kunstsammlung.

Das Modell, das Mechel mit dem Bibliotheksvergleich als grundlegende Disposition der Galerieordnung heranzieht, weist in seiner traditionellen Form eine Systematik nach aneinander gereihten und voneinander getrennten Wissensgebieten – den klassischen Fakultäten Theologie, Jurisprudenz, Mathematik, Philosophie – auf, die sich in der räumlichen Aufstellung der Bücher in der Bibliothek widerspiegelt. In der Systematik der Galerie findet das Nebeneinander der inhaltlich definierten und begrenzten Wissensbereiche der Bibliothek seine Entsprechung in der geographischen Struktur der Malerschulen, wie sie sich am Grundriss des *Verzeichnisses* erschließen lässt. Der Gang durch die Galerie kann gleichsam in einer Art Reiseperspektive als Parcours durch die Geographie der Malerschulen wahrgenommen werden, deren Stationen, Zimmer und Gemälde, mit Schildchen bezeichnet und bestimmt waren. In der Mechel'schen Galerieaufstellung verwiesen – gleich einem Itinerar – die Nummerierung der einzelnen Zimmer sowie die Nummern- und Namensschildchen an den Rahmen der Gemälde, die mit jenen des Katalogs übereinstimmten, auf die Ordnung der Galerie. Das Konzept einer systematischen Anordnung der Gemälde im Raum, wo jedes Exponat einen ihm zugewiesenen, folgerichtigen Platz hat, diente nicht nur der Auffindbarkeit desselben; die sichtbar gemachte Ordnung ist darüber hinaus ein wesentlicher Faktor für die Erfassung bestimmter Wissenszusammenhänge. Johann Karl Wezel fasste es 1783 pointiert zusammen: „Man ist also, wenn man darinne [in der kaiserlichen Galerie] herumgeht, in einem Lande, wo alle Wege mit Postsäulen bezeichnet sind: man verirrt sich niemals, sondern ist allenthalben wie zu Hause, weil man allenthalben Wegweise findet: man geht aus einem Lande, aus einem Jahrhundert ins andere, und darf nur die Thür oder das Schild am Gemälde ansehen, um zu erfahren, wo man ist."[13]

Die Korrespondenz von Ordnungssystemen einer Kunstsammlung und einer Bibliothek, die in den zitierten Zeilen hervorgehoben wird, legt nahe, den Blick auf die Wiener Hofbibliothek zu richten, zumal diese zur selben Zeit ebenfalls neue Wege der Ordnungsfindung beschritt: 1780 bis 1781 entstand unter der Leitung von Gottfried

11 Sulzer 1771, 416.

12 Lanzi 1782, 9: „In una parola il Real Museo di Firenze ridotto quasi al sistema delle benintese biblioteche, ove ogni classe tiene un luogo separato e distinto da tutte le altre."

13 Wezel 1783, 184.

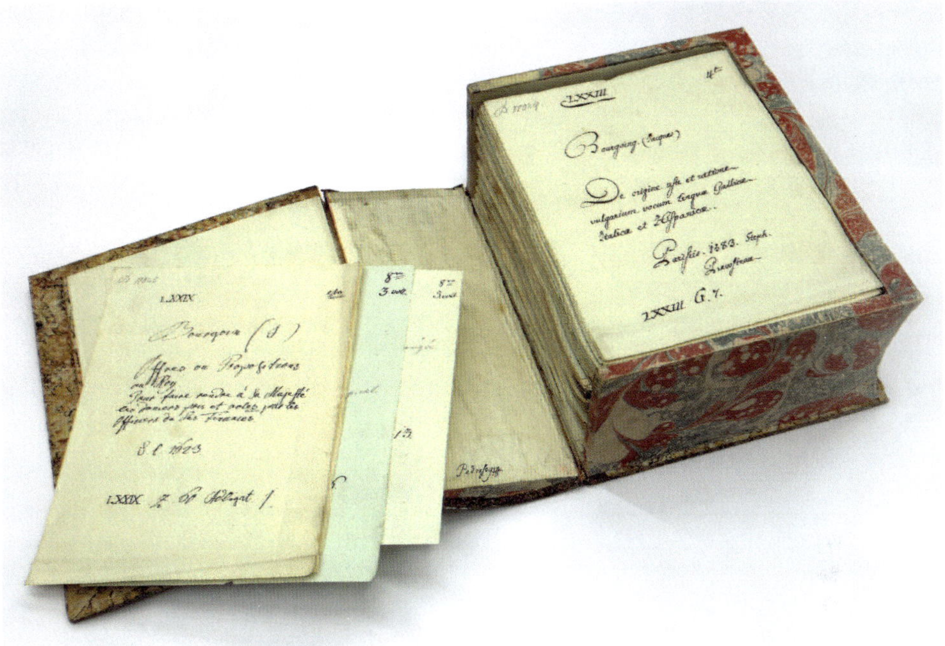

Abb. 1: Kapseln des Josephinischen Katalogs der Hofbibliothek (Wien, ÖNB)

van Swieten der sogenannte *Josephinische Katalog*, der gemeinhin als der erste Zettelkatalog einer Bibliothek gilt (Abb. 1).[14]

Wie Friedrich Nicolai erstaunt feststellte, entstand der *Josephinische Katalog* auf nicht alltägliche Weise: „Die Art wie dieses neue Verzeichnis verfertigt wird, ist merkwürdig. Es wird daran Nachmittags, wenn die Bibliothek geschlossen ist, gearbeitet. Jeder Arbeiter hat eine besondere Klasse. Er nimmt ein Buch nach dem andern, schreibt dessen Titel ausführlich auf ein besonderes Quartblatt, und merkt nach einem vorgeschriebenen Formulare, dessen Nummer, Klasse, Format u.s.w. dabey an.“[15] In Abfolge der 169 aufgestellten Bücherkästen, also der vorhandenen Ordnung in der Hofbibliothek, wurde Buch für Buch auf je einem losen Blatt nach einer genauen Anleitung zur Beschreibung verzeichnet.

Im Wesentlichen enthielt das genannte „Formular“, die *Vorschrift*, eine Instruktion zur Eintragung von Signatur, Format und Anzahl der Bände, des Autors, des Titels, des Druckorts, des Verlegers und des Erscheinungsjahrs des Buches.[16] Mit solcherart

14 Zum *Josephinischen Katalog* grundlegend: Petschar 1999 sowie Krajewski 2017 und ders. in diesem Band. Der *Josephinische Katalog* wird noch heute in der Österreichischen Nationalbibliothek in 205 Kapseln mit 300.000 Zetteln aufbewahrt.

15 Nicolai 1784, 837–838.

16 Die *Vorschrift* wurde in einer Abschrift vom fünften Skriptor Adam Bartsch zusammengefasst, der ab 1791 die Kupferstichsammlung des Prinzen Eugen in der kaiserlichen Hofbibliothek betreute und zum überragenden Graphikexperten seiner Zeit avancierte; vgl. ÖNB, Akt HB 125/1780, Beilage 2; die Beilage ist vollständig transkribiert in: Petschar / Strouhal / Zobernig 1999, 125–129.

normierten Katalogisierungsregeln wurde versucht, die Verzeichnung frei von Zufällen und persönlichen Bezügen zu halten, die Bücher allgemeingültig zu beschreiben, sie vergleichbar und einem festgelegten System zuordenbar zu machen. Als erstes Rubrikwort für einen alphabetischen Katalog wurde der richtigen Verzeichnung der Autoren besondere Beachtung geschenkt: Zunächst war der Name genau in der Art und Weise abzuschreiben, wie im Buch angegeben, um erst im Anschluss, im Zuge der Herstellung einer alphabetischen Ordnung, seine verschiedenen Schreibweisen, sein Pseudonym oder seine Übersetzung in einer anderen Sprache unter einem einzigen Namen zusammenzuführen. Nach der Vereinheitlichung aller Autorennamen konnte man in Folge in relativ kurzer Zeit die Zettel zum alphabetischen Zettelkatalog sortieren.

Der *Josephinische Katalog* war ursprünglich nur als Vorstufe weiterer Katalogisierungsarbeiten gedacht gewesen. Die beabsichtigten Folgeschritte, aus dem alphabetischen Zettelkatalog einen Bandkatalog und im Anschluss daran noch einen systematischen Bandkatalog nach Sachgebieten zu generieren, der wiederum die Basis für eine Neuaufstellung der Bücher in der Bibliothek hätte sein sollen, sodass Katalogordnung und räumliche Organisation aufeinander bezogen gewesen wären, kamen nie zustande. Der richtungsweisende *Josephinische Katalog* resultiert mithin nicht aus einer bewussten Strategie, sondern verdankt sich einem Provisorium.

Ein Zettelkatalog spiegelt per se nicht die klassifikatorische Gemäldeanordnung an einem konkreten Ort (Raumfolgen, Gemäldegruppen und Objektpositionen) wider, auf die sich Mechel in seinem Zitat bezieht, sondern beruht – im Gegenteil – auf der Informationserfassung via Zettel als ortsunabhängige und disponible Informationsträger. Dennoch weist der *Josephinische Katalog* mit seiner Praxis der Ordnungsfindung eine nicht weniger interessante Parallele zu den für die Galeriehängung angewandten Praktiken auf. Das Verzetteln des Bücherbestandes, also die Methode, frei zu kombinierende Blätter in eine zu bestimmende Systematik einzuordnen, verweist auf ein Verfahren, das in gewisser Weise auch für die Gemäldehängung von 1781 wirksam geworden ist. Als Kupferstecher, Sammler und Verleger hat Christian von Mechel sein kennerschaftliches Wissen von der Malerei nämlich weniger anhand originaler Gemälde, sondern mehr mittels Reproduktionsstichen nach Gemälden gebildet. Und die in Kennerkreisen präferierte und verbreitetste Art und Weise, diese Graphiken aufzubewahren, war nicht die Form der Klebebände, sondern die der Loseblattsammlungen.[17] Lose in Kassetten oder Kapseln gesammelt, gewährten die Graphiksammlungen aufgrund ihrer flexiblen Handhabung nicht nur freien Spielraum für Zuwächse oder Abgänge, sondern boten auch optimale Bedingungen für vergleichende Studien der Blätter.

Bereits 1699 äußerte sich Roger de Piles in *L'Idée du peintre parfait* dahingehend, dass Reproduktionen es vermögen würden, sich Gemälde, die sich realiter an verschiedenen, entfernten Orten befänden, ins Gedächtnis zu rufen, und imstande seien, nachdrücklicher und schneller über die „Manier“ zu informieren als das Wort. Sie

17 Brakensiek 2009.

stellten ein wertvolles Hilfsmittel dar, Dinge zu vergleichen, und seien fähig, „die Mittel an die Hand zu geben, vielerley Sachen leicht mit einander, durch den geringen Raum, welche die Kupferstiche einnehmen, und auch durch ihre große Anzahl und Mannigfaltigkeit zu vergleichen“.[18] Seine Thesen über den Nutzen und die Wirkmöglichkeiten von Reproduktionsstichen wurden unter anderem vom prominenten Kunstkenner und Verleger Pierre-Jean Mariette sowohl im berühmten *Recueil Crozat* als auch in der dazugehörigen Subskriptionsanzeige umfassend rezipiert.[19] Für Mechel stellte die kunstwissenschaftliche Arbeit Pierre-Jean Mariettes, dessen persönliche Bekanntschaft er während seines Pariser Aufenthalts 1772 machte, eine wesentliche Inspirationsquelle dar.[20]

Festzuhalten ist: Mechel hat das Ordnungsmodell für die Aufstellung der kaiserlichen Gemäldesammlung aus den ihm vertrauten Systematisierungsmethoden von Graphiksammlungen abgeleitet. Dabei steht die Übertragung der Systematik, die in der Bibliotheksmetapher ihren Ausdruck fand, von einem Medium (Graphik) in ein anderes (Gemälde) zunächst in Zusammenhang mit der wissenschaftlichen Methode des Vergleichens, die in der „Zettelwirtschaft“ der Graphiksammlungen ihren Ausgangspunkt nahm und mit dem *Josephinischen Katalog* eine aufschlussreiche Entsprechung zur Ordnungsfindung der Gemäldesammlung von 1781 hat.

Malerschulen im Zeitkontinuum

> „[...] in welcher der Wißbegierige froh ist, Werke aller Arten und aller Zeiten anzutreffen, nicht das Gefällige und Vollkommene allein, sondern abwechselnde Kontraste, durch deren Betrachtung und Vergleichung (den einzigen Weg zur Kenntnis zu gelangen) er Kenner der Kunst werden kann.“[21]

„Vergleichung“ wird von Mechel als alleiniges Mittel zum „Kenner der Kunst“ zu werden angesehen. Der Terminus „Kenner der Kunst“ verweist wiederum auf einen zentralen Begriff der Kunsttheorie des 17. und 18. Jahrhunderts: die *Kennerschaft*, die im 18. Jahrhundert – bezogen auf die Malerei – untrennbar mit dem Konzept der Malerschulen verbunden war.[22] Konkret sind damit die Kompetenzen, ein Gemälde konservatorisch zu beurteilen und stilistisch zu bewerten, es in Folge einem Künstler zuzuschreiben und einer Kunstlandschaft zuzuordnen, gemeint. Das theoretische Fundament zum Modell der Malerschulen hatte die italienische Kunstliteratur bereits ab dem frühen Seicento geliefert, wobei „Schule“ sowohl den Zusammenhang zwischen den Meistern und ihren Schülern meinen konnte als auch – weiter gefasst – die

18 De Piles 1699, 64–65. Übersetzung aus der deutschen Ausgabe: ders. 1710, 101–102.

19 Recueil d’estampes 1729. Mercure de France, Mai 1728, 1002–1010: vgl. Bähr 2009, 101–136.

20 Das geht aus einem Brief von Hugues-Adrien Joly, Leiter des königlichen Kupferstichkabinetts in Paris, an Karl-Heinrich von Heinecken, Leiter des kurfürstlichen Kupferstichkabinetts in Dresden, hervor: McAllister Johnson 1988, 58. Vgl. Wüthrich 1956, 129–130.

21 Mechel 1783, XI–XII.

22 Zur Ausarbeitung des Malerschulmodells vgl. Bickendorf 1998.

stilistische Verwandtschaft von Kunstwerken einer Region. Ab dem frühen 18. Jahrhundert wurde das Schulmodell gesamteuropäisch diskutiert, in der Differenzierung regionaler Schulen ausgeweitet, verschieden akzentuiert und bis zur Mitte des Jahrhunderts zur akademischen Norm erhobenen.

Die praktische Umsetzung des kennerschaftlichen Modells von Malerschulen erfolgte zunächst nicht im dafür gedachten Gegenstandsbereich der Malerei respektive in Gemäldesammlungen, sondern in Graphiksammlungen. Diese nur scheinbare Widersprüchlichkeit klärt sich im Hinblick auf die erwähnte Forschungspraxis auf: Die Möglichkeit, Reproduktionsstiche nach Gemälden in immer neuen Zusammenstellungen nebeneinanderzulegen, sie in immer neue Zusammenhänge zu bringen und im Vergleich zu sehen, hat dazu beigetragen, dass gerade in graphischen Kabinetten das Modell der Malerschulen systematisch ausgearbeitet bzw. die entwicklungsgeschichtlichen Prozesse der jeweiligen Malerschule dargestellt wurden. Damit wurden Graphiksammlungen gleichsam zum *Missing Link* zwischen Kunsttheorie und musealer Ordnung.

Wenn also sammlungssystematische Überlegungen die Neuaufstellung der Galerie im Oberen Belvedere geleitet haben, die in Zusammenhang mit der Ordnung von Stichsammlungen stehen, dann drängt sich der Blick auf ein weiteres großes Unternehmen auf, das in den Jahren um 1780 in Wien durchgeführt wurde: die Gründung und Ordnung der Druckgraphiksammlung des Herzogs Albert von Sachsen-Teschen – zumal die Systematik gerade dieser Stichsammlung als eine der fortschrittlichsten ihrer Zeit angesehen wurde.[23]

Die eigentliche Sammlungsidee und -konzeption dieser Druckgraphiksammlung geht auf Giacomo Conte Durazzo zurück. Durazzo, zum fraglichen Zeitpunkt Gesandter des Wiener Hofes in Venedig, besuchte 1773 den damaligen Statthalter von Ungarn, Albert von Sachsen-Teschen, in Pressburg und erhielt 1774 von diesem den Auftrag, eine graphische Sammlung anzulegen. Schon zwei Jahre später konnte er dem Herzog eine erste Zusammenstellung von 1000 Blättern übergeben;[24] 1784 folgte dann eine zweite – aus eigenem Antrieb gesammelte und als persönliches Geschenk gewidmete – Tranche mit 30.000 Blättern von 1400 Künstlern.[25]

In dem der Urfassung der Druckgraphiksammlung beigefügten Traktat, dem *Discorso Preliminare* von 1776, spricht Durazzo vom eigentlich „höheren Zweck" der Sammlung, der in einer „Storia pratica della Pittura" liege und deren „erstes Verdienst ihre strenge Einteilung in Zeitperioden in jedem ihrer Teile" sei (Abb. 2).[26] Für die „praktischen Geschichte der Malerei" wird zuerst der Paragone zwischen den süd-

23 Zur Geschichte der Stichsammlung des Albert von Sachsen-Teschen und dem *Discorso Preliminare* Giacomo Conte Durazzos: Koschatzky 1963a–c; ders. 1964; Dossi 1998; Michel 2014.

24 Es handelt sich dabei nicht um die präzise Anzahl der Drucke, sondern um einen literarischen Topos für die Größe der Sammlung; vgl. Michel 2014, 14–15.

25 Welche Blätter definitiv übergeben wurden, lässt sich nicht mehr nachweisen; vgl. Dossi 1998, 16.

26 Albertina Wien, Giacomo Durazzo, Discorso Preliminare, Venedig 1776, Fassung I, Inv. Nr. 30858d, recto: „Merito primo della presente Collezione è l'Ordine de' Tempi serbato in ogni sua parte". Vgl. Dossi 1998, 16.

und nordalpinen Malerschulen vor Augen geführt, wobei einander italienische (1. Römische, Toskanische, Neapolitanische und Sizilianische Schule, 2. Venezianische, 3. Bolognesische und 4. Lombardische und Genuesische Schule) und nördliche Schulen (1. Deutsche Schule mit den Schweizern, 2. Holländische, 3. Flämische und 4. Französische Schule) die Waage hielten. Die zeitliche Perspektive wird in die einzelne Malerschule gelegt, deren chronologische wie stilistische Entwicklung – Schule für Schule – nachgezeichnet wird. Innerhalb der Schulen waren die Stiche in Œuvres gefasst, die wiederum chronologisch gereiht wurden, wobei das Geburtsdatum des Malers als Stichtag galt.[27]

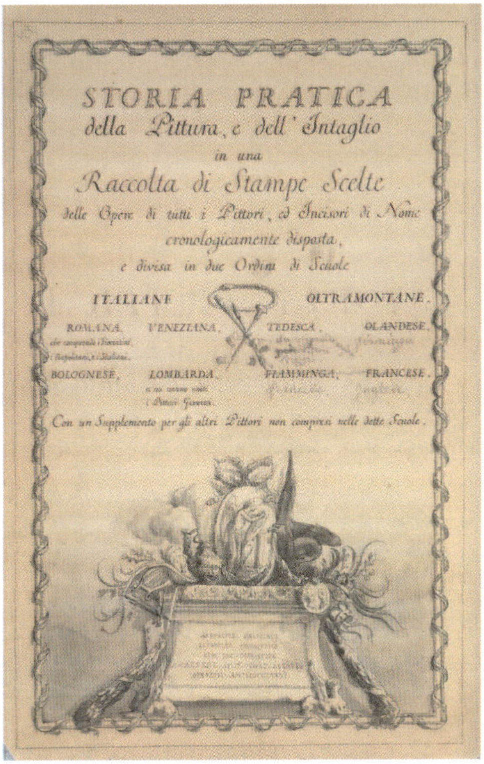

Abb. 2: Giacomo Durazzo, Discorso Preliminare, Fassung II, Erstes Deckblatt, 1776 (?) (Albertina Wien, Inv.-Nr. 30858/2)

Die Parallelen zwischen der Konzeption der Stichsammlung und der Mechel'schen Galerieaufstellung sind schon im Gesamtplan des ersten Stocks des Oberen Belvedere evident: In seinen zwei Flügeln stehen einander südalpine (italienischen Schulen) und nordalpine Malerschulen (niederländische Kunst) gegenüber. Die stärkste Korrespondenz aber zeigt sich im Spannungsgefüge der italienischen Kunst, wo in den aufeinanderfolgenden Zimmern Schulchronologie an Schulchronologie gereiht wurde. Zu bemerken ist hier wie dort: man ist – gleich einer Zeitschleife – immer wieder mit derselben Periode vom frühen 16. bis zum späten 17. Jahrhunderts konfrontiert und nimmt so die italienische Kunst in ihrer Gesamtheit als eine in einer Zeitebene bleibende Entwicklung wahr.[28]

Bei entsprechend großer Anzahl von Gemälden und im Fall, dass dem Künstler eine stilbildende Relevanz zugesprochen wurde, wurde – analog zu den Portefeuilles der Graphiksammlung – ein ganzer Raum einem einzigen Künstler gewidmet, so bei Tizian, Rubens oder van Dyck. Am anschaulichsten gelang es Mechel bei Tizian, von dem die kaiserliche Galerie einen überragenden Bestand besaß, dessen stilistischen Entwicklungsgang vom Schüler über den reifen Künstler bis zum Spätwerk nachzu-

27 Koschatzky 1964, 11.

28 Vgl. Bickendorf 1998, 353–356, in Zusammenhang mit der Geographie der Stile und der Zeitkonstruktion in Luigi Lanzis *Storia pittorica* (1792, 1795–96 und 1809).

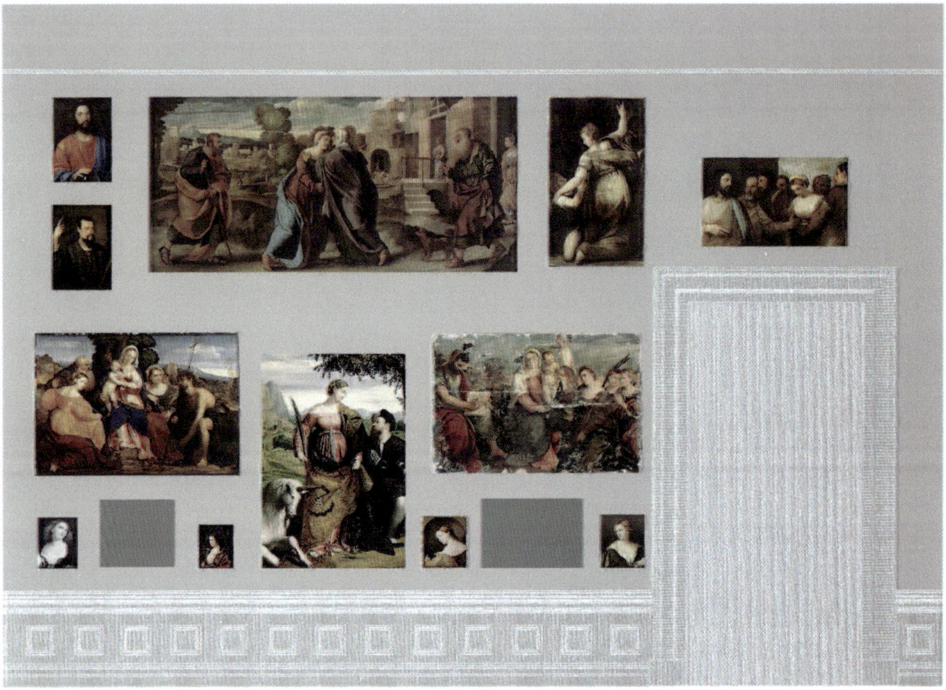

Abb. 3: Erste Wand im ersten Zimmer der Venezianischen Schule mit Gemälden Tizians im ersten Stock des Oberen Belvedere, digitale Rekonstruktion nach Mechel 1783 (Wien, KHM / Visualisierung: Nora Fischer)

zeichnen.[29] Dafür wurden an den Wänden auch stilistische Verwandtschaften oder Lehrer-Schüler-Verhältnisse thematisiert. So dominierten im Tizian-Raum an der ersten Wand Gemälde des frühen Zeitgenossen Palma Vecchio (Abb. 3): in der damaligen Zuschreibung das Gemälde in der Mitte der obersten Reihe *Die Heimsuchung Mariae*, in der zweiten Reihe rechts und links jeweils *Maria mit Kind und Heiligen* und die weiblichen Bildnisse der untersten Reihe, die allesamt Palma Vecchio zugeschrieben wurden – selbst die berühmte *Laura*, die heute als Giorgione gilt. Im Zentrum der Wand befand sich die *Hl. Justina, von einem Stifter verehrt* vom Tizian-Schüler Pordenone. Die übrigen Wände waren ausschließlich mit Werken von Tizian gefüllt, wobei Mechel den künstlerischen Entwicklungsgang bis in das – im späten 18. Jahrhundert gar nicht geschätzte – Spätwerk Tizians nachzeichnete. Die dritte und letzte Wand (die Fensterwand war nicht mit Gemälden bestückt) schließt nach der *Danae* von 1554 und *Diana und Callisto* von 1566 mit dem Spätwerk *Nymphe und Schäfer* von 1570/1575 ab (Abb. 4). Trotz der grundsätzlich chronologischen Ausrichtung im gesamten Raum ist nicht zu übersehen, dass die Binnengliederung des Bilderarrangements an den einzelnen Wänden nach wie vor anhand der traditionellen Prinzipien

29 Mechel 1784, XIV: „[…] par exemple, dans celle du Titien un si heureux effet, qu'on se trouve par là en état de comparer ce grand Maître à lui-même dans ses différens âges, et dans les différens genres où il s'est exercé."

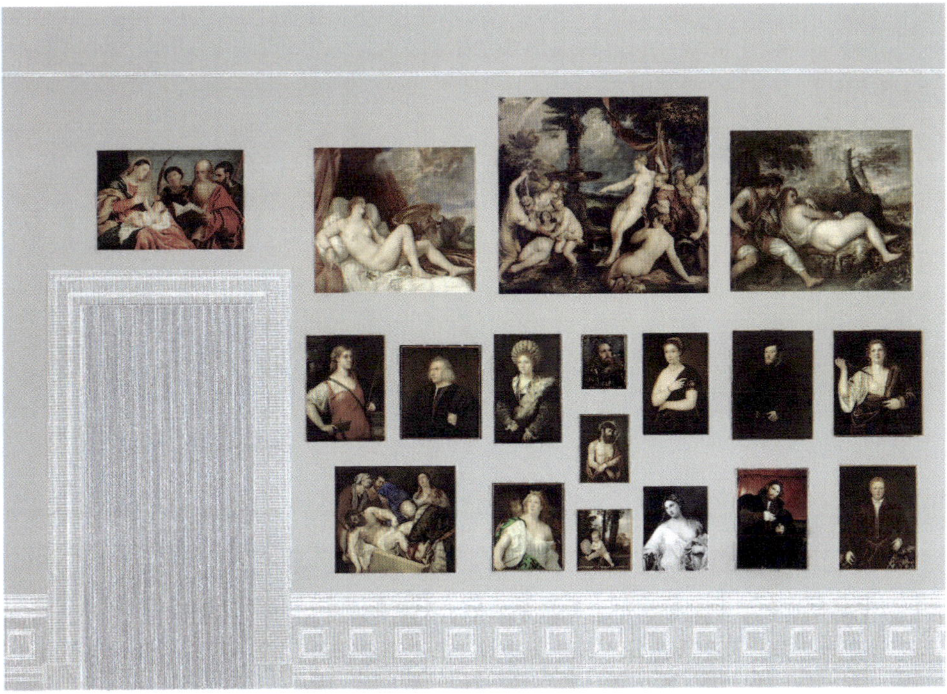

Abb. 4: Vierte Wand im ersten Zimmer der Venezianischen Schule mit Gemälden Tizians im ersten Stock des Oberen Belvedere, digitale Rekonstruktion nach Mechel 1783 (Wien, KHM / Visualisierung: Nora Fischer)

barocker Gemäldehängungen, das heißt Symmetrie, Axialität und Zentralisierung aufgebaut war. Nach dem sogenannten Pendantsystem wurden die Gemälde entweder paarweise oder achsensymmetrisch um ein zentrales mittleres Bild angeordnet, bildeten Zweier- oder Dreiergruppen und wurden solcherart zu formal und inhaltlich korrespondierenden Einheiten zusammengefasst. Die vorhandene Fülle an Gemälden von Tizian machten es Mechel möglich, beide Konzepte, chronologische Entwicklung und barocke Pendanthängung, zu vereinen.

Obwohl vieles dafür spricht, dass sich die Ordnung der albertinischen Sammlung und die gleichzeitige Neuordnung der kaiserlichen Galerie gegenseitig beeinflusst haben, kann im Detail nicht geklärt werden, wie instruktiv Durazzos Konzeption für Mechel tatsächlich war. Gesichert ist, dass Mechel in der ersten Jahreshälfte 1781 mehrere Reisen nach Pressburg zu Herzog Albert von Sachsen-Teschen unternahm, um dort wertvolle Gemälde aus dem Nachlass Karls von Lothringen, dessen Erbe Albert angetreten hatte, für die kaiserliche Galerie auszuwählen.[30] Aufgrund seines

30 Hilchenbach 1781, 105. Eine Reisekostenaufstellung für unter anderem mehrere Reisen nach Pressburg liegt einem Konzept von Wenzel Anton Fürst Kaunitz-Rietberg als Protektor der Akademie der bildenden Künste für ein Ansuchen um eine höhere Gratifikation für Mechel bei, in: Wien, AVA, Unterricht, Studienhofkommission, Teil 1, 75 Akademien (Sign. 15) 7, einliegend in Mappe *Akademie der bildenden Künste*, Konzept. Vgl. Hassmann 2013, 152, Quellen-Nr. 126.

Interesses an Stichwerken ist anzunehmen, dass Mechel Gelegenheit fand, die Stichsammlung in der Konzeption Durazzos zu studieren. Mit Sicherheit kann aber davon ausgegangen werden, dass Mechel und Durazzo auf dieselben kennerschaftlichen Systematiken zurückgegriffen haben, die im 18. Jahrhundert theoretisch ausgearbeitet und in Stichsammlungen praktisch umgesetzt wurden. Es stellt eine bemerkenswerte Koinzidenz dar, dass jener Pierre-Jean Mariette, dessen Kontakt Mechel in Paris suchte und 1772 fand, auch für die Anlage der Stichsammlung Alberts von Sachsen-Teschen eine Vorreiterrolle spielte:[31] Als jüngster Spross der berühmten Buchhändler- und Verlegerdynastie Mariette war Pierre-Jean im Alter von nur 23 Jahren von 1717 bis 1718 zum Sammlungsaufbau der Graphiksammlung des Prinzen Eugen hinzugezogen worden, deren struktureller Aufbau wiederum eine Inspirationsquelle für Durazzo darstellte.[32] Konsequenterweise wurden beide Stichsammlungen – jene des Albert von Sachsen-Teschen und jene des Prinzen Eugen – nach dem Ersten Weltkrieg in der Albertina vereint.

Wie verschlungen die Wege auch waren, es erscheint schlüssig, dass gerade der Kupferstecher und Verleger Christian von Mechel, der unvermittelt zur Neuordnung einer Gemäldesammlung herangezogen wurde, die Galerie gleichsam wie ein graphisches Mappenwerk handhabte und auf Wänden eine Ordnung nach Malerschulen wiedergab, die bis dahin in dieser Konsequenz nur in diesen vorkam. Es ist auch naheliegend, diese Transformationsleistung Mechels als logische Konsequenz aus seiner Beschäftigung mit Graphiken zu sehen, zumal die Betrachtung solcher Reproduktionen auf die kennerschaftliche Beurteilung von Gemälden abzielte.

Sichtbare Geschichte der Kunst

> „Der Zweck alles Bestrebens gieng dahin, dieses schöne durch seine zahlreiche Zimmer-Abtheilungen dazu völlig geschaffne Gebäude so zu benutzen, daß die Einrichtung im Ganzen, so wie in den Theilen lehrreich, und so viel möglich, sichtbare Geschichte der Kunst werden möchte."[33]

Während Durazzo von einer „praktischen Geschichte der Malerei"[34] sprach, ging Mechel mit der Hängung der Gemälde – zumindest theoretisch – einen Schritt weiter: Eine „sichtbare Geschichte der Kunst", eine generelle Kunstgeschichte sollte veranschaulicht werden. Nur: Eine Kunstgeschichtsschreibung im eigentlichen Sinn respektive ein theoretisches Fundament für die Systematisierung neuzeitlicher Kunst als Gesamtheit gab es zum fraglichen Zeitpunkt noch nicht. Der erste sogenannte „Klas-

31 Koschatzky 1964, 11.

32 Zur Geschichte der Graphiksammlung des Prinzen Eugen vgl. Krasa 1986, 293–297, und Benedik 2010b, 155–156. Zu Pierre-Jean Mariette: Smentek 2014.

33 Mechel 1783, XI–XII.

34 Albertina Wien, Giacomo Durazzo, Discorso Preliminare, Venedig 1776, Fassung I, Inv. Nr. 30858d, recto.

siker der Kunstgeschichte"[35], die *Geschichte der Kunst des Alterthums* (1764) von Johann Joachim Winckelmann, ist ein Werk der klassischen Archäologie, welches primär die antike Skulptur im Fokus hatte. Aufgrund seiner historisch-kritischen Methode, die auch für die Systematisierung der neuzeitlichen Kunst wirksam geworden ist, gilt sie dennoch als *das* Gründungswerk neuzeitlicher Kunstgeschichte.

Die *Geschichte der Kunst des Alterthums* lieferte – so die begründete Vermutung – auch für die Hängung der Gemälde durch Mechel entscheidende Argumente: Sie bildet zunächst einen Schnittpunkt einander kreuzender Lebenswege der Trias aus Winckelmann, Staatskanzler Wenzel Anton von Kaunitz-Rietberg und Mechel. Seinem Lehrer und Mentor Johann Georg Wille verdankte Mechel den ersten Kontakt zu Winckelmann, der 1766 zu einem Aufenthalt bei diesem in Rom führte. Mechel schloss enge Freundschaft mit Winckelmann und korrespondierte bis zu dessen Tod 1768 mit ihm. Er war sich auch der großen Wertschätzung bewusst, die man in höchsten Wiener Kreisen Winckelmanns Werk entgegenbrachte und wusste dies für sich zu nutzen: Bei seiner ersten Reise nach Wien 1778 verabsäumte er es nicht, ein Konvolut von Briefen Winckelmanns mitzunehmen;[36] seine darin dokumentierte freundschaftliche Beziehung zu Winckelmann und sein durch ihn geschultes kunsttheoretisches Wissen ebnete ihm den Kontakt zu Staatskanzler Kaunitz – was letztlich zum Auftrag der Neugestaltung der kaiserlichen Galerie führte.

Im kontinuierlich geführten Briefwechsel zwischen Winckelmann und Mechel kam mehrmals eine geplante neue und erweiterte Ausgabe der *Geschichte der Kunst des Alterthums* zur Sprache.[37] Die beschriebene Edition kam zu Lebzeiten Winckelmanns nicht mehr zustande, besagtes Manuskript führte Winckelmann auf seiner Rückreise von Wien, wo er – auf Vermittlung von Kaunitz – von Kaiserin Maria Theresia empfangen worden war, nach Italien mit sich. Nach Winckelmanns Ermordung 1768 in Triest, auf eben dieser Rückreise von Wien, gelangte dieses Material an seinen Erben, Kardinal Alessandro Albani in Rom und von diesem an Kaunitz in Wien.[38] Kaunitz ließ 1776 durch die Wiener Akademie der bildenden Künste und unter seinem Protektorat die zweite deutsche Edition der *Geschichte der Kunst des Alterthums* publizieren, zu deren ersten Subskribenten wiederum Mechel zählte.[39]

Mechel war folglich mit den theoretischen Studien Winckelmanns vertraut und fand innovative Mittel und Wege, dessen Theoriebildung auf die Gemäldesammlung zu übertragen. Schon die Wortwahl von einer „sichtbaren Geschichte der Kunst" ist

35 Vgl. Pfisterer 2007, 10.

36 Mechel an Usteri: „Nun empfangen Sie von Bruder Heinrich meine Winckelman Briefe; hier sind keine, sonst kämen sie mit; Confrontieren Sie sie nun mit Ihrer Copie oder lassen eine correcte davon machen, denn ich möchte mein Bändchen gerne bald zurück haben; ich möchte es auf die Wiener Reise mitnehmen; Sobald sie es missen können." In: Winckelmann (Rehm 1957), 333 (Nr. 198c, 31. Dezember 1777).

37 Winckelmann (Usteri 1779): Johann Joachim Winckelmann an Christian Mechel, 165 (8. April 1767), 174 (12. Mai 1767), 192–193 (8. August 1767), 202 (12. Dezember 1767), 206–207 (13. Jänner 1768).

38 Winckelmann 1764/1776 (Borbein / Gaehtgens / Irmscher / Kunze 2009), Vorwort der Herausgeber, VIII.

39 Ebenda, XXXIII.

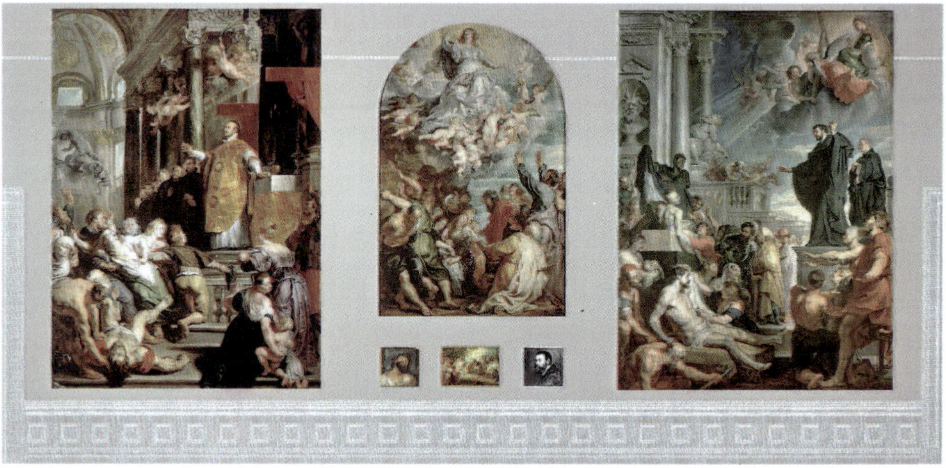

Abb. 5: Erste Wand im vierten Zimmer („Rubens-Saal") der Niederländischen Schule im ersten Stock des Oberen Belvedere, digitale Rekonstruktion nach Mechel 1783 (Wien, KHM / Visualisierung: Nora Fischer)

an die *Geschichte der Kunst des Althertums* angelehnt, die den Kollektivsingular „Geschichte" im Sinn einer zusammenhängenden und kontinuierlichen Einheit auf den Kollektivsingular Kunst anwendet. Die *Geschichte der Kunst des Alterthums* führte aber nicht nur den Kollektivsingular „Geschichte" für die Beschreibung einer Epoche im universalen Rahmen ein, sondern machte auch zum ersten Mal die Kunst in ihrer eigenen Geschichtlichkeit zum Mittelpunkt der Darstellung. Die Galeriehängung Mechels ist – zumindest teilweise – vor dem Hintergrund dieser Denkmuster zu interpretieren.

Die durch Winckelmann angeregte Einsicht der „sichtbaren Geschichte der Kunst" wiederholt Mechel im Katalog nicht zufällig bei der niederländischen Kunst,[40] die am deutlichsten in Parallele zu den methodischen Hinsichten Winckelmanns dargestellt werden kann – einschließlich der Brüche und Divergenzen, die in der *Geschichte der Kunst des Alterthums* beinhaltet sind. Speziell bei den Niederländern, die sowohl in den sieben Zimmern links des Marmorsaals im ersten wie in den darüber liegenden vier Zimmern im zweiten Stock angeordnet waren, wird nämlich jener Dualismus bemerkbar, der auch Winckelmanns Werk prägte: der Antagonismus zwischen normativer Schönheitslehre und historisch bedingter Stilentwicklung in der Kunst, in dem die Einheit der Kunst vordergründig wieder aufzubrechen scheint.[41] Winckelmann hat diese dualen Kategorien einer historischen Entwicklung und eines normativen Ideals, die sich ebenso widersprechen wie spannungsvoll bedingen, in seiner Kunstgeschichte zu vereinen versucht. Seinen eigenen Worten zufolge befasste er sich im ersten Teil der *Geschichte*

40 Mechel 1783, XV–XVI.

41 Vgl. Décultot 2007a, 13–29.

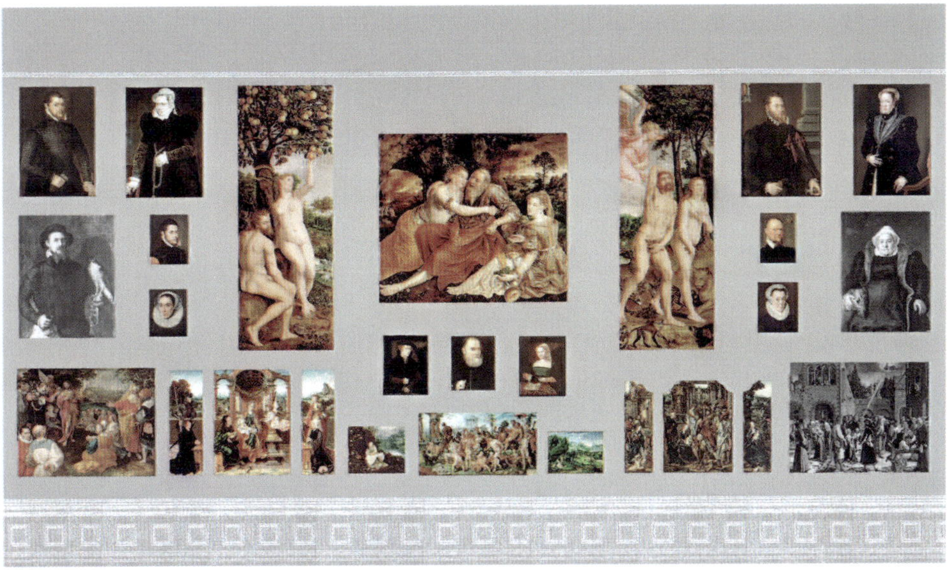

Abb. 6: Zweite Wand im ersten Zimmer der Niederländischen Schule im zweiten Stock des Oberen Belvedere, digitale Rekonstruktion nach Mechel 1783 (Wien, KHM / Visualisierung: Nora Fischer)

der Kunst des Alterthums damit, ein „Lehrgebäude“[42] der Kunst zu errichten, während er im zweiten Teil die Kunst in „Absicht der äußeren Umstände“[43] untersuchte.

Die niederländische Kunst in der Mechel-Galerie zeigte sich genau in diesen unterschiedlich gelagerten Zusammenhängen: Im ersten Stock wurden die Niederländer aus der sogenannten „Blütezeit“ der Malerei aufgeboten, die – gemäß einer normativen Schönheitslehre – anhand der großen Künstlerpersönlichkeiten Rubens, van Dyck und Teniers im ersten Stock gezeigt wurde (Abb. 5). Im zweiten Stock ging Mechel dagegen der geschichtlichen Evidenz im Sinn einer historischen und stilistischen Entwicklung der niederländischen Malerei nach. Es beginnt der Rundgang im ersten Zimmer mit den „ersten Niederländischen Meistern“ und setzt sich im zweiten Zimmer mit den „alten Niederländischen Meistern“ fort. Im dritten und vierten Zimmer wurden die niederländischen Meister bis zu den Zeitgenossen präsentiert (Abb. 6).[44] Die Präsentation der sogenannten Blüte niederländischer Kunst im ersten Stock und die Darbietung der stilistischen Entwicklung niederländischer Kunst im zweiten Stock stellen eine augenscheinliche Parallele zu der einerseits normativ ästhetischen und andererseits historischen Ausrichtung von Winckelmanns *Geschichte der Kunst des Alterthums* dar.

42 Winckelmann 1764, IX; ders. 1776, II.

43 Ebenda.

44 Mechel 1783, XV–XVI.

Am Schluss zum Ganzen: die Historisierung der Kunst

Ein weiterer Aspekt in der Mechel'schen Gemäldeordnung kann mit der *Geschichte der Kunst des Alterthums* in Verbindung gebracht werden: Es ging Winckelmann darum, die Geschichte der Kunst „in der weiteren Bedeutung"[45] zu beleuchten, durch die Kunst die politischen, sozialen, klimatischen und moralischen Prozesse einer Zivilisation zu erfassen. Die *Geschichte der Kunst des Alterthums* ist bekanntlich als Kulturgeschichte konzipiert. Winckelmanns Vorstellung des Gleichklangs von Kunst und Zivilisation folgte konsequenterweise das Argument, dass sich der Fortschritt der Kunst und der Fortschritt der Kultur eines Landes oder einer Nation gegenseitig bedingen. Diese Einschätzung einer wechselseitigen Steigerungsbewegung führte in den deutschsprachigen Ländern im 18. Jahrhundert zu einer Diskussion um einen eigenen nationalen Stil in der Kunst und dem Versuch, das Ansehen der deutschen Kunst in ihrer und durch ihre Geschichte zu erhöhen. Dieser Kontext kann auch als Motiv dafür angesehen werden, dass Mechel erstmals in einer großen fürstlichen Galerie eine Gesamtdarstellung der Deutschen Malerschule präsentiert hat.

Paradoxerweise entzündete sich die anfangs beschriebene, erbittert geführte Kontroverse gerade an der Deutschen Schule, mit der Mechel auf eine Aufwertung der Kultur des Landes oder der Nation abzielte. Dass die Aufstellung abwertend mit Bezeichnungen wie „Bildermusterkarte" bedacht wurde, gibt einen Hinweis darauf, dass der eigentliche Stein des Anstoßes das Arrangement der Gemälde war. Die Kritik entzündete sich also weniger daran, dass die Deutsche Malerschule gezeigt wurde, sondern mehr daran, dass Mechel die etablierten Prinzipien barocker Galeriehängungen, die auf Symmetrie, Axialität und Zentralisierung der Gemälde aufbauten, in der Hängung der Deutschen Schule kippte oder kippen musste.

Die Intention war, die Geschichte der deutschen Kunst – möglichst lückenlos – in historischer Abfolge der Gemälde von den Anfängen bis zur Gegenwart nachzuzeichnen. In der praktischen Umsetzung und mit dem vorhandenen Sammlungsbestand der kaiserlichen Sammlung musste dies unweigerlich zu Verwerfungen führen: Um die deutsche Malerei in einer kontinuierlichen chronologischen Reihenfolge zu dokumentieren, hängte Mechel zwischen hochwertige Originale zweitrangige Werke oder sogar Kopien. Zudem wurde bei den nach Chronologie gehängten Gemälden wenig Rücksicht auf deren Format oder Figurengröße genommen, sodass die Betrachter im Raum oftmals den Standpunkt wechseln mussten (Abb. 7).

Darauf, dass Mechel zur Sehgewohnheit gewordene Prinzipien vernachlässigen musste, verweist auch der ungewöhnliche Umstand, dass wenige Monate vor der Präsentation der Neuaufstellung Staatskanzler Kaunitz persönlich in die Aufstellung eingriff, damit – wie er in einem Schreiben an Kaiser Joseph II. schildert – die Hängung wieder mehr der Norm der Symmetrie entsprechen würde: „Zugleich habe ich versucht symmetrischer zu hängen, als es bisher der Fall war, denn es ist keinesfalls gleichgültig, dass das Auge der Menge gleichermaßen, von dem was es sieht, befriedigt wird,

45 Winckelmann 1764, IX; ders. 1776, II.

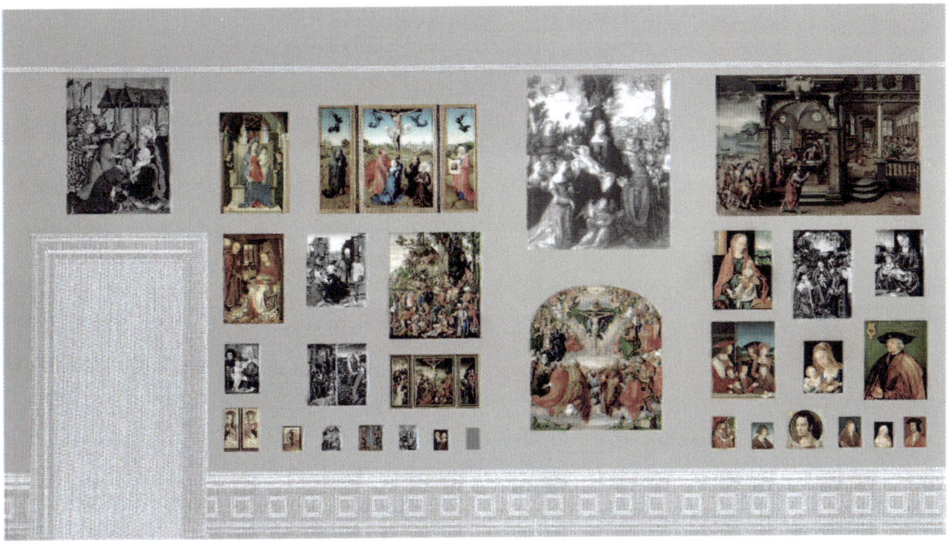

Abb. 7: Erste Wand im ersten Zimmer der Deutschen Schule im zweiten Stock des Oberen Belvedere, digitale Rekonstruktion nach Mechel 1783 (Wien, KHM / Visualisierung: Nora Fischer)

wie das des gelehrten und intelligenten Menschen."[46] Es ging offenbar um die Akzeptanz einer dekorativen Ordnung für ein breites Publikum und darum, mit der Schönheit der symmetrischen Hängung die Imagination der Betrachter zu wecken und ihren Intellekt herauszufordern – oder, wie es Carl Heinrich von Heineken in Bezug auf die Dresdener Galerie formuliert hat: „Eine Ansammlung schöner Gemälde, symmetrisch und intelligent geordnet, vermag die Vorstellungskraft anzuregen und die Seele des Betrachters zu erheben."[47]

Dass Mechel – zumindest bei der deutschen Kunst – dem historischen Verlauf, der „sichtbaren Geschichte der Kunst" eine größere Bedeutung beimaß als der auf Symmetrien basierenden Pendanthängung, war man sich auch auf Seiten der Befürworter durchaus bewusst: „Noch weniger fallen, nach vollendeter Aufstellung der Bilder, die mannigfaltigen Schwierigkeiten ins Auge, die bey der Eintheilung und Anordnung derselben unvermeidlich sind, und seine Unternehmung um so viel mehr treffen mußten, da er sich nicht an den gewöhnlichen allgemeinen Abtheilungen begnügte, sondern zugleich auf eine chronologische Zusammenstellung der älteren Meister Rücksicht nahm: Ein Gedanke, der auf diese Art noch nirgends ausgeführt worden, und gerade

46 Wien, AVA, Unterricht, Studienhofkommission, Teil 1, 75 Akademien (Sign. 15) 7, fol. 36–40, Brief vom 15. Juli 1780, Wenzel Anton Kaunitz-Rietberg an Kaiser Joseph II.: „En même tems, J'ai taché de faire simetriser un peu plus, qu'on n'avait fait jusqu'à présent, parce qu'il n'est pas indifférent du tout que l'oeuil de la multitude puisse être tout aussi satisfaite de ce qu'il voit, ques celui de l'homme docte et intelligent. […]"; vgl. Gruber 2008, 190–205, das Zitat 199 bzw. 201 (Übersetzung: Sabine Penot).

47 Heineken 1757, Avertissement, unpaginiert: „Un amas de belles peintures, rangées avec simmetrie & avec intelligence, ne peut manquer d'exciter l'imagination & d'élever l'ame du spectateur."

das Vorzüglichste dieser Sammlung aufs anschaulichste darstellt.“[48] Zugleich rief die daraus resultierende Konsequenz, dass die Gemälde unweigerlich als historische Artefakte relativiert und eine qualitativ urteilende Betrachtung hintangestellt wurde, die schärfste Kritik hervor. Joseph Sebastian Rittershausen, der mit den *Betrachtungen über die kaiserliche königliche Bildergallerie zu Wien* 1785[49] eine Art Gegenschrift zum Mechel-Katalog verfasste, wandte sich vehement gegen eine vorrangige Wertung des Kunstwerks nach Maßgabe einer Geschichte der Kunst. Die „historische Kenntnis“[50] dürfe nicht zum Selbstzweck der Aufstellung werden, die Gemälde sollten über ihre kunstgeschichtliche Bedeutung hinaus zur „Empfindung des menschlichen Herzens“[51] geordnet sein, wie er formuliert.

Rittershausens Hinwendung zu einer idealisierten und empathischen Kunstauffassung, in deren Zentrum die ästhetische Wirkung des Kunstwerks steht, kann bereits als Verweis auf einen neuen Entwurf der Ästhetik in der Romantik gewertet werden. Mit der Einfühlung in ein einzelnes Kunstwerk zeichnet sich jedoch eine Richtung ab, die – zu Ende gedacht – den Bezug zu einem anderen Kunstwerk überhaupt verwirft. Streng genommen verbietet die „Empfindung des menschlichen Herzens“,[52] um bei der Begrifflichkeit von Rittershausen zu bleiben, jegliche Relativierung, die der Vergleich eines Kunstwerks mit einem anderen mit sich bringt. Diese Konsequenz führte später zu dem berühmten Ausspruch Wilhelm Heinrich Wackenroders: „Vergleichung ist ein gefährlicher Feind des Genusses; auch die höchste Schönheit der Kunst übt nur dann, wie sie soll, ihre volle Gewalt an uns aus, wenn unser Auge nicht zugleich seitwärts auf andere Schönheit blickt.“[53]

Auch wenn sich gegen Ende des Jahrhunderts Tendenzen zur Abwendung der „historischen Kenntnis“[54] und Hinwendung zu einer idealisierten und empathischen Kunstauffassung bemerkbar machten, in deren Zentrum die ästhetische Wirkung des Kunstwerks steht, wurde an eine grundsätzliche Rücknahme der Innovationen von Mechels Galerieaufstellung von 1781 nicht gedacht und die einmal eingeführte Systematik nach Malerschulen beibehalten. In Zusammenhang mit der Rezeption neuer kunsthistorischer Methoden und theoretischer Modelle, die in Wien um 1780 zur Ausarbeitung kamen, hatte Mechel es verstanden, die kaiserliche Galerie zu „revolutionieren“[55], indem er die geschriebene Kunstgeschichte in eine „sichtbare Geschichte der Kunst“ gewandelt und im öffentlich gemachten Museum einem breiten Publikum vermittelt hat.

48 Hilchenbach 1781, 39.

49 Rittershausen 1785.

50 Ebenda, 89.

51 Ebenda, 90.

52 Ebenda, 89.

53 Wackenroder 1797, 124.

54 Rittershausen 1785, 89.

55 Vgl. Pommier 2006, 55–65.

Denksysteme und Ordnungsmethoden

Gernot Mayer

Ursprungssuche und Identitätsfindung

Die Bilder der Burg Karlštejn und die Erfindung(en) der Kunstgeschichte im 18. Jahrhundert

Im Hochsommer 1780 herrschte in Wien große Aufregung, als die Kisten aus Prag endlich eintrafen – ihr Inhalt versprach schließlich eine kunsthistorische Sensation: die ersten bekannten Beispiele der Ölmalerei. Staatskanzler Wenzel Anton von Kaunitz-Rietberg war zur kaiserlichen Galerie im Oberen Belvedere geeilt, wo ihn Christian von Mechel bereits erwartete.[1] Der Basler Kupferstecher Mechel, der unter der Ägide von Kaunitz damit beschäftigt war, den kaiserlichen Bilderbestand als „sichtbare Geschichte der Kunst“[2] neuzuordnen, hatte bereits große Pläne für die Prager Bilder, die nun naturwissenschaftlich untersucht werden sollten. Mit Kaunitz kam wohl auch sein enger Freund Graf Giacomo Durazzo zum Belvedere, um diese Gemälde zu begutachten.[3] Durazzo, der damals als Botschafter die kaiserlichen Interessen in Venedig vertrat, war wenige Wochen zuvor nach Wien gereist: Wollte er die Neuordnung der kaiserlichen Galerie mitverfolgen, die zum Ursprung der Ölmalerei führenden Bilder aus Böhmen sehen oder hier doch bloß um den Erlass seiner Schulden ansuchen?[4] Der Graf war jedenfalls selbst als Sammler sowie als Kunstagent im Dienste von Albert von Sachsen-Teschen mit der Konzeption von Ordnungssystemen beschäftigt.[5] Zudem befand auch er sich eben zu dieser Zeit auf einer kunsthistorischen Ursprungssuche:[6]

1 Große Aufregung vermittelt jedenfalls ein Brief von Kaunitz an Mechel vom 31. Juli 1780, kurz vor der Ankunft der Bilder; Brno, MZA, G 436 (Rodinný archiv Kouniců), K. 445, Inv. 4318, fol. 5. Vgl. dazu Gruber 2008, 203. Dieser Aufsatz basiert auf Ergebnissen der Dissertation des Autors: Mayer 2020.

2 Mechel 1783, XI. Zur Neuordnung der Wiener Gemäldesammlung und deren theoretischer Konzeption vgl. grundlegend: Meijers 1995 und Fischer 2013b. Zu Mechel allgemein vgl. Wüthrich 1956.

3 Zur Freundschaft zwischen Kaunitz und Durazzo vgl. Mayer 2017.

4 Letzteres berichtet der badische Gesandte Jakob Friedrich von Stockmayer aus Wien: „Le Comte Durazzo […] attendu depuis quelque tems, est enfin arrivé. […] Mais d'autres supposent en même tems, qu'étant fort endetté, il a choisi sous la faveur du Prince de Kauniz son ancien Ami, le tems de l'Absence de S.M. l'Empereur, pour venir solliciter notre liberale Souveraine, à payer ses dettes“; Stuttgart, Landesarchiv Baden-Württemberg, Hauptstaatsarchiv, A 10, 2, Stockmayer aus Wien, 3. Juli 1780. Von Durazzos Ankunft in Wien berichtete auch der savoyische Botschafter: Durazzo wohne derzeit bei Kaunitz, „qui il a toujours été lié d'amitié“; Turin, Archivio di Stato, Lettere Ministri Austria, 98, Marquis Vivalda aus Wien, 24. Juli 1780.

5 Zu Durazzos Tätigkeit für Albert von Sachsen-Teschen vgl. u. a.: Koschatzky 1963 a–c, ders. 1964, Santamaria 2012, 119–122, Michel 2014, 14–16. Mehrfach wurde die von Durazzo entwickelte Ordnungssystematik mit jener Mechels verglichen, etwa Meijers 1995, 149.

6 Allgemein zu den Suchen nach Ursprüngen im 18. Jahrhundert Hönes 2014, 16–25.

Er versuchte mithilfe seiner eigenen Sammlung, die Anfänge des Kupferstichs zu ergründen.[7]

Die Engführung beider Themen – die Suche nach dem Ursprung der Ölmalerei und dem des Kupferstichs – zeigt Parallelen auf und macht Muster früher kunsthistorischer Forschungspraxis sichtbar. In beiden Fällen war die Ursprungs- zugleich eine Identitätssuche und verschränkte sich Wissenschafts- mit Nationenwerdung. Neuaufgefundene Dokumente sowie die Relektüre bereits bekannter Quellen werfen ein neues Licht auf diese wissenschaftsgeschichtlich bedeutende Episode am Ende des 18. Jahrhunderts und auf die Anatomie eines kunsthistorischen Fehlurteils.

Der patriotische Sammler

Als 1872 ein großer Teil der Graphiksammlung Durazzos versteigert wurde, erstaunte nicht bloß der beachtliche Umfang dieser Kollektion. Im Vorwort des Auktionskatalogs werden zwei weitere Charakteristika der Sammlung genannt: Die klare Ordnung nach Schulen, die ein „möglichst vollständiges Bild der Entwicklung der Kunst von den frühesten bis auf unser Zeiten" vermittle, und der große Bestand alter Drucke. Unter diesen sei vor allem „das unvergleichliche Cabinet der Niellen" hervorzuheben, „welches in Betreff der Anzahl und Schönheit der Abdrücke wohl unübertroffen" dastehe.[8]

Das lange Verzeichnis der Nielli beginnt im Katalog von 1872 nicht zufällig mit einem herausragenden „Unicum"[9]. Der historischen Ordnung der Sammlung folgend – wie hier eigens betont wird – führt *Die Krönung Mariens*, ein Schwefelabguss nach einer Pax-Tafel von Maso Finiguerra, die Liste an.[10] Diese Vorrangstellung resultierte gewiss nicht aus der ästhetischen Qualität des bereits 1872 „leider ziemlich beschädigt[en]"[11] und heute kaum noch lesbaren Werks (Tafel 6). Auch die technische Differenz des Schwefelabgusses (ital. zolfo) zu den darauffolgenden Niello-Drucken dürfte nicht ausschlaggebend für die Reihung gewesen sein. Die Schlüsselposition an erster Stelle entsprach vielmehr dem Ruhm des *Zolfo Durazzo* und seiner Funktion als Prämisse und primäres Indiz innerhalb einer komplexen Beweiskette.

---

7 Die hier angesprochenen Aspekte waren bereits Gegenstand der Forschung: Die Prager Bildersendung wurde von Alice Hoppe-Harnoncourt (Hoppe-Harnoncourt 2001, 148–151, dies. 2013, 92–95) und Nora Fischer (Fischer 2013b, 63–65), Durazzos Passion für frühe Druckgraphik etwa von Roberto Santamaria (Santamaria 2012) und Susanna Canepa (Canepa 2012) untersucht. Zur Graphiksammlung Durazzo vgl. Maffioli 1999.

8 Vgl. Vorwort von Heinrich Georg Gutekunst in VK Durazzo 1872, IV.

9 Ebenda, 279, Lot 2817. Zur Bezeichnung „Unicum" im Katalog: Tatsächlich hat sich ein weiterer Schwefelabguss erhalten, der, einst im Besitz von Francesco Seratti, heute im British Museum (Inv.-Nr. B, 6.1) aufbewahrt wird. Der 1872 versteigerte Durazzo-Abguss gelangte hingegen in die Sammlung von Edmond de Rothschild und befindet sich heute im Louvre (Inv.-Nr. Coll. E. Rothschild, 6 Ni/Recto). Der einzige Druck nach der Tafel wird in der Bibliothèque nationale de France (BnF, Cabinet des estampes, inv. Ea 29 rés) verwahrt.

10 VK Durazzo 1872. Auf den folgenden 30 Seiten sind etwa 230 Objekte verzeichnet, darunter die „stampine" (Probeabzüge nach niellierten Metallplatten), aber auch Nachstiche des 18. Jahrhunderts.

11 Ebenda.

Wie die Mehrzahl der 1872 angebotenen Werke war auch der Schwefelabguss einst Teil der Sammlung von Graf Giacomo Durazzo gewesen. Möglicherweise 1777 über seine „rechte Hand“, den Agenten Giovanni Antonio Armano,[12] in Florenz erworben, gehörte der *Zolfo* zu den wohl bekanntesten und am heftigsten diskutierten Objekten seiner Kollektion. Der Abguss spielte nämlich eine zentrale Rolle in der damaligen Debatte um den Ursprung des Kupferstichs, schien er doch eine für diese Frage bedeutende Äußerung Vasaris zu bestätigen. In der zweiten Ausgabe seiner *Viten*, konkret im Abschnitt zu Marcantonio Raimondi, erkannte Giorgio Vasari in dem Goldschmied Maso Finiguerra den Erfinder dieser Drucktechnik. Maso hätte Schwefelabgüsse von seinen Silber-Gravuren verfertigt und mit diesen die ersten Tiefdrucke realisiert.[13] Der *Zolfo* von Giacomo Durazzo galt nicht nur als materieller Beleg der von Vasari beschriebenen Arbeitstechnik Masos. Da der Abguss mit einer Pax-Tafel korrespondiert (heute Museo Nazionale del Bargello, Florenz), die Maso Finiguerra zugeschrieben und quellenbasiert in das Jahr 1452 datiert werden konnte,[14] wäre ein Druck mithilfe des Schwefelabgusses als ältester bekannter „Kupferstich“ zu interpretieren gewesen. So zumindest die Argumentation von Giacomo Durazzo und seinen Anhängern, allen voran Giovanni Antonio Armano. Skeptiker zweifelten hingegen grundsätzlich daran, dass Niello-Drucke als Kupferstiche anzusehen seien oder hinterfragten die Existenz von Abzügen des besagten *Zolfo*.[15]

Die Vehemenz mit der Durazzo in dieser Debatte die Stellung Masos verteidigte, ist jedoch nicht bloß – in Hinblick auf seinen eigenen Schwefelabguss – mit Besitzerstolz zu erklären. Es ging um mehr. Es ging darum, in logischer Konsequenz die Erfindung des Kupferstichs den Italienern zu sichern. Vasaris Ursprungstheorie war nämlich alles andere als unumstritten. Vor allem nördlich der Alpen war man sich einig, dass nur die Deutschen als Entdecker des Metalldrucks infrage kämen. In seiner 1771 erschienenen *Idée générale* etwa wird Carl Heinrich von Heineken nicht müde, das Primat der Deutschen in der Geschichte des Kupferstichs zu betonen und Maso Finiguerra den Vorrang abzustreiten.[16] Er gesteht den Italienern zwar große Verdienste

12 Vgl. Turrio Baldassarri 2003, 63. Zu Armano auch Tormen 2009, 1–51.

13 Vasari 1568, 294–295 (vgl. dazu auch die Vita von Piero und Antonio Pollaiolo). In der ersten Ausgabe der *Viten* 1550 galt für Vasari noch Mantegna als Erfinder des Kupferstichs, vgl. Gregory 2012, hier v. a. 7–9, und Borea 1989/1990. Zu Maso Finiguerra als (vermeintlich) erstem Kupferstecher vgl. Oberhuber 1976, Torres 2011 und Collareta 2015.

14 Diese Datierung und die später mehrfach angezweifelte Zuschreibung an Maso basiert auf Anton Francesco Gori; vgl. Gori 1759, 315.

15 Selbst als Pietro Zani einen Druck nach der Pax-Tafel in Paris entdeckte (vgl. Zani 1802), zeigte sich Mauro Boni – einst Mitstreiter Durazzos – wenig beeindruckt. Er bevorzugte Mantegna als Erfinder der Drucktechnik und sah Nielli grundsätzlich nicht als echte Kupferstiche an: „[...] la nuova scoperta [di Pietro Zani] della *prova* dell'incisione di Maso, tratta sulla carta prima di niellare la pace, non fa più al caso in quistione, che non han fatto le prove già note Seratti e Durazzo dall'istesso Maso ne' zolfi. Questa non è una *stampa* nel vero senso, da contrapporre alla *vera stampa* del Mantegna e del buon Martino. [...]“, Mauro Boni an Luigi Lanzi, 15. Oktober 1802; vgl. Pastres 2009, 269, Anm. 431.

16 „Ansi *Finiguerre* a bien pû decouvrir l'art de graver à Florence, sans savoir, qu'il fût dejà inventé en Alemagne“ (Heineken 1771, 140) oder „Ce que nous avons dir jusqu'ici suffit pour prouver, que la gravure sur metal a été inventée en Alemagne, avant Finiguerre [...]“ (ebenda, 232).

im Bereich der Künste zu, jedoch „à l'exeption de l'Art de graver, soit en bois, soit en cuivre, qui a été inventé en Alemagne".[17] Und 1776 stellte Christoph Gottlieb von Murr in seinem Beitrag zur *Geschichte der Kupferstecherkunst* fest: „Wenn aber Vasari ihm [Maso] die Erfindung des Kupferstechens zuschreibt, so ist es höchstens nur von Italien zu verstehen. Wir Deutsche hatten schon 20 Jahre vor Maso Finiguerra Kupferstecher [...]."[18]

Doch selbst in Italien wurde die Vasari-Stelle angezweifelt. Der Direktor der Galleria degli Uffizi Giuseppe Pelli Bencivenni notierte etwa in seinen *Efemeridi* 1778: „[...] il più ricco possessore di tali stampe [antiche] è l'ambasciatore di Vienna a Venezia marchese Durazzo avendone messe assieme da circa 400. Queste stampe non sono belle, ma servono a fissare l'invenzione di quest'arte, nella quale non sono ancora persuaso che avanziamo di tempo i tedeschi."[19] Mehrfach versuchte Durazzos Agent Armano, den Florentiner Galeriedirektor von der italienischen Ursprungstheorie zu überzeugen,[20] schließlich gelte es „[di] vendicare agli italiani l'invenzione delle stampe in Rame",[21] um so zu verhindern, dass die Deutschen in dieser Angelegenheit triumphieren könnten.[22] Auch Giacomo Durazzo selbst wandte sich in missionarischer Absicht an Pelli Bencivenni.[23] Nicht nur durch Briefe, sondern auch mittels eines Traktats wollte er seine Theorie „alla gloria italiana"[24] verbreiten. Blieb seine *Dissertazione riguardante i Nielli* auch unveröffentlicht,[25] wurde zumindest Durazzos Sammlung zum Manifest seiner Thesen. Durazzo – der die Leidenschaft für die Druckgraphik bis zum Irrsinn getrieben habe[26] – war als Sammler nämlich weniger von der

17 Ebenda, 111.

18 Murr 1776, 183. Später zeigt sich Murr zwar weiterhin überzeugt, dass die Deutschen den Kupferstich entwickelt hätten (Murr 1804, 13), würdigt aber trotzdem Masos Erfindung des „Silberstechen[s] zu Verfertigung von Kupferstichen" (ebenda, 22).

19 Pelli Bencivenni 1759–1808, Serie II, Bd. VI, fol. 1017 (September 1778).

20 „Disputai già con Armanno sopra l'invenzione delle stampe, volendo egli sostenere che se ne deva il merito al nostro Finiguerra, e a me parendo che abbiano i tedeschi molti titoli per contrastarcelo", Pelli Bencivenni 1759–1808, Serie II, Vol. VII, fol. 1303v (13. November 1779).

21 G. A. Armano an G. Pelli Bencivenni, 6. März 1779, vgl. Turrio Baldassarri 2003, 78.

22 Armano an Pelli Bencivenni, 26. November 1779, vgl. ebenda 100. Besonders deutlich wird Armano 1790: „resta famoso il nome del fiorentino Maso Finiguerra a cui riuscì il primo esperimento, ed ha il vero merito d'esser nominato degnamente l'inventore, e se i tedeschi si vogliono i primi, il volerlo solo non basta, ed il dire che noi altri italiani siamo venuti incisori 20 anni dopo la loro scoperta è sciocchezza veramente", Armano an G. M. Sasso, 21. Dezember 1790, zit. nach Tormen 2009, 276.

23 „[...] sarà certamente facile il provare, che gli oltramontani possono avere l'anteriorità nell'invenzione, ma non la preminenza nell'esecuzione, e forse non dovranno la prima, che alla sola negligenza degli Italiani di non aver marcati gli anni su i Rami delle loro Opere", Durazzo an Pelli Bencivenni, 27. November 1779, zit. nach Turrio Baldassarri 2003, 101.

24 Durazzo (undat. Manuskript), vgl. Canepa 2012, 166.

25 Durazzos Traktat blieb ebenso unveröffentlicht wie sein Projekt eines Künstlerlexikons nach Rudolf Füssli. Zu dem Manuskript der Niello-Abhandlung vgl. ebenda, 169, Anm. 3 und 165–167. Vgl. dazu auch Pastres 2009, 36, Anm. 7.

26 „[...] il marchese Durazzo [...] il quale porta la passione per le stampe alla follia", Pelli Bencivenni 1759–1808, Serie II, Bd. VI, fol. 1001 (15. August 1778).

Suche nach ästhetischem Genuss motiviert[27] als von einem tiefen (kunst)historischen Interesse. Niellierte Metallplatten und Probeabzüge dienten ihm als Beweismittel, die große Menge der zusammengetragenen Nielli bildete ein argumentatives Bollwerk.[28]

Es scheint, als habe Durazzos Strategie gefruchtet. In kaum einer Publikation des späten 18. und frühen 19. Jahrhunderts zur Geschichte des Kupferstichs bleibt seine Sammlung – und vor allem der berühmte *Zolfo* – unerwähnt. Luigi Lanzi[29] nimmt in seiner *Storia pittorica* ebenso Bezug auf Durazzo wie Pietro Zani in seinen *Materiali per servire alla storia dell'origine e de' progetti dell'incisione in rame e in legno* (1802)[30] oder William Young Ottley in *An inquiry into the origin and early history of engraving* (1816) und Carl Friedrich Rumohr in seiner *Untersuchung der Gründe für die Annahme dass Maso di Finiguerra Erfinder des Handgriffes sei [...]* (1841). Zudem gelangten Nachstiche seiner kostbaren „stampine" in die Sammlung von Albert von Sachsen-Teschen und fanden derart Eingang in Adam von Bartschs Standardwerk *Le peintre graveur*.[31]

27 So zeigte sich Karl Graf Zinzendorf 1779 als er Durazzo in Mestre besuchte und dort dessen Graphiksammlung studierte von den hässlichen Drucken vor Dürer irritiert, erkannte aber deren (kunst) historischen Wert: „Ensuite nous feuilletâmes les anciens peintres allemands avant Albert Durer. Ce sont de vilaines estampes fort dures, mais curieuses pour l'historique", Tagebucheintrag vom 10. Juni 1779, zit. nach Klingenstein / Faber / Trampus 2009, 436.

28 Die Bedeutung der schieren Menge belegt auch eine Briefstelle Armanos: „Io sarò sempre persuaso del maggior numero, potendosi il minore alterare, e contraffare più facilmente; e con tre stampe uno non può avere un bell'argomento per provare l'uso della stampa in rame, perché si suol dire *che un fiore non fa primavera*!" G. A. Armano an Pelli Bencivenni vom 26. November 1779, zit. nach Turrio Baldassarri 2003, 100. Bartsch zweifelte gerade wegen der so geringen Anzahl der erhaltenen Nielli-Drucke deren Relevanz für die Entwicklung des Kupferstichs an: Bartsch 1811, 12.

29 Lanzis Position in dieser national aufgeladenen Debatte ist komplex. Einerseits kritisiert er Vasaris These – laut Lanzi habe sich der Kupferstich direkt aus dem Holzschnitt entwickelt –, andererseits verteidigte er die Position Italiens: „La causa è ben perorata, ma non è vinta. Confrontiam ragioni con ragioni. Gl'Italiani hanno in lor favore la storia, i Tedeschi l'han contro", Lanzi 1795/1796, 89. Diese patriotische Perspektive verdeutlicht auch folgende Briefstelle: „Fin che gli oltramontani non ci additano nella incisione i primi tentativi dell'arte calcografica nel modo che ci additano quei dell'arte tipografica, ci potranno soverchiare con urli, non già vincenti con ragioni", Luigi Lanzi an Mauro Boni, 1. März 1803, zit. nach Pastres 2009, 281.

30 Zu Zani und Durazzo vgl. v. a. Canepa 2012.

31 Im 13. Band des *Peintre graveur*, der den alten italienischen Meistern gewidmet ist, findet sich der *Essai sur l'histoire de la découverte de l'impression des estampes* (Bartsch 1811, 1–22), in dem Bartsch darlegt, dass Maso Finiguerra den Tiefdruck bloß rein zufällig entdeckt habe, die Perfektionierung des Kupferstichs aber eine deutsche Errungenschaft sei. Eine eigene Abteilung des Bandes ist den *Copies modernes gravées d'après des planches niellées* gewidmet (ebenda, 49–63), die den Nielli der Sammlung von Giacomo Durazzo entsprechen und von Giovanni Maria de Pian und Giovanni David angefertigt worden sein dürften (Maffioli 1999, 100). Es ist unklar, ob Durazzo diese Reproduktionen beauftragt hat, um sie an Albert von Sachsen-Teschen zu verkaufen (etwa weil er sich von den Originalen nicht trennen wollte), oder ob diese in erster Linie als Illustrationen für den geplanten Traktat gedacht waren. Dass die Wiener Sammlung auch bloß über diese Nachstiche Wirkung im Sinne Durazzos erlangen konnte, zeigt eine Notiz im Tagebuch von Giuseppe Acerbi während seines Wien-Aufenthaltes 1814: Nachdem er kurz zuvor die Sammlung Alberts gesehen und dort die Nielli(-Kopien) studiert hatte, traf er am 12. November 1814 Bartsch in der Hofbibliothek, mit dem er über die Erfindung des Kupferstichs sprach. Voller Stolz hielt Acerbi darauf fest: „È nostra gloria il vedere che anche quest'arte uscì prima d'ogni altro luogo perfetta in Italia", zit. nach Gabrieli 1972, 108.

Wann genau Durazzo begann, sich für Nielli zu interessieren, ist unklar. Bemerkenswert ist jedenfalls, dass er im *Discorso preliminare* von 1776, in dem er Konzeption und Ordnung der Druckgraphik-Kollektion für Albert von Sachsen-Teschen erläutert, die heikle Frage nach der Erfindung des Kupferstichs diplomatisch umschifft: „Lasciasi ai laboriosi ricercatori l'esaminare le intralciate contestazioni intorno al vero Inventore, ed al preciso anno dell'Invenzione dell'Intaglio, ed ai curiosi eruditi si lascia il percorrere i molti Scrittori, che l'un contro l'altro han portata opinione nell'attribuire all'Italia, o alla Germania la Gloria di sì bella scoperta.“[32] – Hier kämpfte er also noch nicht für das Primat der Italiener. In einem anderen Passus zu den „primi Inventori“ der Druckgraphik erwähnt er zwar Martin Schongauer, Albrecht Dürer, Andrea Mantegna, Niccoletto da Modena und Bernardo Malpizzi, aber (noch) nicht Maso Finiguerra.[33] Ein Jahr nach dem *Discorso preliminare* sollte er über Armano zahlreiche Nielli und möglicherweise auch den berühmten *Zolfo* erwerben.[34] Erst jetzt scheint Durazzos patriotischer Eifer erwacht, der den Tonfall des zitierten Briefs an Pelli Bencivenni vom November 1779 prägt. Als er wenige Monate später nach Wien reiste, steckte Durazzo folglich mitten in seinen Studien zu den Anfängen des Kupferstichs und war für patriotisch motivierte Ursprungssuchen höchst sensibilisiert.[35]

Die Anatomie eines Irrtums

1774 veröffentlichte Gotthold Ephraim Lessing einen bedeutenden Fund: Er war in der Bibliothek zu Wolfenbüttel auf eine Teilabschrift von Teophilus' *De diversis artibus* gestoßen, die unter anderem neue Erkenntnisse zum Ursprung der Ölmalerei versprach. Galt bisher Jan van Eyck – erneut nach den Theorien Vasaris – als Erfinder dieser Technik,[36] schloss Lessing aus dem aufgefundenen Manuskript, dass die Ölmalerei bereits im 9. Jahrhundert[37] verbreitet gewesen war. Lessings *Vom Alter der Oelmalerey aus dem Theophilus Presbyter* provozierte eine europäische Debatte, die zahlreiche Publikationen – wie etwa Rudolf Erich Raspes *A Critical Essay on Oil-Painting* (1781) oder die Gegenschrift *Versuch über das Alter der Oehlmahlerey zur Vertheidigung des Vasari* (1792) von Christoph Otto Budberg – nach sich zog. Zudem

32 Albertina Wien, Inv.-Nr. 30858, Discorso preliminare (sog. Fassung I), fol. 3. Zu diesem Text vgl. Koschatzky 1964.

33 Ebenda, fol. 4.

34 Borroni Salvadori 1988, 445; Pastres 2009, 278, Anm. 454, und Santamaria 2012, 132, datieren den Ankauf – obgleich nicht gesichert – jeweils in das Jahr 1777. Zuvor befand sich der *Zolfo* jedenfalls im Besitz des Florentiner Altertumsforschers Anton Francesco Gori.

35 Dass auch in Wien – konkret bei Staatskanzler Kaunitz – über Durazzos Graphiksammlung gesprochen wurde, zeigt eine Notiz im Tagebuch des Grafen Zinzendorfs vom 6. August 1780: „Fini ma journée au jardin du Pce K[aunitz] où on parla estampes de la collection de M. de Durazzo […]“, zit. nach Klingenstein / Faber / Trampus 2009, 705.

36 Es gab jedoch auch – lokalpatriotisch motivierte – Gegenmeinungen: Cesare Eugenio Caracciolo oder Carlo Celano schrieben im 17. Jahrhundert die Erfindung der Ölmalerei dem neapolitanischen Maler Colantonio del Fiore zu; für Carlo Cesare Malvasia (1678) wiederum handelte es sich um eine Errungenschaft des Bolognesen Lippo di Dalmasio.

37 Lessing 1774, 22. Heute wird die Handschrift zumeist in das frühe 12. Jahrhundert datiert.

löste Lessing eine Suche nach den ältesten Zeugnissen der Ölmalerei aus, galt es doch nun, deren neuen Erfinder zu ermitteln.[38]

Vor diesem Hintergrund muss auch der 1779 erschienene Beitrag *Etwas zur Kunstgeschichte Böhmens* von Franz Lothar Ehemant gelesen werden.[39] Ehemant berichtet in dieser, mehrere Jahrhunderte umfassenden Darstellung einer „böhmischen Kunstgeschichte“ unter anderem auch von den Malereien in der Burg Karlštejn bei Prag. Diese verdienten besondere Aufmerksamkeit, da sie größtenteils in Öltechnik verfertigt worden seien.[40] Hervorzuheben seien vor allem jene 122 Tafelbilder, die die Wände der Heilig-Kreuz-Kapelle schmückten, könnten diese doch dem am Hof von Karl IV. dokumentierten Maler Nikolaus Wurmser zugeschrieben und somit um 1360 datiert werden.[41] Dass es sich hierbei tatsächlich um Ölgemälde handle, würden auch Beobachtungen des Malers und Restaurators Kastner – wohl Jan/Johann Kastner – bestätigen. Selbst wenn das historische Verdienst der Erfindung der Ölmalerei anderen gebühren sollte, seien – betont Ehemant patriotisch – die böhmischen Beispiele doch die ältesten bislang bekannten.

Ganz im Sinne dieser Publikation trugen die Karlštejner Bilder somit dazu bei, die historische Bedeutung Böhmens durch die Würdigung seiner Kunstproduktion unter Beweis zu stellen. Entscheidend ist, dass Ehemant hierbei Böhmen nicht einfach als Region, sondern als „Nation“[42] begreift, und zwar – obgleich er selbst deutschsprachig war – explizit als slawische.[43] Wenn er am Ende seines Berichts zu den Karlštejner Bildern stolz vermeldet, dass er sich „nun schmeicheln“ darf, „unter allen bisher bekannten Oelgemälden, die ältesten in unserem Vaterlande aufgesucht zu haben“,[44] dann zielt sein Landespatriotismus folglich nicht etwa auf das Habsburgerreich ab, sondern fraglos auf ein autonom verstandenes Böhmen.[45]

38 Auch schon vor Lessings Veröffentlichung gab es ein gesteigertes Interesse an dieser Frage. Carl Heinrich von Heineken erwarb etwa bereits 1755 Gemälde aus kurfürstlich-königlichem Besitz, vor allem altdeutsche Malerei, mit der Absicht, sich „in der Antiquität aus diesen Stücken ein Studium zu formiren und vielleicht zu decouvriren, daß die Mahlerey in Öhlfarbe noch eher in Sachsen als in den Niederlanden exerciret worden“, zit. nach Kolb 2015, 191.

39 Ehemant 1779. Zu Ehemant, Professor an der Universität in Prag, vgl. Kurze Biographie 1788, Sadílková 2000 und Prahl 2004.

40 Ehemant 1779, 210–214. Zur Geschichte der kunsthistorischen Erforschung Karlštejns allgemein Fajt / Royt 1998, 108–122.

41 Ehemant bezieht sich auf historische Dokumente, veröffentlicht in Glafey 1734, 43 und 490.

42 Ehemant 1779, 207.

43 Wenn er etwa notiert, dass „an alter Geschichte […] die Böhmen, nächst den Russen, unter allen slavischen Völkern“ die reichsten seien (ebenda) – ein geradezu wortwörtliches Zitat nach Schlözer 1771, 288. Bemerkenswert ist zudem, dass er sich nicht nur des deutschen Begriffs „Böhmen“ bedient, sondern auch die technischen Fähigkeiten der „alten Czechen“ würdigt (ebenda, 209). Dennoch muss festgehalten werden, dass Ehemants böhmischem Landespatriotismus noch kein ethnisch definierter Nationenbegriff zugrunde lag.

44 Ebenda, 214.

45 Zum Problem einer böhmischen Identitätskonstruktion im späten 18. Jahrhundert – allerdings aus Perspektive der Nobilität – vgl. Krueger 2009, 25–35.

Diese Differenzierung ist insofern brisant, als es in weiterer Folge zu einer nationalen Umdeutung der Theorien Ehemants kam. Im Frühjahr 1780, einige Monate nach dem Erscheinen des genannten Aufsatzes, wandte sich der Prager Professor schriftlich an Christian von Mechel.[46] Diesen mussten Ehemants Forschungsergebnisse ungemein fasziniert haben, steckte Mechel doch selbst gerade „so recht mit Haut u[nd] Haar in den Germanisch[en] Alterthümern".[47] Im Rahmen der Neuaufstellung der Wiener Sammlung versuchte Mechel, den bislang etablierten Schulen-Kanon um die Deutsche Schule zu erweitern und deren Entwicklung bis an ihren Ursprung zurückzuverfolgen. Die neuen Erkenntnisse zu dem Straßburger Maler Nikolaus Wurmser kamen also gerade zur rechten Zeit.

Mechel übermittelte das Prager Schreiben seinem „theuren Vater und Leiter",[48] Staatskanzler Kaunitz, der hierauf Ehemant um detaillierte Ausführungen bat, ja geradezu mit Fragen – etwa die Maße, Technik oder Ikonographie der Bilder betreffend – überhäufte. Um diese hinreichend beantworten zu können, sollte Ehemant gemeinsam mit dem Maler Kastner die Karlštejner Malereien erneut genauestens untersuchen (vgl. den Anhang dieses Beitrags).

Indes wandte sich Mechel ungeduldig an seinen Freund Jeremias Jakob Oberlin in Straßburg, um von diesem weitere Auskünfte zu dem Maler Wurmser zu erhalten. Aus diesem Brief geht Mechels Zielsetzung klar hervor: „Denck[en] Sie wie das schön ist[,] daß hiedurch die Erfindung der Ölmahlerey eine Deutsche Erfindung wird – 60 Jahre vor dem guten Van Eyck. und wie schön steh[en] ein paar gemählde von unserem Wurmser an der Spitze meiner nun Gottlob zum erstenmal hier errichteten deutschen Schule."[49] – War Ehemant also noch darum bemüht gewesen, zwischen der Erfindung

46 So berichtet Kaunitz (vgl. den Anhang des Beitrags) von einem Schreiben Ehemants an Mechel. Möglicherweise waren sich die beiden persönlich begegnet, sollte Mechel tatsächlich 1779 nach Böhmen gereist sein (wie bei Wüthrich 1956, 151, angenommen). Der Kontakt könnte auch über den Oberstburggrafen Karl Eugen von Fürstenberg, den späteren Präsidenten der *Böhmischen Gesellschaft der Wissenschaften*, hergestellt worden sein, der unmittelbar in die Karlštejner Entdeckungen involviert gewesen war. Mehrfach wird zudem Eugen Wenzel Graf von Wrbna in diesem Zusammenhang genannt, etwa bei Hilchenbach 1781, 20: „Diesen Aufsatz legten S. Excellenz der Graf von Würben Seiner Majestät dem Kaiser, dem Fürsten Kaunitz und Herrn von Mechel vor […]." Vgl. dazu auch: Kurze Biographie 1788, 189. Als weiterer Vermittler kommt zudem der Prager Kollege Ehemants, Franz Steinsky, infrage, der sich im Juni 1780 in Wien aufhielt und mit Mechel näher bekannt war; vgl. Zürich, Zentralbibliothek, Ms Z II 392.25, Mechel an Unbekannt, 27. Juni 1780.

47 So schrieb er zur selben Zeit an Murr: „Mit dem größten Vergnüg empfinge ich Ihre werthe Zuschrift vom 4.en dies nebst der Beschreibung des werth[en] Nürnberg, Beydes ist mir sehr apropos gekommen, weil ich eb[en] jetz so recht mit Haut u[nd] Haar in den Germanisch[en] Alterthümern stecke", München, Bayerische Staatsbibliothek, Murriana II, Mechel an Murr, 29. April 1780. Mit den „Germanischen Altertümern" bezog sich Mechel auf die Malerei der Dürerzeit, wie aus dem weiteren Brief geschlossen werden kann.

48 Paris, BnF, Man. Allemand 197, Correspondance d'Oberlin, vol. 6, fol. 420, Mechel an Oberlin, 13. Mai 1780.

49 „Hier eine wichtige Entdeckung von der ein mehreres ein andermahl; Nun seh[en] sie flugs nach um Nachricht bey Ihnen über den Niclaus Wurmser, besonders wan er gebohren, wan er nach Böhmen gieng, ob er zurück kam u[nd] wan u[nd] dann hauptsächlich wan er starb – Denck[en] Sie wie das schön ist […]", Paris, BnF, Man. Allemand 197, Correspondance d'Oberlin, vol. 6, fol. 420v–421, Mechel an Oberlin, 13. Mai 1780.

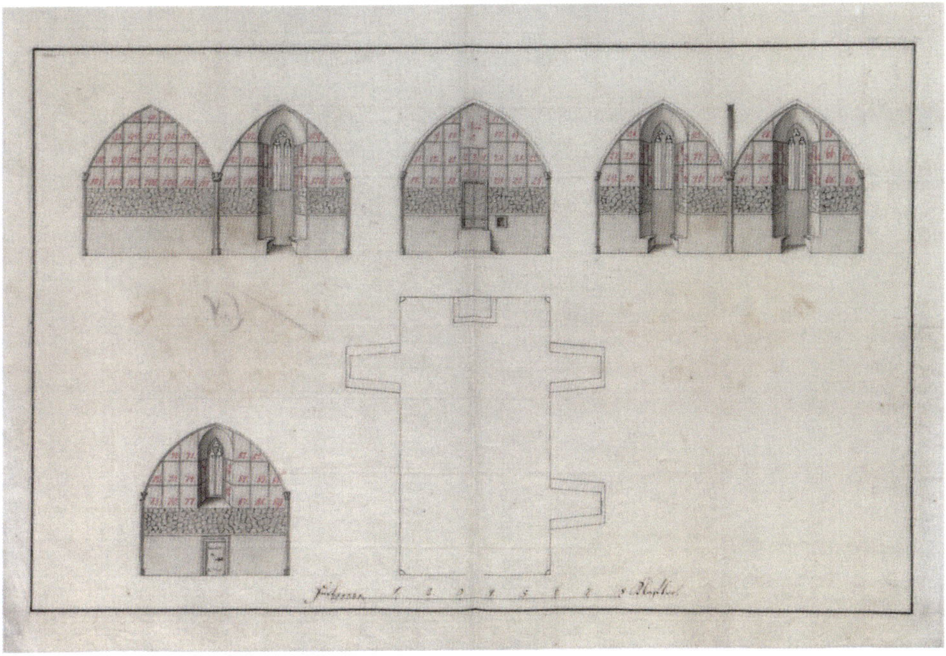

Abb. 1: Joseph Sechter (?), Kreuzkapelle der Burg Karlstein (Karlštejn), Wandaufrisse und Grundriss, Beilage A des Gutachtens von Franz Lothar Ehemant, 1780 (Brünn, MZA, G 436, K. 460, Inv.-Nr. 4619)

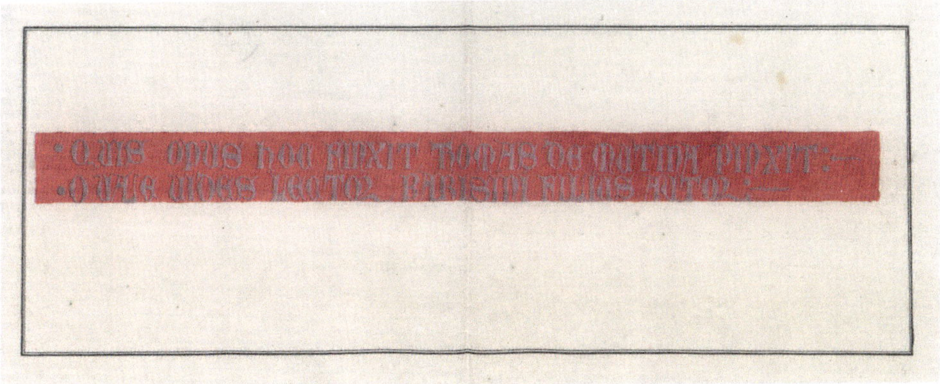

Abb. 2: Kreuzkapelle der Burg Karlštejn, Inschrift unterhalb der Madonnendarstellung von „Thomas de Mutina", Beilage D des Gutachtens von Franz Lothar Ehemant, 1780 (Brünn, MZA, G 436, K. 460, Inv.-Nr. 4619)

der Ölmalerei und deren ältesten bekannten Zeugnissen zu unterscheiden, und sollten nach ihm die Karlštejner Bilder den Ruhm der böhmischen Nation befördern, so gerieten diese durch die wissenschaftliche Aneignung Mechels zum Ausgangspunkt einer deutschen Meistererzählung.

Inzwischen war Professor Ehemant dem Anliegen Kaunitz' nachgekommen: Ein 20 Seiten und mehrere Beilagen (Abb. 1) umfassender Bericht sollte die Neugierde des

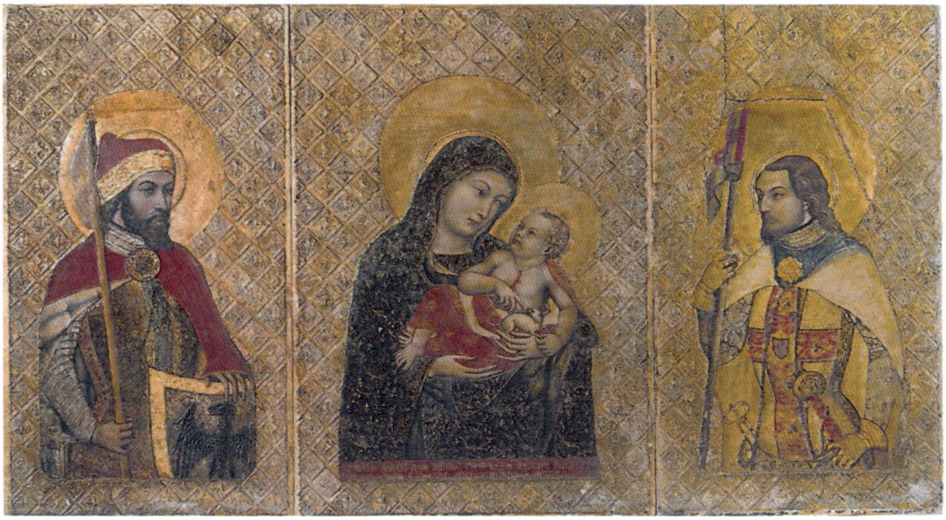

Abb. 3: Tommaso da Modena, Triptychon mit Maria mit Kind, Hl. Wenzel und Hl. Palmatius, 1355–1359, Kreuzkapelle der Burg Karlštejn (Národní památkový ústav, Inv.-Nr. KA 3668)

Staatskanzlers befriedigen (vgl. den Anhang dieses Beitrags).[50] Im Zuge einer exakten Bestandsaufnahme war es in Karlštejn zu einer überraschenden Entdeckung gekommen. Auf der Suche nach einer Künstlersignatur Wurmsers oder nach Hinweisen zur Datierung war Ehemant unterhalb einer Madonnendarstellung auf eine Inschrift gestoßen (Abb. 2), die einen neuen, bislang unbekannten Maler ins Spiel brachte: Thomas von Mutina.[51] Er schloss daraus, dass in der Burg zwei Künstler tätig gewesen waren: Wurmser, dem Ehemant einen Großteil der malerischen Ausstattung zuschrieb, und Mutina, der drei – ehemals ein Triptychon bildende – Tafeln (Abb. 3) sowie zwei Altarflügel geschaffen habe. Dieser Mutina „könnte allenfalls ein Böhme [gewesen] seyn",[52] merkt Ehemant zögernd an, schließt jedoch auch eine italienische Herkunft des Malers nicht gänzlich aus. Auch in Hinblick auf eine Datierung äußert er nur mit Vorsicht die Vermutung, dass Mutinas Bilder älter als jene um 1360 entstandenen Werke Wurmsers seien. Keine Zweifel lässt er hingegen an der Tatsache, dass die Malereien der Kreuzkapelle in Öltechnik verfertigt wurden. Das bestätigten abermals

50 Dieser umfangreiche Bericht ist bislang nur in Auszügen bekannt gewesen, die in dem Aufsatz *Die Schildereien der böhmischen Königsburg Karlstein* 1834 offenbar mit anderen, heute nicht auffindbaren Briefen von Ehemant an Kaunitz vermengt, teils fehlerhaft transkribiert und falsch datiert erschienen sind; vgl. Schildereien 1834, 77. Das originale Gutachten Ehemants findet sich mit zwei der ursprünglich vier Beilagen in Brno, MZA, G 436, K. 460, Inv. 2619, fol. 39–51. Da das Dokument nicht nur erhellende Informationen zu der malerischen Ausstattung der Burg Karlštejn bietet, sondern auch zur Denk- und Vorgehensweise Ehemants, findet es sich vollständig transkribiert im Anhang abgedruckt. Ein weiterer Bericht von Ehemant, die Reliquien der Burg Karlštejn betreffend (10. Mai 1780), findet sich abgedruckt bei Kment 1918; vgl. dazu: Wien, AVA, Alter Kultus, 435b, Akt 215-780-98.

51 Diese Inschrift wurde auch gestochen (vgl. Abdruck in Jahn 1792, Tafel 1) und fand derart weite Verbreitung, vgl. etwa Murr 1787, 17.

52 Brno, MZA, G 436, K. 460, Inv. 2619, fol. 48.

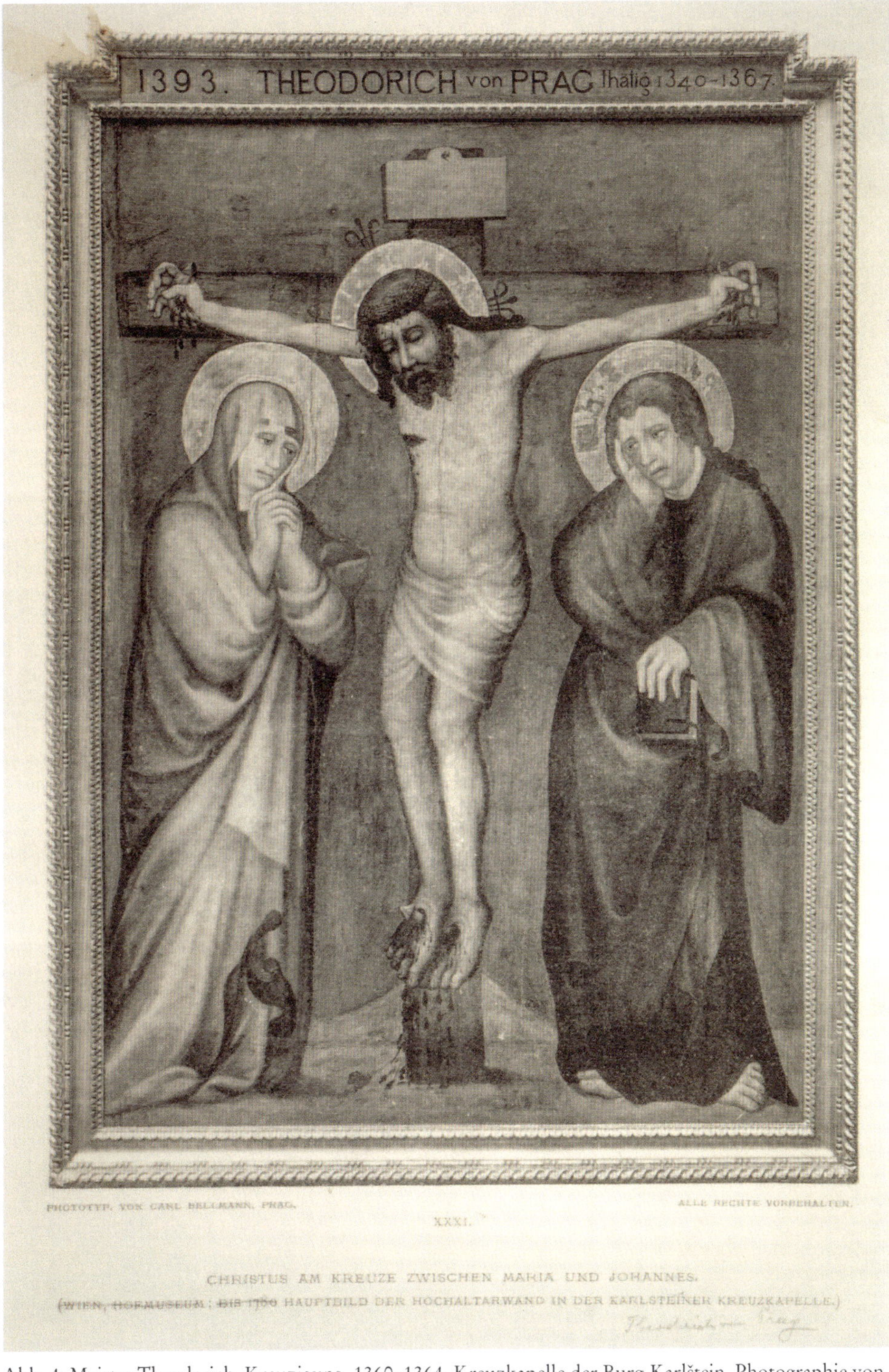

Abb. 4: Meister Theoderich, Kreuzigung, 1360–1364, Kreuzkapelle der Burg Karlštejn, Photographie von Karl Bellmann, um 1890 (Neuwirth 1896, Tafel XXXI)

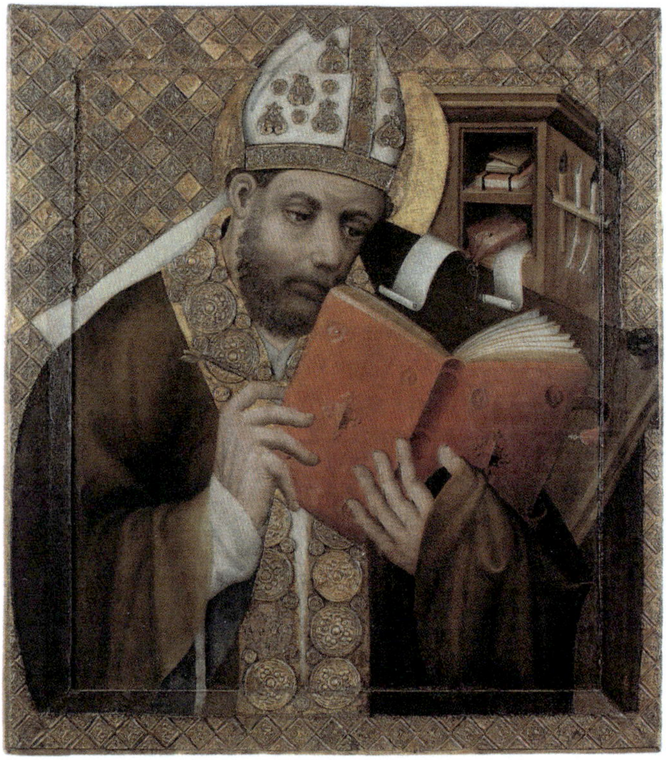

Abb. 5: Meister Theoderich, Hl. Ambrosius, vor 1370, Kreuzkapelle der Burg Karlštejn (Národní památkový ústav, Inv.-Nr. KA 3790)

Untersuchungen „auf eine mechanische Art" des Restaurators Kastner. Dieser habe die Tafeln „mit einer Massa, die sonst auch den zähesten Firniß auflöst, ohne iedoch die darunter befindliche Oelfarbe anzugreifen", überzogen, aber selbst „nach vielem Peitzen und Frottiren, sogar mit harten Bürsten, spürte man weder den geringsten Firnißgeruch, noch wurden die feinsten Lasirungen der Oelmalerey angegriffen".[53]

Der Bericht vom 28. Mai 1780, der eine Fülle von Informationen zur frühen kunsthistorischen Forschungspraxis offenbart, spiegelt den Wissensstand zu den Karlštejner Bildern zu jenem Zeitpunkt wider, als Wenzel Anton von Kaunitz-Rietberg veranlasste, dass eine Auswahl von diesen – das Triptychon Mutinas und drei Tafeln von Wurmser (Abb. 4–6) – nach Wien transportiert werden sollte.[54] Von Beginn an war

53 Ebenda, fol. 46. Zu dem „Kastner-Schleim" vgl. auch Jahn 1792, 29, Anm. p.

54 Wie Ehemant berichtet, begab er sich am 5. Juli 1780 nach Karlštejn, um „auf allerhöchsten Befehl […] einige Gemälde auszuwählen", zit. nach Kment 1918, 56. Die Bilder kamen zuerst nach Prag und wurden dann nach Wien versendet. Bereits am 2. April 1780 hatte Joseph II. den Transport von Bildern aus Karlštejn nach Wien „zur Vermehrung der hiesigen k. k. Bilder-Gallerie" – wie es in einem Schreiben von Oberstkämmerer Orsini-Rosenberg heißt – angeordnet. Zu dieser ersten Sendung ist es aber nicht gekommen. Vgl. Beilagen (Schreiben von Rosenberg und Kolowrat), in: Wien, HHStA, OKäA, Serie D, K. 112, Cah. 3; sowie Kommentar von Hassmann 2015, 159.

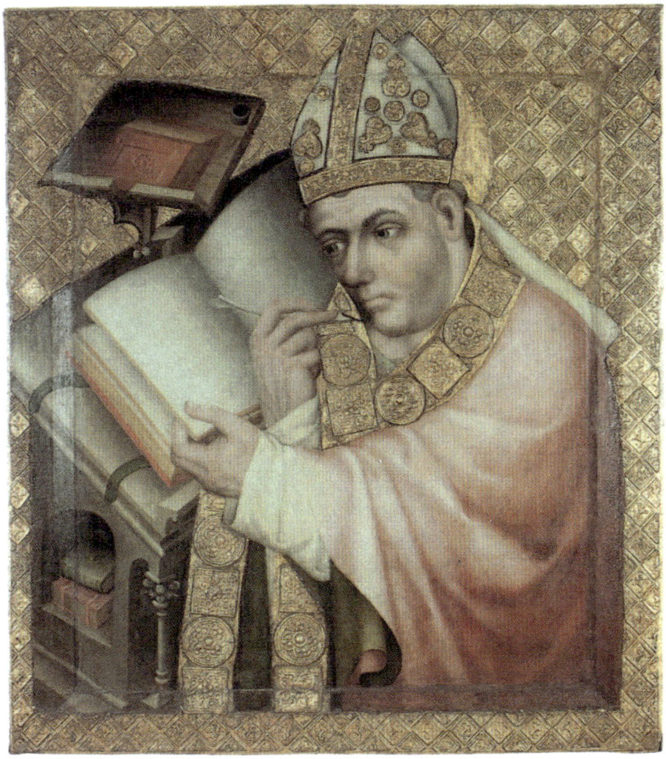

Abb. 6: Meister Theoderich, Hl. Augustinus, vor 1370, Kreuzkapelle der Burg Karlštejn (Národní památkový ústav, Inv.-Nr. KA 3787)

offenbar nicht nur geplant, diese Bilder hier erneut zu untersuchen, sondern sie anschließend in die kaiserliche Gemäldegalerie zu überführen. So wurde bereits im Juni 1780 – als die Neuaufstellung „noch nicht halb fertig" war – aus Wien berichtet, dass man „für sie [die Galerie] noch Gemälde von einem gewissen alten Wurmser aus Böhmen; eben daher von einem sichern Mutina" erwarte. Mechel, so heißt es weiter, wolle mit diesen „erweisen, daß Jan van Eyk nicht der Erfinder der Oelmahlerey seyn könne, weil diese Meister funfzig Jahre früher, als er, mit Oel gemalt haben".[55]

Die an der Wiener Akademie durchgeführte „chemische" Analyse der Bilder – zu deren Ablauf leider keine Details bekannt sind[56] – bestätigte weitgehend Ehemants The-

55 Nachrichten von dem gegenwärtigen Zustand 1780, 58–61.

56 Ob es sich abermals um „wiping tests" (Nadolny 2003, 40), wie zuvor schon bei Ehemant und Kastner, handelte, ist unklar. Von einer zeitnahen Untersuchung in Frankfurt kennen wir nähere Details zur Analysemethode. Damals wurden die zu untersuchenden Malereien „1) mit blosem Wasser zu mehrmalen, 2) mit Scheidewasser, und 3) mit Vitriolöl [=Schwefelsäure] wohl eine ganze Hand breit über ein Gewand gewaschen, ohne daß nur das mindeste sich daran verändert oder weggewaschen hätte, es wurden statt dessen die Farben viel schöner und angenehmer [...]"; vgl. Hüsgen 1782, 327. Dass die Untersuchungen in Wien ähnlich abgelaufen sind, legt ein Brief von Nuntius Garampi vom 12. November 1780 nahe: „Fattisene gli esperimenti si è veduto che il colore resiste non solo all'aceto ma anche all'acqua forte." Zit. nach Campori 1866, 239.

orien. Hierauf wurden die Gemälde ins Obere Belvedere gebracht und im zweiten Stockwerk, im ersten Saal der neu eingerichteten Deutschen Schule als älteste Werke der gesamten Galerie präsentiert.[57] Mechel berichtet dazu an Oberlin: „[…] aber noch mehr weg[en] meiner decouverte von Gemäld[en], selbst aus dem 12ten u[nd] 13ten Jahrh[undert]. […] Im Ernst freund diese Entdeckung ist sehr wichtig[,] schade daß Lessing sie selbst nicht mehr erlebt hat. Von jeder Art sind einige Stücke nun als Probe in die Gall[erie] aufgestellt an der Spitze der ehrwürdig[en] Deutsch[en] Schule[,] der Martin Schöne[,] der Wohlgemuthe und etc. alles das soll nun figürl[ich] und lesbar hervorkommen […].“[58]

Um welche unerhörte Neuerung es sich hierbei handelte und welches Erstaunen diese hervorgerufen haben mag, verdeutlicht ein Bericht vom Jänner 1781: „In keiner Galerie sah man noch diesen Pinsel; in keinen ältern Kunstnachrichten las man die Nahmen Mutina, Wurmser und Theodoricus; nirgends redete man noch in unserm Vaterland entschieden von wirklich vorhandenen Oelgemälden aus dem dreyzehenden und vierzehenden Jahrhundert.“[59] Diese Darstellung von Karl Wilhelm Hilchenbach ist entscheidend für die Chronologie der (Fehl-)Erkenntnisse zu den Karlštejner Bildern: Waren im Hochsommer 1780 noch Werke von Wurmser und Mutina nach Wien gekommen, wird Anfang 1781 bereits ein dritter Künstlername – Theodoricus – mit den Malereien in Zusammenhang gebracht. Zudem war das Triptychon Mutinas inzwischen massiv vordatiert worden: 1297 – nicht mehr nur 50, sondern nun schon mehr als 100 Jahre vor den ersten Werken van Eycks! – habe der böhmische Maler diesen Altar geschaffen. Die Entdeckung des Meisters Theoderich (bzw. Dietrich) ist abermals Franz Lothar Ehemant zu verdanken, der in diesem einen böhmischen Künstler und den tatsächlichen Autor der Karlštejner Heiligendarstellungen erkannte.[60] Auch die ominöse Frühdatierung des Triptychons in das Jahr 1297 – Primisser sprach von einem „ganz willkürlichen Zusatze“[61] – scheint auf Ehemant zurückzugehen.[62]

---

57 Vgl. Rekonstruktion der Hängung durch Nora Fischer auf Basis des Mechel-Katalogs von 1783, in: Swoboda 2013, 263.

58 Paris, BnF, Man. Allemand 197, Correspondance d’Oberlin, vol. 6, fol. 421.3, Mechel an Oberlin, 25. Juli 1781. Mechel bat Oberlin in diesem Brief um Informationen zu einer Abschrift des Theophilus Presbyter in Paris. Mechel war nämlich selbst in Wien auf eine weitere Abschrift gestoßen – „so melde meinem Lieben freunde, daß ich dieses M[anuskript] noch vollständiger hier auf der Kaiserl. Bibl[iothek] zu großer pittoresquer freude gefunden habe und es allsog[leich] abschreiben ließ“ (ebenda, fol. 421.2) – und plante eine Gesamtedition des Theophilus Presbyter mit seinen eigenen Theorien zur Geschichte der Ölmalerei zu veröffentlichen. Vgl. zu diesen Plänen auch Hilchenbach 1781, 21.

59 Ebenda, 18.

60 Das geht aus dem letzten – wohl zwischen Juni 1780 und Jänner 1781 verfassten – Schreiben Ehemants an Kaunitz hervor, das sich nach aktuellem Wissensstand zwar nicht erhalten hat, aber 1834 über eine Abschrift zitiert wird, in: Schildereien 1834, 89 und 92–4.

61 Primisser 1824, 51.

62 Nach Jan Quirin Jahn brachte Ehemant das Triptychon mit einer in diesem Jahr dokumentierten Stiftung von König Wenzel II. in Verbindung (vielleicht da die rechte Tafel den hl. Wenzel zeigt und Wenzel II. 1297 gekrönt wurde?); vgl. Jahn 1792, 17. Vgl. dazu auch Dobrowsky 1787, 46. Diese Datierung wird bereits in einem Brief von Nuntius Garampi (12. November 1780) erwähnt; vgl. Campori 1866, 239. Die Jahresangabe blieb für viele ein Rätsel, manche suchten vergeblich nach einer entsprechenden Inschrift auf dem Triptychon, so in einem Brief an Jean Baptiste Seroux D’Agincourt vom 2. Jänner 1795; vgl. Federici 1803, 74.

Mechel übernahm diese Theorien voller Eifer: zunächst im deutschsprachigen Katalog der kaiserlichen Galerie von 1783,[63] dann ein Jahr später mit besonderem Nachdruck in der französischen Ausgabe, der er einen Abriss der Geschichte der deutschen Malerei voranstellte. In diesem verwies er auf umfassende Archivrecherchen und auf „examens rigoureux accompagnés d'essais chymiques faits en présence de plusieurs Artistes et Amateurs",[64] die den Gebrauch von Ölfarben bei den Karlštejner Bildern bestätigt hätten. Und all das ohne die geringste Erwähnung von Franz Lothar Ehemant, der im Oktober 1782 verstorben war und sich weder gegen die Aneignung noch gegen die Umdeutung seiner Theorien durch Mechel wehren konnte.[65]

Spätestens über Mechels Galeriekataloge fanden die Wiener Ursprungsphantasien weite Verbreitung.[66] Manche schritten nun „bey patriotischer Herzenserhebung"[67] durch die neue Deutsche Schule im Oberen Belvedere oder nahmen sich den Fall Karlštejn zum Vorbild und suchten weiter nach alten Ölgemälden, um „der Ehre und des Stolzes einer ganzen Nation"[68] zu dienen. Andere hingegen kritisierten das zwischen Prag und Wien entworfene Narrativ: Sowohl die Künstlerzuschreibungen als auch die Datierungen sowie der Kern von Mechels Theorem – die deutsche Erfindung der Ölmalerei – wurden hinterfragt und zunehmend dekonstruiert.

Bereits Anfang 1781 wehrte sich Mechel gegen den Verdacht, sein böhmisch-deutscher Mutina könnte aus Italien stammen: „Mutina ist bey leibe kein Modeneser ein guter ehrlicher Böhme ein damals schon altes böhmi[sches] adel[iges] Geschlecht",[69]

63 Mechel 1783, 230–231.

64 Ders. 1784, VII.

65 Ehemant selbst nannte in seinen Schriften – abgesehen von Kastner – jedoch nicht alle seine Mitarbeiter und Berater. Nach Neuwirth sei es der Maler und Kunsthistoriker Jan Quirin Jahn gewesen, der bereits 1775 in den Karlštejner Werken Zeugnisse der Ölmalerei erkannt habe; vgl. Neuwirth 1896, 10. Jahn selbst nennt zudem weitere Mitarbeiter Ehemants: Joseph Sechter, der Grundrisse zeichnete (vielleicht auch Abb. 1) und Abmessungen durchführte, und den Maler Franz Karl Wolf; vgl. Jahn 1792, 10–11. Trotz Würdigung seiner Verdienste merkt Jahn kritisch an: „Ehemant war damals nur angehender Lehrer, noch weniger Kunstkenner, und wurde durch Vorurtheile sowohl, als durch Vorliebe getäuscht"; ebenda, 10.

66 Die rasche Verbreitung verdeutlicht beispielsweise der Verweis auf die Karlštejner Bilder in Büsching 1781, 178; auch in große Geschichtswerke wie Christoph Wilhelm Kochs *Tableau des révolutions de l'Europe dans le moyen âge* (Strassburg-Paris 1790) wurde Mechels Theorie aufgenommen (vgl. Bd. 2, 333). Ferner hinterließ Mechels Präsentation Spuren in Reise- und Tagebüchern. Vgl. den Tagebucheintrag des russischen Architekten und Gelehrten Nikolaj Aleksandrovic L'vov; L'vov (Lappo-Danilevskij 1998), 191–192.

67 Nachrichten von dem gegenwärtigen Zustand 1780, 60.

68 So Heinrich Sebastian Hüsgen, der in Frankfurt nach den ältesten Beispielen der Ölmalerei suchte: „Nachahmung guter Beyspiele, besonders wenn sie als Beweise der Ehre und des Stolzes einer ganzen Nation dienen können, ist die größte Schuldigkeit eines Patrioten. Diejenigen Versuche, die man in Wien an denen, von Hrn. Professor Ehemannt, in Prag auf dem Schlosse Karlstein entdeckten uralten Gemählden des Thomas de Mutina, in Beyseyn des Fürsten Kaunitz, mit unterschiedenen scharfen Materien gemacht hat, brachten mich auf die Gedanken, ebenfalls nähere Untersuchungen an den gleich alten Gemälden in der hiesigen St. Michaelskapelle anzustellen." Hüsgen 1782, 325. Von diesen Untersuchungen mit Johann Gottlieb Prestel berichtet auch Murr 1787, 16.

69 München, Universitätsbibliothek, 2 Cod. Ms 657, fol. 88–89, Mechel an Murr, 20. Jänner 1781.

schrieb er seinem Freund Christoph Gottlieb von Murr entschieden, was Murr jedoch nicht daran hinderte, dies 1787 publizistisch infrage zu stellen.[70] Wesentlich vehementer kritisierte Josef Dobrovský im gleichen Jahr das Vorgehen Mechels: Die Aufteilung der Werke zwischen Wurmser und Meister Theoderich sei „willkührlich angenommen"[71] und Mutina sei zweifelsfrei ein Italiener gewesen. Weder Murr noch Dobrovský kannten schon das kurz zuvor (1786) erschienene Künstlerlexikon von Girolamo Tiraboschi, in dem mit Tommaso da Modena „un nuovo Pittor Modenese" vorgestellt und als Autor der Karlštejner Bilder präsentiert wurde.[72] Tiraboschi war bestens informiert, denn Nuntius Giuseppe Garampi hatte ihm bereits im November 1780 von diesen Gemälden aus Wien berichtet.[73]

Mit der Zuschreibung des Triptychons der Wiener Galerie an Tommaso Barisini, besser bekannt als Tommaso da Modena (1326–1379), verlor sowohl die *deutsche* Erfindung der Ölmalerei als auch deren Datierung ins späte 13. Jahrhundert jegliche Grundlage. In Wien konnte sich der Mythos vom deutschen Böhmen Mutina dennoch bis weit ins 19. Jahrhundert halten.[74] In Italien entstand indes eine lokalpatriotisch aufgeladene Debatte darum, welcher italienischen Schule nun das Vorrecht auf die Entdeckung der Malerei mit Ölfarben zukomme, behauptete Domenico Federici doch, dass Tommaso da Modena ursprünglich aus Treviso stamme.[75] All diese Spekulationen und Diskussionen hingen jedoch von einer höchst fragwürdigen Prämisse ab, nämlich dass die genannten Malereien tatsächlich in Öl-Technik ausgeführt worden waren. Heute wird keines der Werke aus der Burg Karlštejn – ob Tommaso da Modenas Triptychon oder die Tafeln von Magister Theodoricus und seiner Werkstatt – der Ölmalerei zugerechnet: Sie gelten als Tempera-Arbeiten.

Schon im 18. Jahrhundert waren Zweifel an den „chemischen" Untersuchungen der Wiener Akademie laut geworden. Luigi Lanzi berichtet in der zweiten Fassung seiner *Storia pittorica* (1795/1796), dass ihm niemand anderer als Graf Giacomo Durazzo, der selbst bei diesen Analysen in Wien zugegen gewesen war, vergewissert habe, dass man 1780 nicht die geringsten Spuren von Ölmalerei an den Bildern gefunden habe:[76] „Ma circa a questa il Sig. Conte Durazzo già Legato Cesareo a Venezia, che insieme col Sig. Principe Kawnitz avea veduto farne l'analisi, mi assicurò l'anno scorso, che i pittori convocati a quell'esame giudicarono, che quella pittura fosse dipinta di

70 Murr 1787, 18.

71 Dobrowsky 1787, 46. Vgl. dazu auch eine Notiz in Meusel 1788, 68–70.

72 Tiraboschi 1786, 269.

73 Campori 1866, 238–241. Garampi schrieb später auch an Federici bezüglich der Mutina-Bilder, vgl. Abdruck in Federici 1803, 70–73.

74 Erst im Galerieverzeichnis von Eduard von Engerth (Bd. 1, 1882, 221–222) scheint das Triptychon als Teil der italienischen Schulen und als Werk von Tommaso da Modena auf.

75 Federici 1803, I, 59. Vgl. dazu Pastres 2009, 320, Anm. 574.

76 Es ist nicht ganz klar, ob Durazzo tatsächlich mit Luigi Lanzi über die Wiener Analysen gesprochen hat, denn Mauro Boni behauptet 1804, er habe Lanzi diese Informationen vermittelt, vgl. Pastres 2009, 330, Anm. 614.

finissime gomme impastare con chiara, o con rossi d'uovo; e che l'istesso può sospettarsi di simili opere che dieder luogo fra noi a tal controversia."[77]

Waren Mechels Behauptungen also bloß ein kunsthistorischer Bluff? Wusste man tatsächlich bereits 1780, dass Mutina und Wurmser in Tempera- anstatt in Öltechnik gearbeitet hatten? Oder handelt es sich hier doch nur um eine Gehässigkeit des Patrioten Durazzo, um eine hinterlistige Attacke im Kampf zwischen Italienern und Deutschen auf dem Schlachtfeld der Kunstgeschichte?

Trotz der Fehlurteile rund um die Bilder aus Karlštejn, zählt Mechels Neukonzeption der Deutschen Schule unter Aufsicht von Kaunitz wohl zu den folgenreichsten Innovationen der Belvedere-Hängung. In dieser experimentellen Phase der frühen Kunstgeschichte wurden in Karlštejn und Wien naturwissenschaftliche Untersuchungsmethoden erprobt und damit ein neues Forschungsfeld eröffnet. Ähnlich wie bei Giacomo Durazzos Beschäftigung mit den Nielli traten ästhetische Fragestellungen in den Hintergrund und wurde das Kunstwerk vor allem als historisches Dokument betrachtet. Eben dieser nüchtern-wissenschaftliche Blick ermöglichte in beiden Fällen eine Neubewertung der „primitiven Kunst" des Mittelalters und der Frührenaissance. Ausgangspunkt, sowohl für Durazzo wie auch für Mechel, war hierbei das Schaffen von Ordnung. Insbesondere die mit dieser Ordnung einhergehende Chronologisierung der Kunst verlieh der Frage nach dem Ursprung besondere Dringlichkeit. Eigentliche Triebfeder der Forschung wurde jedoch eine andere Ordnungskategorie: die der Schule. Wenngleich noch sehr vage, verband sich mit diesem Begriff nämlich nicht allein eine regional-topographische Kategorisierung, sondern zunehmend eine Nationalisierung der Kunst. Die Suche nach den Ursprüngen war – sowohl was den Kupferstich als auch die Ölmalerei betrifft – auch eine Suche nach nationaler Identität, sei es im ungeeinten Italien, im diffus-zersplitterten Deutschland oder im mehrsprachigen Böhmen.

Nachschrift: Mutina und die Folgen

Als Friedrich Schlegel 1808 Karlštejn besichtigte, war er von der malerischen Ausstattung der Burg tief beeindruckt. Vier Jahre später beklagte er in der von ihm herausgegebenen Zeitschrift *Deutsches Museum* den vernachlässigten Zustand dieser Malereien und ermutigte „Böhmens Kunstfreunde und Patrioten", Karlštejn „zum Gegenstande eines künstlerischen Nationalwerks" zu machen, etwa nach dem Vorbild der kurz zuvor erschienenen *Lettere pittoriche sul Campo Santo di Pisa* (1810).[78] Mit seinem Artikel rief er zur Neubewertung des Mittelalters sowie zur Restaurierung und Erforschung der Burg als „historisches Denkmahl alter Nationalerinnerung für ganz Böhmen" auf.[79] Es sollten viele Jahre vergehen, bis mit Joseph Neuwirths *Mittelalterliche*

77 Lanzi 1795/1796, 2.1, 22. In der Ausgabe der *Storia pittorica* von 1824 erscheint diese Stelle leicht modifiziert (Bd. 1, 111).

78 Schlegel 1812, 362–363.

79 Ebenda, 364.

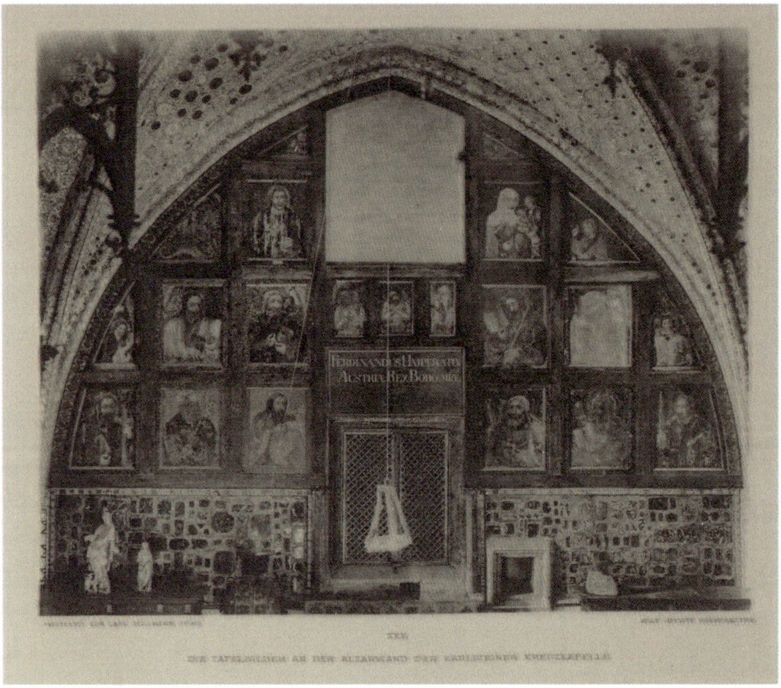

Abb. 7: Kreuzkapelle der Burg Karlštejn, Photographie von Karl Bellmann, um 1890 (Neuwirth 1896, Tafel XXX)

Wandgemälde und Tafelbilder der Burg Karlstein in Böhmen (1896) die erste umfassende Monographie im Sinne Schlegels „Nationalwerk" vorlag.[80] Diesem großformatigen Prachtband sind mehrere Bildtafeln beigefügt; Photographien, die auch jene Gemälde dokumentieren, die seit 1780 in Wien verwahrt wurden (Abb. 3–4) und in der Kreuzkapelle klaffende Lehrstellen hinterlassen hatten (Abb. 7).

Es war nur eine Frage der Zeit, bis dieser Verlust auch als solcher erkannt wurde. Am 18. Mai 1899 kritisierte der Abgeordnete Jan Kaftan in einer Rede vor dem Böhmischen Landtag nicht nur die jüngst erfolgten, stilreinigenden Restaurierungsmaßnahmen in Karlštejn,[81] sondern forderte zudem die Rückführung der aus der Burg entwendeten Kunstgegenstände.[82] Er beendete seine Rede mit dem pathetischen Appell, „dass wir diese Denkmäler, die Zeugen des Ruhms der böhmischen Nation, erhalten, dass wir sie pflegen bis diese guten Zeiten des böhmischen Königreichs, nach denen wir uns sehnen, wiederkehren. ([Die Abgeordneten:] Ausgezeichnet! Ausgezeichnet!)".[83]

80 Neuwirth 1896; bezeichnenderweise wurde dieser Prachtband von der „Gesellschaft zur Förderung deutscher Wissenschaft, Kunst und Litteratur in Böhmen" veröffentlicht.

81 Zu dieser Restaurierung nach Plänen von Friedrich von Schmidt und Josef Mocker vgl. Helfert 1902.

82 Er geht fälschlicherweise davon aus, dass die in Karlštejn fehlenden Gemälde erst seit zehn oder fünfzehn Jahren in Wien waren. Zudem bezieht er sich auch auf andere mittelalterliche Gegenstände, die wohl um 1800 nach Laxenburg verbracht worden waren.

83 Tschechiches Original; vgl. Stenografické zprávy 1898/1899, 1529.

Die Forderung des Böhmischen Landtages wurde in Wien eingehend geprüft. Obgleich Heinrich Zimmermann als Leiter der Bibliothek des Kunsthistorischen Hofmuseums davor warnte, die „Abgabe der Bilder nach Karlstein könnte einen gefährlichen Präcedenzfall“[84] darstellen, wurden die Gemälde auf kaiserliche Anordnung 1901 wieder nach Böhmen gebracht.[85] Ob man sich tatsächlich nur vor weiteren Rückgabeforderungen ängstigte? Niemandem im Wiener Machtzentrum konnte entgangen sein, dass von den Karlštejner Bildern eine viel größere Gefahr ausging. Längst war aus einer böhmisch-patriotischen eine tschechisch-nationale Angelegenheit geworden, wobei gerade der mittelalterlichen Kunst innerhalb der nationalen Identitäts(er)findung der Tschechen eine Schlüsselrolle zukam.[86] 1879 reklamierte Karel Chytil die Wiener *Kreuzigung* aus Karlštejn (Abb. 4) für den böhmischen Meister Theoderich und wandte sich damit vehement gegen die etablierte Zuschreibung an den deutschen Maler Wurmser.[87] Die Karlštejner Malereien seien ein Produkt einer völlig autonomen Prager Schule, deren Ursprung sogar noch vor Karl IV. in der Přemysliden-Zeit zu verorten sei.[88] Begründet wurde der sich hier formierende Anspruch auf eine eigenständige Böhmische (bzw. Tschechische) Schule durch die Betonung der Differenz zur deutschen Malerei. Eben dieser, hier nur angedeutete Dualismus sollte – abstrahiert auf einen slawisch-germanischen Konflikt – die kunsthistorische Erforschung Karlštejns in den nächsten Jahrzehnten prägen.[89] Die Ideen und Konzepte Ehemants und Mechels – Teil einer ganz anderen Wissenskultur, geprägt von einem noch völlig diffusen Nationenverständnis – erhielten eine ungeahnte Dynamik und wurden derart selbst zum Ursprung eines neuen Denkens.

---

84 Wien, HHStA, OKäA, AZ 1155, Cah. 3, Heinrich Zimmermann, 24. Juni 1901.

85 Vgl. Helfert 1902, 8.

86 Zu dieser Thematik vor allem Bartlová 2016 und Filipová 2014, 167–150. Allgemein zur Rolle der Kunst (und v. a. der Architektur) für die Herausbildung eines tschechischen Nationalbewusstseins Marek 2004.

87 Bereits J. Q. Jahn schrieb die *Kreuzigung* Wurmser ab und Meister Theoderich zu; vgl. Jahn 1792, 12. Dennoch blieb die (tatsächlich willkürliche) Zuschreibung an Wurmser lange bestehen; unter diesem Namen wurde die *Kreuzigung* etwa mit den zwei Karlštejner Heiligendarstellungen Teil des napoleonischen Kunstraubs und 1814 in Paris ausgestellt; vgl. Notice des Tableaux des Écoles Primitives 1814, 90–91. Die Aufteilung der Werke zwischen Wurmser und Meister Theoderich findet sich auch noch in den Galerieverzeichnissen von Albrecht Krafft (1837) und Eduard von Engerth (Bd. 3, 1886). Erst nach Chytils Veröffentlichung änderte sich die Zuschreibung: Eine Photographie aus dem späten 19. Jahrhundert (Abb. 4) zeigt die *Kreuzigung* jedenfalls noch im alten Galerierahmen (möglicherweise aus Mechels Zeit), aber bereits mit Verweis auf Meister Theoderich.

88 Chytil 1879, 270. Zu Chytil vgl. Filipová 2008, 109–113 und 227–230, sowie Rampley 2013, 92–93.

89 Für Wilhelm Worringer etwa gab es 1924 keine Zweifel mehr daran, dass es sich bei der malerischen Ausstattung von Karlštejn um eine durch und durch slawische Kunst handle. Dazu eingehend Bartlová 2016, 41–45. Worringer war bemüht, vor allem Unterschiede zwischen der westeuropäischen und der slawischen Kunst zu erkennen: vgl. etwa Worringer 1924, 50, 53. Worringer argumentierte durchaus rassentheoretisch, denn „neben dem entwicklungsgeschichtlichen Problem“ lag für ihn „das Rassenproblem“ (ebenda, 57). Er sah in Karlštejn gemalte Köpfe, die „weich, quallig, in amorpher Massigkeit quellen“, konstatierte der Malerei ein „Dumpfklingen“, dem „etwas Verwunschenes, Tragisches und Bedrücktes“ (ebenda, 69) innewohne, oder sprach von „unartikulierter Massigkeit der Form“ (ebenda, 58).

Anhang

Wenzel Anton Fürst Kaunitz-Rietberg an Franz Lothar Ehemant, 6. Mai 1780 (Brno, MZA, G 436, K. 441, Inv. 4180, fol. 1–2)

„Werthester Hr Profeßor[,] E[uer] Wohlge[boren] Schreiben an H[errn] Cheval[ier] v[on] Mechel ist mir von demselben zugestellet worden, weilen mir in Ansehung deßen Gegenstands Aufträge von des Kaisers Maj[estät] zugegangen sind. Ich habe in gedachtem Schreiben, nach dero mir angerühmten Einsicht und Geschicklichkeit, verschiedene ganz gute Aufklärungen vorgefunden; jedoch sind mir noch einige andere Nachrichten nothwendig um etwas entscheidendes bestimmen zu können, und ich ersuche den H[errn] Profeßor dahero hiemit sich bald möglichst mit dem H[errn] Kastner nach Karlstein verfügen und daselbst folgendes unternehmen zu wollen, nemlich: Ein getreues und von allen Vorurtheil befreytes Verzeichniß deren 122 Stück von Wurmser, welche sich daselbst befinden, verfaßen, und folgender Gestalt beschreiben zu wollen:

1° und so fort, Hoch soviel, nach dem Wiener Fuß, Breit soviel, Auf Leinwand oder auf Holz? Bey jedem, die Bretter worauf das Gemählde gemahlen, so viel Zoll dick[.] In wie weit, so wohl von Seite des Gemähldes, als von Rücken, das Stück in gutem, mittelmaßigem, oder schlechtem Stande seye? Ob es in ganzen, oder halbend Figuren, Lebensgröße, oder unter Lebensgröße? Und dann endlich, was einjedes vorstelle, und von wie vielen Figuren es sey?

Erst nach dem mir ein solches Verzeichniß wird zugegangen seyn, werde ich mich im Stande befinden, etwas entscheidendes bestimmen zu können, und dieselben werden mich also ganz besonders verbinden woferne Sie gegenwärtigen Auftrag bald möglichst zu befolgen belieben wollen. Des H[errn] Oberst Burggrafen Fürst[liche] Gnad[en] benachrichte ich mit gegenwärtiger Post, daß ich solchen an E[uer] W[ohlgeboren] erlaßen habe, mit dem Ersuchen, daß derselbe die zu dessen Vollziehung in Karlstein oder sonst etwa nöthigen Verfügungen ergehen laßen möge. E. W. werden sich also zuvorderst bey gedachter fürst[licher] Gnad[en] zu melden haben: von mir aber inzwischen versichert seyn, daß ich mit besonderer Achtung zu seyn die Ehre habe Euer Wohlgebohren ergebenster Diener"

Franz Lothar Ehemant an Wenzel Anton Fürst Kaunitz-Rietberg, 28. Mai 1780 (Brno, MZA, K. 460, fol. 39–51)

„Professor Ehemannt, Prag den 28ten May 1780. Cum Annexis A. B. C. D.

Euer Fürstlichen Durchlaucht haben gnädigst zu befehlen geruhet, daß ich mich sogleich mit dem Maler Kastner nach Karlstein verfügen; und daselbst eine getreue, und von allen Vorurtheilen befreute Beschreibung aller Gemälde verfassen, und darüber unterthänigsten Bericht abstatten soll.

Diesem gnädigsten Befehle zufolge gieng ich in Gesellschaft dieses Malers, mit den gemessensten Befehlen unsers würdigsten Herrn Obristburggrafen, S. fürstlichen Gnaden, versehen den 10 May a. c. nach Karlstein ab, und nahm zuvorderst

1mo nicht nur eine Art von Inventur, die Zahl der Gemälde auf Brett in dasiger Kreuzkirche betreffend, vor, sondern auch den Grundriß und die innern vier Hauptwände dieser Kirche geometirsch auf. Dann gieng ich

2do zu einer richtigen Beschreibung der Materie und Figur, der Conservation und übrigen Beschaffenheit gedachter Gemälde über; wobey in sonderheit

3^{tio} bestimmt werden musste, was diese Gemälde vorstellen. Sodann folgten

4to ähnliche Untersuchungen mit den Wandmalereyen in den übrigen Kirchen des mehrerwehnten Schlosses Karlstein.

Hierauf kam es

5to auf die kritische Untersuchung an, ob alle Gemälde, sowohl auf Wand als Brett wahre Oelgemälde sind? und falls sie es sind, ob alle

6to von einer Hand herrühren? Dieß macht wieder

7mo vorläufige Nachrichten von den Künstlern nothwendig; worauf endlich

8vo vollends der Schluß mit der richtigen Bestimmung der Zeit, wenn sie eigentlich gefertiget worden, geschiehet.

Was nun **quoad 1^{mum}** die Inventur betrifft, so bekam iedes Stuck seine Nummer, wie aus beyliegendem Risse [Abb. 1] zu ersehen; woraus nicht nur eines Theils die Zahl der Bilder, als auch ihre Rangierung, anderen Theils dagegen die Ursache der übernatürlichen Grösse der meisten Figuren, aus der Höhe ihres Standortes, faßlicher gemacht wird.

Um nun **quoad 2^{dum}** die Materie, worauf sie gemalt, anzugeben so sind sie alle, das Crucifix sub. Nro 1 allein abgerechnet, das größtentheils auf Pergament gemalt, und mittelst, eines gewissen Kleisters aufs Brett aufgetragen ist, theils auf Lindenholz, wie z. B. Nro 6. und 134., theils auf Rothbuchen, wie Nro 52 und 108. gefertigt.

Die Kreuzigung No 1, das größte Bild in der Kreuzkirche auf Brett, das ein Fünfeck bildet, hält sammt der flachen Rähme in der Mitte 6. Wiener Fuß 11. Zoll, zu beyden Seiten aber nur 5. Fuß 9. Zoll in die Höhe, und 5 Fuß 7. Zoll in die Breite. Die Rähme ist 6. Zoll breit, und wird auch in der Folge zur Grösse der Bilder deswegen mitgerechnet, theils weil alle Gemälde in ihre Rähmen eingelassen sind, und folglich ihr Maaß, ohne die Rähme zu zerbrechen, nicht anzugeben, theils auch weil fast bey allen die Malerey zum Theil auf der flachen Rähme aufsitzt.

Alle 45. Stücke in Gestalt eines Parallelogramm halten indes für sich 3. Fuß 8. Zoll in die Höhe, und 2. Fuß 11 ½ in die Breite; woran 4. Zoll für die Breite der Rähmen, die übrigens1 ½ Zoll dick sind, abzurechnen kömmt. Das Maaß der Uebrigen ist ausgedachter Zeichnung zu ersehen.

Die Gemälde mit Nro 5. 6. und 7. scheinen ehemals aus einem Altar ausgeschnitten zu seyn; (welchen Schnitt die mit rother Tinte auf Beylage sub. L. B, gezogene Linie andeutet) und solchergestalt mochte die Madonna sub. No 6. das Mittelstück, der hl. Wenzel No. 5. das rechte, und der hl. Palmatius unter No 7. das linke Flügelstück oder Thürchen abgebildet haben. In der Folge der Zeit sind diese drey Stücke, bey Gelegenheit der Einrichtung der Kreuzkirche, ausgeschnitten, und in länglichte Vierecke eingelassen worden, davon No. 6. wie No. 3., 2. Fuß 6. Zoll in die Höhe, 1 Fuß

8 ¾ Zoll in die Breite, und No 2, 4. wie No 5 und 7., 2. Fuß 6. Zoll gleichfalls in die Höhe, 1, Fuß 5. Zoll in die Breite, alle aber 1 ½ Zoll in die Dicke messen.

In dieser Muthmassung ward ich noch mehr aus der Verschiedenheit des Gehölzes und seiner Striche bestärkt; denn die Gemälde sind auf lindene Brettchen, woran die Striche horizontel fortlaufen, gemalt; da iedoch die Einfassung aus buchenen Holze, dessen Striche, in Verbindung mit jenen, perpendikulär anliegen, bestehen.

Alle diese Gemälde sind in ein 4. Zoll dickes Band eingefaßt.

Mit den Nummern 135 und 134. sind ein Paar Flügel oder Thürchen von dem ehemaligen und bereits verloren gegangenen Altar, der sonst in der Nikolaikirche zu Karlstein gestanden, bemerkt worden, die ich, da sie zerstreut herumgelegen, nun auch in die Kreuzkirche stellen ließ. Beyde sind mit Aufsätzchen und allerley gothischen Schnitzwerk verziert, und halten 3. Fuß in die Höhe und, ohne den Verzierungen, 1. Fuß in die Breite.

Vom Gewürme haben zwar einige Gemälde etwas, wie No. 52 und 108., andre im Gegentheile, wie No 1, 5 und 7., fast gar nichts gelitten. Vermodert ist kein einziges. In Stücken sind Paar Stücke gegangen; und zwar theils durchs Herunterfallen, wie No. 10., theils durchs Hin- und Herwerfen, wie an einem Aufsätzchen von dem Altarflügel sub No 135 geschehen. Verloren sind, meines Wissens, zwey Stücke gegangen, als das Mittelbild aus dem ehemaligen Altare der Nikolaikirche; so denn No 59. aus der Kreuzkirche selbst, das schon zu Balbins Zeiten fehlte (Miscell. hist. I Dec III Lib p. 104.)

Die Zahl aller auf Brett gemalten Bilder beläuft sich daher auf 134. Stück; und alle sind von Seite des Bretts noch so wohl conservirt, daß sie wohlbehalten allenfalls durch die ganze Welt geführet werden könnten.

Der einzige Schade, den sie hiebey unvorbereitet nehmen könnten, bestünde blos in Nebensachen, nämlich in der Abschüttlung der ausser den Contouren dieser Gemälde, und hier und da in einigen Gemälden selbst angebrachten Staffirung, oder der Ablösung einiger Stückchen der Gemälde selbst, unter denen der zu dick aufgetragene Kreidegrund gerissen und aufgeworfen ist.

Allen diesen seltenen Werken der nach den finstersten Zeiten wieder aufkeimenden Kunst drohet die schlechte Verwahrung, ia der gänzliche Einsturz des Schlosses, das beym Zusammensinken einzelner Partien des kalkichten Felsen, auf dem es ruhet, schon viele Ritzen und Spalten bekommen hat, und wirklich schon seit Kurzem ein Paar kleine Flügel verloren, den gänzlichen Untergang.

Was nun die übrige Conservation von Seite der Gemälde betrifft, so haben, die auf der Wand in den drey Fensterbogen angebracht sind, nicht nur durch Risse des wiewohl bis 14. Fuß dicken Gemäuers, sondern auch durch sehr unschickliche Unterstemmung einigen Schaden gelitten; noch mehr aber durch öftere Anlegung der Leutern bey Herabhebung und Hinaufgebung der Hl. Hl. Reliquien, davon die meisten entweder in die Gemälde selbst oder wenigstens ihre Rähmen eingelassen waren. Auch sieht man aus den mit Kreide auf die Gemälde geschriebenen Namen, daß Neugierde und Eigenliebe manchen daselbst über die Leuter hinaufgelocket hat. Zugeschweigen, daß zur Zeit Kaisers Siegmunds, als Karlstein von Hussiten belagert ward, der böhmische Adel, der nach dem Berichte des Pessina (Phosphorus p 415.) aus den Karlsteinschen Kirchen und dem Prager Dom, bey Herabreissung der theuren Einfassungen diese Reliquien, der Edelsteine und anderer Kostbarkeiten von Silber und Gold, von 200,000. ungarischen Dukaten am Werthe, ausgeraubt hatte, bey dieser Gelegenheit nicht sehr zärtlich mit diesen Gemälden umgehen mochte. Und hieraus wird man leicht abnehmen, wie auf manchen sonst wohl conservirten Stücken einzelne abgeriebene, oder ganz von Farbe entblöste Partien zum Vorscheine kommen mußten.

Auch der sehr dick aufgetragene Kreidegrund, ia sogar die Eigenschaften einiger Farben, trugen nicht wenig zu ihrer Abschälung was bey. Selbst die Sonne hatte einigen Einfluß auf diejenigen, die sie bescheinen konnte. Daher kömmet es also, daß man nur die mit dem den Nummern 5, 1, 6, 7, 15, 26, 39, 44, 51, 54, 58, 71, 73, 75, 76, 79, 80, 81, 82, 87, 88, 89, 93, 94, 96, 97, 98, 99, 100, 102, 104, 107, 109, 114, 117, 119, 123, und 127, bezeichneten Gemälde für gut, die unter den Nummern 13,16, 23, 24, 28, 29, 31, 32, 33, 34, 35, 37, 38, 40, 41, 42, 47, 53, 56, 70, 72, 72, 77, 78, 83, 84, 85, 86, 103, 105, 111, 118, 120, 121, 124, 126, und 134, enthaltenen für mittelmässig, und die übrigen alle für schlecht halten wird. Summarisch werden also 40. Stück für wohl erhalten, 39. für mittelmässige und die übrigen 56. Stück für sehr beschädigte zu rechnen seyn.

Da ich aber diese Menge von Gemälden nicht unten vor mir hatte; da ich solchergestalt, iedes Stück, das ich von der Leuter besehen nicht genau mit andern entfernten vergleichen konnte; und da man überdieß bey solchen Dingen das Gute, Mittelmässige und Schlechte nicht nur in Ansehung auf Conservation, sondern auch in Rücksicht auf Kunst unterscheiden muß: so war es unmöglich, bey dem Mangel eines Gerüstes, in Paar Tagen mit dem einzigen Gehülfen Kastner, allen diesen Vorderungen vollkommen Genüge zu thun; und dieß erfordert allenfalls eine zweyte Untersuchung. Was quodad 3^{tium} die Vorstellungen, und die Art der vorgestellten Figuren betrifft, so sind alle Gemälde historische Abbildungen verschiedener Heiliger, von denen meistentheils die Hl. Hl. Reliquien allda aufbewahrt wurden. Einige stellen die Gestalten unter, andre über, und noch andre in Lebensgrösse vor.

Zu den erstern gehört das mit No 1. bezeichnete Cruzifix. Unter dem Kreuze stehen Maria und Johannes. Sodenn das darunter, unter No 3., die Auferstehung des Heylands vorstellend; ihm zur Rechten, die zween Engel am Grabe, zur Linken die drey Marien sub. 2, und 4. Ferner No 5. der Hl. Wenzelslaus, No. 6, U. L. F. mit dem Jesus Kinde, No 7. der Hl. Palmatius, No. 8. ein Engel mit dem schwarzen Adler im weissen Felde, No 17. ein andrer mit dem weissen Löwen im rothen Felde, No. 91. das Lamm Gottes, und No. 11, 22, 70, 83, 72, 86, 90. und 92 abermals Engel.

Auf den länglichten Vierecken sind alle Figuren über Lebensgrösse gezeichnet, als z. B. No. 13, 13, 20. und 21 die vier Evangelisten, No. 14., 15, 16, 23, 24, 25, 28, 29, 30, 130, 132 und 133. die Hl. Hl. Apostel; nächst den Fenstern die Hl. Hl. Landespatronen; in der Nische ober der Thüre No. 78, 79, 80. und 81. die vier Kirchenlehrer; und auf eben der Wand No. 71. und 82 die Hl. Einsiedler Iwan und Paul, No 73, 74, 84, 85 Hl. Päbste, 75, 76, 77, 87, 88 und 89 geheiligte Könige; auf der nächsten Wand vom Hl. Ottmar oder No 94. bis 103. lauter Hl. Hl. Aebte und Bischöfe, und vom 105 endlich bis 110. heilig gesprochene Kaiser. Alle übrigen dreyeckichten Bilder enthalten Figuren von Lebensgrösse.

Auf den einzigen Crucifix sind die Figuren in ganzer Gestalt, auf allen andern hingegen nur bis auf den halben Leib vorgestellt. Eben auf letztere Art ist die Madonna und das Eccehomo sub Signo 134. und 135 auf oben gedachten Flügeln vorgestellt.

Noch sind die Malereyen in den Fensterbogen, die auf Wand mit Figuren von Lebensgrösse angebracht worden, zu beschreiben. In dem Fenster zur Linken des Altars sind auf einer Seite des Bogens die Hl. Hl. Dreykönige, wie sie dem neugebohrnen Heylande opfern, angebracht; auf der andern sieht man die Verkündigung Mariä, und daneben die Heimsuchung der Elisabeth.

In dem Plafond des nächsten Fensters erscheint der vermeynte Gärtner der Hl. Magdalena; hernach salbet eben diese Büsserinn bey Simon dem Pharisäern Christum den Herrn. Endlich sind an den Fenstern der Evangelienseite ein Paar Scenen aus der Offenbahrung des Hl. Johannes angebracht.

Begiebt man sich aus der Kreuzkirche **quoad 4**^{tum} in die Kirche der Himmelfahrt Mariä, so findet man auf allen Seitenwänden die deutlichsten Spuren von alten historischen Gemälden; die iedoch zu Kaiser Rudolphs Zeiten im Jahre 1592 oder 1598 renovirt oder vielmehr mit Wasserfarben übermalt wurden, (Balbini Miscell. hist. Dec I, Lib III p. 102 et 106.) drey Abbildungen Karls IV. mit seinen Söhnen Wenzel und Siegmund, zur Linken des Hauptaltars, allein abgerechnet, derer man schonte, und die bis her noch, besser, als das Uebermalte, aussehen. Zuerst wird Karl in Lebensgrösse vorgestellt, wie er Wenzeln das Hl. Kreuz reicht; zunächst wie er Siegmunden einen Ring anträgt; und zuletzt wie er das Hl. Kreuz verehrt. Beyde Prinzen sind hier in einem Alter von ungefähr 10. bis 12. Jahren gemalt.

Ungeachtet der Wasserfarben, die zum Theil sich selbst wieder abgelöset haben, sieht man doch soviel, daß die erstern Gemälde grösstentheils biblische Historien aus dem A. und N.T. vorgestellt haben; man bemerkt ebenfalls noch eine Menge alte Aufschriften, die meistens, nach Brauch der Alten, aus biblischen Texten, zur Erläuterung der Malerey, bestehen.

Indessen lässt sich doch mit gutem Grunde vermuthen, daß, falls die Kosten darauf gewand würden, die Wasserfarbe wegzunehmen, unter den Inscriptionen eine mit zum Vorschein käme, die den Namen des Künstlers und das Jahre, wenn sie gefertiget worden, enthalten möchte. Von hier führt ein kleiner, ebenfalls übermahlter Gang in die Kapelle der Hl. Katharina. Auf dem in der Nische gemalten Altar ist U. L. F. mit dem Jesuskinde abgebildet; dieser zur Seite ist abermals Kaiser Karl IV mit seiner Gemahlinn angebracht. In dem Bogen davor stehen die Aposteln Peter und Paul, alles schlecht conservirt. Ebenso schlecht conservirt sind die sechs heilige Landespatronen, als Büsten auf die Seitenwand gemalt.

Ungleich besser ist dagegen auf dem Altarsteine die Hl. Catharina sowohl, als auch Christus am Kreuze, worunter sieben Heilige stehen, erhalten. Auf dem Altarsteine ist auch eine alabasterne Statue, U. L. F. mit dem Kinde vorstellend, merkwürdig, die ohne Postament 21 Zoll in die Höhe misst.

Ein am allerbesten conservirtes Bildniß Kaiser Karls IV sammt einer unter seinen Gemahlinnen ist ober der Thür zu sehen; beydes Bruststücke und in halber Lebensgrösse gemalt. Das Bildniß des Kaisers ist so ziemlich getroffen von Balzern in Kupfer gebracht worden wie aus Beylage sub Lit. C. zu ersehen.

Die Nikolaikirche ist neuerdings übermalt worden, und nichts weiter darinn zu sehen, als eine sehr alte Statue ihres Hl. Patrons, aus Holz geschnitzt.

Was **quoad 5^{tum}** die Erörterung der kritischen Frage anbelanget: Ob mehrerwehnte Gemälde wahre Oelfarben sind? so ließ ich gefliessentlich noch einmal sowohl auf Wand als Brett von Kastnern die genaueste Untersuchung anstellen. Dem zufolge bezog er die Malereyen mit einer Massa, die sonst auch den zähesten Firniß auflöst, ohne iedoch die darunter befindliche Oelfarbe anzugreifen. Aber nach vielem Peitzen und Frottiren, sogar mit harten Bürsten, spürte man weder den geringsten Firnißgeruch, noch wurden die feinsten Lasirungen der Oelmalerey angegriffen. Doch schon diese Lasirungen, die man mit Wasserfarben nie hervorbringen kann, ia selbst der mässige Glanz, den diese Gemälde auch nach vier Jahrhunderten besitzen, selbst die Züge, die der Pinsel hier und da in der fetten Farbe zurückgelassen, wären schon hinlängliche Merkmale der Oelmalerey, die sogar den schwierigsten Kenner beweisigen könnten; wenn sie auch Kastner nicht auf eine mechanische Art untersucht hätte.

Indessen erscheint hier die Oelmalerey immer noch in ihrer Kindheit; nicht allein was die Behandlung des Oels mit den Farben, sondern sogar Nebensachen betrifft. Denn in Ansehung des Erstern ist die Oelfarbe nicht nur auf einen ungleich dickern und weicheren Kreidengrund aufgetragen, als es über hundert Jahre darauf zu Albrecht Dürers Zeiten hergebracht war; sondern selbst das schöne Blau – ein besondere Extract aus Kobolt, der so schön, als Ultramarin läßt – ist so schlecht mit dem Oele impastirt, daß es allerorten, an dem Crucifix allein ausgenommen, das größtentheils auf Pergament aber doch auch in Oel gemalt ist, gerissen und meistentheils nach und nach sich abgelöset hat; woran lediglich der Mangel an Erfahrung, und an besonderen Kunstgriffen, die Oelfarben gehörig zu behandeln, schuld seyn mag.

Und was den letzten Fall anbelangt, so ist der sogenannte Nebengrund bey allen Stücken eigentliche Staffiererey, die theils wie bey No 6. und 121. aus vergoldeten Zierrathen, die aus sehr dicken und gestempelten Kreidegrunde oder aus Staniol bestehen, ia sogar hin und her aus Zinn, wie bey No. 30. gegossen sind; und damit ist nicht nur ausser den Contouren der Gemälde der ganze Grund über und über verziert; sondern sogar die reichen Stoffe, Zepter und Kronen, Schilder und Schilde, Schwerter, Panzer, Bischofshauben und ihre Stäbe u. m. dgl. sind in diemeisten Gemälde hineinstaffirt, und hier und da auch gravirt.

Nun kömmt es noch **quoad 6^{tum}** auf die Entscheidung der Frage an: Ob alle Gemälde zu Karlstein, auf Brett und Wand von einer Hand herrühren? Das war meiner und Kastners Meynung, bevor und gestattet ward, diese Gemälde in der Nähe zu betrachten; als ich aber bey gegenwärtiger Untersuchung an verschiednen Orten selbst die Leuter in der Absicht bestiegen hatte, umb Wurmsers Namen, oder ein Monogramm, oder die Jahreszahl, wenn diese Gemälde gefertiget worden, zu finden: da fand ich die sub. L. D. beygelegte Unterschrift unter der Madonna mit No. 6. bezeichnet [Abb. 2]; aber ganz unerwartet einen anderen Meister darauf. Sie heißt:

Quis opus hoc finxit Thomas de Mutina pinxit
Quale vides lector Rarisini filius autor.

Gleichwohl war ich noch nicht um Wurmsern, dessen Ehre sich Glaffey (in Collectione anecdotorum S. R. hist., ad I. P. Illust. p 43. und 490.) mit allem Recht annimmt, so sehr besorgt, daß ihn Thomas von Mutina gänzlich aus seiner Stelle verdrängen werde. Schon die Stelle eines Briefs den der berühmte Bohuslaus Hassensteinsky von Lobkwitz im Jahre 1509 ab einen seiner Freunde erlassen, ließ mich das Beste für ihn hoffen. In diesem Briefe nämlich wird, unter anderm, gesagt, daß als Kaiser Karl IV sich in Rom aufgehalten hatte, er einem aus seinen Malern befohlen habe, das Schweißtuch Christi der Hl. Veronica, das er vom Pabst Urban V auf einige Tage erhalten, zu copiren (Lib. IV. Epistol. p. 156. Edit. Thomae Milis)

Noch mehr ward ich aber in meiner Meynung bestärkt, als ich eine genaue Vergleichung der Madonna sub. No. 6. mit den Stücken, die ein länglichtes Viereck bilden, anstellte. Mutina ist sehr leicht vom Wurmsern zu unterscheiden; denn die Verschiedenheit der Zeichnung, des Colorits und der übrigen Behandlung ist so auffallend daß iedermann sehr deutlich zween Meister erkennen wird.

Mutina hat zwar die Gesichter so ziemlich richtig nicht aber den Leib und die Finger gezeichnet, wie aus der sub. L. B. oben angeführten Zeichnung, die der Rathsmann Franz Wolf, ohne das geringste zu verbessern oder zu verschönern sehr richtig von der Madonna sub No. 6. genommen hat, zur Genüge erhellen wird. Sonst hat dieser Künstler z. B. den Schleyer und die Haare mit viel Fleis traktirt. Sein Kolorit ist sehr feurig; und man sieht übrigens unter seinen Farben keine Lackfarben, aber statt dessen natürlichen Zinober.

Wurmser zeichnete die Hände besser; im Ganzen herrscht mehr Richtigkeit in der Proportion; seine Carnation ist mehr verblassen und mollet; aber nicht so feurig als des Mutina. Die Nebendinge sind mit mehr Kühnheit und Fertigkeit behandelt; und statt des Zinobers, bemerkt man bey ihm einen starken Gebrauch der Lackfarben, die allerdings durch die Länge der Zeit ungleich mehr verlieren mussten.

Ueberdieß braucht man sich auf dergleichen Dinge nur ein wenig zu verstehen, um einzusehen, daß beyde Artisten die Natur genau nachzuahmen suchten; den meisten Fleis auf Hauptsachen wandten, und alles mit starken und herzhaften Zügen und so lebhaft auszudrücken sich bemühten, als die guten deutschen Maler zu Albrecht Dürers Zeiten, die über ein Seculum später darauf lebten.

Dagegen müßte man sich zu sehr von dem Vorurtheile fürs Alterthum blenden lassen, wenn man nicht noch viel vom gothischen Geschmacke, wenn man nicht die schlechten Gewänder, die vergoldeten Zierrathen tadelnswerth daran finden wollte.

Bisher halte ich nur folgende Gemälde von der Hand des Mutina No 5, 6, 7, 134 und 135. Alle übrige auf Wand, Brett mochte Nikolaus Wurmser verfertiget haben. Ich sage mit Bedacht mochte; denn bisher war ich nicht so glücklich Wurmsers Namen auf irgend einem Gemälde zu finden; auch konnte nicht iedes Stück gehörig geprüft und mit andern verglichen werden. Auch geschieht in den vaterländischen Geschichtschreibern, so gut ich mich entsinnen kann, weder des Malers Mutina, noch des Meisters Wurmser einige Erwähnung.

Doch dieses Stillschweigens ungeachtet wage ichs **quoad 7**^{mum} wenigstens einige vorläufige Nachrichten von diesen zween Malern mitzutheilen. Mutina könnte allenfalls ein Böhme seyn. Wenigstens war diese Benennung schon den alten Böhmen eigen. So führt z. B. Hajek schon aus den Zeiten des Herzogs Brzetislaw des Zweyten oder dem Ende des eilften Jahrhunderts aus der Familie der Wessowetz einen Mutina an (Kronyka Czeska v Roku 1096.)

Demungeachtet kann er immer noch aus Italien abstammen; falls man sich daran erinnert, daß Mutina schon in dem Lateiner des Mittelalters die Stadt Modena bezeichne; wiewohl die Modeneser sonst die Gewohnheit hatten mutinenses sich zu nennen, wie ein gewisser Dominikaner Thomas Mutinensis, dessen das Zedlersche Universallexicon Erwähnung macht (im 22 Bande S. 1596.)

Vom Wurmser weis ich zur Zeit nichts mehr, als was ich in ein Paar Diplomen, die Glaffey (loc. cit.) anführet, gefunden habe. Dieß Wenige besteht darinn, daß er ein Straßburger war, daß ihn der Kaiser selbst öffentlich Familiaris noster nennt; daß er die Mayerey (curia) in Großmorzina unweit Karlstein besessen; daß er zuerst vom Kaiser die Gnade und Freyheit erhalten auch auf den Todesfall mit seinen Sachen zu Schalten und Walten; und dieß zwar zur Aufmunterung, damit er mit mehr Fleisse die Schlösser, (loca et castra) die ihm werden angewiesen werden, malen soll; und sodenn wird das Jahr darauf sein Lehn- und Gerichtshof, zur Belohnung seiner Verdienste, von allen Gaben frey gemacht.

Selbst mit dieser Mayerey ist er gleich anfangs von diesem Monarchen belehnt worden; wie aus dem Donationsinstrumente, das bey Gelegenheit, als der Karlsteiner Dechant P. Langhans bey St. Georg zu Prag circa A. 1700. gestorben, ins Consistorialarchiv gekommen, erhellen, und zur Aufklärung der ganzen Sache noch mehr Licht verbreiten wird, wenn es, wie ich mir zu schmeicheln Ursache habe, durch Vorschub unsers Herrn Obristburggrafens, Sr Fürstl. Gnaden, zum Vorschein kommen wird.

Allem Ansehen nach wäre es endlich aus dem bereits Angeführten letztlich **quoad 8**^{um} auch zuverlässig zu entscheiden, wann ungefähr diese Oelgemälde gefertiget worden. Schon aus der Absicht, Karlstein deswegen zu bauen, um die Reichskleinodien und die Hl. Reliquien da sicher aufbewahren zu können, aus dem im Jahre 1358 vollendeten Baue, aus den frühen Belohnungen des Nikolaus Wurmser in den Jahren 1359 und 1360., aus der Zeit, da diese fromme Kaiser den grössten Theil der Reliquien, nämlich als gedachtes Schloß gebaut worden, gesammelt, läßt sich schon auf die sechste Dekade des vierzehenden Jahrhunderts mit Zuverlässigkeit der Schluß machen.

In dieser Meynung wird man aber nicht mehr bestärkt, wenn man sowohl auf die besondern Züge der Buchstaben in den Inskriptionen unter No 6. und 135., als auch auf den Ort, wo die Hl. Reliquien angebracht waren, acht giebt. Auf jene Handschriften darf man nur einen Blick fallen lassen, und die Sache ist so weit entschieden, daß sie alle Merkmale, welche der schwierigste Kenner von Charaktern aus Karls Zeiten nur immer erlangen kann, besitzen. An diesen wird man bemerken, daß die meisten

Reliquien in verschiedenen Einfassungen oder vielmehr Einschnitten die in die Rähmen der Bilder, und manchmal selbst in die Malereyen angebracht waren, aufbewahrt wurden, wie aus der Oefnung, die auf Beylage sub. L. B. der Nummer 6. bezeichnet ist zu ersehen.

Nur noch einen Grund, der sogar manchen Zweifler einzutreiben fähig seyn wird. Bey der öftern Besteigung der Leytern war ich so glücklich noch sieben Hl. Hl. Reliquien theils in die Rähmen, theils in die Malerey selbst eingelassen, ausfindig zu machen, die im Jahre 1645. bey Uebertragung der Reliquien in die Prager Domkirche, aus Versehen der Commissarien, zurückgelassen wurden, und von denen seit dieser Zeit kein Mensch in dasigem Schlosse was wusste. Für ihre Aechtheit sind mir indessen theils die Aufschriften, die an einer in Goldblech gegraben, auf den übrigen auf Pergament geschrieben sind, theils der Krystall, womit sie, statt Glas, bedeckt worden, bürgen.

Erstlich fand ich auf der Kreuzigung sub No. 1. zwey über zween Zoll lange Stückchen vom Kreuze Christi, sodenn einen Dorn von der Krone, und eine grosse Partikel von dem Schwamm, womit der Erlöser getränkt worden. Darauf an Gebeinen eine Partikel von Hl. Markus No 21. Hernach ein Stückchen vom St. Veit sub No. 44. Sodenn eine Reliquie von Hl. Ottmar am No. 94. Endlich eine Partikel vom Hl. Galli mit der Aufschrift auf Goldblech unter No. 96.

Einen einzigen Einwurfe muß ich noch begegnen, der das Alter dieser Malereyen verdächtig machen könnte. Diesem. Auf dem Gemälde sub. No. 108. findet man auf dem Schilde Karls des Grossen einen doppelten Adler, der doch nicht einmal zu Kaiser Karls IV Zeiten in dem kaiserlichen Wappen gedoppelt, sondern einfach geführt ward. Doch dieser Vorwurf fällt bey einer genauen Prüfung dieses Schildes gänzlich weg. Denn erstlich ist es aus Holz geschnitzt und ans Bild genagelt; sodenn ist es von Wurmsern gar nicht, desto mehr aber das Bild angegriffen; auch die Vergoldung ist am Schilde ungleich blanker als die unmittelbar auf dem Bilde aufsitzt; endlich ist aus der Gleichheit der Zeichnung des Adlers, der von aussen des Thüres im Jahre 1698. gemalt worden (Balbini Miscell. Hist. Dec I. Lib. III pag. 106.) klar zu sehen, daß diese Schilde zu Kaiser Rudolphs Zeiten, zum Ersatz derer, die in den hussitischen Unruhen, ihres innern Werthes wegen, verloren gegangen, adaptirt wurden.

Bey so bewandten Sachen wäre es wohl zur Aufklärung der Kunstgeschichte von äusserster Schatzbarkeit, aus unwidersprechlichen Belägen darzuthun, und die Ansprüche zu vergleichen, welche Mutina und Wurmser, auf die Ehre, die Oelfarben, wo nicht erfunden, doch früher, als alle bisher bekannte Oelmaler, gebraucht zu haben, machen dürfen. So angelegen ich mirs auch, seit der Entdeckung der Gemälde des Mutina, habe seyn lassen: so weis ich dennoch bis her nichts darauf zu antworten, als daß ich aus den bereits oben angeführten Umständen, nämlich weil drey Stück, als No. 5, 6 und 7. zur Zeit der Einrichtung der Kreuzkirche, aus einem Altare ausgeschnitten und neu eingefasst worden, weil sie schlechter, als die Stücke vom Wurmser gezeichnet sind, und weil der letztere schon von Lackfarben Gebrauch gemacht hatte, daß, sage ich, diese Vermuthungen ungleich mehr für den Mutina, als Wurmsern streiten, und ich daher versucht werde dem erstern ein etwas grösseres Alter beyzulegen.

In Betracht dessen darf ich mir schmeicheln, ein Paar ungleich ältere Oelmaler als unter den Niederländern Johann von Eyck, und unter den Italienern Col' Antonio di Fiori und Lippa Dalmasia sind, und unter allen bisher bekannten Oelgemälden, die ältesten gleichfalls in Böhmen aufgesucht, und durch die kräftigste Aufmunterung Eines erlauchten Ministers der Vergessenheit entrissen zu haben.

Franz Lothar Ehemant Professor der Universal und Litterargeschichte."

Hans C. Hönes

Winckelmann im Sammlungsraum: Armut macht Geschichte

Der Reichtum der Morphologie

Unter den Systematisierungs- und Ordnungsversuchen der Wissenschaft des 18. Jahrhunderts kommt Johann Joachim Winckelmanns „System" der Kunstgeschichte, dargelegt in seinem Hauptwerk, der *Geschichte der Kunst des Alterthums*, zweifelsohne eine herausragende Stellung zu.[1] Nur wenige Bücher dieser Jahre hatten mehr Einfluss auf die Entwicklung der modernen akademischen Wissens- und Sammlungssysteme. Winckelmanns Werk war nicht nur für die modernen Disziplinen (und entsprechenden Museen) der Kunstgeschichte und Altertumswissenschaft prägend, sondern darüber hinaus höchst einflussreich.[2] Die Forschung der vergangenen Jahre hat wiederholt betont, dass verschiedene Naturwissenschaftler ein großes Interesse an Winckelmanns *Geschichte* nahmen. Besonders hervorzuheben ist dabei die Rolle des französischen Naturforschers Jean-Baptiste-Réné Robinet, der einer der ersten Übersetzer der *Geschichte* war.

Mit dem Namen Robinet deutet sich auch an, worin für eine große Zahl von Forschern, wie bereits für Winckelmann selbst, die größte Innovation der *Geschichte der Kunst des Alterthums* lag. Robinet war einer der wichtigsten Protagonisten einer proto-evolutionären Naturgeschichte, die an einer Morphologie, das heißt, an einer Entwicklungsgeschichte von Organismen arbeitete.[3] Dies ist in seinem Hauptwerk *De la Nature* evident, jedoch noch stärker (und bereits im Titel angezeigt) in *Vue philosophique de la gradation naturelle des formes de l'être*: Naturgeschichte wird hier als eine schleichende, stufenweise Entwicklung verstanden.[4]

Eine vergleichbare Innovation wird meistens auch Winckelmann attestiert. In seiner methodologischen Selbstverortung ging es Winckelmann nachweislich darum, eine Geschichte der Kunst im eigentlichen Sinn des Wortes zu schreiben – und dies heißt vor allem, die stilistische Entwicklung der künstlerischen Formen zu verfolgen. Ein solches Vorgehen, so schreibt Winckelmann in der methodologischen Vorrede zur *Geschichte*, sei mehr als eine „bloße Erzählung der Zeitfolge und der Veränderungen in derselben [...]", denn „die Absicht des Verfassers ist, einen Versuch eines

1 Winckelmann 1776.

2 Vgl. Potts 1994a; Harloe 2013; Fischer 2013b, 22–89.

3 Verschiedentlich wurde der Schluss gezogen, dass erst Winckelmanns Werk Robinet anregte, die Abstufungen der *scala naturae* dynamischer als bisher zu betrachten (Décultot et al. 2017). Doch dies bedeutet wohl, den Einfluss des Kunsthistorikers etwas zu überschätzen. Bereits der erste Band von Robinets *De la Nature* (Amsterdam 1761) enthält die Hauptzüge seines späteren Denkens.

4 Robinet 1768, 3: „Quelque imperceptible que soit le progrès qu'elle fait à chaque pas, c'est-à-dire à chaque production nouvelle, à chaque variation réalisée du dessein primitif, il devient très sensible après un certain nombre de métamorphoses."

Lehrgebäudes zu liefern".[5] Die viel beschriebene Spannung zwischen Historizität und normativer Ästhetik klingt hier deutlich an: „Das Wesen der Kunst aber ist [...] der vornehmste Endzweck."[6] Winckelmanns Kunstgeschichte, obgleich historisch, ist immer auch „schöne Wissenschaft" im Wortsinn – eine Ästhetik.

Doch vornehmliches Ziel des Werkes ist dennoch, „den Ursprung, das Wachsthum, die Veränderung und den Fall [der Kunst], nebst dem verschiedenen Stile der Völker, Zeiten und Künstler [zu] lehren".[7] Die entwicklungsgeschichtliche Intention zur Reihenbildung ist dabei klar mit einer organizistischen Metapher von Wachstum und Blüte umschrieben.[8] Winckelmann macht zugleich explizit, dass er zur Erfüllung dieser Reihenbildung auch Hypothesen inkludiert und Lücken in der Überlieferung füllt, wobei diese vielleicht „durch eine spätere Entdeckung" von der „Mutmaßung zur Wahrheit" werden. Entscheidend ist, dass er dies mit Verweis auf die Methoden der Naturgeschichte legitimiert. Wie „das Gerüste zu einem Gebäude", als Äquivalent zu den „Hypotheses aus der Naturlehre", sind diese Mutmaßungen „unentbehrlich, wenn man, bey dem Mangel der Kenntniße von der Kunst der Alten, nicht große Sprünge über viel leere Plätze machen will".[9] Vervollständigung in der Nachverfolgung der graduellen Entwicklung der Kunst zur Blüte ist offenbar angestrebt, um zu einer neuartigen Morphologie künstlerischer Form zu gelangen.

Als Voraussetzung für diese methodische Innovation wird regelmäßig ein Umstand genannt: die Verfügbarkeit an kunstgeschichtlichem Datenmaterial, das Winckelmann in Rom vorfand, im Stadt- und auch im Sammlungsraum, wie den Kapitolinischen Museen und der Villa Albani, wo er als Bibliothekar tätig war. Der aufstrebende Kunsthistoriker hatte das „Glück, zu einer Zeit in Rom zu sein, in der es mehr Kunst zu sehen gab als je zuvor".[10] Die Ressourcen der ewigen Stadt boten demnach die bestmöglichen Bedingungen für eine komplette Beschreibung des Entwicklungsgangs der Kunst; Lücken blieben bestehen, doch in Rom konnte man deren mehr füllen als irgendwo sonst. Winckelmann selbst hat dies bekanntlich mehr als nur einmal betont: Während man in Rom alles an einem Orte sehen könne, sei in anderen Städten, etwa Wien, alles „nur einzeln" vorhanden. Das Schöne in der Kunst könne „allein in Rom völlig, richtig und verfeinert" studiert werden.[11] „Es ist schwer, ja fast unmöglich, etwas gründliches von der alten Kunst, und von nicht bekannten Alterthümern, außer Rom zu schreiben."[12]

Der Sammlungsraum erscheint hier als methodologischer Gründungsort, in dem Winckelmann zahllose Objekte mental oder tatsächlich in historischen Entwicklungsfolgen, in einem systematischen Entwurf arrangieren konnte. Folgt man dieser

5 Winckelmann 1764, ix.

6 Ebenda. Vgl. Potts 1994b, 11–30.

7 Winckelmann 1764, x.

8 Vgl. Décultot 2007a, 13–30.

9 Winckelmann 1764, xxiv.

10 Sheehan 2002, 28.

11 Winckelmann (Rehm 2002b), 225.

12 Winckelmann 1764, xx.

Argumentation, ist es in der Tat dem „direkten Zugang zu den größten Kunstsammlungen" (wie zum Beispiel zu derjenigen des Kardinals Alessandro Albani)[13] geschuldet, dass Winckelmann sein Modell einer Kunstgeschichte als Theorie der Entwicklung künstlerischer Form konzipieren konnte. Dem Sammlungsraum des Museums wird damit eine privilegierte und instrumentale Stellung in der Entwicklung der historischen Betrachtung der Kunst zugestanden. Nur hier sind die Bedingungen für eine synoptische Perspektive auf die Kunst gegeben, welche den Ordnungsversuch Winckelmanns möglich machten.

Ähnliche Auffassungen über das Entstehen morphologischer Theorien aus dem Geist der Sammlung wurden vielfach und mit guten Gründen vorgebracht. Ulrich Pfisterer hat etwa argumentiert, dass sich im 15. Jahrhundert frühe Formen der Kennerschaft in der Numismatik und Medaillenkunde entwickelten, weil diese kleinen und in verhältnismäßig großer Anzahl verfügbaren Objekte sich dafür eigneten, nebeneinander gehalten, verschoben und damit in entwicklungsgeschichtliche Sequenzen gebracht zu werden.[14] Ähnliche Argumente finden sich auch in Hinblick auf gänzlich andere historische Perioden und Gegenstandsbereiche. So legt zum Beispiel Julia Voss dar, dass Darwins Evolutionstheorie entscheidend in den Sammlungspraktiken des 19. Jahrhunderts wurzelt: Erst die massenhafte Verfügbarkeit von Spezimen, wie Vogelbälgern in den naturhistorischen Sammlungen der Zeit, erlaubte die Nachverfolgung einer kleinteiligen Ordnung in morphologischer Reihung.[15] Ähnliches könnte man für die Naturhistoriker von Georges-Louis Leclerc de Buffon bis eben zu Robinet sagen; die Publikationen dieser Autoren sind ebenfalls geprägt von einer enormen Materialfülle, die oft in dichtgedrängter Synopse illustriert werden.[16] Doch auch jenseits sammlungsgeschichtlicher Erwägungen wird die massenhafte Verfügbarkeit von Daten meistens als Voraussetzung einer Darstellung morphologischer Sequenzen gesehen. Prominent zu nennen ist hier die Linguistik, in der sich morphologische Analysen oft bevorzugt auf eine Analyse „einfacher Formen" stützen.[17]

Sammlung und Komplexität

Ob Winckelmanns Ansatz tatsächlich auf einer Linie mit diesen Positionen ist, soll im Folgenden probeweise zur Debatte gestellt werden. Winckelmann selbst hat, wie schon angedeutet, durchaus nahegelegt, dass sein stilgeschichtlicher Ansatz erst durch die Verfügbarkeit von Kunst im Sammlungsraum Rom ermöglicht wurde. Dieser Gedanke findet sich auch in einer der berühmtesten (erst in der zweiten Auflage hinzugefügten) Passagen der *Geschichte*, der viel zitierten „eingebildeten Versetzung nach Elis". Winckelmann beschreibt hier ein Traumbild und imaginiert, wie er in einem

13 Décultot 2007b, 12–28, hier 13.

14 Pfisterer 2008, Kapitel 7; ähnlich auch Struck 2013, 265–278.

15 Voss 2007, 17–18, 36–49.

16 Zur Rolle von Serialität in den Naturwissenschaften: Toepfer 2017, 11–30.

17 Jolles 1930.

antiken olympischen Stadion einer vollständigen Sammlung griechischer Bildhauerei ansichtig wird. Vor ihm stehen „Wunderwerke der Kunst zu Tausenden“, aufgereiht entlang der „Bahn“ des Stadions.[18] Hier wird die Idee einer umfassenden Kunstgeschichte klar als räumliches, also quasi-museales Arrangement artikuliert. Der Sammlungsraum ist die ideale Voraussetzung für den Autor einer Kunstgeschichte: „Ohne diese Sammlung und Vereinigung derselben wie unter einen Blick ist kein richtiges Urtheil zu fällen.“[19]

Doch dies ist eben nur ein Traum. Wenn Winckelmann tatsächliche Museumsräume beschreibt, scheint diese Idee des entwicklungsgeschichtlichen Arrangements entlang einer „Bahn“ kaum zu verfangen. Wo er sich mit der Aufgabe der Beschreibung einer real existierenden Sammlung konfrontiert sah, bleibt Winckelmann vielmehr überraschend unhistorisch. In einem Brief über die Sammlung Stosch an Christian Ludwig Hagedorn, datiert auf Januar 1759, erklärt Winckelmann gleich zu Beginn, dass die „Zeit und die Gränzen eines Briefes“ limitiert seien und er sich daher „auf Beschreibung der wichtigsten, schwer zu erklärenden und schönsten alten Steine und alten Pasten [hat] einschränken müssen“.[20] Der Historizität der Kunst widmet er sich hier jedoch ausdrücklich nicht, sondern nur der „Beschreibung des Schönen in der Kunst“. Die diskutierten Beispiele sind nicht einmal in chronologische Reihenfolge gebracht; die Diskussion der „Classe von egyptischen Steinen“ folgt etwa erst nach einer Anzahl von griechischen Beispielen.[21] Sein Anliegen ist es dezidiert nicht, die Beispiele unter historischen Vorzeichen zu beschreiben und zu ordnen. Das Einzelwerk steht im Vordergrund; die Analyse der Schönheit verlangt Fokussierung anstatt Vergleich.[22]

Doch auch wenn Winckelmann historisch argumentiert, scheint der konstitutive und rhetorisch überzeugende Moment in seiner Kunstgeschichte mehr in einer Armut an Material zu liegen; der Kunsthistoriker kommuniziert sein historisches System bevorzugt an einer extrem reduzierten Anzahl von Beispielen, die exemplarische Stilstufen repräsentieren. Die römischen Sammlungen, bisher vornehmlich als expansive Ansammlung des vollen Reichtums der Kunst verstanden, sind dabei ein entscheidender Zwischenschritt für Winckelmann, um eine Komprimierung historischer Informationen zu erreichen.

Besonders deutlich wird dies in dem wahrscheinlich ausführlichsten Text, den Winckelmann je der Beschreibung einer Sammlung, nämlich der Villa Albani, gewidmet hat.[23] Dieser Text scheint aus mehreren Gründen ein interessanter Fall zu sein, da er einerseits ein nahezu komplett abstraktes System der Geschichtsentwicklung

18 Winckelmann 1776, 246.

19 Ebenda. Vgl. Ernst 1992, 101.

20 Winckelmann (Rehm 2002a), 163–168, hier 164.

21 Ebenda, 165–166.

22 Ebenda, 165. Auch das Projekt der *Geschichte* scheint hier insgesamt noch stärker normativ aufgefasst, vgl. 168: „Sie werden Sich entsinnen, daß ich eine Beschreibung der schönsten Statuen nach ihrem Ideal, und nach der Kunst angefangen hatte.“

23 Das Standardwerk zur Sammlung Kardinal Albanis bleibt Beck / Bol 1982.

präsentiert, andererseits jedoch kaum der gestellten Aufgabe, eine Beschreibung der Sammlung zu geben, gerecht wird. Der Verweis auf die Sammlung dient mehr einer Legitimation, als Begründung des abstrakten Systems des normativen Lehrgebäudes, das in ein historisches Argument und eine pseudomorphologische Logik gefasst wird.

Besagte Beschreibung der Villa Albani datiert auf das Jahr 1761. Sie liegt insgesamt in drei Versionen, auf Italienisch, Deutsch und Englisch vor. In einem Brief an Philipp von Stosch versprach Winckelmann, eine dreiteilige Abhandlung über die Sammlung zu senden: die erste mit einer Beschreibung der Villa selbst, die zweite „wird Anmerkungen über die Kunst bei den drey alten Völker, den Egyptern, Hetruriern und Griechen" enthalten, und der dritte Teil wird „anderen Werken der alten Kunst daselbst" gewidmet sein, die „in Absicht der Fabel-Geschichte und der Gebräuche" von Interesse sind.[24]

Letztlich hat Winckelmann nur den zweiten Teil dieser Abhandlung fertiggestellt; die anderen beiden Teile existieren nur in einem italienischsprachigen Entwurf (Abb. 1). Dieser brieflich an Stosch kommunizierte Teil der Beschreibung der Villa Albani ist nach Winckelmanns eigener Charakterisierung „ein kurzer Inbegriff der Lehre von der Kunst des Alterthums". In kondensierter Form ist damit das Lehrgebäude der *Geschichte* zusammengefasst und die „drey Classen der Kunst", die Kunst der Ägypter, Etrusker und Griechen, „durch die Werke dieser Villa bestimmet und erläutert".[25]

Winckelmanns kurzer Text geht direkt *in medias res* und beginnt mit einem systematischen Zugriff auf die Kunstgeschichte, die in Epochen eingeteilt wird: „In der ersten Classe der Kunst der Egypter sind zwey verschiedene Stile zu merken; der Aeltere und der Nachfolgende; und zum Dritten finden sich Nachahmungen Egyptischer Werke: von allen drey Arten werde ich die vornehmsten Werke anzeigen." Die Merkmale, nach denen die Objekte untersucht werden, sind „zum Ersten die Bildung, Zweytens die Zeichnung und Drittens die Bekleidung der Figuren".[26] Nach einer kurzen allgemeinen Betrachtung der stilistischen Charakteristika des älteren ägyptischen Stils, der als „völlig Idealisch" definiert wird, folgen mehrere Beispiele für denselben: „Die vornehmste Figur dieses Stils ist Männlich und sitzend, von Alabaster welcher bey Theben gebrochen wurde [...]. Ferner ist ein Anubis von Granit in Lebensgröße anzuführen." Als drittes Beispiel wird eine „auf die Knie sitzende Weibliche Figur" angegeben.[27]

Es folgen der zweite und „spätere Stil" der ägyptischen Kunst, der auf die Alexandrinische Zeit datiert und gegenüber dem älteren Stil als „sehr verschieden" und von Griechenland beeinflusst gesehen wird. In der Villa Albani befand sich hierfür leider

24 Winckelmann an Stosch, Rom, 10. April 1761, in: Winckelmann 1759–1763 (Rehm 1954), 135.

25 Ebenda, 135. Der italienische Entwurf hat sich im Nachlass des bayerischen Historikers Andreas Felix von Oefele erhalten und liegt in einer modernen Edition vor: Winckelmann (Moisy / Sichtermann / Tavernier 1986). Umfassend zur Entstehung dieser Texte: Tavernier 1986, 69–104.

26 Winckelmann 1759–1763 (Rehm 1954), 135.

27 Ebenda, 136.

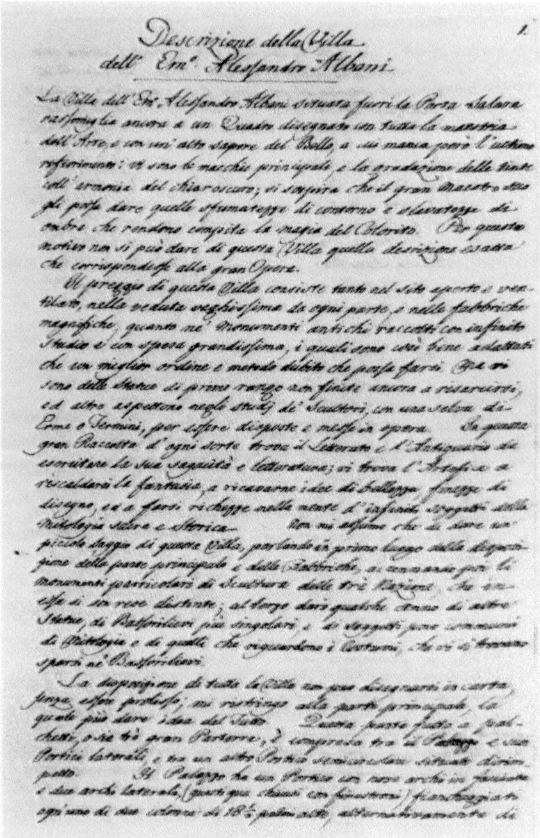
Descrizione della Villa
dell' Em.° Alessandro Albani

Abb. 1: Johann Joachim Winckelmann, Descrizione della Villa Albani, Manuskript, 1758 (Bayerische Staatsbibliothek, Sign. BSB-Hss Oefeleana 394)

kein unbeschädigtes Beispiel, und so muss Winckelmann „zum Beweiß eine weibliche Figur von Basalt und unter Lebensgröße im Campidoglio anführen". Die Beschreibung dieses Werkes ist von einer sehr detaillierten Betrachtung der Gewänder und ihres Faltenwurfs dominiert.[28] Der dritte ägyptische Stil, die „Nachahmungen Egyptischer Werke" zu Zeiten Kaiser Hadrians, wird schließlich anhand von „Zwo weibliche[n] Figuren in schwarzem Marmor, und eine[r] Männliche[n] Figur in Roßo antico" diskutiert.[29]

Von hier geht Winckelmann über zur zweiten Klasse, der Etruskischen Kunst, die er mittels „Anmerkungen über eine Statue und über eine erhobene Arbeit" vorstellt. Es sind dies die Skulptur eines Priesters und das Relief einer sitzenden Göttin. Wieder scheint es ein Anliegen zu sein, Figuren beider Geschlechter vorzustellen und so ein repräsentatives Stilraster der Körperbildung zu definieren. Für die Etrusker bestimmt Winckelmann zwei Stile, jedoch muss er sich in seiner Ausführung wiederum beschränken: „[…] da aber von diesem Zweyten Stile keine Werke bis itzo in der Villa befindlich sind, so will ich mich hier auf den Aelteren Hetrurischen Stil einschrenken."[30] Auch die umfassendste Antikensammlung scheint nicht umfassend genug zu sein, um eine repräsentative Abdeckung der Stilgeschichte zu gewährleisten; anders als im Falle Ägyptens werden hier aber keine Werke aus anderen Sammlungen zur Ergänzung herangezogen. Wieder fokussiert sich die Beschreibung der Werke auf die Bildung des Gesichts und den Faltenwurf des Gewands. In beiderlei Hinsicht bemerkt unser Autor, dass sie „in gewißen Maße den Egyptischen ähnlich" sind. Beide Völker erscheinen stilistisch angenähert.

28 Ebenda.

29 Ebenda, 137.

30 Ebenda.

Es folgt die griechische Kunst. Hier definiert Winckelmann bekanntlich vier Stile: „der ältere Stil“, „der höhere Stil“, der „schöne Stil“ und die Zeit des Verfalls.[31] Diese Einteilung macht bereits deutlich, dass es sich um ein weites Feld handelt, und Winckelmann betont (wie schon im Bericht über die Sammlung Stosch, den er an Hagedorn sandte), „daß dieses keine Abhandlung für Briefe ist“. Er will sich daher „begnügen, Ihnen eine Statue bekannt zu machen, welche nach der Giustinianischen Pallas die älteste Statue in Rom scheinet“.[32] Sie gehört in den „hohen Stil“, in die Zeit des Praxiteles (Abb. 2). Es folgt eine Beschreibung, die wiederum recht detailliert Charakteristika der Körperbildung und die Gestaltung des Gewands hervorhebt; Winckelmann analysiert das „Oval“ des Kopfes, beschreibt, wie „die Wölbung unter dem Kinne“ gestaltet ist, und kommentiert die „großen Falten“ des Mantels.[33] Als letztes Werk erwähnt Winckelmann kurz den *Apollo von Belvedere*, dessen Kopf „vielleicht der einzige in der Welt ist, den wir in deßen ursprünglichen Schönheit sehen“. Der Brief endet mit dem Hinweis, dass auf so kurzem Raum unmöglich alles gesagt werden könne, und Stosch unbedingt nach Rom kommen müsse, um diese Wunder mit eigenen Augen zu sehen.

Komplexitätsreduktionen

Man mag geneigt sein, diesen kurzen Text als eine Gelegenheitsschrift abzutun. Winckelmann selbst scheint diesen Verdacht zu erhärten, als er Jahre später in einem Brief an seinen Freund Leonhard Usteri schrieb: „Die Beschreibung der Villa des Hrn. Cardinals ist sehr unvollständig und war damahls gut genug einem Prinzen vorgelesen zu werden“, sie genüge also wissenschaftlichen Ansprüchen nicht.[34] Genau dies ist aber nur bedingt der Fall, denn der Text wurde sehr wohl der Fachöffentlichkeit zugänglich gemacht. Stosch, der Empfänger der Beschreibung von 1761, hat offenbar eine Übersetzung ins Englische veranlasst, die dann auf einer Versammlung der Londoner *Society of Antiquaries* in Burlington House verlesen wurde. Zurecht erkannte die Zuhörerschaft, wie eine Randnotiz in den Sitzungsprotokollen bestätigt, darin „the groundwork of Winckelmann’s ‚Histoire de l’Art chez les Anciens‘“.[35]

Die kurze Beschreibung der Villa Albani diente also für nichts weniger als die erstmalige Vorstellung von Winckelmanns Gedanken vor einem der wichtigsten Gelehrtenverbände der Zeit. Winckelmann war kurz zuvor auf Vorschlag des römischen

31 Ebenda, 138: „Um mich deutlich zu erklären, muß ich hier die verschiedenen Alter und Stile der Griechischen Kunst anzeigen, deren Vier zu setzen sind: der ältere Stil, welcher etwa bis gegen die Zeiten des Phidias gedauret hat; der andere bis auf den Praxiteles, und diesen kann man den Hohen Stil nennen; der dritte welcher bis an das Ende der Freyheit von Griechenland geblühet, und diesen nenne ich den Schönen Stil; der vierte, in welchem die Kunst sich neigte und fiel.“

32 Ebenda.

33 Ebenda, 139.

34 Winckelmann 1764–1768 (Rehm 1956), 10. Der genannte Prinz ist wohl der sächsische Kurprinz Friedrich Christian – es scheint daher plausibel, dass eine weitere Abschrift/Version des Textes nach Dresden gesandt und dort verlesen wurde; vgl. Tavernier 1986, 78.

35 Society of Antiquaries London, Minute Book VIII, 1757–1762, 11. Juni 1761, 343–349.

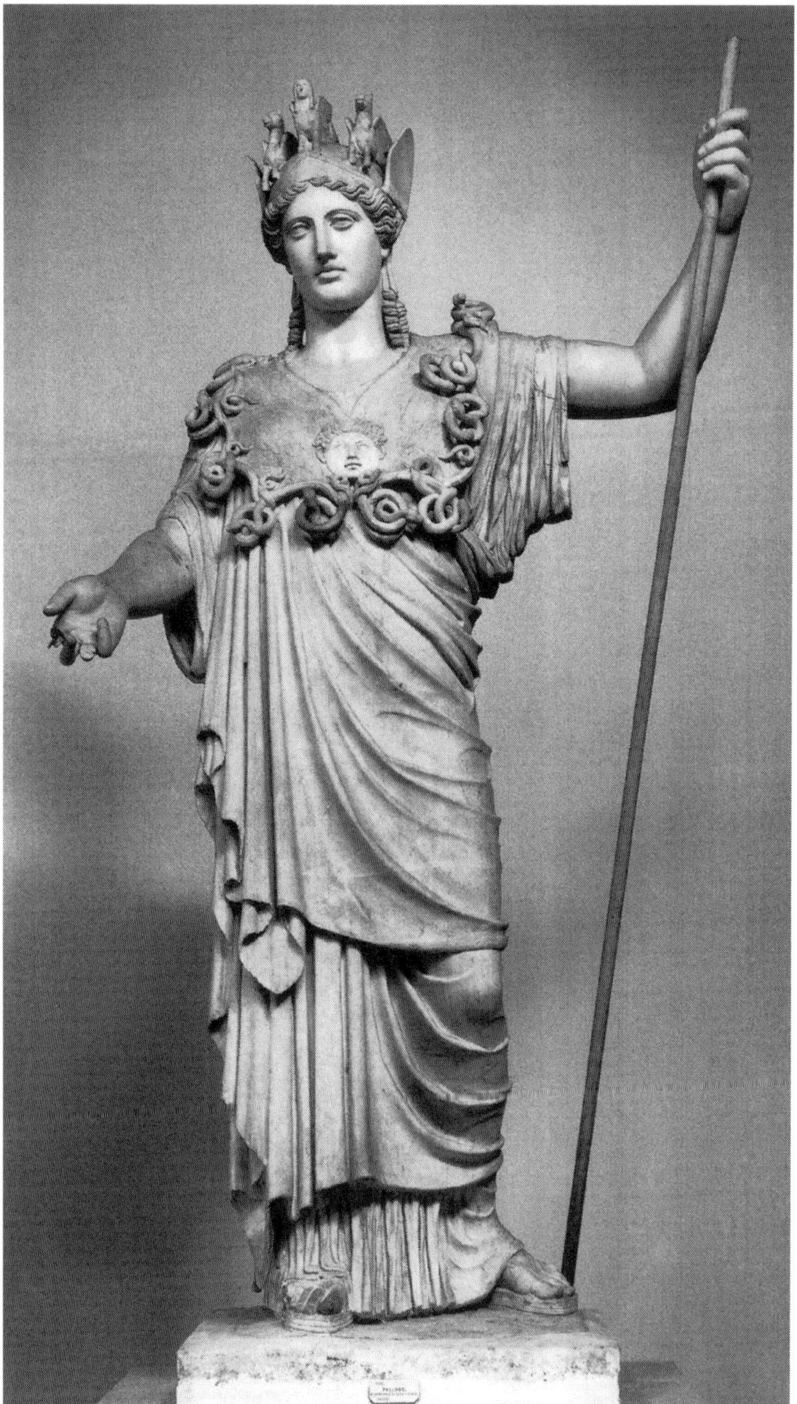

Abb. 2: Statue der Athena, sog. „Athena Farnese“ (Museo Archeologico Nazionale di Napoli, Inv.-Nr. 6024)

Antikenhändlers Thomas Jenkins zu einem *honorary fellow* der Londoner Organisation gewählt worden[36] – eine Ehrung, auf die er über alle Maßen stolz war. Diese Mitgliedschaft scheint ihm genug bedeutet zu haben, dass er eine Liste aller Mitglieder der *Society* in seinen Wohnräumen aufhing, um den illustren Zirkel, dem er nun angehörte, gleichsam immer präsent zu haben.[37] Auch auf dem Titelblatt der *Geschichte* wies der Autor sich als Mitglied der „Königl. Englischen Societät der Alterthümer zu London" aus.

Die kurze Beschreibung der Villa Albani war also wohl mehr als nur ein Nebenprodukt, sondern dazu intendiert, von wichtigen Leuten gelesen zu werden, und war entsprechend komponiert. Der rhetorisch überzeugende Moment des Textes ergibt sich vor allem daraus, dass es Winckelmann gelingt, aus der Diskussion von konkreten Einzelbeispielen einer Sammlung ein komplett abstraktes System der Stilgeschichte zu entwickeln. Als Beschreibung einer spezifischen Sammlung kann der Text dennoch kaum gelten: Kein Wort beschreibt die Räume, in denen sich die diskutierten Statuen befanden.[38] An einem kunsthistorischen „Programm" in der Aufstellung war Winckelmann, wie oft betont wurde, augenscheinlich wenig interessiert.[39]

Die moderne Forschung hat mehrfach betont, dass es sich bei Albanis Villa um den klassischen Typ einer *villa suburbana* handelt, bei dem schon die Funktionszuweisung der einzelnen Räume verhinderte, dass der Eindruck eines Museums entstehen konnte.[40] Es war ein effektvolles, aber kaum kunsthistorisch motiviertes Arrangement. Autoren wie Wilhelm Heinse schrieben mit maliziösem Oberton, dass das Ganze „mehr einer Rarität und Fragmenten Sammlung, als dem Lustsitz gleich eines erhabenen Philosophen" entspreche.[41]

Hier deutet sich bereits der limitierte Nutzen an, den eine gründlichere Beschreibung der tatsächlichen Sammlung für Winckelmann gehabt hätte; ein Argument für seine Systematik der *Geschichte* hätte er hieraus nicht gewinnen können, im Gegenteil. Vielmehr ist es gerade der Verzicht auf den räumlichen Kontext, der es Winckelmann erlaubt, seine Stile in einer fast apodiktischen Reihung zu präsentieren – in einer Ordnung, die sich in keiner Weise im tatsächlichen Sammlungsarrangement gespiegelt hat.

Dennoch scheint es, als biete der Sammlungsraum für Winckelmann zumindest einen unschätzbaren Vorteil: Die Aufgabe der Sammlungsbeschreibung gibt dem Kunsthistoriker gewissermaßen einen Vorwand zur Reduktion der Datenmenge zu

36 Ebenda, 2. April 1761, 320 (Diskussion des Vorschlags von Jenkins); 9. April 1761, 323 (Aufnahme).

37 Lewis 1961, 196. Winckelmanns lateinischer Dankesbrief für die Aufnahme: Society of Antiquaries London, Letters & Papers, 1760–1762, 20. Juni 1761.

38 Diese räumliche Dislokation betont auch Tavernier 1986, 99.

39 Vgl. Allroggen-Bedel 1982, 301–380, hier 328: „Wie die einzelnen Statuen angeordnet und aufgestellt wurden, scheint Winckelmann wenig interessiert zu haben." Dies gilt auch für Winckelmanns andere Schriften: Nur ein einzelner Hinweis in der *Geschichte* vermerkt etwa, dass Albani Werke aus einem bestimmten Stein in einem separierten Gebäude aufgestellt habe; vgl. Tavernier 1986, 59.

40 Liebenwein 1982, 461–505; Allroggen-Bedel 1982, 313. Die Anordnung der Antiken in der Villa ähnelt damit weniger Winckelmanns *Geschichte* denn einem Werk wie den *Monumenti antichi inediti*; vgl. Ernst 1992, 99.

41 Zit. nach Winckelmann (Rehm 2002b), 466.

Gunsten von Systembildung. Die Kristallisierung einer Entwicklungskette, demonstriert an nur einer Handvoll Beispielen, ist erst möglich, wenn Vielfalt und Reichtum der römischen Sammlungen legitim beiseitegelassen werden können. Die Sammlung ist eben kein Archiv (wie Winckelmann es etwa aus seinen Jahren als Bibliothekar bei Bünau kannte), in dem Vollständigkeit wichtiger als Auswahl ist.[42] In dieser Hinsicht kann man durchaus vertreten, dass Winckelmanns Stilgeschichte ihren Ursprung im Sammlungsraum hatte, jedoch nicht aufgrund der Verfügbarkeit von Beispielen, sondern im Gegenteil dank des Mangels an denselben.

Diese Armut an Material wurde Winckelmann jedoch nicht nur durch die Bestände der (alles in allem doch recht umfangreichen) Sammlung Albani diktiert;[43] sie ist vielmehr Ausweis einer rhetorischen Strategie des Kunsthistorikers. Sein Brief an Stosch wurde in der Forschung bisher so gelesen, als gehe es hier „um nichts anderes als um die Klärung entwicklungsgeschichtlicher Sachverhalte in Bezug auf ägyptische, etruskische oder griechische Kunst".[44] Dies ist sicher nicht falsch, geht es doch primär um die Darlegung eines abstrakten Modells der Stilgeschichte. Doch wie in der späteren Ausarbeitung der *Geschichte der Kunst des Alterthums* behält der Autor auch die andere Seite der Medaille im Blick, nämlich eine ahistorische, normativ-ästhetische Dimension der Kunst.

Die geringe Anzahl der diskutierten Bildwerke erklärt sich nur teilweise als Verfahren, das jede Stilstufe exemplarisch illustriert. Ein solches Vorgehen wäre relativ konventionell, und findet sich etwa in den *Specimens of Antient Sculpture*, der prestigeträchtigen Prachtpublikation der Londoner *Society of Dilettanti.* Hier findet sich als Schlussvignette ein Stich von vier Münzen, die repräsentativ als Beispiele der vier großen Stilepochen stehen, wie sie auch im Text diskutiert werden (Abb. 3).[45] Einer der auffallendsten Aspekte von Winckelmanns Darstellung ist dagegen, wie sich im Laufe des Argumentationsgangs die Anzahl der Beispiele reduziert. Für die ägyptische Kunst führt Winckelmanns Brief nicht weniger als acht Skulpturen an, zu den Etruskern nur noch zwei und zu Griechenland sogar nur ein einziges Werk, ergänzt um einen kurzen Seitenblick auf den *Apollo von Belvedere*. Dies steht in antiproportionalem Verhältnis zur stilistischen Ausdifferenzierung der Kunstgeschichte, wurde die griechische Kunst doch eigentlich in vier Stilepochen eingeteilt. Ausgerechnet Griechenland ist damit unterrepräsentiert. Die Dezimierung scheint nicht der Zaghaftigkeit oder gar der Erschöpfung des Schreibenden geschuldet zu sein, sondern ist vielmehr als ästhetische, programmatische Entscheidung zu verstehen. Die Reduktion der Beispiele hilft, eine Bewegung zum Ideal, einen Aufstieg zur Perfektion zu erzählen.

42 Dazu Geimer 2015, 64–88.

43 Zu den Beständen vgl. Bol 1989–1998.

44 Tavernier 1986, 101.

45 Society of Dilettanti 1809, 128 und xli: „the tail-piece of this volume, fig. 4; which, with the three preceeding figures, may afford a competent idea of the progress of the art". Vgl. Redford 2008, 170–171.

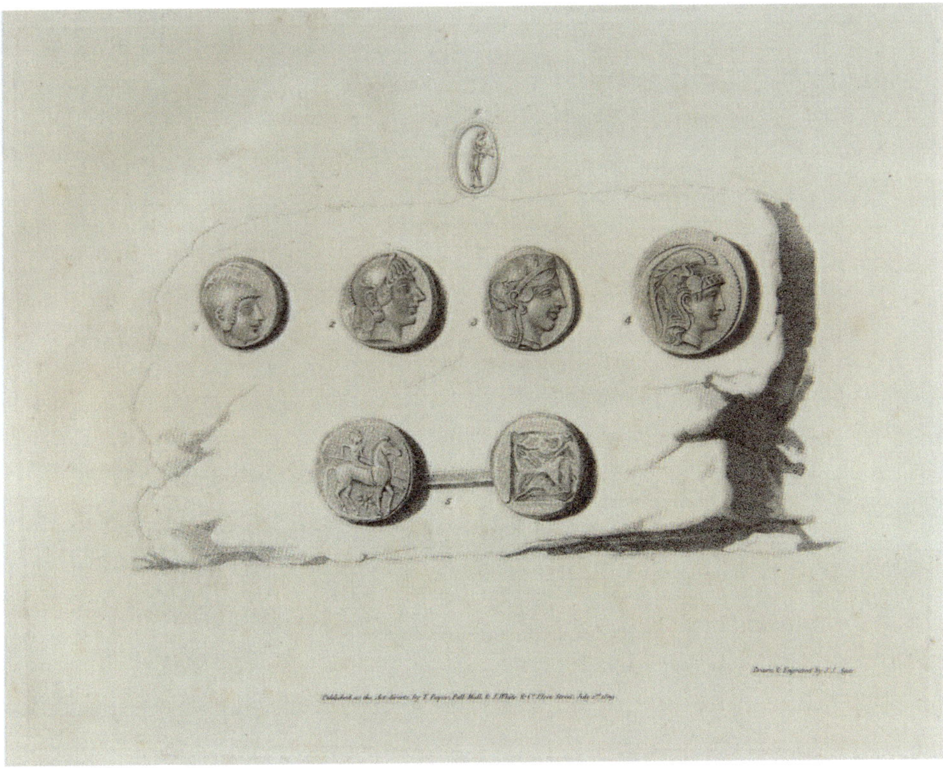

Abb. 3: Specimens of antient sculpture. Ægyptian, Etruscan, Greek and Roman, selected from different collections in Great Britain by the Society of Dilettanti, Band 1, 1809, Tafel LXXV (Warburg Institute Library, Sign. CKN 1150.S62 1)

Das historische Argument wird hier in die Dienste einer normativen Überlegung gestellt. Dennoch kapriziert sich Winckelmann in seinen Beschreibungen auf eine detaillierte morphologische Beschreibung einzelner Stilmerkmale. An allen angeführten Werkbeispielen diskutiert er recht ausführlich die Bildung der Gesichter und den Faltenwurf der Gewänder. Winckelmann präsentiert seine Auswahl von Skulpturen in einer stilhistorischen Sequenz und suggeriert dem Leser damit eine kohärente, genealogische Entwicklungslinie: eine Geschichte im Singular. Der Flucht- und Endpunkt der idealen griechischen Schönheit wird damit als Resultat einer chronologischen Entwicklungsgeschichte, im Sinne der naturwissenschaftlichen Theorien einer graduellen Morphologie dargestellt.

Ästhetik des Pseudomorphismus

Kleinteilige Stilanalysen spielen eine entscheidende und methodisch innovative Rolle in Winckelmanns Kunstgeschichte. Vielfach finden sich in seinen Schriften Argumentationen, die relative Datierungen anhand des Vergleichs solcher stilistischen Details entwickeln. So schreibt er etwa in Hinblick auf eine Niobestatue, dass sie „Zeichen eines späteren Stils“ trage, da, im Vergleich zu einer anderen Statue dieser Ikonographie, die „Augenknochen und die Augenbrauen [...] mit einer empfindlichen Schärfe angegeben worden“ seien, während selbes Merkmal an einem anderen Beispiel „rundlich gehalten, wie an dem Kopfe des Meleagers im Belvedere“ sei.[46] Ähnlich argumentiert er ein paar Seiten später, wo die „gezwungen gearbeiteten Haare“ eines Werkes mit den „kleine[n] kreppigte[n] Locken reihenweis geleget“ in einem anderen verglichen werden.[47] Hier geht es um Detailrelationen, direkte Vergleiche, die chronologische Ordnungen etablieren.

Obwohl äußerlich ähnlich, verfolgen Winckelmanns Beschreibungen der Statuen der Villa Albani doch einen anderen Zweck. Hier wird, mehr als im summarischen (und systematischen) Anfangsteil der *Geschichte*, zu jeder Stilstufe ein summierender Absatz über die Darstellung gewisser formaler Probleme geschrieben.[48] Obwohl dies eben nicht an einzelnen Figuren im Besonderen entwickelt wird, ist unverkennbar, dass hier eine qualitative Reihung impliziert ist. Es beginnt im älteren ägyptischen Stil künstlerisch basal: „Die Anzeige der Kleidung dienet der Einbildung, sich dieselbe vorzustellen, wo sie an dem übrigen Körper gar nicht sichtbar ist.“ Im späteren ägyptischen Stil ist hier „ein mercklicher Unterschied“.[49] Der griechische Einfluss führt dazu, dass „mehr nach der Natur gebildet“ wird; statt eine einheitliche Gewandung zu geben, werden nun ein „Unterkleid“ und „Oberhemde“ differenziert.[50] In Etrurien scheinen die Figuren hinsichtlich der Körperbildung „in gewißem Maße den Egyptischen ähnlich“ zu sein, „die Falten angeführter Figuren, sonderlich auf dem erhobenen Werke, gehen alle in schnurgeraden, senkrechten und parallel laufenden Linien“.[51] Dass Winckelmann den späteren etruskischen Stil nicht diskutiert, intensiviert den folgenden qualitativen Sprung; im griechischen Beispiel, und besonders am *Apollo von Belvedere*, werden die „großen Falten“ viel enthusiastischer gewürdigt und als „so meisterhaft geworfen“ bezeichnet, dass nur wenig ihnen gleichkommen könne.[52]

An formellen Details wie der Gewanddarstellung wird also eine Steigerung künstlerischer Qualität beschrieben, die zugleich eine historische Entwicklung suggeriert. Doch der Eindruck täuscht; die Abfolge an Werken, welche in Winckelmanns kurzer Sammlungsbeschreibung präsentiert wird, hat bei genauerer Betrachtung relativ wenig mit dem historischen Entwicklungsgang der antiken Kunst zu tun. Die Reihenfolge der antiken Zivilisationen, die Winckelmann im Brief an Stosch präsentiert, ist chronologisch keineswegs akkurat. Die Kunst unter Hadrian etwa, präsentiert als Stufe drei

46 Winckelmann 1776, 656.

47 Ebenda, 659.

48 Z. B. Winckelmann 1759–1763 (Rehm 1954), 135: „In dem älteren Stil scheinet die Bildung des Gesichts zum Theil nach der Natur genommen, noch mehr aber nach ein angenommenes Systema geformet zu seyn. Die Köpfe haben alle eine den Sinesen ähnliche Bildung durch die platte und schräg gezogene Augen, und durch den aufwerts gezogenen Schnitt des Mundes [...].“

49 Ebenda, 136.

50 Ebenda.

51 Ebenda, 138.

52 Ebenda, 139.

des ägyptischen Stils, ist zeitlich weit nach der etruskischen Kunst zu verorten. Dasselbe gilt für die griechische Archaik, der Winckelmann in der *Geschichte* einen Einfluss auf die zweite Stilstufe der etruskischen Kunst zuerkannte.[53]

Auch die scheinbare Verkettung der Stile der verschiedenen antiken Völker ist ungewöhnlich für Winckelmann. Eigentlich entwarf er in der *Geschichte* ein System, das versucht, nationale Traditionen getrennt voneinander zu halten. Gleich zu Beginn des Buches legte er bekanntlich seine klimatheoretischen Überlegungen dar, nach denen ein jedes Volk die Kunst bei sich gefunden habe; Einflüsse zwischen den antiken Zivilisationen, insbesondere zwischen Ägypten und Griechenland, sind demnach auf ein Minimum reduziert.[54]

In der Beschreibung der Villa Albani wird dagegen ein direkter stilhistorischer Entwicklungszusammenhang in der Darstellung von Anatomie und Gewändern suggeriert; diese können wohl eher als „Pseudomorphismus" denn als echte Dokumentation gradueller Veränderung bezeichnet werden. „Pseudomorphismus", ein Begriff, den Erwin Panofsky eingeführt hat, meint den irrigen Rückschluss auf eine kausale Verbindung anhand von visueller Ähnlichkeit.[55] Winckelmann, so scheint es, benutzt diese Technik intentional, um seiner strikt normativ gedachten Stufenreihe der Kunst der Antike den Flair einer historischen Abfolge zu geben.

Kulminationspunkte

Winckelmann wurde bekanntlich gerade von Künstlern mehr als Ästhetiker denn als Historiker gelesen. So orientierte sich die Abgusssammlung der Wiener Akademie der bildenden Künste in ihrer Einkaufspolitik klar an den Leitlinien, welche die *Geschichte der Kunst des Alterthums* vorgab, und es wurden bevorzugt die dort gepriesenen Werke gekauft. Eine chronologische oder systematische Ordnung der Gipse folgte daraus jedoch nicht; im Abgusssaal der Wiener Akademie wurden die Skulpturen vielmehr jede Woche nach neuen ästhetischen Bedürfnissen umgruppiert.[56] Ein solcher Umgang mit der *Geschichte* ist durchaus gerechtfertigt, war das Buch doch, wie erwähnt, explizit nicht nur ein historisches Traktat, sondern auch eine Lehre von der Schönheit: Die historische Analyse der Formentwicklung steht immer auch im Dienste der Suche nach dem Ideal.

In der Beschreibung der Villa Albani scheinen beide Ziele rhetorisch in eines zu fallen, endet die historische Erzählung doch mit einem Meisterwerk. In dieser Hinsicht antizipiert das hier vorgestellte Modell spätere Klassizisten wie etwa David Pierre Giottino Humbert de Superville. Der Niederländer entwarf Pläne für ein

53 Winckelmann 1776, 174–175.

54 Ebenda, 5–6: „Es scheynt, daß die Kunst unter allen Völkern, die dieselbe geübet haben, auf gleiche Art entsprungen sey, und man hat nicht Grund genug, ein besonders Vaterland derselben anzugeben: denn den ersten Saamen zum Nothwendigen hat ein jedes Volk bey sich gefunden."

55 Panofsky 1964, 25.

56 AK Antike in Wien 2002, 17 und 24.

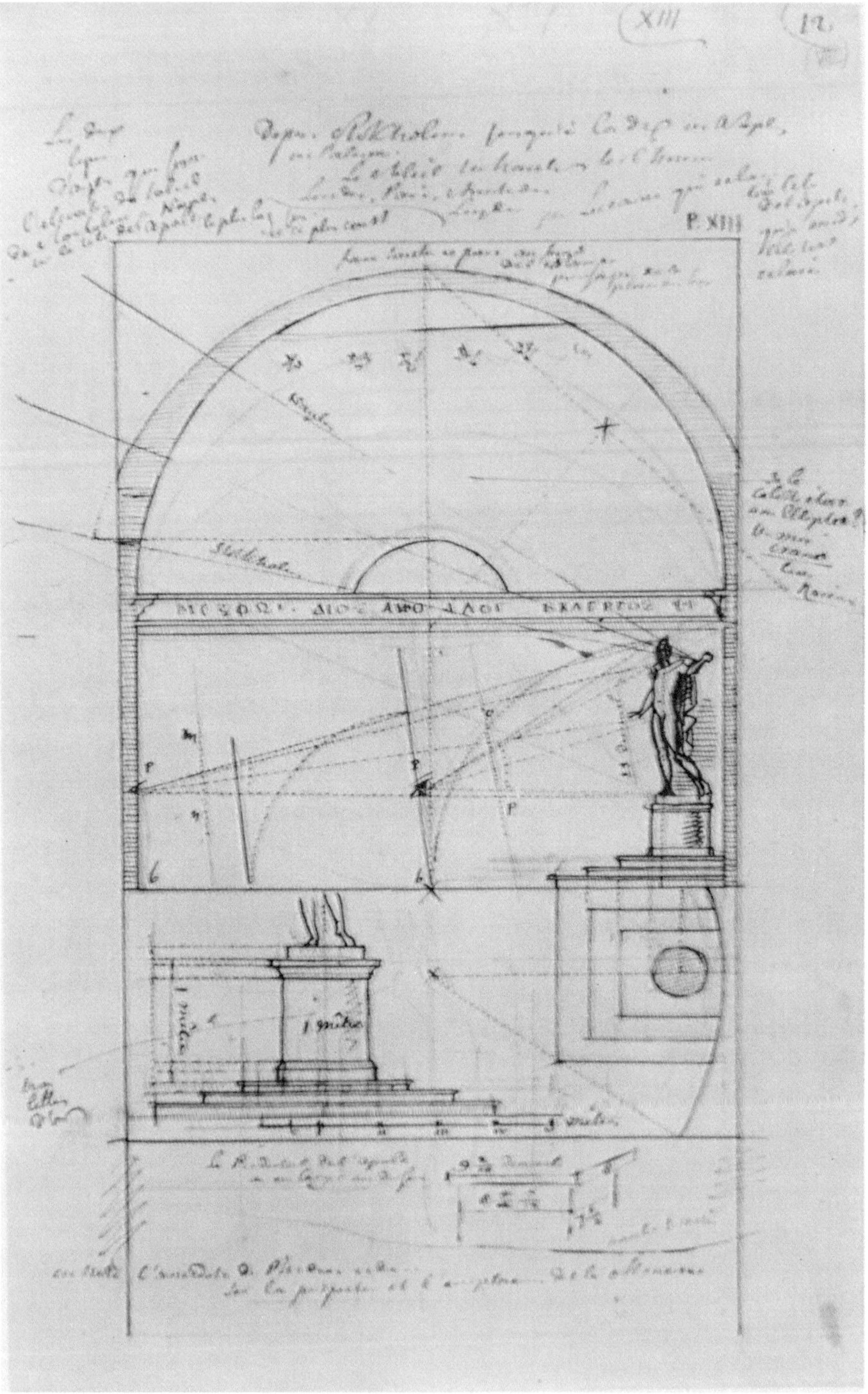

Abb. 4: David Humbert de Superville, Museumsentwurf, zentrale Rotunde mit Apollo von Belvedere, in: Projet d'un musée classique de la statuaire ancienne au moyen des jets en plâtre, 1818 (Leiden, Rijksuniversiteit, Prentenkabinet, Inv.-Nr. MS II)

Kunstmuseum, dessen Architektur einen spiralen Aufstieg inszenierte, an dessen Ende der Besucher des *Apollo von Belvedere* ansichtig wird (Abb. 4).[57] Hier wird freilich kaum ein historistisches Entwicklungsdenken zu visualisieren (oder auch nur zu suggerieren) gesucht, sondern das Gegenteil, ein normierender Initiationsritus des Betrachters beabsichtigt.

Diesem Zweck einer Geschmacksschulung und Determinierung dient auch die Anlage der Beschreibung der Villa Albani. Lückenhaftigkeit der historischen Beschreibung wird hier dem Reichtum und Überfluss der römischen Kunstschätze vorgezogen. Winckelmanns Erkenntnisinteresse scheint weniger in historischer Genauigkeit zu liegen, als mehr die Datenmenge zu reduzieren, um die Stilgeschichte in einem ästhetischen Gipfelpunkt kulminieren zu lassen. Unser Autor inszeniert ein pseudohistorisches Argument zugunsten einer Würdigung der griechischen Schönheit, die eine Aufhebung des analytischen Blicks ermöglicht.

Winckelmann, der Sohn eines Schusters, wuchs ohne Kenntnis größerer Werke der Kunst auf. Die Forschung hat dies durchaus als Vorteil angesehen, schulte diese Armut doch die Aufmerksamkeit und Andacht, wenn man dann schließlich der wahren Schönheit ansichtig wird.[58] Kenneth Clark hat diesen Gedanken vielleicht am schönsten formuliert, als er darüber reflektierte, warum die größten englischen Kunstschriftsteller wie William Hazlitt und John Ruskin aus puritanischen Haushalten stammen: Der Mangel an gutem Geschmack in ihrer Kindheit hätte ihren Hunger für Kunst aufrechterhalten, anstatt sie zu früh zu sättigen.[59]

Winckelmann selbst argumentierte ähnlich: „Wären die Alten ärmer gewesen, so hätten sie besser von der Kunst geschrieben."[60] Winckelmann, dessen sozioökonomischer Hintergrund kaum niedriger hätte sein können, war dieser Logik zufolge prädestiniert, gut über Kunst zu schreiben. Seine größten Leistungen als Kunstschriftsteller galten dementsprechend der emphatischen Beschreibung singulärer Werke, deren Wirkung nicht durch analytische Vergleiche kompromittiert wird. In diesen Passagen – die Beschreibung des *Torso Belvedere* ist die berühmteste – gelingt es Winckelmann, eine „schöne Wissenschaft" auch im literarischen Sinn zu erreichen und die volle künstlerische Komplexität der verehrten Werke einzufangen.[61]

Um dieser idealen Schönheit nahezukommen, muss der Kunstschriftsteller die Analyse beiseitelassen: „Denn alles, was wir getheilt betrachten müssen [...] verlieret dadurch von seiner Größe." Die herausragende Qualität der „hohen Schönheit" ist ihre „Einheit", und daraus folgt auch „die Unbezeichnung derselben, das ist, deren Formen weder durch Punkte, noch durch Linien, beschrieben werden".[62] Entsprechend

57 Vgl. Stafford 1976, 21–34.

58 Z. B. Onians 2007.

59 „To be brought up in an atmosphere of good taste is to have the hunger for art satisfied at too early an age, and to think of it as a pleasant amenity rather than an urgent need", zit. nach Stourton 2016, 15–16.

60 Winckelmann 1776, 880.

61 Dies auch als Aufhebung temporaler Distanz vgl. Zinnenburg Carroll 2005, 261–269.

62 Winckelmann 1776, 261–262.

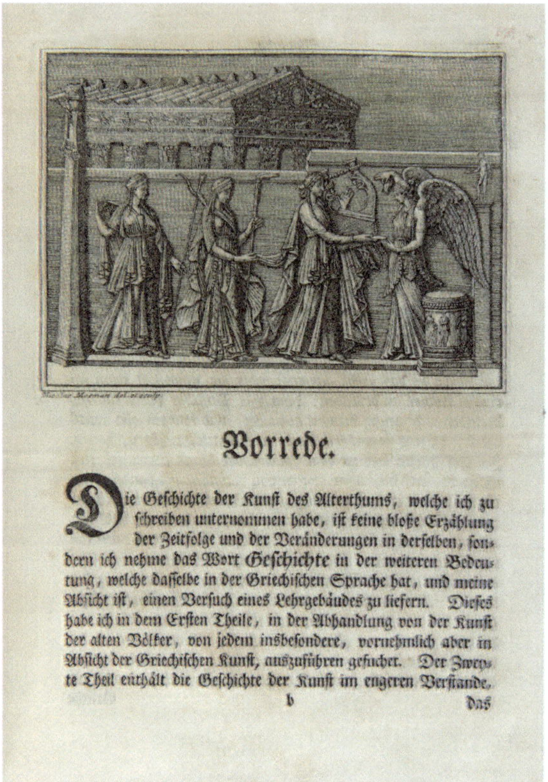

Vorrede.

Die Geschichte der Kunst des Alterthums, welche ich zu schreiben unternommen habe, ist keine bloße Erzählung der Zeitfolge und der Veränderungen in derselben, sondern ich nehme das Wort Geschichte in der weiteren Bedeutung, welche daſſelbe in der Griechischen Sprache hat, und meine Absicht ist, einen Versuch eines Lehrgebäudes zu liefern. Dieses habe ich in dem Ersten Theile, in der Abhandlung von der Kunst der alten Völker, von jedem insbesondere, vornehmlich aber in Absicht der Griechischen Kunst, auszuführen gesucht. Der Zweyte Theil enthält die Geschichte der Kunst im engeren Verstande.

b Das

Abb. 5: Johann Joachim Winckelmann, Geschichte der Kunst des Alterthums, 1776, Vorrede (Universitätsbibliothek Heidelberg)

scheinen Winckelmanns Präferenzen dann oft zu jenen Werken zu tendieren, die eine gewisse chronologische Komplexität mit sich bringen, mithin also mehr als nur eine Stilepoche in sich tragen. Über den *Apollo von Belvedere* schreibt er in der *Geschichte* etwa als eine Art historische Kompositfigur, die er, obwohl sie gänzlich griechisch ist, doch unter der Kunst zu Zeiten Neros diskutiert: Das „höchste Ideal der Kunst“ steht somit in denkbar verdichteter Weise neben dem Moment, der ihren Niedergang besiegelt.[63] Einen parallelen Fall stellt jenes Relief dar, das Winckelmann als Vignette zur „Vorrede“, ganz zu Beginn der *Geschichte* illustrierte (Abb. 5). Der Stil des Werkes legt zunächst nahe, dass es ein etruskisches Werk ist, „welchem aber die Bauart des Tempels widerspricht. Es scheinet also, daß dieses Werk eine Arbeit sey, in welcher ein Griechischer Meister, nicht aus der ältern Zeit, den Stil derselben nachahmen wollen“.[64] Das Relief, an neuralgischer Stelle im Buch platziert, scheint also ein Kulminationspunkt der Stilgeschichte zu sein. In diesen Passagen ist der Kunsthistoriker weniger auf stilistische „Reinheit“ fixiert, denn auf überkomplexe Ballung – ein Prinzip, das die Morphologie, die lange Sequenz der „einfachen Formen“ aufheben will. Ein ähnlich ahistorisches Paradox ist auch in der Beschreibung der Villa Albani aufgerufen: Obwohl chronologisch klar das späteste diskutierte Beispiel, ist die griechische Statue der Pallas doch zugleich „nach der Giustinianischen Pallas die älteste Statue in Rom“.[65] Zwei chronologische Extrempunkte finden in einem Objekt zusammen. Historische Sequenzierung ist damit aufgehoben, doch die rhetorische Plausibilität dieser Operation gelingt nicht zuletzt durch die Suggestion eines aufsteigenden Entwicklungsgangs entlang der Schätze der Villa Albani.

63 Ebenda, 814–816.

64 Winckelmann 1764, 238–239.

65 Winckelmann 1759–1763 (Rehm 1954), 138.

Werner Telesko

Joseph von Sonnenfels und die Publizität der bildenden Kunst im maria-theresianischen und josephinischen Kulturleben

Bereits vor dem Antritt seiner Funktion als Präsident der Wiener Akademie der bildenden Künste (1811) hatte sich der bedeutende Aufklärer, Staatsmann und Schriftsteller Joseph von Sonnenfels in einer Schrift aus den späten Sechzigerjahren des 18. Jahrhunderts äußerst kenntnisreich zu aktuellen Fragen der Kulturpolitik im Allgemeinen und der bildenden Kunst im Besonderen geäußert (Abb. 1). Diese publizistische Tätigkeit und die darin angesprochenen Inhalte dürfen als ungewöhnlich bezeichnet werden, ist doch die theoretisch ausgerichtete Kunstliteratur in Österreich in der zweiten Hälfte des 18. Jahrhunderts im Vergleich zu entsprechenden Tätigkeiten in Deutschland, Frankreich und Großbritannien relativ gering ausgeprägt. Dieser tendenziellen Theorieferne der inhaltlichen Ausrichtung der Texte der Autoren in habsburgischen Ländern entspricht auch die von zeitgenössischen Schriftstellern kaum tiefergehend kommentierte Kunstproduktion im Zeitalter Maria Theresias, die von nur wenigen Persönlichkeiten – vor allem aber vom Hofmaler Martin van Meytens dem Jüngeren und seiner Werkstatt[1] – dominiert wurde.

Es stellt sich somit die in den folgenden Ausführungen zu behandelnde Frage, ob Sonnenfels mit seiner Schrift *Von dem Verdienste des Portraitmalers* (Wien 1768)[2] dem Kunstschaffen Österreichs und insbesondere der institutionellen und künstlerischen Ausrichtung der Akademie der bildenden Künste in Wien, mit der Sonnenfels als ihr seit dem 27. Jänner 1769 amtierender Sekretär[3] eng verbunden war, neue Impulse vermitteln konnte. Aus diesem Grund soll das genannte Traktat einer genauen Lektüre und einer darauf basierenden Einordnung unterzogen werden. Beide Schritte haben letztlich auch eine Beseitigung des markanten Defizits der aktuellen Forschung in der Analyse der Schrift zum Ziel. Die Publikation von Sonnenfels geht hinsichtlich ihres konkreten Anlasses auf eine Rede des Autors anlässlich der feierlichen Preisverteilung in der Akademie (am 23. September 1768) zurück.

Der Wiener Verleger Joseph Kurzböck ließ in *Von dem Verdienste des Portraitmalers* eine Vignette mit dem wenig bekannten Aristides von Theben (zweite Hälfte des 4. Jahrhunderts v. Chr.) in den Haupttitel stellen, ein Schüler des Euxenidas, der in Form einer Profilbüste Darstellung findet (Abb. 2). Aristides wird gemeinhin als äußerst kenntnisreich in der Vergegenwärtigung von Seelenzuständen und Leidenschaften gerühmt. Durch ihn wurde die bereits von Polygnot geübte enkaustische Malerei weiter vertieft. Mit dem der bekannten Naturgeschichte des Plinius entlehnten

1 Lisholm 1974; AK Meytens 2014.

2 Sonnenfels 1768.

3 Karstens 2011, 163.

Zitat „Aristides Thebanus [omnium primus] animum pinxit et sensus hominis expressit. [Aristeides von Theben legte zuerst Seele in seine Gemälde und drückte die menschlichen Gefühle aus.]“[4] wird im Haupttitel einerseits die herausragende künstlerische Rolle dieses antiken Malers unterstrichen, zugleich aber ein von Sonnenfels vehement vertretenes zentrales Postulat an die Künstler des späten 18. Jahrhunderts ostentativ in den Vordergrund gestellt, nämlich vor allem Emotionen und Zustände der Seele in ihren Werken zu schildern.

Sonnenfels beginnt seine Ausführungen mit einem Lobpreis der Malerei, „die zur Zierde und Vergnügen der Welt so Vieles beyträgt“[5], sowie mit einem Rückblick auf bedeutende Figuren der Antike, um anschließend mit einer Frage in Bezug auf die Rolle der Kunstpolitik unvermittelt und ohne nähere Begründung der Situation Österreichs im 18. Jahrhundert mit seinen konkreten Vorstellungen auf den Plan zu treten: „Durch welche Ungerechtigkeit unsrer Zeiten geschieht es denn, daß derjenige Theil der Kunst, der gewissermassen als die Grundlage der übrigen angesehen werden muß, nicht bloß unterschieden, sondern ungeachtet, sondern geringeschätzt wird?“[6]

Sonnenfels präzisiert hier „Gleichgültigkeit“ und „Geringschätzung“ als aktuelle vorhandene Merkmale, die „Kenner und Kunstgenossen“ gegenüber jenen künstlerischen Talenten an den Tag legen würden, die mit aller Berechtigung bestrebt seien, „die Aehnlichkeit eines Gesichtes“[7] zu treffen. Sonnenfels spricht hier von dem angeblichen „niedern Range, der dem Porträtmaler insgemein angewiesen wird“[8], der überdies durch die Ausübung seiner Kunstrichtung generell dem unberechtigten Hochmut sowie der Verachtung des Historien-, des Schlachten-, des Landschafts- sowie des Tier- und Blumenmalers ausgesetzt sei.[9] Sonnenfels bringt somit – seine Postulate und Interessen betreffend – in polemischer Weise die in der zweiten Jahrhunderthälfte deutlich in Bewegung geratene Gattungshierarchie der europäischen Staffeleimalerei ins Spiel,[10] um die seiner Meinung nach deutlich zu gering geschätzte Porträtmalerei entsprechend neu zu positionieren und zu nobilitieren: „Es schien mir einer Untersuchung würdig, woher diese Geringschätzung rühren möge? Ob der Porträtmaler wirklich keine Foderung [sic!] auf den Rang eines Talents machen? oder wodurch er sich dieses Rangs bemächtigen könne?“[11] Eine der zentralen Begründungen von Sonnenfels in Bezug auf eine seiner Meinung nach längst fällige Bedeutungssteigerung der Porträtkunst besteht darin, die Darstellung des menschlichen Körpers als einen wesentlichen Bestandteil der Malerei anzusehen,[12] zudem aber auch „Bildnisse der

4 Plinius, Naturalis historia, XXXV, 35.
5 Sonnenfels 1768, 3–4.
6 Ebenda, 5.
7 Ebenda.
8 Ebenda.
9 Ebenda, 5–6.
10 Busch 1993.
11 Sonnenfels 1768, 6.
12 Ebenda, 6–8.

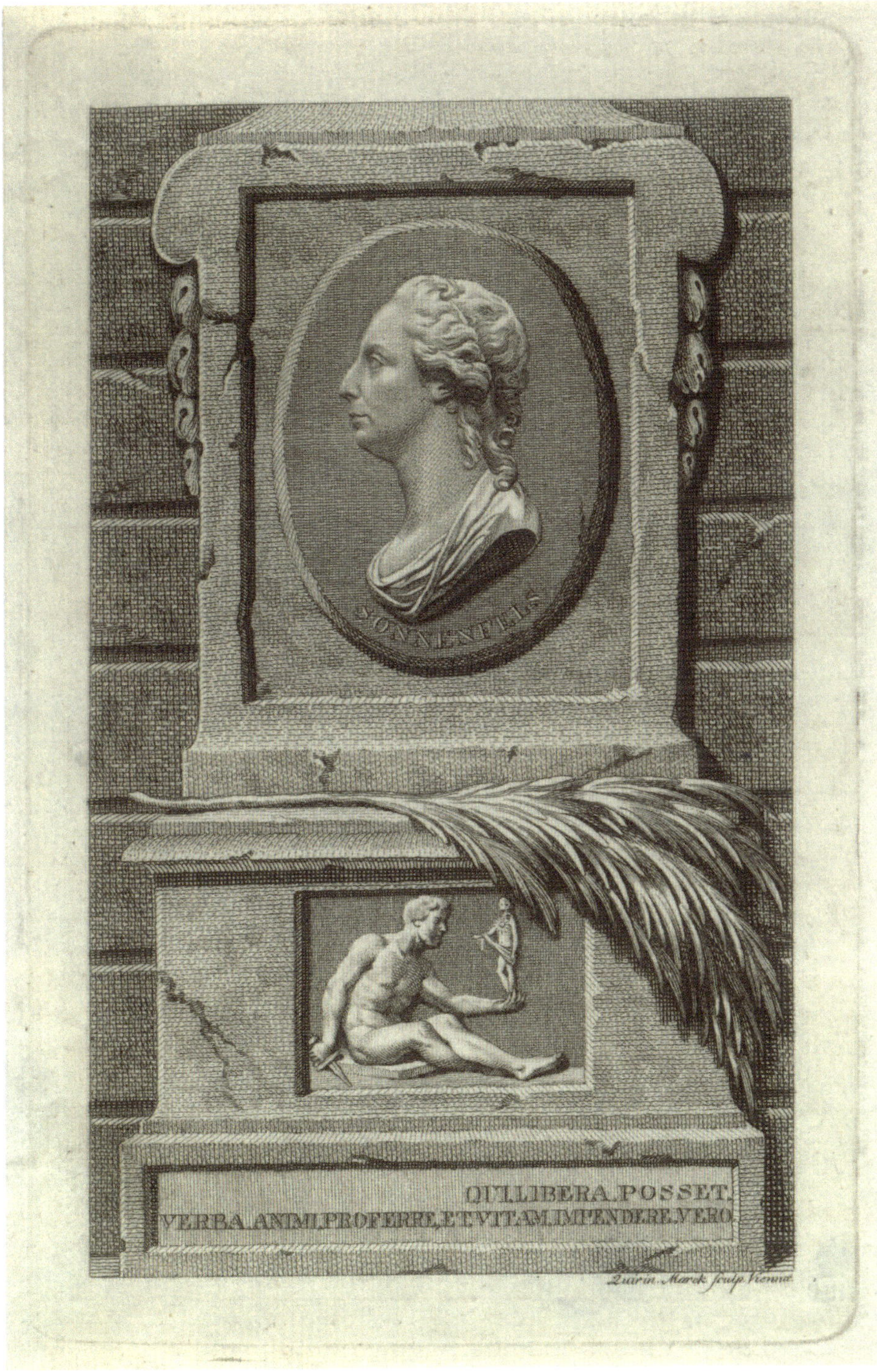

Abb. 1: Quirin Mark, Porträt von Joseph von Sonnenfels, vor 1811 (Wien, ÖNB, Bildarchiv und Grafiksammlung, PORT 00138508_02)

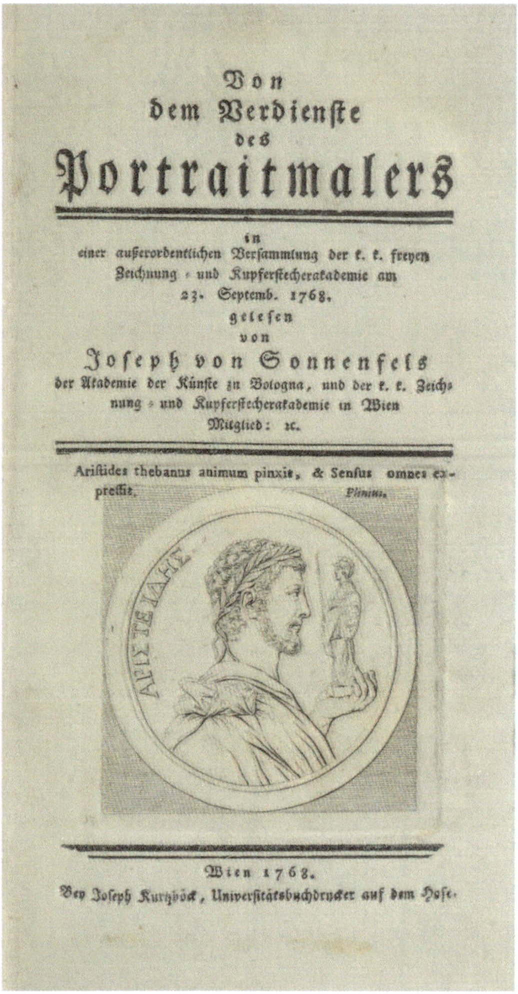
Von
dem Verdienste
des
Portraitmalers
in
einer außerordentlichen Versammlung der k. k. freyen Zeichnung- und Kupferstecherakademie am 23. Septemb. 1768.
gelesen
von
Joseph von Sonnenfels
der Akademie der Künste zu Bologna, und der k. k. Zeichnung- und Kupferstecherakademie in Wien Mitglied: etc.

Aristides thebanus animum pinxit, & Sensus omnes expressit. *Plinius.*

Wien 1768.
Bey Joseph Kurzböck, Universitätsbuchdrucker auf dem Hofe.

Abb. 2: Joseph von Sonnenfels, Von dem Verdienste des Portraitmalers, Wien 1768, Titelblatt (Wien, ÖNB, Sammlung von Handschriften und alten Drucken, Sign. *46.Y.30)

Helden, die das Vaterland beschützet“[13] als notwendige geschichtliche Traditionspflege jeder Nation verstärkt in Erinnerung zu rufen – und dies mit dem konkreten historischen Hinweis auf die vorbildhafte Praxis der römischen Antike: „Die Seele eines Römers erhub sich, bey dem Anblicke der berühmten Männer, von denen er abstammte, und deren Bildnisse in seinem Vorhofe immer ihm vor Augen standen.“[14]

Sonnenfels funktionalisiert somit in diesen Passagen die Porträtkunst im Sinne ihrer notwendigen Integration in größere staatliche und dynastische Zusammenhänge, da Porträts in besonderer Weise, so Sonnenfels, gleichsam automatisch mit der Geschichte eines Landes verknüpft seien. In diesem Sinne ordnet er dem Maler eine konkrete Rolle zu, nämlich dem Volk ruhmreiche Gestalten der eigenen Vergangenheit möglichst anschaulich vor Augen zu führen. Auf den folgenden Seiten seiner Schrift begründet Sonnenfels seine Argumentation mit Beispielen aus der Antike,[15] um dann mittels prominenter Maler aus der Frühen Neuzeit (von Tizian bis van Meytens) mit einem Lobpreis auf die Porträtmalerei aus historischer Perspektive fortzufahren.[16]

Nach diesem historischen Exkurs in die Kunstgeschichte, der generell ein Charakteristikum von *Von dem Verdienste des Portraitmalers* ist, moniert Sonnenfels die

13 Ebenda, 8.

14 Ebenda, 9.

15 Ebenda, 9–11.

16 Ebenda, 12.

geringe Bildung des Volkes, welche die eigentliche Ursache dafür sei, dass keine adäquate Beurteilung der Werke bildender Kunst zustande kommen könne.[17] Er rühmt in diesem Zusammenhang die in der jahrhundertelangen Tradition der Kennerschaft dieser sozialen Schicht angeblich begründeten „Vortheile des Adels“[18], dessen Nachwuchs wiederum von den optimalen Bildungsmöglichkeiten im Rahmen der europäischen *Grand Tour* profitieren könne und solcherart die Nation repräsentiere: „[...] in Werken des Geschmacks stellet er [der Adel] die Nation vor.“[19]

Immer wieder kommt der Autor auf die grundsätzlichen Problemstellungen von Charakter und Bedeutung des Porträts im Allgemeinen und die damit ursächlich verbundenen Fragen menschlicher Porträtähnlichkeit im Besonderen zu sprechen. Der Autor bejaht die Notwendigkeit letzterer Eigenschaft, setzt die Kunst aber in ihren vielfältigen Möglichkeiten deutlich von anderen technischen Vorrichtungen wie dem Spiegelbild ab, die lediglich geeignet seien, bloße, also künstlerisch nicht ausreichend reflektierte Abbilder des Menschen gewinnen zu können.[20] Es sei also, Sonnenfels zufolge, nicht die Wiedergabe von Ähnlichkeit an sich, welche die eigentliche Leistung eines Porträtmalers ausmache.[21] Diesen tragenden Gedanken entwickelt er unter Hinweis auf die Hauptvertreter der Porträtkunst in strikter Absetzung von der Historienmalerei, die es angeblich erlauben würde, mit einer flexiblen Anwendung des idealen Formenvokabulars eben jene gravierenden Schwierigkeiten, mit denen der Porträtkünstler tagtäglich konfrontiert sei, zu überwinden.[22] Gerade deshalb stehe Letzterem das „Gebiet der idealen Schönheit“[23] nicht offen. Im Gegenteil: Das Modell, mit dem es der Porträtkünstler bei der Ausführung in der Regel zu tun habe, „tyrannisirt ihn bey jedem Zuge; es meistert seine Kühnheit und spricht: hier ist dein Ziel!“[24] Die darin offenbar werdenden Klippen zwischen „Wahrheit“ einerseits und „Empfindung“ andererseits, denen der Porträtkünstler in seinem Fach ausgesetzt sei, beschreibt der Autor mit großer und einfühlsamer Intensität, die fast an die unmittelbare Teilhabe eines Künstlers erinnert.[25]

Dieses vertiefte Interesse von Sonnenfels an genuin künstlerischen Fragen wird durch Beobachtungen unterstrichen, die der Autor von Johann Joachim Winckelmann und Roger de Piles entlehnt.[26] Entsprechende Gedanken formuliert Sonnenfels erstaunlicherweise aber nicht nur als historischer Beobachter der Porträtmalerei, sondern explizit im Sinne eines Lehrenden: „Eine Stelle des Piles kann jungen Künstlern

17 Ebenda, 21.
18 Ebenda.
19 Ebenda, 22.
20 Ebenda, 26.
21 Ebenda, 31.
22 Ebenda, 34.
23 Ebenda.
24 Ebenda, 36.
25 Ebenda, 37–42.
26 Ebenda, 41, 43.

nicht zu oft in das Ohr geraumt [sic!] werden [...]".[27] Die Zeichnung, das Hell-Dunkel, Modellierungen und Schattierungen sind im Folgenden die von Sonnenfels höchst kenntnisreich abgehandelten Grundfragen der Porträtkunst, wenn er abschließend fast lehrbuchhaft mit der Abgrenzung zwischen *Disegno* und *Colore* eine der zentralen Problemstellungen frühneuzeitlicher Kunstgeschichte thematisiert: „Die Zeichnung ist gleichsam nur die Idee des Gemäldes, die Färbung schafft das Gemälde selbst."[28] Diese Fragen des konkreten Verhältnisses zwischen dem *Disegno* und der Färbung vertiefen bereits angesprochene Problemstellungen, wobei zum Teil sehr konkrete praktische Aufgaben, etwa die Verwendung des spezifischen Kolorits bei der Wiedergabe männlicher Personen, behandelt werden.

Aus geschichtlichen Prämissen und Fragen des täglichen Kunstunterrichts kommt Sonnenfels wiederum zu eigenen Forderungen, die er dem Künstler anempfiehlt: „Der Künstler setze sich über dieses Gewöhnliche, oder wie ich es lieber nennen möchte, Althergebrachte hinweg! Er gebe seiner Figur eine Handlung! Er gebe seinen Köpfen einen Karakter, einen Ausdruck! Er habe das Herz sie in einer Gemüthsbewegung, zu fassen;"[29] Davon ausgehend erteilt Sonnenfels auch in Bezug auf andere Aufgabenstellungen – wie das Gruppenporträt – detaillierte Ratschläge: „Er wisse, seine Figuren zu gruppieren! die Gruppen so zu ordnen, daß sie einander nicht verstellen, sondern sich wechselweise in der Handlung unterstützen!"[30] Nur dadurch werde es möglich, so die wiederholt vorgebrachte Meinung von Sonnenfels, notwendige Beziehungen und Empfindungen zwischen den in einem Gemälde dargestellten Personen wiederzugeben: „Die verschiedenen Beziehungen, und Abstände derjenigen, die Theile des Gemäldes ausmachen, werden ihm die Handlungen, die die Empfindung, unter welcher er jede unter ihnen vorstellen soll, anzeigen. Ein Vater wird auf seine Familie mit Liebe sehen; eine Mutter wird ihren sorgfältigen Blick auf ein vor ihr spielendes Kind geheftet haben; ein kleiner Knab wird jugendlich muthwillig scherzen; ein anderer, wie dort Astianax [recte: Astyanax, Sohn des Hektors und der Andromache], sich in die Falten seiner Mutter schmiegen. Ein Maler, der Gefühl hat, wird die reizendsten häuslichen Auftritte und Gesellschaftsstücke, in unendlicher Mannigfältigkeit auszuführen wissen."[31] Mit dieser ausführlichen Beschreibung könnte Sonnenfels durchaus ein konkretes Gemälde des Trojanischen Krieges, der gerade in diesen Jahrzehnten ein ikonographisches *revival* erlebte, im Sinn gehabt haben. Hinsichtlich der Vielfalt der dabei angesprochenen emotionalen Beziehungen zwischen den Personen einer Familie reflektiert Sonnenfels offensichtlich Denis Diderots berühmtes Hausvaterstück *Le Père de famille* (1758) und den in dessen Rezeption europaweit verstärkt auf den Plan tretenden Kult der Empfindsamkeit. Damit wurde der Wiener Akademiesekretär

27 Ebenda, 43. Sonnenfels zitiert hier die Quelle von Roger de Piles nicht explizit, es dürfte sich aber um eine Stelle aus dessen *Cours De Peinture Par Principes* (1708, 17–18) handeln.

28 Ebenda, 45.

29 Ebenda, 54–55.

30 Ebenda, 64.

31 Ebenda, 64–65.

offenbar auch mit der neuen Institution des Pariser Salons konfrontiert: Viele Arten von Geschmack und eine Seele, die empfänglich für unendlich verschiedene Begeisterungen sei, wünschte sich der französische Enzyklopädist Diderot in Bezug auf die Kunstbetrachtung.[32] Er selbst kam diesem Ideal nahe – mit seinen oft widersprüchlichen Besprechungen der zweijährlichen Ausstellungen des Pariser Salons, die er zwischen 1759 und 1781 für einen Abonnentenkreis verfasste. Die publizistisch weit verbreitete und reflektierte Kunstkritik Diderots erlaubte es zudem einem nicht in der Metropole Paris weilenden Interessentenkreis, an den kenntnisreichen Analysen dieses Schriftstellers teilzuhaben und diese für die jeweils spezifische Situation vor Ort zu adaptieren.

Ebenso propagiert auch Sonnenfels mit seinen Ratschlägen – ohne jedoch konkrete zeitgenössische Werke zu besprechen – eine bestimmte Form der Kunstkritik, die Normatives, also vorwiegend an der Antike Geschultes, mit dem aktuellen Postulat der Empfindsamkeit kombiniert. Es ist diese auffällige Divergenz zwischen dem radikalen Kult der Antike einerseits und dem merkwürdigen Desinteresse am gegenwärtigen österreichischen Kunstschaffen andererseits, die bei den Ausführungen von Sonnenfels besonders ins Auge sticht.

An den wesentlichsten Stellen des hier kurz vorgestellten Traktats sind nicht die Meister der Frühen Neuzeit die entscheidenden historischen Kronzeugen, sondern die antiken Künstler Apelles, Praxiteles und Phidias. Sonnenfels schließt seine Publikation mit einem emphatischen, an die angeblich uneigennützige Seele des Künstlers gerichteten Appell: „Er vergeselle [sic!] das Verdienst der Ähnlichkeit mit einer richtigen, edeln Zeichnung, mit einem wahrhaften Kolorite!“[33] Freiheit, Verstand, Geschmack und Empfindung sind im Folgenden die abschließend recht allgemein formulierten, aber durchaus zeittypischen Orientierungspunkte, die – so die Hoffnung von Sonnenfels – zu „Meisterstücke[n] der Geschichte“[34] beitragen können und sollen. Erst im letzten Satz seiner Schrift *Von dem Verdienste des Portraitmalers* findet der Autor zu einer Huldigung Maria Theresias: „In solchen Werken m. H. sind Sie verbunden, den Enkeln das Bildniß Theresiens einst zu überantworten, in deren göttlichem Antlitze, Huld und Erhabenheit der Seele in unverkennbaren Zügen geschildert sind, deren unsterbliche Thaten den verpflichteten Künsten zu den erhabensten Erfindungen unerschöpflichen Stoff anbieten.“[35] Die Regentin Maria Theresia wird von Sonnenfels somit erst zu einem Zeitpunkt ins Spiel gebracht, als es um die Weitertradierung ihres konkreten Antlitzes geht, womit Sonnenfels in seiner kunsttheoretischen Untersuchung das Bildnis des Menschen schlechthin an das vorbildhafte seiner kaiserlichen Mäzenatin koppelt. Nicht die reiche Kunstproduktion unter der Habsburgerin wird in den Blick genommen, um – etwa ausgehend von konkreten Künstlern und Werken – mögliche gegenwärtige Defizite in Konzeption und Produktion, sowie

32 Vgl. Cammagre / Talon-Hugon 2007.

33 Sonnenfels 1768, 76 [im Original fälschlich 67].

34 Ebenda, 77.

35 Ebenda, 77.

alternative Programme und Lösungen für die Zukunft zu entwerfen, sondern die Untersuchung von Sonnenfels zur beabsichtigten Bedeutungssteigerung der Porträtmalerei im Rahmen des Kunstkanons hätte im Jahr 1768 in ihrer argumentativen Abstraktheit durchaus in jedem Land Europas geschrieben werden können.

Der Autor nimmt mit seinen Zeilen eher implizit als explizit die geringe Bedeutung österreichischer Künstler auf europäischer Ebene und der Porträtmalerei im Rahmen des Kunstgeschehens am Wiener Hof ins Visier. Es geht bei ihm demgemäß auch – wie später im Lauf des 19. Jahrhunderts im Rahmen der ganz ähnlich gelagerten Anregungen des Malers Leopold Kupelwieser und des Kunsthistorikers Rudolf Eitelberger zur Förderung einer Nationalkunst[36] – um ökonomisch handfeste Fragen der Forcierung der Kunsttätigkeit im eigenen Land. Dieser vitale theoretische Impuls konnte im Jahr 1768 konsequenterweise nur von einem versierten Akademiefunktionär mit gründlichem Wissen um entsprechende institutionelle Sachverhalte und Zusammenhänge geleistet werden. Der Porträtmaler als Idealtyp des im Dienst der Nation arbeitenden Künstlers, wie er hier von Sonnenfels gezeichnet ist, wird konsequenterweise aus der Antike heraus entwickelt und den anderen Gattungen der Malerei gegenübergestellt.

Der im Titel der Publikation verwendete Terminus „Verdienst“ kann allerdings erst im Verhältnis zu anderen Schriften des Autors in seiner konkreten semantischen Dimension erschlossen werden: Bereits im Jahr 1765 hatte Sonnenfels seine *Betrachtungen über die Verdienste des Handelsstandes* verfasst. Der deutlich meritokratische Unterton im Gebrauch des Wortes „Verdienst“ dürfte auch darauf abzielen, dem Porträtmaler eine möglichst würdige Stellung innerhalb von Kunstleben und Gesellschaft zuzuordnen. Daraus resultiert aber letztlich eine deutliche Funktionalisierung des Künstlers und des Kunstbetriebs, da die Porträtmalerei nicht mehr die ihr quasi natürlicherweise zukommenden Aufgaben übernehmen soll, sondern von Sonnenfels mit einem zugespitzten Handlungsauftrag ausgestattet wird, eine neue, im Dienst des Vaterlandes stehende Rolle auszufüllen, die seiner Einschätzung nach weit über die Notwendigkeiten der quasiknechtischen, weil einer sklavischen Wiedergabe von Porträtähnlichkeit verpflichteten Zielsetzung hinausgeht. Mit dieser Ausrichtung ergeben sich auch interessante Querverbindungen zu Sonnenfels’ bedeutendem Traktat *Ueber die Liebe des Vaterlandes* (Wien 1771), das auf der Basis des Nationalstolzes gegen die vermeintlich herrschende Staatsfeindschaft auftritt und davor warnt, Fürsten ohne Differenzierung als Tyrannen hinzustellen.

Sonnenfels’ Schrift *Von dem Verdienste des Portraitmalers* sollte im breiten publizistischen Medienspektrum in der Spätphase der Regierungszeit Maria Theresias nur eine isolierte Rolle spielen. Ursprünglich war daran gedacht, der zwischen 1771 und 1786 ebenfalls bei Kurzböck verlegten *Kaiserlich Königlichen allergnädigst privilegirten Realzeitung der Wissenschaften, Künste und der Kommerzien* – auch hier war Sonnenfels neben Alois Blumauer, Ignaz de Luca und Johann Rautenstrauch einer der prominenten Mitarbeiter – einen besonderen Platz in der Vermittlung literarischer

36 Telesko 2006, 314–315.

Themen zuzuweisen.[37] Die bildende Kunst spielt in der *Realzeitung* eine nur untergeordnete Rolle. Gleichwohl kommt in den zahlreichen Beiträgen sowie in den dort abgedruckten Rezensionen historiographischer und kunstwissenschaftlicher Bücher deutlich zum Ausdruck, dass sich die Herausgeber intensiv für die Förderung von Künstlern und Kunstschulen einsetzten und die als nützlich angesehenen Funktionen von Kunst für Gesellschaft und Staat – sowohl als Wirtschaftsfaktor als auch als Mittel zur Allgemeinbildung sowie zur Verbesserung der Moral – propagierten. Zugleich ist aus den einschlägigen Beiträgen die Notwendigkeit abzulesen, praktische Kunstförderung durch Publikationen und Forschungen zu unterstützen, indem die Leser vermehrt über aktuelle kunsttheoretische Schriften informiert werden sollten. Mehrfach wies man – und hier trug Sonnenfels' Credo in Bezug auf die Nobilitierung der Porträtmalerei offenbar reiche Früchte – die Leser der *Realzeitung* auf neu geschaffene Porträts, Gemälde oder Reproduktionsstiche hin und ermunterte sie gelegentlich auch, selbst Porträts in Auftrag zu geben. Diese konkrete Aufforderung zur Förderung künstlerischer Aktivitäten richtete sich sowohl an Adelige als auch an die an Bedeutung gewinnenden bürgerlichen Kundenschichten, die sich ihrem gesellschaftlichen Selbstverständnis gemäß jetzt ebenfalls bildlich verewigen ließen. Analog wandelte sich die generelle Funktion der Porträtkunst verstärkt vom traditionellen, ständisch-repräsentativen hin zum bürgerlich-aufgeklärten Bildnis,[38] von dem prominente Aufklärer und Kulturpolitiker wie Franz Christoph von Scheyb[39] sogar forderten, dass es nach Möglichkeit die geistige Vorbildhaftigkeit oder die konkreten Verdienste des Porträtierten wie Tugenden, guten Charakter oder moralisches Handeln anschaulich vergegenwärtigen sollte. Damit geriet das Porträtfach in gleichsam natürliche Konkurrenz zu zeitgenössischen Historienbildern mit mythologischer oder zeitgeschichtlicher Ausrichtung, wie sie etwa von Jacques-Louis David geschaffen wurden.

Hinter der faktischen oder angestrebten staatlichen Förderung von bildender Kunst stand einerseits ein ökonomisches Interesse, auch in den scheinbar peripheren Tätigkeitsfeldern von Kunst und Gewerbe eine positive Handelsbilanz erzielen zu können, um – auf der Basis der Anwendung merkantilistischer Prinzipien – den wirtschaftlichen Wohlstand des Landes entsprechend vermehren zu können. Andererseits war man durch solche Maßnahmen verstärkt imstande, die Ausprägung einer gleichsam offiziellen, zunehmend klassizistisch geprägten Kunst voranzutreiben und einen „Nationalgeschmack"[40] zu schulen, auch wenn sich der österreichische Klassizismus seit dem letzten Drittel des 18. Jahrhunderts in Typus und Stil gerade nicht

37 Vgl. Frank 1953; Rosenstrauch-Königsberg 1986.

38 Detailliert in Bezug auf die europäische Situation: AK Aufgeklärt bürgerlich 2006.

39 Grundlegend: Tuma 1975.

40 „Unter Nationalgeschmack verstehe ich, daß wir uns selbst Vorschriften machen, das Schöne und nützliche nach eigner Auswahl zusammenzusetzen, selbst beobachten, selbst denken und fühlen, und durch Fremde uns nichts aufheften lassen. Dann werden wir zwar die Statuen und Architekturen der besten römischen und griechischen Zeiten gleich den Engländern beybehalten, aber gewiß auch die geschmacklosen sinesischen Pavillons und Brücken aus unseren Gärten verweisen." (Beyer 1784, 9.)

durch die Anwendung eines monolithischen Stilideals, sondern durch komplexe Mischidiome aus Spätbarock, Antikenrezeption und Realismus auszeichnet. Auf der Basis dieses Credos eines „Nationalgeschmacks“ ließ sich nicht zuletzt die seit Maria Theresia und Joseph II. forcierte Idee eines zentralistisch verfassten Staates aus kulturpolitischer Perspektive stützen. Stellvertretend sollte somit also der Künstler – wie auch der Staatsmann oder der Gelehrte – mit spezifischen Mitteln das Ansehen von Staat und Nation steigern helfen – ein Umstand, den Sonnenfels anlässlich der Preisverleihung in der Wiener Akademie im Jahr 1771 folgendermaßen umschrieb: „Der Schutz der Monarchin, dessen Unterpfand er [der Künstler] heute erhält, seine Fähigkeit, die er der Welt auf eine so vortheilhafte Weise ankündiget, die Ehre der Akademie, die ihn bildet, seine Ehre, der Ruhm der Nation selbst, der auf grossen Künstlern nicht weniger gegründet ist, als auf grossen Gelehrten, grossen Staatsmännern und Helden; alles verbeut [sic!] es ihm, einst nicht vortrefflich zu seyn.“[41]

Jene inhaltlichen Aspekte, die Sonnenfels in der hier ausführlicher besprochenen Schrift *Von dem Verdienste des Portraitmalers* aus dem Jahr 1768 thematisiert hatte, ließen sich institutionell auf breiter Front am besten mittels neuer Formen im Rahmen der Kunstausbildung vermitteln. Als besonders wichtig wurde von staatlicher Seite die Förderung der Kupferstichproduktion,[42] und hier vor allem der Reproduktionsgraphik, erachtet. Durch die Verbreitung von als mustergültig angesehenen Zeichnungen und Gemälden sollte der Geschmack von Künstlern und Kunsthandwerkern gleichsam flächendeckend einer Verbesserung zugeführt werden. Zudem wurde es als ökonomischer Gewinn angesehen, wenn nicht mehr teure ausländische Graphiken zu importieren waren, sondern diese von inländischen Künstlern für den Export bereitgestellt werden konnten. Die Herausgeber der *Realzeitung* begrüßten deshalb entsprechende Bemühungen, vor allem die im Jahr 1766 von Jakob Schmutzer gegründete Kupferstecherakademie. Ebenso wies man darauf hin, dass die „Kommerzial-Zeichnungsakademie“ (gegründet 1758), in der Kunsthandwerker im Zeichnungsfach unterrichtet wurden, für die Entwicklung der inländischen Produktion höchst nutzbringend sei: „Dies ist kürzlich der Begriff von einer so löblichen und nützlichen Stiftung, die so vieles zur Vollkomnerung [sic!] der Industrie beyträget und durch fleißige Besuchung und gehörige Anwendung noch mehrers beytragen kann. Nicht alle Länder haben sich dergleichen nützliche Stiftungen zu erfreuen, deren wir unter der weisen Regierung unserer theuersten Monarchinn genießen können.“[43]

Die wohl nachhaltigste staatliche Maßnahme in diesem Bereich war die im Jahr 1772 unter Staatskanzler Wenzel Anton Fürst Kaunitz-Rietberg vollzogene Vereinigung der „K. k. Hof-Academie der Mahlerei, Bildhauerei- und Baukunst“ mit der Kupferstecherakademie und der Erzverschneideschule zur „K. k. vereinigten

41 Von der Urbanität der Künstler. Gelesen bei der feyerlichen Austheilung der Preise in der Zeichnung und Kupferstecherakademie den 5. März 1771; Sonnenfels 1786b, 297–324. Detailliert zu Fragen der Akademiereform: Wagner 1967, 37–55; Prange 1998; Haslinger 2008, 62–78.

42 Grundlegend: Friesen 1980.

43 Kaiserlich Königliche allergnädigst privilegirte Realzeitung 1771, 27. Stück (29. Juni 1771), 426.

Akademie der bildenden Künste". Durch diese institutionelle Zentralisierung war die Regierung imstande, auf einen großen Teil der Kunst- und Gewerbeentwicklung einzuwirken und die Akademie zu einer nationalen Ausbildungsstätte mit hohen Zugriffsmöglichkeiten durch den Staat auszubauen. Um den inländischen Kunsthandel voranzutreiben, wurden die Leser der *Realzeitung* – kennzeichnenderweise durch den Verweis auf die Blüte römisch-kaiserzeitlicher Kunstförderung – auch nachdrücklich ermuntert, einheimische Kunst stärker durch Käufe zu unterstützen: „Lassen sie ihre Thaler, die Ausbeute ihrer Goldgruben, die Früchte ihrer Wirthschaftseinrichtungen, ihrer Kunstwerke unter die fleißigen Kunstarbeiter auch nur tropfenweise regnen, so wird Plutus der Gott des Reichthums der blinde, dumme, hinkende, halsstarrige Bewahrer der Schätze gerad, gescheut, seines Gesichts wiederum theilhaft werden. Er wird ehrbegierig das Vaterland zieren, und verherrlichen. [...] Sint Mecaenates, non deerunt, Flacce, Marones [Wenn es Mäzene gibt, lieber Flaccus, dann fehlen auch Vergile nicht]."[44]

Sonnenfels' Schrift *Von dem Verdienste des Portraitmalers* versieht den Künstler als Repräsentanten und Botschafter von Staat und Nation mit einer konkreten kulturpolitischen Mission, wobei die spezifische Bedeutung dieses Traktats nur im größeren publizistischen Kontext der Zeit erkannt werden kann. Die Publikation kann als Teil einer wohlabgestimmten Strategie staatlicher Stellen gesehen werden, die darauf zielt, die Künstler und die (inzwischen staatlicherseits umgestalteten) Ausbildungsstätten zu funktionalisieren und allen Teilnehmern am kulturellen Reformprozess Österreichs bestimmte Rollen mit klar definierten Zielen zuzuweisen. In diesem Sinne sollte die Schrift weniger unter genuin kunsthistorischen als vielmehr stärker unter staats- und gesellschaftspolitischen Vorzeichen gelesen werden.

So sehr bei Sonnenfels die Kunst im Dienst des Staates steht, so sehr befindet sich aber zugleich der Staat im Dienst der Kunst, wenn der Autor in seiner etwas später entstandenen Schrift *Von der Urbanität der Künstler* (Wien 1771) schreibt: „Der mildthätige Einfluß der Künste, der Reiche und Nationen umzugestalten mächtig genug ist, muß auf ihre näheren Lieblinge desto wirksamer seyn."[45] (Abb. 3) Konsequenterweise wird dem Künstler von Sonnenfels ein bestimmtes unverwechselbares soziales Profil zugeordnet, das er als „Urbanität" bezeichnet: „Was daher bey anderen Ständen zwar auch anzutreffen, aber bey denselben nur zufällig ist, Artigkeit und sanfte Sitten, soll den bildenden Künsten wesentlich, soll ihr beschiedenes Eigenthum seyn: um deswillen ich mir erlaubt habe, es gleichsam mit einem eigenen Namen, die Urbanität des Künstlers zu nennen."[46] Darin sollte wohl auch ein Selbstbild des Gelehrten vermittelt werden. So sehr der Autor also utilitaristischen Gesichtspunkten im Zusammenhang mit der staatlichen Künstlerausbildung das Wort redet, so wenig darf vergessen werden, dass seine Schrift selbst das Ergebnis von Bemühungen eines beharrlichen Karrieristen ist, denn das Traktat *Von dem Verdienste des Portraitmalers* aus dem Jahr 1768

44 Ebenda, 23. Stück (1. Juni 1771), 371.

45 Sonnenfels 1786b, 308.

46 Ebenda, 309.

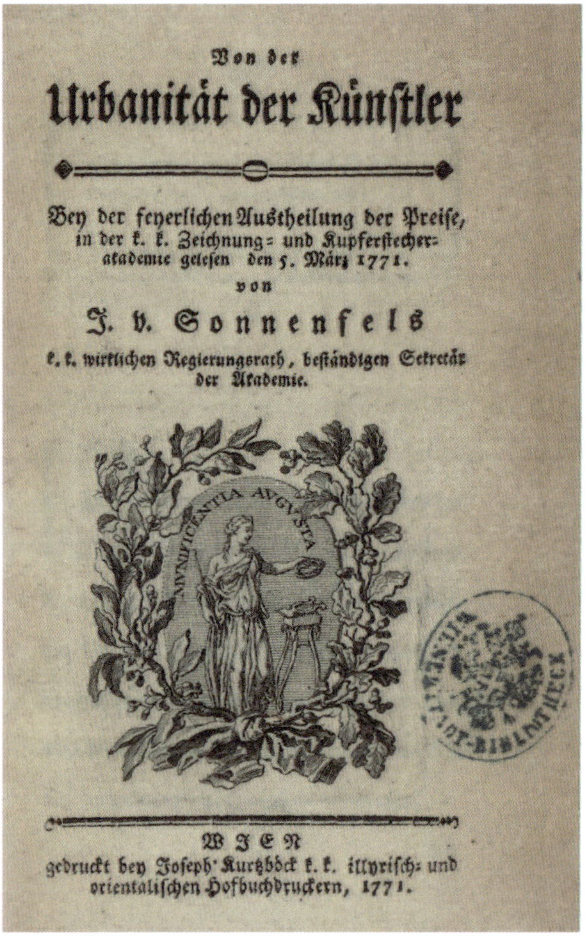
Von der

Urbanität der Künstler

Bey der feyerlichen Austheilung der Preise, in der k. k. Zeichnung= und Kupferstecher=akademie gelesen den 5. März 1771.

von

J. v. Sonnenfels

k. k. wirklichen Regierungsrath, beständigen Sekretär der Akademie.

Wien

gedruckt bey Joseph Kurzböck k. k. illyrisch= und orientalischen Hofbuchdruckern, 1771.

Abb. 3: Joseph von Sonnenfels, Von der Urbanität der Künstler, Wien 1771, Titelblatt (Wienbibliothek im Rathaus, Druckschriftensammlung, Sign. A-13618/1.Ex.)

ist biographisch gesehen nichts anderes als eine gegenüber Fürst Kaunitz erbrachte Vorleistung zur Erlangung der Stelle eines Akademiesekretärs.

Sonnenfels sollte gegen Ende seiner langen Karriere die Funktion von bildender Kunst zum Zweck der anschaulichen Propagierung des Vaterländischen immer stärker betonen, und die im gesamten deutschen Sprachraum gefeierten Siege Erzherzog Carls im Zweiten Koalitionskrieg über die Franzosen waren *der* geeignete Anlass für seine Schrift *Eine Vorlesung bey der Preisverleihung an der k. k. Akademie der bildenden Künste im Jahre 1801* (Wien 1801), die auch dem Erzherzog gewidmet ist. Der Akademiesekretär, der sich in der unpaginierten Vorrede wie selbstverständlich als „Wortführer der Künste" bezeichnet, lässt hier seine Masken vollends fallen und schlüpft in die Rolle eines Advokaten der Förderung vaterländischer Kunst: „[...] und die vaterländischen Künste erwarten mit Zuversicht, die allgemeine Dankbarkeit werde sie in Stand setzen, Eurer königlichen Hoheit diese Pflicht [die Überlieferung der Taten an die Nachwelt] bald in dauerhaften Denkmalen zu entrichten." Damit ist vonseiten Sonnenfels' letztlich die in *Von dem Verdienste des Portraitmalers* vorherrschende Argumentationslinie des Geschichtlich-Kunsttheoretischen vollends zugunsten einer sehr konkreten und praktischen Indienstnahme visueller Medien durch die Politik abgestreift, denen ab diesem Zeitpunkt in den Überlegungen Joseph Freiherr von Hormayrs, Kupelwiesers und Eitelbergers eine zentrale Rolle in der Veranschaulichung der Ruhmesgeschichte des Habsburgerreiches zugedacht sein sollte.

Anna Mader-Kratky

Die Gründung der Oberhofbaudirektion und die Etablierung länderübergreifender Baunormen im habsburgischen Bauwesen (1783–1784)

„Lieber Graf v. Kaunitz! Da Ich allhier eine Ober Bau=Direction für alle Länder die für alle Ca[mer]al, und ofentliche Gebäude, und Wasser=Arbeiten die Aufsicht tragen soll, unter ihren Vorsitz anzuordnen beschlossen habe, so werden sie [...] ihrerseits alles mögliche dazu beitragen, damit diese Sache in Ordnung komme, und mit den 14 Nov. d.J. [1783] ihren Anfang nehmen könne. Sie werden dieses als einen neüen Beweiß meines in Sie sezenden Vertrauens, und daß sie durch diese neüe Anstellung dem Staat in allgemeinen nüzliche Dienste leisten können, ansehen."[1]

Mit diesen Worten setzte Kaiser Joseph II. den Leiter des kaiserlichen Hofbauamtes, Ernst Christoph Graf Kaunitz-Rietberg, am 14. Juli 1783 davon in Kenntnis, dass alle öffentlichen Bauführungen in der Habsburgermonarchie künftig zentral von Wien aus zu lenken seien. Zu diesem Zwecke war der Kaiser gewillt, die Oberhofbaudirektion (später auch als Generalhofbaudirektion bezeichnet) als neue zentralistische Behörde ins Leben zu rufen.[2] Damit entwickelte sich das kaiserliche Hofbauamt, das seit dem späten 15. Jahrhundert ausschließlich für den Bau und die Instandhaltung der landesfürstlichen Gebäude in und rund um die Residenzstadt Wien verantwortlich zeichnete,[3] von einer reinen Hofbehörde zu einer dem Staat dienenden Einrichtung, und der Generalhofbaudirektor wandelte sich vom Fürstendiener zum Staatsdiener.[4] Diese Neuorganisation des Bauwesens in den Erblanden ist als Teil einer Modernisierung und grundlegenden Umgestaltung des habsburgischen Verwaltungsapparates zu sehen, die Joseph II. mithilfe eines strengen Zentralismus zu realisieren trachtete.[5] Drei Konstanten bestimmten dabei den Reformwillen des Kaisers – Kostenreduktion, die Schaffung von Synergien und Effizienzsteigerung. Dieses klare Votum formulierte er in einer an seinen Bruder Leopold adressierten Denkschrift (*Tableau Général*, 1767), in der Joseph II. zwei Jahre nach seiner Thronbesteigung erstmals umfassend Bilanz

1 Handbillet Josephs II. an Ernst Christoph Graf Kaunitz-Rietberg vom 14. Juli 1783; Wien, HHStA, HA, HBA, K. 57, fol. 448 (Currentprotokoll des Hofbauamts von Juli 1783, Nr. 64).

2 Zur Gründung der Oberhofbaudirektion erstmals Benedik 1996 und Springer 1996.

3 Einen Überblick zur Geschichte des Hofbauwesens bieten Pohl 1968; Benedik 2008; Karner 2014, 448–461 (Markus Jeitler); Lorenz / Mader-Kratky 2016, 247–251 (Manuel Weinberger) und 252–259 (Anna Mader-Kratky); Mader-Kratky 2016; dies. 2017; Jeitler / Kalousek / Mader-Kratky / Weinberger 2019.

4 Vgl. dazu auch Heindl 2013, 28, 64–65.

5 Seine Vorstellungen von einer zentralistisch organisierten, effizienten Verwaltung skizzierte Joseph II. bereits vor seinem Regierungsantritt 1765 in mehreren Denkschriften; Plattner 2008, 54–61.

über alles bislang Erreichte zieht und die Weichen für die Zukunft stellt.[6] Dieser vom Kaiser gewünschten Neuordnung des öffentlichen Lebens und der damit einhergehenden Bürokratisierung der Habsburgermonarchie soll im Folgenden anhand der Gründung der Oberhofbaudirektion 1783 exemplarisch nachgegangen werden, wobei auch nach der Praxistauglichkeit der auf dem Reißbrett entworfenen Reformen zu fragen sein wird.

Vom Hofbauamt zur Oberhofbaudirektion

Seit dem späten 15. Jahrhundert lag die Zuständigkeit für alle landesfürstlichen Gebäude in und rund um Wien beim kaiserlichen Hofbauamt, das neben der Hofburg als kaiserlicher Residenz auch die Schlösser Kaiserebersdorf, Neugebäude, Laxenburg, Schönbrunn (vormals Katterburg) und die Burg in Wiener Neustadt zu betreuen hatte. Die Baubehörde unterstand damals dem Vizedomamt unter der Enns, und seit dem 16. Jahrhundert etablierten sich beamtete Stellen wie jene des *Baumeisters der niederösterreichischen Lande*, der die einzelnen Bauplätze koordinierte. Aufgrund unklarer Zuständigkeiten (das Vizedomamt war seinerseits der Niederösterreichischen Kammer unterstellt) und infolge von Interventionsversuchen unterschiedlicher Seiten (etwa durch das Obersthofmeisteramt, dem die Hofkünstler direkt unterstanden) kam es im Hofbauwesen zu Kompetenzstreitigkeiten, weshalb die Bestellung von Gundacker Graf Althann zum ersten Generalbaudirektor aller Hof-, Zivil-, Lust- und Gartengebäude 1716 als Versuch Kaiser Karls VI. zu einer grundlegenden Neuordnung der Baubehörde zu werten ist. Althann war nicht nur bestrebt, das Hofbauamt straffer zu gliedern, sondern verfolgte auch das Ziel, das gesamte Bauwesen in den Erblanden unter seine Verantwortung zu bringen.[7]

Diesen Zentralisierungsvorstellungen wurde spätestens mit dem Regierungsantritt von Karls Tochter und Nachfolgerin Maria Theresia (1740) ein Ende gesetzt, als das Wiener Hofbauamt mit der Errichtung und Unterhaltung der landesfürstlichen Gebäude in und um die Residenzstadt wieder auf seine ursprünglichen Agenden zurückgeführt wurde.[8] Gefordert war die Baubehörde in den kommenden Jahrzehnten vor allem durch den Ausbau der maria-theresianischen Sommerresidenz Schönbrunn, die großzügig erweitert und ausgestattet wurde und einen weitläufigen Schlosspark mit Parkbauten und Skulpturenschmuck erhielt. Durch diese kostspielige Ausgestaltung von Schloss und Garten nahm die Schuldenlast des Hofbauamtes, das sich bereits zu Beginn der maria-theresianischen Regierung in einer finanziell prekären Situation befunden hatte, bedrohlich zu, was unweigerlich zu Konflikten mit der Hofkammer als Zentralfinanzbehörde des Wiener Hofes führte. Zahlreiche Reformversuche zeugen von der Absicht Maria Theresias, ihrer Baubehörde eine klare Struktur zu

6 Wien, HHStA, HausA, Sammelbände 88–2. Zu der Denkschrift vgl. Beales 2008, 190–191; Plattner 2008, 58–59; zuletzt Kubiska-Scharl / Pölzl 2018, 91–93 (Irene Kubiska-Scharl).

7 Lorenz / Mader-Kratky 2016, 250 (Manuel Weinberger).

8 Benedik 2006; Lorenz / Mader-Kratky 2016, 252–259 (Anna Mader-Kratky).

geben, den Instanzenweg zu reglementieren und die Bauverantwortlichen zu einem ökonomischen Handeln – etwa durch das Einholen mehrerer Kostenvoranschläge – anzuhalten. Doch erst die Ernennung von Ernst Christoph Graf Kaunitz-Rietberg, dem Sohn von Staatskanzler Wenzel Anton Fürst Kaunitz-Rietberg, und die gleichzeitige Reformierung der Baubehörde führten 1772 zu einer Beruhigung der aufgeheizten Stimmung zwischen dem Hofbauamt und der Hofkammer.

Gleichzeitig mit Kaunitz-Rietberg trat Franz Anton Hillebrandt sein Amt als neuer Oberhofarchitekt an, und in den kommenden Jahren konnten weitere Hofarchitekten mit klar definierten Zuständigkeitsbereichen in ihrer Funktion bestätigt werden, um die Behörde weiter zu stärken. Nach dem Tod Maria Theresias (1780) reduzierte Joseph II. jegliche Aufwendungen für höfische Bauführungen auf ein Minimum, denn für ihn standen Infrastrukturprojekte wie der Ausbau des Allgemeinen Krankenhauses in Wien und raumplanerische Überlegungen bei der Gestaltung städtischer Freiräume (Basteien, Glacis, Augarten, Prater) im Vordergrund; in den Erhalt der Hofgebäude sollte hingegen nur noch das Notwendigste investiert werden. Über die Planung diverser Bauvorhaben wachte der Kaiser persönlich, indem er die Baustellen regelmäßig in Augenschein nahm und sich Entwürfe zur Genehmigung vorlegen ließ. Diese mahnte er stets mit großer Ungeduld ein.

Die Gründung der Oberhofbaudirektion

Durch sein direktes Engagement war Joseph II. mit den Arbeitsabläufen im kaiserlichen Hofbauwesen gut vertraut, wobei er den mitunter langwierigen Instanzenlauf mehrfach kritisierte. Dieser betraf insbesondere Bauvorhaben in den Erblanden, in denen die Baubehörden in unterschiedlicher Weise organisiert waren, weshalb Genehmigungsverfahren sehr lange dauern konnten. Aus diesem Grund trug sich der Kaiser seit Frühjahr 1783 mit dem Gedanken, in Wien einen übergeordneten „Ingenieur-Directeur" für alle Provinzen zu installieren, der sowohl für den Hochbau als auch für Angelegenheiten des Wasserbaues (Regulierung von Flüssen, Brückenbau etc.) zuständig sein sollte. Eine entsprechende Anfrage nach einem geeigneten Kandidaten für dieses Amt mit weitreichenden Befugnissen, die der Hofkammerpräsident im Auftrag Josephs II. an die Ungarisch-Siebenbürgische Hofkanzlei richtete, blieb ergebnislos, hielt die Hofkanzlei dieses Unterfangen doch für aussichtslos: „so ist die Hungarl: Siebenbl: Hof=Kanzley, welcher kein diesem Werk gewachsenes Individuum bekannt ist, ohnvermögend, sich in dem Vorschlag desselben einzulassen, und wenn auch allenfalls ein Individuum von dieser Gattung ausfindig gemacht werden könnte, so fällt dieser Anstand auf, daß die Erledigung derley Plan wegen ihrer allzugrossen Menge zum Nachtheil des allerhöchsten Dienstes, und respective des Publici sehr spät erfolgen wird."[9]

9 Nota der Ungarisch-Siebenbürgischen Hofkanzlei an Hofkammerpräsident Leopold Graf Kollowrath vom 23. Mai 1783; Wien, FHKA, NHK, Kaale Ö, Akten 1612, fol. 546–548.

Joseph II. reagierte mit Unverständnis auf die Absage, die seiner Reformidee vonseiten der Ungarisch-Siebenbürgischen Hofkanzlei erteilt worden war, und sah nun das Wiener Hofbauamt gefordert:[10] In Generalhofbaudirektor Ernst Christoph Graf Kaunitz-Rietberg, Wasserbauamtsdirektor Jean-Baptiste de Demenge Brequin und Oberhofarchitekt Franz Anton Hillebrandt fand er das für seine Zwecke notwendige und erfahrene Personal, um künftig diverse aus öffentlichen Geldern finanzierte Bauangelegenheiten (Hoch-, Wasser- und Straßenbau) in den Kronländern zentral von Wien aus zu steuern. „Auf diese Art werden die Sachen geschwinder, und gründlicher beurtheilet, und zum Schluß vorgeleget werden können", zeigte sich der Kaiser überzeugt.[11] Das Führungsteam um Kaunitz-Rietberg wurde um Vinzenz Freiherrn von Struppi erweitert, der bislang in Triest tätig gewesen war.[12] Trotz des beträchtlich ausgeweiteten Aufgabenbereichs der Wiener Baubehörde kam es aber durch die nun erfolgende Gründung der Oberhofbaudirektion 1783 zu keiner nennenswerten Aufstockung des Personalstandes, lediglich bestehende Mitarbeiter wurden befördert.[13] Bei erhöhtem Bedarf sollten Bauzeichner aus den Akademien und Kanzleipersonal aus der Böhmisch-Österreichischen Hofkanzlei „pro tempore" angefordert werden.[14] Joseph II. wollte die Verwaltung so schlank wie möglich halten, um „Umweege und Umtriebe der Buchhaltereyen" sowie „Geschäftssucht der Stellen" künftig hintanzuhalten.[15] Somit trat die neu eingerichtete Oberhofbaudirektion im November 1783 ihr Amt an.[16]

Das gesamte Baupersonal in den Ländern unterstand nun der Oberhofbaudirektion in Wien, und auch alle Nachbesetzungen wurden ausnahmslos von hier aus bestimmt. Bei den Bauführungen unterschied der Kaiser zwischen Instandhaltungsarbeiten und der Errichtung neuer Gebäude. Erstere konnten von den einzelnen Länderstellen autonom durchgeführt werden und mussten vierteljährlich nach Wien berichtet werden. Hingegen waren Entwürfe für geplante Neubauten inklusive aller Kostenvoranschläge ausnahmslos zur Begutachtung in der Wiener Oberhofbaudirektion einzureichen, sofern die Baukosten aus dem Aerarium bestritten werden sollten.

10 Schreiben Josephs II. an Hofkammerpräsident Leopold Graf Kollowrath; ebenda, fol. 549–553.

11 Ebenda, fol. 552r.

12 Schreiben der Hofkammer an den Gouverneur von Triest vom 25. August 1783; ebenda, fol. 606.

13 Die Vereinigten Hofstellen übergeben den „vorgelegten Entwurf des Personal, und Besoldung Standes der General-Hof- und Ober= Bau Direction, wie solcher dermahl bestanden, und künftig neü angetragen, auch von S[eine]r Majestät begenehmiget worden"; Wien, HHStA, HA, HBA, K. 58, fol. 326v–327v (Protokoll der Generalhofbaudirektion von November 1783, Nr. 61). Kubiska-Scharl / Pölzl 2018, 491–505, legen erstmals eine Übersicht über den Personalstand der kaiserlichen Baubehörde vor, wobei in diesen Ämterlisten nicht zwischen dem Hofbauamt und der 1783 gegründeten Oberhofbaudirektion unterschieden wird.

14 Schreiben Josephs II. an Hofkammerpräsident Leopold Graf Kollowrath; Wien, FHKA, NHK, Kaale Ö, Akten 1612, fol. 550v.

15 Handbillet Josephs II. an Generalhofbaudirektor Ernst Christoph Graf Kaunitz-Rietberg vom 27. Oktober 1783; Wien, HHStA, KA, KK, Protokolle und Indizes, Bd. 27, Nr. 825.

16 Vgl. Benedik 1996, 19–26, und Springer 1996, 71–73.

Die Wiener Beamten rief der Kaiser zu einer gründlichen, aber geschwinden Beurteilung aller Bauprojekte aus den Ländern auf.[17]

Ein wesentlicher Faktor der Bürokratisierung des josephinischen Behördenapparats war die Schaffung geregelter Arbeitsplätze durch die gezielte Etablierung von Kanzleien.[18] Auch die im November 1783 ins Leben gerufene Oberhofbaudirektion musste ihre bisherigen Räumlichkeiten im „Haus auf der Bastei" räumen und erhielt in einem Trakt der Wiener Hofburg nahe der Hofbibliothek neue Büros und eine Kanzlei.[19] Bislang hatten die Hofarchitekten keine eigenen Arbeitsräume besessen, sondern waren angehalten, ihre Hofquartiere (Dienstwohnungen) als solche zu nutzen, in denen untertags auch die ihnen zugeteilten Hofbauamtszeichner unterzubringen waren, was mitunter zu großer Platznot führte.[20] Doch durch die Aufhebung des Hofquartierwesens (1780/1781), das bürgerliche Hausbesitzer dazu verpflichtet hatte, einen Teil ihrer Häuser als Wohnraum für Hof- und Verwaltungspersonal zur Verfügung zu stellen,[21] und durch die Einrichtung von Amtsgebäuden mit Kanzleien und Büros verlagerte sich die Tätigkeit der Hofbeamten an einen vom Hof zur Verfügung gestellten Arbeitsplatz mit geregelten Arbeitszeiten.[22] Es mag kein Zufall sein, dass die Oberhofbaudirektion ihr neues Quartier im sogenannten Augustinertrakt der Wiener Hofburg erhielt und damit Teil eines sich rund um den Josefsplatz etablierenden Sammlungs- und Wissenschaftsraumes wurde.[23]

Standardisierte Kommunikation

Zur Vereinfachung und Beschleunigung anstehender Bauprojekte ließ Joseph II. für diverse Bauaufgaben (Pfarrkirchen, Wirtschaftsbauten, …) Musterpläne entwickeln, die sich an Parametern wie der Einwohnerzahl orientierten – bei der Größe von Pfarrkirchen wurde etwa ein Quadratklafter pro vier Einwohner als Maßstab herangezogen (Abb. 1). Die in Wien entworfenen Musterpläne wurden in großer Zahl kopiert und zum Teil auch in Kupfer gestochen, sodass sie in den Ländern rasch zur Verfügung gestellt werden konnten.[24] Gleichzeitig mit der Entwicklung dieser Musterrisse wurde auch das architektonische Darstellungsverfahren in allen Baubüros standardisiert, um die Lesbarkeit von Architekturzeichnungen über einzelne Länderbaustellen hinaus zu gewährleisten.

17 Allerhöchste Resolution vom Oktober 1783; Wien, HHStA, HA, HBA, K. 58, fol. 155r–157v.

18 Plattner 2008, 73.

19 Wien, HHStA, HA, HBA, K. 61, fol. 754v und fol. 997v.

20 Mader-Kratky 2017, 75–76.

21 Kubiska-Scharl / Pölzl 2018, 186–196 (Irene Kubiska-Scharl).

22 Heindl 2013, 245–252.

23 Vgl. dazu den Beitrag von Elisabeth Hassmann in diesem Band.

24 Mehrere Serien dieser Musterrisse haben sich in der Plansammlung des Allgemeinen Verwaltungsarchivs erhalten: Wien, AVA, Plansammlung I, Mappen 632–635; der erstmalige Hinweis auf diese Planserien findet sich bei Springer 1996, 78–82.

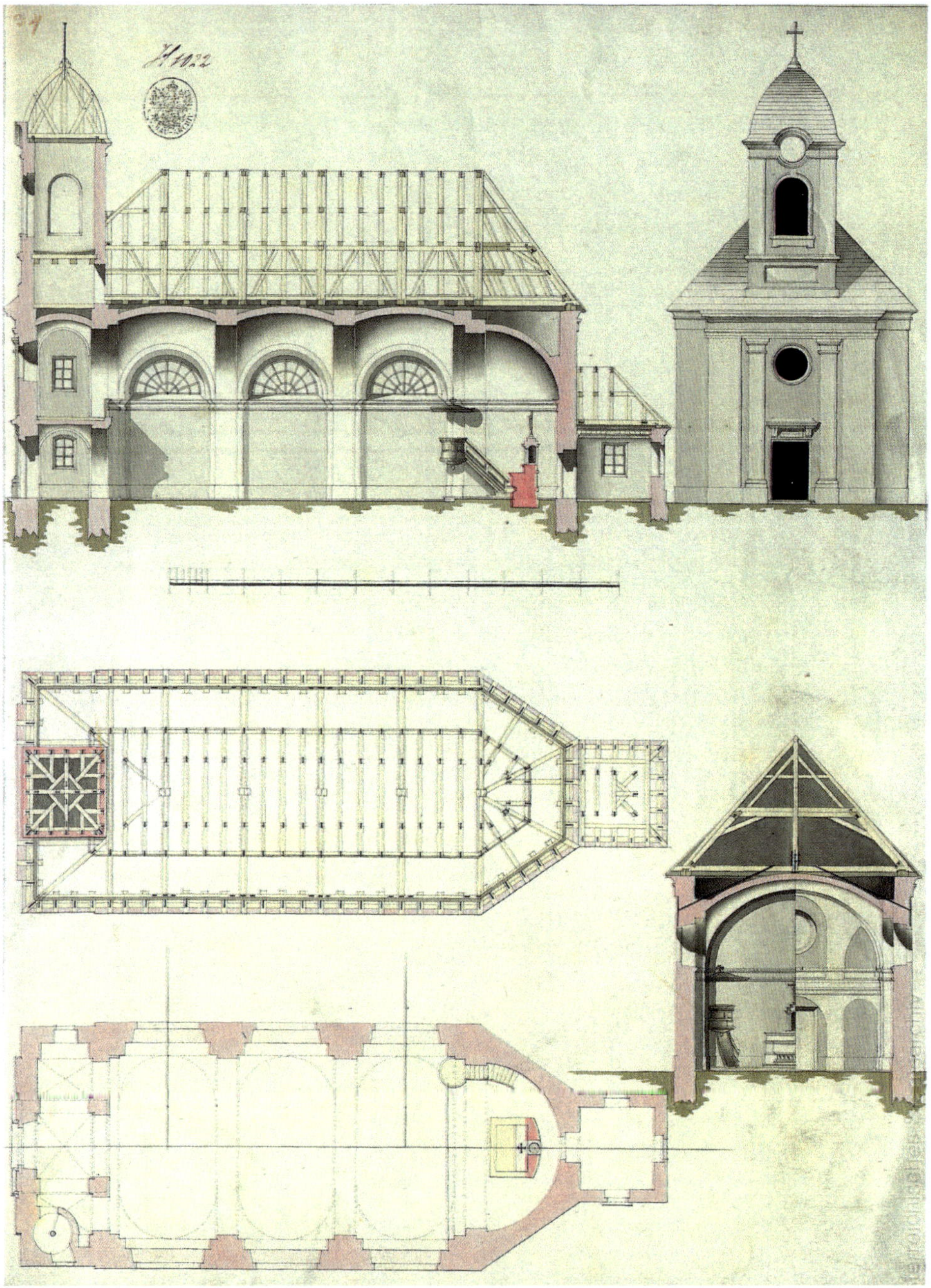

Abb. 1: Josephinische Musterkirche, Längsschnitt, Fassadenaufriss, Dachstuhl, Querschnitt und Grundriss, um 1783 (Wien, AVA, Plansammlung I, Mappen 632–635, Inv.-Nr. I c)

Die Initiative zu dieser „systematischen Disposition“ bzw. „Systemisierung“[25] des habsburgischen Bauwesens ging von Vinzenz Freiherrn von Struppi aus, der aus Anlass der Gründung der Oberhofbaudirektion eigens von Triest nach Wien berufen worden war und im folgenden Jahr einen Entwurf für die sogenannten *Ingenieurs-Directiva* vorlegte.[26] Neben Vorlagen für einheitliche Formulare zur Abrechnung der Baukosten[27] enthielt das „Struppische Elaboratum“ vor allem Richtlinien zur Klassifizierung der Verantwortlichkeiten aller Baubüros in den Kronländern: Zu betreuen hatten diese künftig „gedekte Wohngebäude“ (diverse landesfürstliche Bauten und Amtsgebäude, Wirtschaftsbauten, Kirchen und Klöster, Lust- und Ziergebäude), „öffentliche Land=Gebäude“ (Straßen, Brücken, Planierungen, Pflasterungen und Kanäle) und „See- und Wasser=Gebäude“ (Häfen, Quais, Molen, Dämme, Schleusen etc.), soweit diese aus dem Aerarium finanziert wurden. Die Zuständigkeit der Oberhofbaudirektion für diese Bauten ließ sich in vier Klassen unterteilen – (I) in die laufende Betreuung und den Erhalt der Bauten, (II) in außerplanmäßige Reparaturen und Restaurierungen, (III) in die Errichtung von Neubauten und (IV) in die Beseitigung unvorhergesehener Schäden durch Naturereignisse wie Feuer, Sturm, Hochwasser oder Erdbeben.[28] In Form einer Art Checkliste hielten die *Ingenieurs-Directiva* auch eine Übersicht aller notwendigen Unterlagen für einen detaillierten Baubericht bereit.[29]

„Um die Architektur= Strassen= oder Wasser=Bau betreffende[n] gezeichnete[n] Entwürfe auf eine klarre deütlich und zugleich uniforme Art zu verfassen“, wurde für das zeichnerische Vokabular ein einheitlicher Farben- und Formenkanon vorgeschrieben, an den sich alle Bauzeichner halten mussten, wobei die Farbcodes und kürzelhaften Zeichen vornehmlich der Kartographie entlehnt wurden. Als länderübergreifende, allgemeingültige Maßeinheit galt künftig die Wiener Linie (rund 2,2 mm).[30] Ausführlicher Erläuterung bedurfte auch der pflegliche Umgang mit den Plänen und Karten: So durften sie keinesfalls gefaltet werden, sondern mussten gerollt in blechernen Büchsen oder auf hölzernen Walzen in Leinen eingeschlagen transportiert werden.

Im dritten Abschnitt wenden sich die *Ingenieurs-Directiva* personellen Fragen zu und berühren damit den wohl heikelsten Punkt der von oben diktierten Richtlinien. Struppi war sich dessen durchaus bewusst, wenn er schreibt: bei der Entwicklung dieser so wichtigen Frage komme es nicht nur „auf die Gattung und Eigenschaft deren Artisten, Handwerks= und Arbeitsleüten und ihre darunter verstandene

25 Zit. ein Schreiben von Generalhofbaudirektor Ernst Christoph Graf Kaunitz-Rietberg an Joseph II. vom 13. Februar 1784; Wien, FHKA, NHK, Kaale Ö Akten 1613, fol. 41.

26 „Ingenieurs Vorträge und Entwürfe Welche dem Allgemeinen Ober Hofbau=Directions=Praesidio zur Systematischen Disposition für das vereinbarte Kail: Königl: Hofbau Amt dann Brücken- und Wasser=Bau=Amt als auch gesamte provincial= und alle Landesfürstliche Bau=Aemter von den Ersten Assessor referirt werden“ vom 6. Februar 1784; Wien, FHKA, NHK, Kaale Ö Akten 1613, fol. 459–476. Dazu auch Benedik 1996, 21, und ders. 2008, 183–184.

27 Wien, FHKA, NHK, Kaale Ö Akten 1613, fol. 440–453.

28 Ebenda, fol. 461.

29 Ebenda, fol. 462.

30 Ebenda, fol. 463r–467v.

Geschicklich= und Würksamkeit und Verdienst, sondern auch auf so viele und mannigfältige physikalische Beschaffenheiten der Lokalität und der Menschen, und in der Haupt=Sache auf das Geistes= und Thättigkeits=Weesen des Bau=Directeurs oder dirrigierenden Ingenieurs selbst“ an.[31] Die theoretischen Kenntnisse und praktischen Erfahrungen eines Mitarbeiters ließen sich nicht in Form einer „General=Bestimmung“ verordnen, aber es erkläre sich von selbst, dass ein heikler Auftrag einen kundigen Verantwortlichen voraussetze, worüber der jeweilige Vorgesetzte mit Weitblick zu entscheiden habe. Als grundlegende Tugenden und Fähigkeiten eines josephinischen Beamten sprechen die *Ingenieurs-Directiva* auch die Verschwiegenheit, Vernunft und Verlässlichkeit in der Ausübung eines Amtes genauso wie den Gehorsam gegenüber Vorgesetzten und das Vertrauen in Untergebene an.[32]

Die Festlegung von Normen und die Standardisierung des architektonischen Zeichenvokabulars sind als entscheidende Schritte einer Professionalisierung des Bauwesens zu sehen, die sich im ausgehenden 18. Jahrhundert vielerorts beobachten lassen und zu einer zunehmenden Ausdifferenzierung bzw. Spezialisierung der Werktätigen führten.[33] Diese „Verwissenschaftlichung“ des Baugewerbes, die auch in einer Zunahme entsprechender Fachliteratur ihren Niederschlag fand, stand in steter Auseinandersetzung mit den künstlerischen Aspekten architektonischen Gestaltens, die gegenüber einer strikten Normierung ins Hintertreffen zu geraten drohten. Doch das Bedürfnis nach verbindlichen Zeichnungsrichtlinien und modellhaftem, praxisnahem Anschauungsmaterial blieb virulent, wie es auch Matthias Fortunat Koller in der Vorrede zu seinem Handbuch *Der practische Baubeamte* (1800) formuliert:[34] „Bey der Verfassung des gegenwärtigen Buches hatte ich keineswegs die Absicht ein Werk über die Baukunst, als schöne Kunst betrachtet, zu schreiben [...]; sondern mein Bestreben ging allein dahin, [...] ein Ganzes über die bürgerliche Baukunst, den Mühlen= Wasser= Brücken= und Straßenbau mit eingeschlossen, zu liefern, welches wegen seiner Vollständigkeit und practischen Bewährtheit, und der Anführung aller in den kaiserl. königl. Erbstaaten in Bausachen bestehenden Verordnungen dazu dienen soll, dem Professionisten sowohl, als auch den Bauunternehmern, Wirthschaftsbeamten, und allen jenen, deren Amt eine mehr oder weniger entfernte Aufsicht über Bauführungen mit sich bringt, [...] jede Art von bürgerlichen Bauführungen, nebst allen übrigen Gattungen von Planen und voraus erforderlichen Aufnahmen der Gegenstände untadelhaft zu entwerfen, zu berechnen, zu beurtheilen und auszuführen.“[35] So betont er eigens, dass seine Publikation zwar aus der Auseinandersetzung mit architekturtheoretischen Schriften wie jenen von Vitruv, Vignola oder Claude Perrault erwachsen sei,

31 Ebenda, fol. 469v–470r.

32 Ebenda, fol. 470r–473v; zu den „neuen“ Tugenden auch Heindl 2013, 252–262.

33 Vgl. Philipp 2012, hier 121–122.

34 Bösel 1996, 23.

35 Koller 1800a, I–II. Die hier zitierte Ausgabe wurde in Wien bei Ignaz Albertis Witwe gedruckt. In den Jahren 1800–1801 erschien unter dem Titel *Der praktische Baubeamte* eine etwas veränderte, vierbändige Ausgabe, die J. E. Schuender bzw. Mathias Andreas Schmidt druckte.

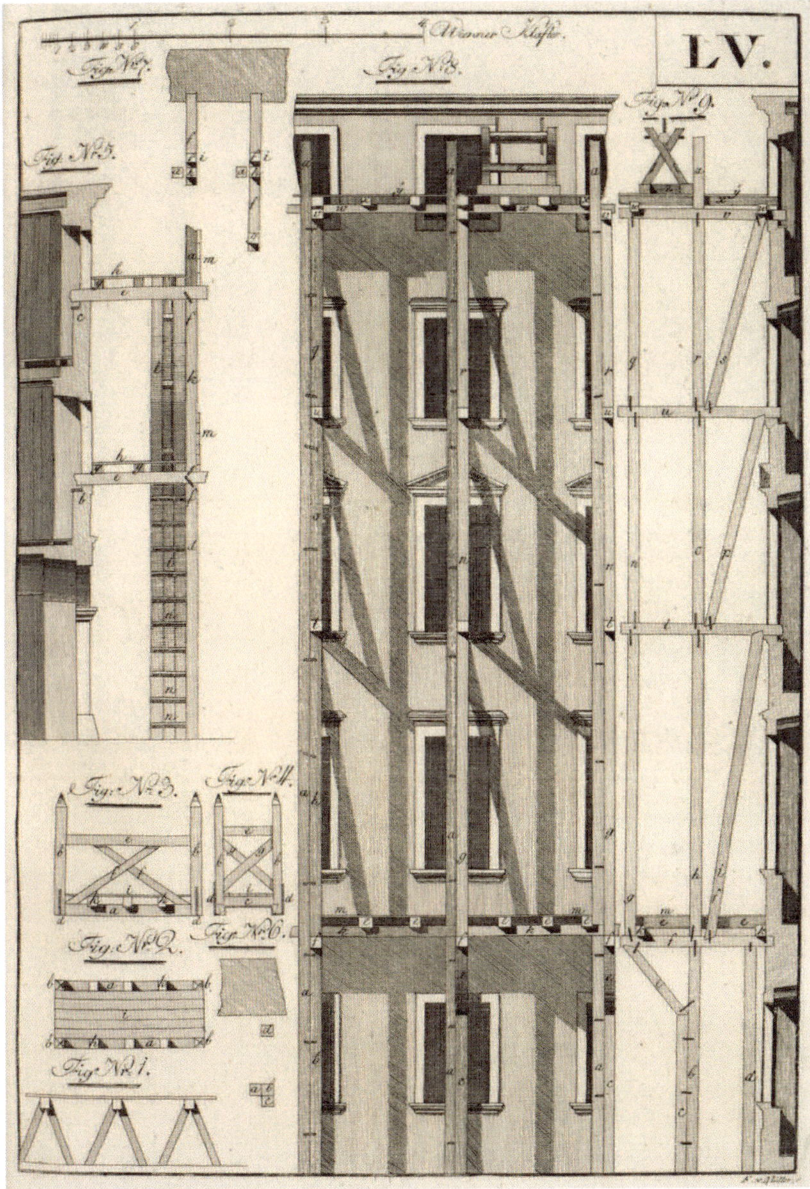

Abb. 2: Anbringung von Baugerüsten an eine Fassade, in: Matthias Fortunat Koller, Ein hundert und vierzig Kupfertafeln zum praktischen Baubeamten der zweyten verbesserten Auflage vom Jahre 1800, Wien 1800, Tafel LV (Universitätsbibliothek Heidelberg)

vor allem aber auf seiner 34-jährigen praktischen Erfahrung beruhe.[36] Damit stellt er die praxisorientierten Aspekte seines Handbuches in den Vordergrund, das Musterpläne für diverse Bauaufgaben vom Kirchenbau bis zur Wasserleitung genauso

36 Ebenda, VIII.

bereithielt wie Anleitungen zur Errichtung von Dachböden oder zur Anbringung von Baugerüsten (Abb. 2).[37]

Die Schaffung einer vereinheitlichten bürokratischen Sprache war eine der wesentlichen Maßnahmen josephinischer Verwaltungsreformen und betraf den gesamten habsburgischen Beamtenapparat. Dahingehende Entwicklungen seit Mitte des 18. Jahrhunderts, die in einer Standardisierung der Rechtssprache ihren Ursprung nahmen, griff Joseph II. gezielt auf und drängte auf eine rasche Normierung des Schriftverkehrs in den Amtsstuben. An der Theresianischen Akademie (*Theresianum*) gehörte die „deutsche Sprache als Verwaltungssprache" neben den „Kameral- und Polizeywissenschaften" in der Ausbildung angehender Beamter bereits seit 1750 zu den Unterrichtsgegenständen, und 1784 erschien das Lehrbuch *Über den Geschäftsstil. Die ersten Grundlinien für angehende österreichische Kanzleybeamten* von Joseph von Sonnenfels.[38] Nach Sonnenfels' eigenen Worten entstand diese Schrift in direkter Reaktion auf eine Verordnung Josephs II., in der er seine Beamten zur Vermeidung unnützer „Schreibereyen" und zum Verzicht verzierender Schnörkel aufgerufen hatte, um den behördlichen Schreibprozess zu beschleunigen. Diese Verordnung vom 3. Jänner 1783 machte Joseph II. den Leitern aller Hofbehörden – darunter auch Generalhofbaudirektor Ernst Christoph Graf Kaunitz-Rietberg[39] – in Handbillets bekannt. Zu seinem Bedauern musste Sonnenfels jedoch beobachten, dass die 1783 erlassene Verordnung gegenüber der bislang geübten Praxis zu wenig Berücksichtigung fand, weshalb ihm die erstmalige Publikation eines entsprechenden Lehrbuchs über die Amtssprache notwendig erschien.[40] Was Sonnenfels an dieser Stelle verschweigt, ist sein bereits länger zurückliegendes Engagement für eine Verwaltungssprachreform und einen einheitlichen Geschäftsstil; seit 1781 hielt er eigene Vorlesungen zu diesem Thema an der Universität Wien.[41]

Die einleitenden Kapitel seines Lehrbuchs zum Geschäftsstil übertitelt Sonnenfels mit jenen Leitbegriffen, die ihm bei der Schaffung einer einheitlichen und somit allgemein verständlichen Amtssprache vorrangig schienen – Sprachrichtigkeit (im Sinne einer korrekten Rechtschreibung), Deutlichkeit, Kürze und Anstand: „Die Sprache des Niedern an den Höhern muß also, nach dem Masse des Abstands, ehrerbietig seyn! Die von Gleichen an Gleiche soll Achtung, die von Höheren an Niedere, abermal nach Masse des Abstandes, Würde zeigen!"[42] Hinter diesem Wunsch nach sprachlicher Standardisierung stand aber auch das Bestreben Josephs II., Deutsch als alleinige Amtssprache in den Erblanden zu etablieren, wobei sich diese Forderung nicht nur gegen das in Ungarn übliche Latein richtete, sondern auch französischsprachige Hofbeamte betraf. So war im kaiserlichen Hofbauamt bereits 1773 der Versuch

37 Zu den Erläuterungen „Von den Gerüstungen" vgl. ebenda, 306–314.

38 Megner 2010, 188–194.

39 Wien, HHStA, HA, HBA, K. 55, fol. 221 (Currentprotokoll des Hofbauamts von Jänner 1783, Nr. 8).

40 Sonnenfels 1785, „An meine Leser", o. S.

41 Plattner 2008, 73–74; Karstens 2011, 227–231.

42 Sonnenfels 1785, 69.

unternommen worden, Deutsch als verpflichtende Sprache einzuführen, um dem Hofbaupersonal die Übersetzungsarbeit mit französisch verfassten Berichten zu ersparen. Im Hofbauamt war es insbesondere Vizehofbaudirektor Jean-Baptiste de Demenge Brequin, der des Deutschen nicht mächtig war und ausschließlich in Französisch kommunizierte.[43] Brequin sah sich aufgrund seines fortgeschrittenen Alters aber nicht mehr in der Lage, die deutsche Sprache zu erlernen, weshalb Maria Theresia ihrem altgedienten Mitarbeiter einen Übersetzer zur Seite stellte.[44] Die Ausnahme von der Regel bestätigt auch der Franzose Isidor Ganneval, der 1775 zum Hofarchitekten ernannt wurde, obwohl es um seine Deutschkenntnisse nicht gut bestellt war. Der von Joseph II. protegierte Architekt durfte sich laut kaiserlichem Beschluss ab 1782 ausschließlich auf jene Bauprojekte konzentrieren, die dem Kaiser besonders am Herzen lagen. Weil Ganneval „der teütschen Sprache nicht recht mächtig" sei, wie Joseph II. seinen Generalhofbaudirektor Kaunitz-Rietberg wissen ließ, sollte er künftig von seinen Verpflichtungen als Hofarchitekt entbunden werden, womit ihm eine Sonderstellung im Hofbauamt eingeräumt wurde.[45]

Das Banat als „Modellregion"

All jene Reformen, die durch die Gründung der Oberhofbaudirektion seit Herbst 1783 schrittweise im habsburgischen Bauwesen implementiert wurden, waren bereits 20 Jahre zuvor in kleinerem Rahmen erprobt worden:[46] Nach Ende des Siebenjährigen Krieges (1756–1763) setzte eine massive, von der Hofkammer und dem Hofkriegsrat gelenkte Impopulationspolitik in das Banat im Südosten der ungarischen Tiefebene ein. Zwar gehörte dieser Landstrich bereits seit dem Frieden von Passarowitz (1716) zur Habsburgermonarchie, doch war die Grenzregion bis in die zweite Jahrhunderthälfte nur dünn besiedelt. Seit Mitte der 1760er-Jahre mussten für die große Zahl an Siedlerinnen und Siedlern binnen kurzer Zeit neue Dörfer angelegt und entsprechender Wohn- und Arbeitsraum geschaffen werden.[47] Zur Beschleunigung dieses Verfahrens entschieden Hofkammer und Hofkriegsrat zugunsten streng geometrischer, blockartiger Dorfgrundrisse, in denen allen Familien Flächen derselben Größe zur Verfügung gestellt werden konnten.[48] Die Errichtung der benötigten Gebäude erfolgte nach zentral erstellten Musterplänen, die nicht nur eine rasche Umsetzung garantierten, sondern auch zu einer (durchaus intendierten) Uniformität der Architektur

43 Dekret vom 12. März 1773 an Jean-Baptiste de Demenge Brequin mit der Verordnung, Anzeigen und Auskünfte in Hinkunft in deutscher Sprache einzureichen. „Da bey allen KK: Hof Stellen gewöhnlich ist, daß die zuerstatten kommende berichte, oder allenfalls machende Anzeigen, und Überschläge in Deutscher Sprach Verfaßet werden"; Wien, FHKA, NHK, Kaale Ö, Akten 1609, fol. 163r–165v.

44 Schönburg-Hartenstein / Zedinger 2004, 19–20.

45 Wien, HHStA, HA, HBA, K. 52, 312, 484r–492v (Currentsitzung vom August 1782, Nr. 61); Mader-Kratky 2017, 150–151.

46 Vgl. Benedik 2010a.

47 Im Zeitraum von 1762–1772 wurden über 5000 Kolonistenhäuser errichtet; Mraz 1980, 143.

48 Roth 1987, 9–14.

beitrugen. Auf lokale Bautraditionen oder individuelle Lebensweisen wurde dagegen keine Rücksicht genommen, und auch die Betroffenen besaßen kein Mitspracherecht im Planungsprozess.[49] Die nach einem einheitlichen Schema verfassten Musterpläne erhoben die Wirtschaftlichkeit zur obersten Doktrin; ein Maßstab, der an alle Bautypen – vom Kolonistenhaus bis zur Pfarrkirche („nicht zu prächtig und mit unnützem Zierrath überhäuffet")[50] – gleichermaßen angelegt wurde.

Das Bauwesen im Banat war zentral organisiert und unterstand direkt der Hofkammer in Wien. Alle Planungen der verantwortlichen Provinzialingenieure mussten zur Genehmigung bei der Hofkammer eingereicht werden und wurden dort vom damaligen ungarischen Hofkammerarchitekten Franz Anton Hillebrandt weniger nach ästhetischen als vielmehr nach bautechnischen und ökonomischen Gesichtspunkten geprüft, womit die Bautechnik sowie die Baukalkulation die Oberhand über die „Bauschönheit" erlangten. Diese rein aus einem wirtschaftlichen Blickwinkel erdachte Vorgehensweise besaß für die weitere Entwicklung des habsburgischen Bauwesens durchaus modellhaften Charakter.

Die Reformen der Reform

Die Verpflichtung, seit 1783 ausnahmslos alle Bauprojekte aus den Erblanden zur Freigabe in die Oberhofbaudirektion in Wien zu übersenden, zeigte schon bald ihre Konsequenzen: Die Verantwortlichkeit von Oberhofarchitekt Franz Anton Hillebrandt und seinen Mitarbeitern verschob sich von planenden Architekten in Richtung prüfender Bauaufseher, die sich aus der Vielzahl an angetragenen Bauplänen nicht mehr heraussahen. In Unkenntnis der einzelnen Bauplätze konnten sie ihr Urteil ausschließlich auf Basis der vorgelegten Unterlagen abgeben, weshalb sie wiederholt Situationspläne einforderten, die ihnen die geplanten Bauführungen zumindest im Verhältnis zu den umliegenden Gebäuden und Straßenzügen veranschaulichen sollten. Auch das große Interesse Josephs II. für diverse Baustellen in den Kronländern erleichterte die Situation nicht, sondern führte regelmäßig zu Konflikten mit Bausachverständigen, wenn sich der Kaiser in Planungen jeglicher Gattung korrigierend einbrachte – sei es bei der Umgestaltung von Sakralräumen wie jenem der Hofkirche St. Augustin in Wien oder bei einer projektierten Schleuse an der Donau.[51] In allen Fällen drängte Joseph II. auf eine rasche Umsetzung seiner Ideen und trieb die Beteiligten stets zur Eile an. Die Landesbaubüros standen wiederum vor dem Problem, dass

49 Ebenda, 14–18; Springer 1996, 76–77; Benedik 2010a, 202–203.

50 Zit. nach Springer 1996, 77.

51 Zu Josephs Interventionen bei der Umgestaltung der Augustinerkirche vgl. Lorenz / Mader-Kratky 2016, 439 (Anna Mader-Kratky). Aufgrund latenter Hochwassergefahr im Bereich der Brigittenau (nördlich von Wien) sah die Oberhofbaudirektion im März 1786 die Errichtung einer Schleuse an der Donau vor; von den Plänen konnte sich der Kaiser aber „nicht ganz überzeugn", „so nutzbar auch die Ausführung wäre", zit. ein Handbillet Josephs II. an Generalhofbaudirektor Ernst Christoph Graf Kaunitz-Rietberg vom 4. März 1786; Wien, HHStA, KA, KK, Protokolle und Indizes, Bd. 40, Nr. 181. Zum weiteren Verlauf der Angelegenheit vgl. ebenda, Nr. 190, 210, 232.

in vielen Regionen erst die Infrastruktur für größere Bauprojekte durch den Ausbau des Straßennetzes geschaffen werden musste, um das Baumaterial überhaupt transportieren zu können, woraus sich ungeplante, vom Kaiser wenig goutierte Verzögerungen ergaben.[52]

Überblickt man den fortwährenden Reformbedarf und das organisatorische Nachjustieren im habsburgischen Bauwesen im Laufe der 1780er-Jahre, so stellt sich die Gründung der Oberhofbaudirektion im November 1783 nicht als Erfolgsgeschichte dar. Bereits 1786 erarbeitete Oberhofarchitekt Franz Anton Hillebrandt im Auftrag Josephs II. eine mehr als 100 Seiten umfassende Studie zu einer Reorganisation der k. k. Baubehörden, die unter anderem vorsah, den ursprünglich gestrafften Instanzenlauf wieder auf diverse Unterabteilungen in den Ländern aufzufächern, um die Entscheidungsfindung in der Wiener Behörde zu erleichtern und zu beschleunigen.[53] Ziel der erneuten Reform war neben einer klaren Zuteilung von Zuständigkeiten der einzelnen Abteilungen vor allem die Schaffung einer tragfähigen Personalstruktur, die sich auf alle Landesstellen übertragen ließ. Resultat der neuerlichen Umstrukturierung der Oberhofbaudirektion war auch die Gründung der Hofkommission in Bausachen im Herbst 1787, bei der es sich um ein beratendes Gremium handelte, das sich im Wesentlichen aus jenen Personen zusammensetzte, die dem Generalhofbaudirektor bislang als Assessoren zur Seite gestanden waren. Nur ein Jahr später kam es zu neuerlichen Umstrukturierungen, indem das habsburgische Bauwesen wieder der Hofkammer als oberster Finanzverwaltung unterstellt wurde, wie es bereits in maria-theresianischer Zeit der Fall gewesen war. In der zweiten Jahreshälfte 1789 verließ Generalhofbaudirektor Ernst Christoph Graf Kaunitz-Rietberg nach 17 Jahren das Hofbauwesen, und Hofarchitekt Johann Ferdinand Hetzendorf von Hohenberg übernahm die Agenden als interimistischer Leiter der Baubehörde.[54] Dieses Provisorium deutet genauso wie das nur lose erhaltene Aktenmaterial dieser Monate darauf hin, dass sich die 1783 mit großer Geste installierte Oberhofbaudirektion damals bereits in Auflösung befand. Der Tod Josephs II. im März 1790 verhinderte eine rasche Entscheidung zur Beendigung dieses Übergangszustandes, die erst im Mai 1791 mit der neuerlichen Trennung des Hofbauwesens von der Hofkammer und der Zuweisung regionaler Bauagenden an die zuständigen Länderstellen durch Leopold II. erfolgte.[55] Somit trifft auch auf den Versuch einer Zentralisierung des habsburgischen Bauwesens der Befund Irmgard Plattners zu, wonach „die periphere Realität [...] an dem Bild einer gut geölten, reibungslos funktionierenden absolutistisch-zentralistisch gelenkten Staatsmaschine [kratzte], indem sie dem Blick von oben den Blick von unten entgegensetzt."[56]

52 Benedik 1996, 25.

53 Ebenda, 22–26.

54 Schreiben von Vinzenz Freiherrn von Struppi an Obersthofmeister Georg Adam Fürst Starhemberg vom 30. November 1791; Wien, HHStA, HA, HBA, K. 109 (1791); dazu auch Mader-Kratky 2017, 159.

55 Wien, HHStA, HA, HBA, K. 107 (1791), Nr. 427.

56 Plattner 2008, 89.

Markus Krajewski

Wie ordnet sich Habsburg? Stillstellung und Beweglichkeit um 1780

Wie ordnet sich Habsburg? Beschränkt man diese (über-)große Frage auf die Zeit des frühen Josephinismus und der späten Regentschaft von Maria Theresia, so lassen sich zwei vermeintlich gegenläufige Momente ausmachen, die in der Zeit um 1780 eine ebenso große wie weitreichende Innovationswirkung entfalten: Einerseits zeigt sich im letzten Viertel des 18. Jahrhunderts ein gesteigertes Interesse an der Erfassung und Lokalisierung einzelner Individuen, das sich in neuen Konzepten von örtlicher Fixierung und Adressierung des Einzelnen niederschlägt.[1] Andererseits entwickelt sich seitens der Verwaltung eine Flexibilisierung der Handhabung dessen, was zugleich fixiert werden soll. Der Text zeichnet die Genese beider Momente, einer Stillstellung des Ephemeren sowie einer administrativen Beweglichkeit des Festgehaltenen, in dieser Zeit des historischen Umbruchs anhand von zwei einschlägigen Beispielen, der Häusernummerierung in Wien und dem bibliothekarischen Zettelkatalog der Hofbibliothek, nach.

Hinwendung zur Stillstellung – Adressen und Hausnummern

Am Heiligabend des Jahres 1770 ergeht ein Hofdekret ihrer Majestät Kaiserin Maria Theresia an die Adresse des Bürgermeisters von Wien. Die Regentin verfügt, „die Nummern an den Häusern bey Strafe von 9 fl kenntlich und sichtbar zu machen".[2] Die Rede ist von den sogenannten „Conscriptionsnummern", die der Registrierung der gesamten männlichen Bevölkerung dienen und eine vollständige Erfassung jener *Mann-Schaft* erlauben sollen. Nachdem sich bei der bisherigen Umsetzung dieses Verwaltungsakts jedoch „Unzukömmlichkeiten" zeigten, setzt der Bürgermeister gemäß ihrer Majestät Entschluss nunmehr auf Transparenz. Seine Anweisung an den Rat der Stadt vom Dreikönigstag 1771 verlangt, im Zuge der „allgemeinen Seelen- und Haus-Conscription" nicht nur die „von aussen bemerkten Numerum" auszuweisen, sondern diese ebenso „inwendig in dem Hause kenn- und sichtbar" anzubringen.[3] Dieses allerhöchste Weihnachtsgeschenk bezweckt, alle potenziellen k. k. Soldaten ausnahmslos in die Rekrutierungslisten einzuschreiben.

Das derart geordnete Gassen- und Menschengewimmel erweist sich jedoch als unerwartet dynamisch. Als Orientierung im Wiener Gewirr der Gassen hilft vor der ersten Nummerierung – auch für die Verwalter der Conscriptions-Kataloge, die mit dieser Erfassung der Wehrpflichtigen eine der ältesten nachzuweisenden Katalogarten

1 Vgl. auch Krajewski 2017, 37–63.

2 Zit. nach Hempel-Kürsinger 1826, 410.

3 Wien, WStLA, Patente, H 45/1771, Kundmachung des Bürgermeisteramtsverwalters und Rats der Stadt Wien, 7. Jänner 1771; zit. nach Wohlrab / Czeike 1972, 334.

überhaupt pflegen[4] – nichts als die rein empirische Kenntnis der Ortschaften oder die ebenso empirische wie verlässliche Frage an Ortskundige, wo wer zu finden sei. Es ist vor allem das von dem Bibliothekar Friedrich Adolf Ebert 1820 so gerühmte „Lokalgedächtnis",[5] das die Navigation in den nummernlosen Gassen erleichtert.

Bevor sich zu Beginn des Jahres 1771 eine allein an Männer gerichtete Adresse nach dem Schema Cnr. *N* (für Conscriptionsnummer *n*) an jedem Haus in- und auswendig etabliert, bot das unadressierte Häuser*meer* günstige Schlupfwinkel nicht nur für Delinquente und Deserteure. Demzufolge wird gegen jene, die den staatlichen Zugriff auf Wehrflüchtlinge zu erschweren helfen, indem sie „einen Hausen Numero frevenntlich auslöscheten oder unkennbar macheten [,] eine ergiebige arbitrarische Geld- und in ermangelnden Vermögen eine Leibes Straf"[6] verhängt. Um diesem Frevel stärker zu begegnen, soll endlich als Anreiz zum Ordnungshüten vom eingenommenen Geld „dem Denuncianten das Drittel zugewendet werden".[7]

Schon 1777 sieht die niederösterreichische Regierung Anlass zu einer erneuten Durchnummerierung der Häuser. „Nachdem seit der letzten Conscription viele neue Häuser aufgebauet worden, diese aber noch keine Numer haben dörften, und zum Theile zwischen den alten Häusern stehen, so ist bey dieser Gelegenheit auf die Rectification der Hausnumern zugleich zu sehen."[8] Neuzugänge sind indes folgendermaßen zu kennzeichnen: „wenn zum Beyspiele zwischen den Häusern sub Nro. 12. und 13. drey neue vorgefunden würden", so ist „das erste neue Haus mit 12.a, das zweyte mit 12.b, das dritte mit 12.c" anzuschreiben. Schließlich steigert das Konskriptionspatent noch die Tiefe der Adressierung, indem es verfügt, „auch das weibliche Geschlecht, und die Judenschaft nebst dem Zugviehe vollständig beschreiben zu lassen".[9]

Die erneute Nummerierung von 1777 verläuft durchaus erfolgreich, doch zeigen sich im Laufe des folgenden Jahrzehnts weitere mnemo- und navigationstechnische „Unzukömmlichkeiten". So vollständig und sichtbar die einzelnen Nummern nicht nur an, sondern auch in den Häusern angebracht sein mögen, lässt die nächsthöhere Verzeichnisstufe doch jede verbindliche Systematik vermissen: Es fehlt eine eindeutige Bezeichnung einer jeden Gasse, Straße und Verkehrsfläche: „Die vielen [...] große und kleine Gäßen [,] deren Namen vor die meisten Menschen unwißend, sezen nicht allein fremde, sondern auch hießige Innwohner, die nicht recht gut bekannt sind, wenn selbe was zu suchen oder zu besehen haben, öfters durch vieles Nachfragen und Herumirren in solche Verlegenheit und Zeitverlust, daß man zu Erleuchtung des Publikums die Verordnung zu ertheilen befunden hat, daß in einer jeden Gaße, ohne Unterschied groß oder klein, an beiden Enden derselben, an das erste Haus mit großen schwarzen

4 Vgl. Löffler 1956, 11.

5 Ebert 1820, 14–15; vgl. zur weiteren Geschichte v. a. Jochum 1991, 15–16 und 20–21.

6 Hempel-Kürsinger 1826, 410.

7 Wien, WStLA, Patente, H 45/1771, Kundmachung des Bürgermeisteramtsverwalters und Rats der Stadt Wien, 7. Jänner 1771; zit. nach Wohlrab / Czeike 1972, 335.

8 Zit. nach Hempel-Kürsinger 1825, 270.

9 Ebenda; vgl. zur vollständigen Erfassung der Zweitgenannten ab 1933 auch Aly / Roth 1984.

Buchstaben auf die nämliche Art, wie die Conscribtions Numern an die Mauer der Name derselben angeschrieben werden solle."[10]

Mit vollständigen Adressen aus Straßennamen und Hausnummern sind endlich die Raster über die Stadt gelegt, die Standorte und Zugriffspfade auf die Wehrdienstpflichtigen eindeutig festhalten. Aber auch alle übrigen Personengruppen der kaiserlich-königlichen Untertanen, die sich in stetiger Bewegung befinden, sind damit erschlossen und adresstechnisch stillgestellt. Ein administratives Netz spannt sich über die Stadt, dem zu entgehen nun ungleich schwieriger geworden ist. Mit der Fixierung der Untertanen geht zugleich eine Flexibilisierung der Verwaltung einher, deren Ausgangspunkt allerdings nicht im Conskriptionsbüro zu suchen ist; vielmehr ist es die Bibliothek, die sich als verwaltungstechnisches Testgelände profiliert, um auf die Bewegung der Bücher seinerseits mit einer beweglichen Administration zu reagieren.

Beweglichkeit der Bruchstücke – Daten im Fluss

Die Problemstellung in der Erfassung der Wehrpflichtigen ist durchaus mit der alten Problematik der Bibliothek vergleichbar. In beiden Fällen stellt sich die Frage, wie mit den ebenso mobilen wie flüchtigen Elementen – Rekruten oder Büchern – umzugehen ist. Es verwundert daher wenig, dass auch die jeweiligen Lösungen auf ein gemeinsames Prinzip zurückgreifen. Es gilt, den Standort mithilfe einer eindeutigen Adresse zu fixieren: „Der Zweck der Standortsbezeichnung ist eindeutig und vordringlich: das rasche Finden und Zurückstellen eines gebrauchten Buchs zu gewährleisten und dann in einer Bestandsrevision sein Vorhandensein zu bestätigen."[11] Sowohl im Kriegs- wie im Buchwesen unterliegen die jeweiligen Einheiten hohen Fluktuationen. Bücher wie Rekruten müssen unentwegt als Neuzugang und ebenso unentwegt als – trauriger – Kriegsverlust[12] präzise und zuverlässig registriert – und damit auch adressiert werden können: „So nimmt die Signatur vom Standort ihren Ausgang."[13] So wie die Conscriptions-Nummerierung den möglichen Standort des jeweiligen Rekruten lokal fixieren soll, weist die Signatur des Buchs idealerweise die Adresse seines regulären Aufenthalts aus. Kaum überraschend, dass die neuere Bibliotheksverwaltung, sofern sie die heterogene und oftmals gegenstrebige Entwicklungsgeschichte der Signatursysteme zu umreißen versucht, sich der Analogie zur schlechterdings effizienten postalischen Adressierung bedient.[14]

10 Wienbibliothek im Rathaus, Niederösterreich. Landesregierung: Circulare und Kreisschreiben 1725–1849, Circulare der niederösterreichischen Regierung „An die von Wien", 9. September 1782; zit. nach Wohlrab / Czeike 1972, 338. Vgl. als aktuelle und auch medienhistorisch detaillierte Analyse der Geschichte der Hausnummerierung in Wien und anderswo Tantner 2000, ders. 2007a, ders. 2007b.

11 Leyh 1961, 729.

12 Vgl. etwa die gleichlautende Terminologie der Staatsbibliothek zu Berlin, Stiftung Preußischer Kulturbesitz.

13 Leyh 1961, 729.

14 Vgl. ebenda, 731, der mit unverhohlenem Zorn vor allzu eigensinnigen Signatur-Systemen warnt: „Aber wo ist der bevorrechtete Magazinbenutzer, der sich die Mühe nimmt, diese seltsame

Die grundlegende Schwierigkeit der lokalen, das heißt gestellgebundenen Signierung jener Einheiten, die ihrerseits die Signatur von Autoren tragen,[15] wird im Moment massiver Neuzugänge bzw. -bauten nur allzu deutlich. Ein Überlaufen des Bücherstroms kann auch die Kapazität des größten Repositoriums sprengen. Vorausgesetzt, dass der verfügbare Speicherraum es überhaupt zulässt, sind die Bibliothekare zu aufwendigen Umräum- und Sortierarbeiten gezwungen. Um diesem fortwährenden Umordnungszwang zu entgehen, wird eine neue, ihrerseits bewegliche Administration erforderlich. Es bedarf einer Verwaltung von Verweisen, die das manifeste Buch nicht mehr über die Aufstellung auffindet, sondern anhand seiner Systemstelle im alphabetisch sortierten oder systematisch klassifizierten Katalog nachweist. Eine Verweisung, die ihrerseits nicht starr, sondern beweglich ist. Dieser buchstäbliche Bewegungswechsel des Suchverfahrens leitet von der Ebene der Bücher am Regal auf die Ebene der Ordnung im Katalog über.

Notwendig bleibt in der beweglichen Verwaltung die exakte Adressierung des Standorts, deren Tiefe den Rekruten / das Buch in seiner Behausung erfassen muss. Die Conskriptions-Nummer / Signatur oder der Stadt- / Bibliotheksplan verzeichnet genau, wo sich welches Segment im Raum befindet. Gleichzeitig ermöglicht die genaue Adressierung eine höher repräsentierende Logik des Einschubs: Neuzugänge werden in die regelrechte Ordnung der Listen gebracht, sortiert nach wissenschaftlichen Kriterien oder nach alphabetischer Reihung. Statt sie zwischen den bestehenden Einheiten einzurücken, dürfen sie – in der Reihenfolge ihres Erscheinens – getrost hintangestellt werden: Das *numerus-currens*-Verfahren in der Bibliothek erweist sich gleichsam als Antwort auf den immer stärker anschwellenden Bücherstrom. „Der Ort, wo ein Buch steht, ist höchst gleichgültig",[16] stellt der weitsichtige Bibliotheksanalytiker Albrecht Christoph Kayser schon 1790 fest. Die Frage, wo welches Buch aufzufinden sei, richtet sich daher nicht mehr an die systematisch aufgestellten Behausungen. Es ist die symbolische Ordnung des Katalogs, die den diskreten Einheiten ihren Ort zuweist. Doch auch diese muss der Anforderung nach beweglichen Systemen (und ebenso flexibler Systematik) genügen. „Damit der Zweck der Signatur, Verstellungen zu verhüten, sicher erreicht wird, muß das Buch innen und außen die individuelle Standortsbezeichnung erhalten, die auch bei dem Titel im Katalog vermerkt ist."[17] Sofern diese grundlegenden Regeln der Adressierung Beachtung finden, dürfte der Katalog den Weg zum gewünschten Buch ebenso weisen, wie ein Ortskundiger den Suchenden zum Ziel leitet.

Die Erfindung der Hausnummer und die Entwicklung des sogenannten *numerus currens* als neues Prinzip der Bücheraufstellung im Wien der 1770er-Jahre sind als

bibliothekarische Begriffssprache zu erlernen, wenn mit gesundem Menschenverstand eingerichtete Kataloge ihm sofort mit Hilfe einer einfachen Standortsnummer, d. h. der Hausnummer, den kürzesten Weg zu dem gewünschten Buch weisen."

15 Vgl. zur Signatur der Signatur Jochum 1993, 83–85, und zum Titelblatt als erster Adresse Giesecke 1998, 420–425.

16 Kayser 1790, 10.

17 Leyh 1961, 693.

Reaktion auf ein gemeinsames Phänomen zu sehen: *Beweglichkeit*. Beide Formen der Adressierung zielen darauf ab, in der Nummernlosigkeit der Masse die beweglichen Einheiten zu erfassen und festzuhalten. Dabei bedienen sich beide Adressierungen einer Listen-Logik, deren Einträge neben dem Namen der Autoren / Rekruten den jeweiligen Aufbewahrungsort verzeichnen. Doch die katalogischen Maßnahmen gegen die Beweglichkeit der Menschen und Bücher müssen ihrerseits einer Logik der Beweglichkeit gehorchen. Das starre System der buchgebundenen Bücherverzeichnung ist angehalten, dynamisch und flexibel zu werden. Eine Reihe von Techniken und Strategien macht dies möglich – die unter der Projektbezeichnung *Josephinischer Zettelkatalog* in die Bibliotheksgeschichte eingegangen sind.

Kopierfehler: Der Josephinische Zettelkatalog

„[D]ie Arbeit ist angefangen worden den 22. may 1780", hält der Bibliothekspräfekt Gottfried von Swieten in einem kleinen Zusatz zur *Vorschrift worauf die Abschreibung aller Bücher der k. k. Hofbibliothek gemacht werden solle*[18] fest. Was gemacht werden solle, ist nichts anderes, als der k. k. Hofbibliothek endlich jenen vollständigen Katalog zu verschaffen, den sie bislang entbehrte.[19]

Während die Bibliotheksleiter des Mittelalters nach der jährlichen Auswertung ihrer Inventarlisten regelmäßig eine „Bestandsverminderung" zu verzeichnen hatten,[20] können sich Bibliotheksleiter im Zeitalter der Aufklärung über anschwellende Datenströme von Druckwerken freuen. In der Phase, während derer Gerhard und Gottfried van Swieten der Wiener Hofbibliothek vorstehen,[21] erfährt der deutsche Buchmarkt eine spürbare Steigerung seiner Produktivität. Das lässt nicht nur die Anzahl der Veröffentlichungen hochschnellen, sondern beschert den Bibliotheken auch glanzvolle Bilanzierungen. Dabei ist es nicht unwesentlich zu fragen, woraus sich die Bestände der Hofbibliothek ab 1750 vornehmlich speisen.

Zahlreiche Innovationen bei der technischen Herstellung von Büchern und Papier führen zu einer rasanten Steigerung in der Buchproduktion zwischen 1760 und 1765.[22] Ebenfalls förderlich für die Bücherflut wirken die Zunahme an Lesern und Leserinnen durch die allgemeine Alphabetisierung sowie die daraus folgende Umstellung von *Literatur* selbst und der vielfach kommentierte Wechsel in den Lesegewohnheiten.[23]

18 Wien, ÖNB, Akt HB 125/1780, 1. Teil.

19 Vgl. Wieser 1968, 240–241.

20 Vgl. Buzás 1975, 143. Man denke nur an am Pult angekettete Folianten, „Verluste durch die Benützung", Feuer oder die laxe Rückgabemoral humanistischer Gelehrter, die mithin als Diebstahl beschrieben wird.

21 Diese reicht von 1745 bis 1803, unterbrochen von der Interimsleitung des Ersten Kustos und späteren Direktors Kollar nach Gerhards Tod 1772 bis zur neuen Präfektur Gottfried van Swietens 1777; vgl. insgesamt Stummvoll 1968.

22 Zu konkreten Zahlen sowie Hinweisen und Ausführungen zu vielfältigen Gründen vgl. Bosse 1981, 85, und Schön 1987, 41–44.

23 Ebenda und detailliert vgl. Kittler 1995, 37–55 und 178–188.

Hinzu kommt eine administrative Schleusenöffnung, die zumindest in Österreich den gewöhnlichen, bisweilen spärlichen Zufluss von Pflichtexemplaren,[24] verstärkt durch unregelmäßige Einverleibungen eigenständiger Büchersammlungen,[25] über alle Maßen anwachsen lässt und eine katalogpraktische Kanalisierung erforderlich macht. Im Jahre 1773 wird die jesuitische Ordensgemeinschaft von Papst Klemens XIV. für aufgelöst erklärt. Diesem allerhöchsten römischen Entschluss geht ein jahrzehntelang tobender Kampf voraus: Ausgehend von der 1713 in den Österreichischen Niederlanden beginnenden Verfolgung der Jansenisten soll der Vormachtstellung der Jesuiten mit ihrem notorischen Einfluss in Staatsfragen ein Riegel vorgeschoben werden.[26] In Österreich selbst gewinnt diese Auseinandersetzung erst an Stärke, nachdem Gerhard van Swieten zum Leibarzt von Maria Theresia ernannt und im Zuge dessen auch mit der Aufgabe betraut wird, das österreichische Bildungs- und Unterrichtswesen grundlegend zu reformieren.[27]

Geprägt durch seine strenge Erziehung in der Theresianischen Ritterakademie (*Theresianum*) und den dortselbst praktizierten jesuitischen Exerzitien, ist sein Sohn Gottfried van Swieten ebenfalls gegen die Jesuiten eingenommen[28] und führt das Reformwerk des Vaters fort – auch und vor allem gegen die Societas Jesu.[29] Am 6. Dezember 1779 ergeht von ihm ein Erlass an sämtliche Länderstellen: „Nachdem unserer Majestät, unserer allergnädigsten Frauen zu vernehmen gekommen, wienach unter denen bey Aufhebung des Jesuiter Ordens vorgefundenen Schriften noch verschiedene die Vermögens- und andere Umstände dieses erloschenen Ordens betreffende wichtige Papiere vorgefunden seyn sollen, als habe euer Exzellenz in allerhöchsten Namen zu erinnern, daß dieselben über alle diese Schriften und Urkunden ein genau- und verläßliches Verzeichnis verfassen zu lassen und selbes bald möglichstens an mich einzubefördern hätten.“[30]

---

24 Deren regelgerechte Abgabe seitens der Druckereien, was auf eine Anregung von Hugo Blotius zurückgeht, bereitet der Bibliotheksverwaltung immer wieder Nachregelungsbedarf, da dem Gebot nur vereinzelt gefolgt wird. Als unabhängiger Vergleich, den die Administration durchzuführen gezwungen wird, findet der Leipziger Meßkatalog seine Anwendung. Denn dieser verzeichnet – das erfordert das kaufmännische Kalkül – alle Neuerscheinungen; vgl. Wieser 1968, 278.

25 Laut dem Bericht Gottfied van Swietens über die Hofbibliothek in den Jahren 1765 bis 1787 kamen „theils durch ausserordentliche Wege, theils durch ihren ordentlichen Fond“ 21.000 gedruckte Bücher, 780 Handschriften, 90.000 Kupferstiche bzw. Handzeichnungen und 5089 Diplomata in die Hofbibliothek; vgl. Swieten 1787 (Stummvoll 1968). Erwerbungen u. a.: Kauf der alten Wiener Stadtbibliothek; Ersteigerung von 160 Werken zur niederländischen Geschichte aus niederländischen Jesuitenklöstern und aus der Bibliothek des Herzogs Karl von Lothringen; 600 Werke aus der Pariser Versteigerung der Bibliothek des Louis-Cèsar La Baume, Duc de la Valliere. Vgl. Handbuch der historischen Buchbestände in Österreich 1994, 44.

26 Vgl. Winter 1943, 33, und Lesky 1973, 19–20.

27 Vgl. Stollberg-Rilinger 2017.

28 Bernhardt 1930, 85–86, leitet daraus eine gebrochene, zur Subalternität neigende Persönlichkeitsstruktur van Swietens ab.

29 Vgl. detaillierter Wangermann 1978.

30 Wien, ÖNB, Akt HB 134/1780; zit. nach Radlecker 1950, 106.

Diesem Auslieferungsbefehl folgt ein von Gottfried van Swieten eigenhändig vorgenommener Selektionsprozess.[31] Anhand der zugesendeten Kataloge – restlose Erfassung vorausgesetzt – werden die hofbibliothekseigenen Bestände um alle noch nicht vorhandenen Schriften erweitert. Sobald die Kataloge mit den verbliebenen, der mutwilligen Vernichtung entgangenen Beständen aus den einzelnen Ländern in Wien eintreffen, beginnt van Swieten mit seiner Arbeit. Gemäß seiner Praxis als Zensor der Studienhofkommission scheidet er die eintreffenden Bücher in aufzubewahrende oder zu vernachlässigende.

Was 1750 noch der buchstäblich *nachdrücklichen* Aufforderung Maria Theresias an den Verleger Johann Thomas Trattner bedarf, „daß es unser Staatsprinzip sei, Bücher hervorbringen zu lassen, es ist fast gar nichts da, es muß viel gedruckt werden",[32] findet schon wenige Jahre später seine Einlösung. Denn gegen Ende der theresianischen Regentschaft schicken sich die Bestände der aufgelösten Klöster an, dem Bücherstrom gen Wien zuzufließen. Nach den neuerlichen Klosteraufhebungen nicht nur jesuitischer Ordensgemeinschaften in den Erblanden[33] unter Josephs II. Alleinherrschaft ebbt diese Welle erst 1787 wieder ab. Die *überflüssigen* Bände, die in der Hofbibliothek keine Aufnahme finden, dienen nicht zuletzt als Zahlungs- und Gratifikationsmittel für andere, wertvollere Werke.[34] Den ausgeschiedenen und verbannten Büchern widerfährt dabei eine eher geringe Wertschätzung, wenngleich sie immer noch dazu dienen können, ganz andere Pfade zu ebnen. „Bekannt sind die Berichte über die Zerstörung von Büchern beim Transport aus Lilienfeld im Jahre 1789. Damals wurden von den Fuhrwerkern Kodizes dazu verwendet, die schlechten Wege passierbar zu machen."[35] Der Prozess der starken Zuflüsse versickert damit. Der Speicher der Hofbibliothek indes läuft über. Leichen pflastern seinen Weg.

Damit die Bibliothek im Überfluss der Bücher nicht vollständig untergeht, bedarf es nunmehr einer katalogtechnischen Antwort auf die Zuströme. Welche Kanalisierungen lenken den Datenfluss, der sich aus den nachdrücklichen Quellen, den Inkorporationen und aufgelösten Klöstern ergießt? Es sind vornehmlich vier Taktiken, mit denen die Bibliotheksverwaltung der Flut begegnet, um systemische Ordnungen in das Feld der Ableitungen zu bringen.

Zunächst wäre da der bereits erwähnte sukzessive Vergleich zwischen den freigesetzten Kloster-Beständen und dem Fundus der Hofbibliothek. Voraussetzung dafür ist jedoch ein Gesamtverzeichnis der bereits vorhandenen Druckwerke, nicht zuletzt als Schablone zum Vergleich. Für jene Bände, die sich als Dubletten herausstellen, ist schnell eine Abflussmöglichkeit gefunden: Neben anderweitigen Ausscheidungen werden sie den Universitäten der jeweiligen Provinzial-Hauptstädte zugewiesen, in deren Distrikt sich die Klöster befunden haben.[36]

31 Vgl. Radlecker 1950, 107.

32 Zit. nach Bosse 1981, 10.

33 Vgl. Mosel 1835, 183.

34 Vgl. Wieser 1968, 276–277.

35 Gutkas 1989, 331.

36 Vgl. Mosel 1835, 163.

Eine zweite Taktik besteht darin, dem Übel bereits am Ursprung abzuhelfen. Wenn schon in der Produktion Qualitätsfilter zum Tragen kommen, so können „unnütze Broschuren-Schmierer“[37] im Vorhinein daran gehindert werden, ihre Texte erscheinen zu lassen. Ganz im Gegensinn zu Maria Theresias Aufforderung zum Nachdruck und seiner eigenen Studienreform sieht sich Gottfried van Swieten gezwungen, die akademische Vielschreiberei mit akuten Gegenmaßnahmen in ihre Schranken zu weisen.[38] Ab April 1784 muss jeder Autor vor der Drucklegung seines Werks eine Kaution in Höhe von „6 Duggaten“[39] hinterlegen, die nur rückerstattet wird, wenn die Studienhofkommission den Druck auch genehmigt. Sollte der Bescheid negativ ausfallen, wird der Betrag einbehalten und dem Armeninstitut zugewendet. Im Kampf gegen die Jesuiten wie auch als Regelungsinstanz des Schriftenstroms zeigt die Bücherzensur ihre Wirksamkeit.[40]

Dritte Taktik: Den seit 1559 in Rom erscheinenden *Index librorum prohibitorum* erweitert Gottfrieds Vater Gerhard van Swieten in der österreichischen Säkular-Variante um zahlreiche weitere Werke. Die Begründungen fallen in der Regel knapp und präzise aus.[41] Doch während bei Gerhard van Swieten primär naturwissenschaftliche Texte auf der Ab- bzw. Ausschlussliste stehen, bevorzugt sein Sohn Gottfried bei der Tätigkeit als Zensor abweichende Selektionskriterien: „Cabbalistik und Magie sind, unter dem unschädlichsten Gesichtspunkte betrachtet, die Frucht eines kranken und zerrütteten Gehirns, und gehören in das Gebiethe des Wahnsinns.“[42] Auch zahlreiche theologische und juridische Schriften aus den aufgelösten Klöstern schleust Gottfried keineswegs direkt in die Bibliotheksbestände. Stattdessen wird ein erheblicher Teil dem Militär überlassen, um daraus neue Munition anzufertigen.[43]

Der wichtigste Mechanismus, dem „Druck des Wissens“[44] mit bibliothekarischen Mitteln zu begegnen (oder standzuhalten), liegt indes beim Katalog selbst. Dieser kommt nicht umhin, die Neuzugänge der Hofbibliothek, die Wucht der Flut aufzufangen. Doch zunächst, wenn sich der Strom der Bücher ab 1773 zu steigern beginnt, werden die Dränagen gelegt, das heißt auf die Hofbibliothek als zentrales Sammelbecken ausgerichtet.

„Die Absicht der Verfügung weyland Ihrer k.u.k. apostolischen Majestät war, den überall zerstreuten Nachlass der Jesuiten an Urkunden, Büchern und Schriften zu

37 Wien, AVA, Unterricht, Studienhofkommission, Teil 1, 133 Protokolle der Studien-Hof-Kommission (Sign. 28) (1776–1791), Protokoll der Studienhofkommission vom 5. Mai 1784; zit. nach Bernhardt 1930, 131.

38 Vgl. zur josephinischen Studien- und Bildungsreform ebenda, 126–134.

39 Ebenda, 126.

40 Vgl. Winter 1943, 41, und ausführlich Fournier 1876.

41 Einblicke in die Zensurpraxis von Gerhard van Swieten gewährt ein Ausstellungskatalog, der die Unterscheidung zwischen „Damnatur“ und „Admittitur“ mit zum Teil ausführlicher Begründung von van Swieten vorführt; vgl. Petschar 1993, 46–55.

42 Zit. nach Wieser 1968, 291.

43 Vgl. Bernhardt 1930, 123.

44 Cahn 1991.

sammeln und an einen Ort zu bringen, wo sie am sichersten bewahrt, am besten geordnet und benützt werden könnten. Ein solcher Ort ist unstreitig die k. k. Hofbibliothek, und gleichzeitig die einzige MASSA im Lande, mit welcher eine Sammlung dieser Art sich vereinigen lasset."[45] Die Hofbibliothek konfiguriert sich schon um 1775 als ein Ort von *Big Data*.

Im Mai 1780 wird die Arbeit am neuen und aufgrund fehlender Alternativen einzigen vollständigen Gesamtkatalog aufgenommen. Doch bis dahin gelangten die Neuzugänge weniger in eine systematische Stellordnung, als in unadressierte Depots. Der Zustrom wurde mangels verfügbarer Arbeitskräfte zunächst mit der eher typischen Reaktion der Verwaltung bedacht. Bereits Gerhard van Swieten „hatte bei näherer Bekanntschaft mit derselben bald bemerkt, dass die Sorgfalt und Freigiebigkeit, womit die österreichischen Herrscher die vorzüglichsten Bücher in ganz Europa aufsuchen und ankaufen liessen, grösser war, als der Fleiss der Präfecten und Custoden, die Erwerbungen zu ordnen und zu bewahren".[46]

Das am „22. may 1780" begonnene Unternehmen, das späterhin unter der Projektbezeichnung *Josephinischer Zettelkatalog* geführt wird und dessen Resultat heute in „205 Kästchen"[47] sein ehrenvolles Dasein in einem hermetisch abgeschlossenen Kämmerchen der Österreichischen Nationalbibliothek fristet, wird gemeinhin[48] und zuweilen stolz[49] als der erste Zettelkatalog der Bibliotheksgeschichte bezeichnet.

Gottfried van Swieten setzt auf ein genau geregeltes Verfahren, um bei der großen und stetig steigenden Bücherzahl Koordinierungsschwierigkeiten von vornherein zu minimieren, auf eine Instruktion, nach deren Anweisungen endlich alle Bücher der Hofbibliothek vollständig erfasst und beschrieben werden sollen. Solche schriftlich festgehaltenen Bibliotheks-Befehlssätze sind bis zum Ende des 18. Jahrhunderts keineswegs selbstverständlich. Die Katalogisierung erfolgte bislang üblicherweise unter der Aufsicht eines Bibliothekars, der die Skriptoren mündlich instruiert und direkt auf Missstände und Korrekturen hinweist.[50]

Die Ausarbeitung der Instruktionen findet in zwei Phasen statt. Der erste, bereits recht detaillierte Entwurf entstammt van Swietens eigener Feder und erteilt *Unterricht und Anweisung für diejenigen, so die Titel und Bücher abschreiben sollen*.[51] Diese „Vorschrift worauf die Abschreibung aller Bücher der k. k. Hofbibliothek gemacht werden solle" listet nicht nur sämtliche Hilfskräfte mitsamt charakterlicher Beurteilung auf, sondern enthält vor allem sieben Punkte, was bei der Beschreibung der Bücher auf die

45 Wien, ÖNB, Akt HB 136/1780, Brief von Gottfried van Swieten, 24. Oktober 1781; zit. nach Radlecker 1950, 108.

46 Mosel 1835, 151.

47 Swieten 1787 (Stummvoll 1968), 320.

48 Vgl. etwa Meinel 1995, 183, Anm. 57, oder Roloff 1961, 255 und 257.

49 Vgl. Petschar / Strouhal / Zobernig 1999.

50 Noch bis ins 20. Jahrhundert sind Katalogisierungen nach mündlicher Tradition in Großbibliotheken durchaus üblich, etwa in Tübingen oder in Darmstadt, vgl. Hilsenbeck 1912, 313–314. Vgl. zur frühen Praxis der Katalogisierung auch Schreiber 1927.

51 Wien, ÖNB, Akt HB 125/1780.

Zettel zu erfassen ist.[52] Adam Bartsch, fünfter Skriptor und späterhin Leiter der Kupferstichsammlung, vervollständigt diesen Entwurf weiter zur endgültigen Instruktion. Dabei ergänzt er die notwendigen bibliographischen Anforderungen um eine ausführliche und jedwede Eventualitäten abfangende Verhaltensvorschrift. Vervollständigt werden diese Befehle noch durch einen Ablaufplan, der die Reihenfolge und Vorgehensweise regelt. Der vollständig ausgearbeitete Plan erreicht van Swieten mit einer Bemerkung versehen, welche den Standardisierungswillen der Instruktion erneut hervorhebt. Das übergeordnete Ziel eines vollständigen, vereinheitlichten und ästhetisch befriedigenden Katalogs lasse sich nur erreichen, wenn man gegen die drohende Diversifikation der Resultate vorgehe und dem unsystematischen Abschreiben Einhalt gebiete:

„Dieses sind einige Anmerkungen, die vielleicht in einer ausführlicheren Vorschrift zur Verfertigung eines neuen Katalogs, wenigstens zum Theil, Statt finden dürften, und die mich deswegen unterfange, EURER FREIHERRL. GNADEN hiermit gehorsamst zu überweisen. Es kömmt nunmehr auf HOCHDIESELBEN an, selbe zu prüfen und davon Gebrauch zu machen. Eine ähnliche Vorschrift, die jeder Scriptor, der zu Bearbeitung des Katalogs angestellet ist, immer zur Hand haben soll, muß weniger ein Unterricht, wie man einen Katalog, oder die einzelnen Bestandteile desselben schreiben sollen, als eine Richtschnur sein, nach der jeder auf gleiche Weise zu arbeiten hat. Ich wenigstens setze voraus, daß jeder von uns Büchertitel zu schreiben wisse, dennoch würde die Verschiedenheit der Art und Methode, in der sie geschrieben würden, wenn auch jede davon für sich untadelhaft wäre, am Ende eine Ungleichheit im Ganzen hervorbringen, die den Katalog, wo nicht undeutlich machen, aber doch demselben eine Zierde und das Aussehen benehmen würde, daß er nur zu *einem* Zweck, aus *einem* Gesichtspunkt, und nach *einem* System verfertigt worden seie.“[53]

So pendelt der Entwurf vom Entwurf an Seine Freiherrliche Gnaden zurück, welche den Befehlssatz initialisiert. Die Instruktion geht ohne weitere Änderungen zurück an ihren eigentlichen Autor Adam Bartsch, diesmal allerdings als Adressat der vorzunehmenden Arbeit. Ein kurzer Blick auf den Personalstand der Bibliothek im Frühjahr 1780 zeigt die großzügige Ausstattung des Prozesses. Unter dem Präfekten Gottfried van Swieten und seinem Direktor beschäftigt die Hofbibliothek eine Mannschaft von zwei Kustoden, fünf Skriptoren und vier Bibliotheksdienern.[54] In Anbetracht der zu bewältigenden Bücherströme sieht van Swieten die Unzulänglichkeit der bisherigen Kräfte und stellt demzufolge sieben dringend benötigte Hilfskräfte ein. Mit dieser Exekutivkraft weist die Hofbibliothek, von den üblichen Fluktuationen durch Zu- und Abgänge abgesehen, einen vorläufigen Rekord in ihrer Beschäftigungsquote auf, den sie bis weit ins 19. Jahrhundert nicht wieder erreichen wird.[55]

Alle Schreib-/Lese-Köpfe sind damit eingeschaltet und vom Programm der Bartsch'schen Instruktion in Formation gebracht, die Befehle von Seiner Freiherrlichen

52 Ebenda, 1. Teil.

53 Bartsch 1780 (Petschar / Strouhal / Zobernig 1999), 125, Hervorhebung im Original.

54 Vgl. Petschar 1999, 24–25.

55 Vgl. Mosel 1835, 177.

Gnaden zu empfangen. Der Plan ist kodifiziert, nunmehr bibliothekstechnisch kompiliert und mit der Funktion *Bibliothek* verlinkt. Noch fehlt der Zugriff auf die Daten des hofbibliothekarischen Massenspeichers. Um der Architektur eines modernen Prozessablaufs gerecht zu werden, bedarf es eines Arbeitsspeichers: Deshalb wird ein eigens vom üblichen Bibliotheksbetrieb separierter Raum eingerichtet, das Katalogzimmer. In dieser zentralen Bibliographier-Einheit verarbeitet das Programm, vergleichbar mit einer CPU, der zentralen Recheneinheit eines Computers, seine über die Pfade beigesteuerten Daten. Allerdings schaltet sich der Datenstrom erst zur Laufzeit zu, indem die Übertragung vom Massen- in den Arbeitsspeicher startet. Die Ausführung kann beginnen: Die Bibliotheksdiener tragen die Bücher vom Prunksaal ins Katalogzimmer, wobei sie sich jeweils auf einen Kasten aus einem Regal beschränken. Anschließend überprüft der Skriptor die Bände auf eine eventuell vorhandene Stellungsnummer, die mit dem Schema *RömischeZahl.LateinischerBuchstabe.ArabischeZiffer* der Adressierung von Michael Denis[56] folgt. Sollte die Nummerierung Fehler aufweisen, werden diese korrigiert und der eigentliche Beschreibungsvorgang setzt ein. Ungeachtet ihrer Positionen in der Bibliothekshierarchie, vom Skriptor über den Bibliotheksdiener[57] bis hin zu den Hilfskräften, nehmen sich alle Bedienstete Werk für Werk die Bände vor. Diese werden nach den üblichen formalen Kategorien wie Titel, Autor (sofern vorhanden), Druckort und Jahreszahl, Name des Druckers, Format und eventuellen Defekten auf einzelnen, vorgefertigten Zetteln verzeichnet.[58] Nach erfolgter Beschreibung tragen die Bibliotheksdiener die Bücher zu ihrem Kasten im Prunksaal zurück. „Nur erst, wenn alle Bücher auf die angenommene Weise beschrieben worden, läßt sich darauf denken, die Zetteln in Ordnung zu bringen, und abzuschreiben."[59] Der nächste Schritt sieht vor, die Angaben zu standardisieren (besondere Aufmerksamkeit verdienen hierbei die unterschiedlich geschriebenen Autorennamen), bevor schließlich die Zettel in extra dazu angefertigten Katalogkapseln[60] eingeordnet werden. Aufgehäuft in unsortierten Stapeln, verschnürt zu einzelnen Paketen und mit einem Zwirnfaden zur weiteren Verwendung gebündelt erwarten die Zettel ihre alphabetische Sortierung.[61]

---

56 Vgl. Denis 1777, 274–275.

57 Bereits 1835 gab es bedauerlicherweise, so Ignaz Mosel 1835, 177, Anm. 2, das Amt des Bibliotheksdieners nicht mehr, dessen Aufgabe bislang darin bestand, dem Lesenden zu dienen. Vgl. zum „Bibliotheksdiener" ausführlich Förstmann 1886 sowie Krajewski 2010.

58 Vgl. auch Petschar 1999, 28.

59 Bartsch 1780 (Petschar / Strouhal / Zobernig 1999), 131.

60 Deren äußere Form simuliert wiederum den Anblick eines Buchs. So tarnt sich der Zettelkatalog einstweilen mit der konventionellen Erscheinungsweise eines Bandkatalogs. Ein verbergendes Beruhigungsmittel für traditionsverhaftete Bibliothekare, dessen Erfinder sich meinen Recherchen in Wien bislang leider erfolgreich entzog. Vgl. zur späteren Verwendung von Kapseln (in Gießen) auch Haupt 1888.

61 Die Sortierung wird vermutlich nicht unähnlich dem etwas später vorgeschlagenen Sortier-Algorithmus von Kayser 1790, 36–42, vorgenommen worden sein, an dem sich wiederum Martin Schrettinger 1808 offensichtlich orientiert hat. Zur Bündelung von Papierstapeln mit Badischen Knoten und preußischer Heftung vgl. Vismann 2000, 282.

Der Prozess der Titelspeicherung und Übertragung auf fragmentierte Papiere geht mit erstaunlicher Effizienz voran. Im Sommer 1780 sind bereits 31.596 Werke in 27.709 Bänden auf Zetteln verzeichnet, ein Jahr später sind mit weiteren 23.434 Titeln alle Bücher vollständig beschrieben. Die Arbeitsleistung eines jeden Skriptors erfasst der Präfekt dabei fein differenzierend in einer „Liste über die anzahl [...,] welche [...] im Sommer 1780 in der Bibl[iothek] sind beschrieben worden".[62] Laut dieser Zwischenbilanz verzeichnet der Autor der Instruktion, Adam Bartsch selbst, mit 4637 Werken in 5372 Bänden die meisten Bücher. Schließlich repräsentiert der *Josephinische Katalog*, inklusive eines ausgeprägten Verweissystems, alle Texte der Bibliothek auf ca. 300.000 Zetteln. Das erste Teilziel, die Titelaufnahme, wäre somit erfolgreich absolviert.

Fortschritt durch Stillstand

Der weitere Katalogisierungsplan sieht vor, die normalisierten und sortierten Zettel als Grundlage für die Abschrift eines Bandkatalogs zu verwenden – zunächst in alphabetischer Reihenfolge, dann nach Materien geordnet: „Aus eben diesen Zetteln, die immer aufzubewahren wären, und auf die man nachher nur desto mehr Sorgfalt verwenden müßte, daß sie nicht zerstreut würden, weil sie einzeln zerschnitten sind (Sie sind dieser Gefahr am wenigsten ausgesetzt, wenn sie an einen Zwirnfaden angefasset sind) könnte man auch mit der Zeit einen systematischen Materienkatalog machen, ohne daß man genöthiget wäre, sich der mühsamen Arbeit neuerdings zu unterziehen, die Bücher der Bibliothek noch einmal zu beschreiben."[63]

Allein, die Arbeit am Bandkatalog wird nie aufgenommen. Trotz des Misstrauens gegen die lose Anordnung der Zettel und ihre Tendenz, vor jedem Windstoß zu fliehen,[64] formiert sich das Personal der Hofbibliothek *nicht* zu einem erneuten Katalogisierungsschritt. Ohne dass sie durch Abschreiben zum Katalog als gebundenem Buch überführt werden, verharren die Beschreibungen auf dem ursprünglich provisorischen Datenträger loser Zettel.

Daher stellt sich die Frage nach der *Zeitspanne*, die verstreichen muss, bis die Intention der Vorläufigkeit durch die Perspektive einer dauerhaften Nutzung abgelöst wird. Seit Konrad Gessner wohnt jedem bibliothekarischen Zettelstapel ein lediglich

62 Wien, ÖNB, Akt HB 126/1780, 2. Teil.

63 Bartsch 1780 (Petschar / Strouhal / Zobernig 1999), 132.

64 Albrecht Kayser 1790, 49, empfiehlt deshalb gegen diese Zufälle: „Je mehr man Repositorien durchgearbeitet hat, desto größer wird natürlich der Haufe von Titelzetteln. So bald der leztere zu sehr anschwillt, ist es rathsam, die Titel Eines Buchstaben von den übrigen abzusondern, so viele Haufen zu machen als das Alphabet Buchstaben hat, und erstere nach der Folge des lezteren auf einen Tisch zu rangiren. Steht der Tisch an einem Orte, wo keine Zugluft oder kein anderer Zufall die Zettel aus ihrer Lage bringen kann, so dünkt mich derselbe dienlicher als ein Schrank zur Aufbewahrung der Buchstabenhaufen. Die Fälle sind zu gemein, wo ich in einem solchen Haufen etwas nachzusehen habe. Auf dem Tische ist mir ieder sogleich bey der Hand. Aus einem Schranke muß ich ihn erst herausnehmen und mich um einen Ort für ihn umsehen wo ich ihn hinlegen und durchsuchen kann. Dies verursacht Zeitverlust."

provisorischer Status inne. Welche *Dauer* muss verstreichen, um das Stigma des mit der Zeit unausweichlichen Verlusts von Ordnung durch Beweglichkeit abzustreifen zugunsten eines neuen Status? Dieser etabliert sich zunächst nur als Interimslösung, die unverhofft eine Chance zur Bewährung erhält, bevor die Vorteile des Zettelkatalogs sich gegenüber dem bibliothekarischen Paradigma des gebundenen Katalogs durchzusetzen vermögen. Erst allmählich sichert sich die Zettelsammlung einen festen, aber beweglichen Ort im Katalogzimmer. 1912 ist der Kampf um die Katalogform noch keineswegs entschieden, als Fritz Milkau, der glühende Verfechter systematischer Katalogaufstellungen, die Apparatur des Zettelkatalogs so treffend wie unabsichtlich als „Verlegenheitsprodukt" denunziert.[65] Noch drastischer könnte man sagen: Die zukunftsweisende Idee, auf allzu bewegliche Elemente wie Menschen und Bücher ihrerseits mit beweglicher Verzeichnung zu reagieren, ist einem Prozess anhaltender Tatenlosigkeit geschuldet. Der erste dauerhaft verwendete Zettelkatalog der Bibliotheksgeschichte ist der Effekt einer unaufhörlichen Prokrastination.

Es ist schlicht die Zeitspanne seiner Benutzung, die den Zettelkatalog in der Hofbibliothek als reguläres Findmittel etabliert. Noch 1780 konnte niemand ahnen, dass der *Josephinische Katalog* auch als tatsächliche Suchmaschine oder Repräsentationsinstrument des Speichers zum Einsatz gelangen sollte. Allein Gottfried van Swieten scheint ob der erdrückenden Masse zu verzeichnender Bücher vorsichtige Skepsis an den Tag zu legen. In seinem Generalbericht 1787 deutet er behutsam an, dass die ungeheure Datenmenge unter den gegebenen Umständen weder in einem systematischen noch – wie zunächst geplant – in einem alphabetischen Bandkatalog zu erfassen wäre. In seinem Bericht zum Katalogprojekt von 1780/1781 heißt es: „[E]ine Unternehmung vom unermeßlichen Umfange, und verhältnißmässiger Arbeit, wovon die Materialien 205 Kästchen füllen, die, wenn sie verarbeitet seyn werden, nach einen mässigen Anschlag einen Katalog von 50 bis 60 Foliobänden versprechen."[66]

Zumal die Arbeit nicht anders weitergeführt werden kann, als die einmal abgeschriebenen Titel zu ordnen, bleibt es entgegen aller bibliothekarischen Praxis bei der dauerhaften Verwendung der Zettel. Ohne die erneute Abschrift im Bandkatalog entsteht keine Bibel der Bibliothek, kein Buch der Bücher. Stattdessen traut man sich, die Bibliographie in einzelnen, zerstückelten, diskreten Kleinst-Bibliographien zu belassen. Die Vorstufe des Katalogs, das Provisorium seiner Zettel / „Materialien" gerät letztlich im Überfluss der Bücher zur unvermeidlichen Geburt des Zettelkatalogs. Diesem letzten, ausgebliebenen Schritt im Programm der bibliothekarischen Datenverarbeitung verdankt der fortan allein und bis zum Nachfolger von 1848 uneingeschränkt zur Verwendung kommende *Josephinische Zettelkatalog* seinen Einsatz. Den Beweis seiner Praktikabilität erbrachte ein Kopier-Fehler. Erst das Fehlen eines gebundenen Repertoriums ermächtigt das Aggregat aus Zetteln seit 1781, auf alle Anfragen, wo ein Buch stehe, eine Antwort zu geben. Das gescheiterte Unternehmen wird stillschweigend zum Erfolg.

65 Milkau 1912, 604; vgl. Krajewski 2017, 16-36.

66 Swieten 1787 (Stummvoll 1968), 320.

Konzepte der Präsentation und Publizität

Andrea Seidler

Verwaltetes Wissen

Zum gelehrten Journalismus im maria-theresianischen und josephinischen Wien

Ein elementarer Bestandteil der Wissenskultur des 17. und 18. Jahrhunderts war das Sammeln und Systematisieren von Objekten zum Zweck der Wissensakkumulation. Die gesammelten Objekte vielfältiger Provenienz konnten das Publikum allerdings erst nachhaltig erreichen, nachdem spezifische Orte für deren Aufstellung geschaffen worden waren: Bibliotheken, Museen, Galerien und Schauräume, ausgestattet mit eigens für diese neue Kultur des Herzeigens geschaffenen Möbelstücken, Regalen und Schaukästen. Die Wissenskultur des 18. Jahrhunderts war allerdings im Wesentlichen durch das Buch geprägt, durch die sich verbreitende Kulturtechnik des Lesens, des Schreibens, des Rezipierens und Reflektierens von oft spezifischen Inhalten. Die Welt wurde in Büchern unterschiedlichster Ausrichtung repräsentiert. Im Zusammenhang mit der Technik des systematischen Sammelns ist eine spezifische Form interessant, das Sammeln von Wissen in gebündelter Weise in einem bestimmten, im 17. und 18. Jahrhundert erst aufkommenden medialen Format: dem der Zeitschrift bzw. – eingeschränkter, in einer Sonderform – dem der sogenannten „Gelehrten Zeitschrift". Ein noch engeres Segment des Pressewesens des 18. Jahrhunderts passt genau in die damals moderne Intention der Akkumulation und des Präsentierens: das Segment der rezensierenden, kritisierenden Blätter, die sich gezielt an ein bestimmtes Publikum der Aufklärungszeit, nämlich das „gelehrte Publikum" wandten. Dieses Format steht in unmittelbarer Verwandtschaft zu den im gleichen Zeitraum ungeheure Wirkungsmacht erlangenden Enzyklopädien. „Nicht anders als Schränke in Kuriositätenkabinetten, Behältnisse in Archiven oder Regale in Bibliotheken haben Bücher als Dispositive für Sammlungen gedient. Das Sammeln ist eine genuin enzyklopädische Aufgabe und Voraussetzung jeder Wissenssynthese", schreibt Ulrich Schneider.[1] Es geht in beiden Fällen, sowohl bei der Enzyklopädie wie auch bei der rezensierenden gelehrten Zeitschrift, nicht nur darum, das Buch bzw. das Periodikum zu lesen, sondern es vor allem zu konsultieren.

Wiener Rezensionsorgane der maria-theresianischen und josephinischen Zeit

Ein kurzer Überblick über die Presseproduktion Wiens im 18. Jahrhundert soll zeigen, von welcher zahlenmäßigen Größe wir überhaupt sprechen, wenn wir kritische Periodika der Zeit analysieren wollen. In der 1989 erschienenen annotierten Bibliographie des Zeitschriftenwesens der Städte Wien, Pressburg und Pest/Buda konnten für den Zeitraum 1749 bis 1809 über 420 Zeitschriften bibliographisch nachgewiesen

1 Schneider 2008, 89.

und erfasst werden, wovon 290 tatsächlich in diversen europäischen Bibliotheken in einer verschwindend geringen Anzahl von Exemplaren auffindbar sind und der Rest von 130 Stücken sich als nicht mehr identifizierbar erwies, das heißt nur dem Titel nach bekannt ist.[2] Dem Profil der Aufklärungspresse entsprechend, handelt es sich dabei rein formal um räsonierende Periodika, um Unterhaltungszeitschriften, Sittenschriften und politische Blätter, sehr häufig jedoch um hybride Formen, die inhaltlich vielfältig sind, die „vermischten Zeitschriften" und um die sich auch in Wien gegen Ende des Jahrhunderts deutlich herausdifferenzierende „Gelehrte Zeitschrift", die im gesamten westlichen Europa seit dem Ende des 17. Jahrhunderts Fuß zu fassen begonnen hatte. Auch diese „Gelehrten Zeitschriften" können je nach Inhalt noch unter Einbeziehung unterschiedlicher Kriterien einer Kategorisierung unterzogen werden.

Aus dieser Flut an Titeln, die uns in der zweiten Hälfte des 18. Jahrhunderts begegnet, wurden für diese Untersuchung zwölf herausgenommen, die mehr oder weniger den Kriterien einer „Rezensionszeitschrift" entsprechen – ein Terminus übrigens, der um jene Zeit zwar noch nicht gebräuchlich war, der aber letztendlich für diese Analyse ein handhabbarer, wenn auch ahistorischer Begriff ist.[3] Rezensionszeitschriften des 17. und 18. Jahrhunderts übernahmen nämlich „über die Veröffentlichung von Buchbesprechungen hinaus die Funktion einer wissenschaftlichen Nachrichtenbörse zur Verbreitung von Ergebnissen, Mitteilungen und Personalien aus der gelehrten Welt".[4] Diese frühen Formen der Rezensionen unterschiedlichster Ausprägung erschienen zudem nicht nur in gelehrten Zeitschriften, sondern auch in Zeitungen: In ihrer Funktionalität als Medien der Buchverbreitung müssen Rezensionsanhänge und speziell auf Literaturempfehlungen ausgerichtete Rubriken hier ebenfalls berücksichtigt werden.

Rezensionen begegnen uns also in Publikationen unterschiedlichen Charakters und in unterschiedlicher Periodizität: Während Zeitungen in immer kürzeren Intervallen erschienen (meist zwei Mal wöchentlich posttags – für Wien mittwochs und samstags), gilt dies für Zeitschriften nicht. Intervalle von mindestens einer Woche bis zu Monaten, oft Viertel-, ja Halbjahren waren durchaus üblich. Zu diesen häufig unregelmäßig erscheinenden und manchmal extrem kurzlebigen Blättern gehört die Rezensionszeitschrift, die ein eigenes Kapitel im Bereich der frühen deutschsprachigen Periodika[5] zur Zeit der Aufklärung eröffnet.

Für den Zeitraum 1767 bis 1786 möchte ich folgende (chronologische) Liste rezensierender Zeitschriften berücksichtigen, die in der schon genannten annotierten Bibliographie des Zeitschriftenwesens als nachweisbar gelten und in Wien erschienen sind:

- *Gelehrte Beyträge zu dem Wienerischen Diarium oder Auszüge aus verschiedenen ausländischen Monat- und Wochenschriften.* Wien, Ghelen, 1767–1769.

2 Seidler / Seidler 1988; vgl. dazu auch Seidler 2016, 146–165.

3 Habel 2007, 25.

4 Ebenda.

5 Ebenda, 35.

- *Bibliothek der Österreichischen Litteratur*. Wien, Dominik von Fidler, Trattner, 65 Stück, 1769–1770.
- *Sammlungen nützlicher und angenehmer Gegenstände aus allen Theilen der Naturgeschichte, Arzneywissenschaft, und Haushaltungskunst*. Wien, F. X. Wasserberg, Bader, 1 Teil, 1772.
- *Auszüge aus den besten litterarischen Journalen Europens*. Wien, Franz de Paula Rosalino, Franz Radakovsky, Trattner, 5 Bände, 1773–1774.
- *Litterarische Nachrichten von den besten Schriftstellern unserer Zeit*. Wien, Franz de Paula Rosalino, Trattner, 5 Bände, 1775–1776.
- *Annalen der Litteratur in den kaiserlichen Erbländern*. Wien, Joseph Eyerel, Kurzböck, 1 Heft, 1781.
- *Anzeige und Rezensionen der neuesten erscheinenden Werke der Militärliteratur*. Wien, J. W. Bourscheid, Trattner, 10 Hefte, 1781.
- *Allgemeines Bücherjournal von Wien*. Wien, Johan Edler von Schönfeld, Schönfeld und Sonnleithner, 5 (16) Hefte, 1782–1783.
- *Sammlung verschiedener Abhandlungen über einige vorzügliche Gegenstände der Weltweisheit*. Wien, Joseph Maria Weissegger (Übers.), Sonnleithner, 1 Band, 1784.
- *Allgemeine Wiener Bücher-Nachrichten oder Verzeichnis neuer und alter Bücher mit kurzen Anmerkungen für das Jahr 1786*. Wien, o. N., Trattner, 16 Stück, 1786.

Aus der Zusammenstellung wird ersichtlich, dass die ersten Rezensionsorgane für Wien – soweit bislang bekannt – ab 1766 zu verzeichnen sind. Den Auftakt machte eine Beilage des *Wien[n]erischen Diarii* bzw. der *Wiener Zeitung*[6] mit dem Titel *Gelehrte Nachrichten* [später *Beyträge*] *zu dem Wienerischen Diarium*, nachweisbar von 1766 bis 1769 (Abb. 1).

Diese Rezensionsblätter dienten grob formuliert der Information des gelehrten Publikums über Neuerscheinungen auf dem Buch- und Zeitschriftenmarkt. Die Herausgeber sammelten Werktitel, ließen Rezensionen und Kritiken zu den Neuerscheinungen verfassen und gaben sie dem Leser weiter. So gesehen entspricht die Absicht der Verfasser und Herausgeber dem Bedürfnis des Zusammentragens, des Anhäufens und des Zur-Schau-Stellens von Material, das dem Sammelanspruch immanent ist.

Rezension und *critique*

Was aber ist eine *Rezension* im 18. Jahrhundert und welchem Wandel wurde sie im Laufe des Beobachtungszeitraums unterzogen? Die Rezension etablierte sich im europäischen Raum bereits im 17. Jahrhundert: in Frankreich mit dem in Paris herausgegebenen *Journal des Sçavans* (1665), der ersten wissenschaftlichen Zeitschrift Europas, in England mit den *Philosophical Transactions* (1665), in Italien mit dem *Giornale de'*

6 *Wien[n]erisches Diarium*, Wien, div. Verlage, ab 1703; ab 1780 unter dem Titel *Wiener Zeitung*. Online: AustriaN Newspaper Online (ANNO) der Österreichischen Nationalbibliothek ANNO unter http://anno.onb.ac.at/cgi-content/anno?aid=wrz [29.01.2019].

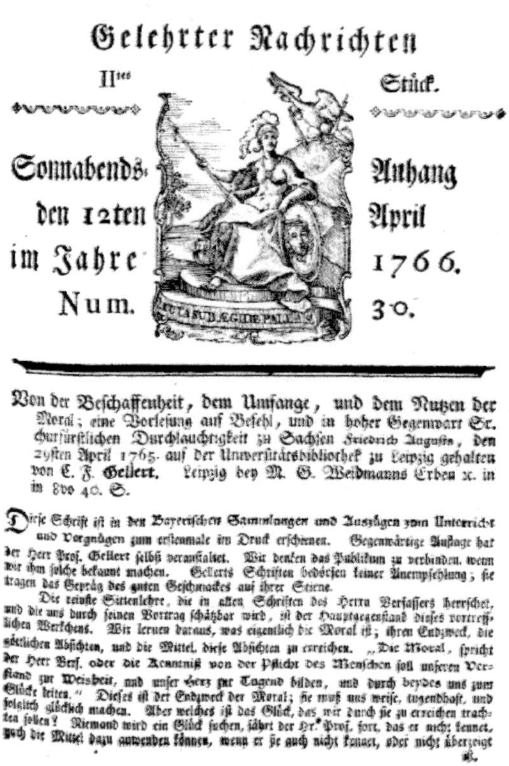

Gelehrter Nachrichten

IItes Stück.

Sonnabends-Anhang den 12ten April im Jahre 1766.

Num. 30.

Von der Beschaffenheit, dem Umfange, und dem Nutzen der Moral; eine Vorlesung auf Befehl, und in hoher Gegenwart Sr. Churfürstlichen Durchlauchtigkeit zu Sachsen Friedrich Augusts, den 29sten April 1765. auf der Universitätsbibliothek zu Leipzig gehalten von C. F. Gellert. Leipzig bey M. G. Weidmanns Erben x. in in 8vo 40. S.

Diese Schrift ist in den Bayerischen Sammlungen und Auszügen zum Unterricht und Vergnügen zum erstenmale im Druck erschienen. Gegenwärtige Auflage hat der Herr Prof. Gellert selbst veranstaltet. Wir denken das Publikum zu verbinden, wenn wir ihm solche bekannt machen. Gellerts Schriften bedörfen keiner Anempfehlung; sie tragen das Gepräg des guten Geschmackes auf ihrer Stirne.

Die reinste Sittenlehre, die in allen Schriften des Herrn Verfassers herrschet, und die uns durch seinen Vortrag schätzbar wird, ist der Hauptgegenstand dieses vortreflichen Werkchens. Wir lernen daraus, was eigentlich die Moral ist; ihren Endzweck, die göttlichen Absichten, und die Mittel, diese Absichten zu erreichen. „Die Moral, spricht der Herr Verf. oder die Kenntniß von der Pflicht des Menschen soll unseren Verstand zur Weisheit, und unser Herz zur Tugend bilden, und durch beydes uns zum Glücke leiten.“ Dieses ist der Endzweck der Moral; sie muß uns weise, tugendhaft, und folglich glücklich machen. Aber welches ist das Glück, das wir durch sie zu erreichen trachten sollen? Niemand wird ein Glück suchen, fährt der Hr. Prof. fort, das er nicht kennet, noch die Mittel dazu anwenden können, wenn er sie auch nicht kennet, oder nicht überzeigt ist.

Abb. 1: Gelehrte Nachrichten, 2. Stück, Anhang zum Wien(n)erischen Diarium vom 12. April 1766, Titelblatt (ÖNB / ANNO)

Litterati (1668), in Deutschland mit diversen medizinischen Miscellen und den *Acta Eruditorum* (1670–1682). Diese Blätter spezialisierten sich unter anderem auf die neuzeitliche Buchbesprechung, die um jene Zeit noch als „critique“ bezeichnet wurde. Diese Rezensionen waren der eigentliche, aber nicht in jedem Fall einzige Bestandteil der Journale. Die Herausgeber der Blätter waren sich schon früh über die außergewöhnlichen Möglichkeiten bewusst, die das neue Medium mit sich brachte: Es erlaubte, Wissen gesammelt und zeitnah zu verbreiten, wobei gerade der Multiplikations- und Partizipationsfaktor die große Attraktivität der Periodika ausmachte.

Bereits in der ersten Phase hatten Rezensionen – die *critique* – den Zweck, sowohl berichtend als auch bewertend auf wissenschaftliche und/oder literarische Neuerscheinungen am Markt einzugehen. Eine wesentliche Rolle spielten dabei formale Kriterien: Zunächst musste das besprochene Werk bibliographisch genau ausgewiesen werden, das heißt, die Angaben zum Band enthielten korrekt Autor, Sachtitel, Erscheinungsort und – bei Möglichkeit – Druckjahr sowie Verleger. Auch das Format des Bandes, zuweilen auch der Umfang und der Preis bildeten Elemente der formalen Abgeschlossenheit. Diese Angaben standen meist oberhalb des rezensierenden Textes und waren drucktechnisch stets deutlich hervorgehoben (Abb. 2–3).[7] Der Textkörper selbst war von unterschiedlicher Ausführlichkeit und machte einen Umfang von einigen Zeilen bis zu mehrseitigen Abhandlungen aus, die oft sogar in Fortsetzung erschienen.

Wer verfasste diese Rezensionen? In den meisten Fällen wissen wir es nicht. Die Anonymität des Rezensenten war während des 18. Jahrhunderts die geläufige Praxis der kritischen, auch der gelehrten Meinungsäußerung. Die Anonymisierungsmethoden bestanden bestenfalls in einer Buchstabensigle oder überhaupt in der gänzlichen Weg-

7 Habel 2007, 49.

lassung des Namens – je nach Blatt und Praxis unterschiedlich gehandhabt. Dabei diente das anonyme Veröffentlichen dem Schutz desjenigen, der seine Meinung frei äußerte, und zwar sowohl vor der Zensur als auch vor Angriffen persönlicher Natur. Die Herausgeber der rezensierenden Blätter sorgten übrigens dafür, dass diese Anonymität in jedem Fall gewahrt blieb. Von dieser Praxis wurde nur ausnahmsweise abgewichen. Dass der Schutz natürlich auch die Möglichkeit bot, dessen Nutzen zu missbrauchen, ist evident.

Die rezensierten Werke wie auch die rezensierenden Blätter waren wie alle Druckwerke der Zeit der Zensur unterworfen, das heißt, was auf der Liste der verbotenen Bücher stand oder von der Zensurbehörde verboten wurde, durfte theoretisch auch in den Zeitschriften keine Erwähnung finden. Kurz umrissen handelt es sich bei der verbotenen Lektüre um religiös unschickliche Werke, um sittlich anstößige Schriften, um solche, die die staatliche Ordnung untergruben, und um Schmähschriften, die gegen die Gesetze verstießen.[8] Über diese durfte nicht berichtet werden, auch nicht kritisch.

Rezensionsorgane setzten sich häufig inhaltliche oder regionale Schwerpunkte. Welche

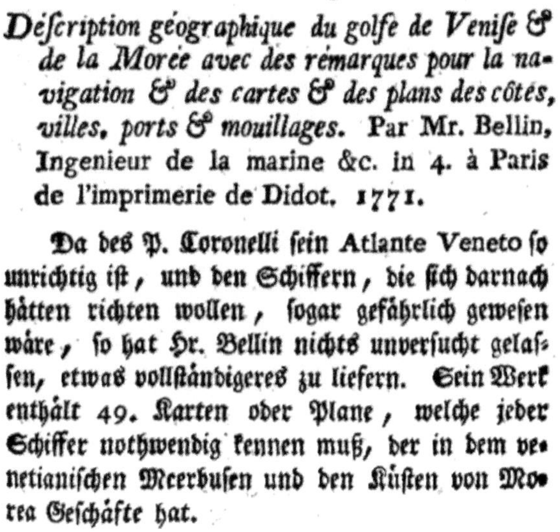
Déscription géographique du golfe de Venise & de la Morée avec des rémarques pour la navigation & des cartes & des plans des côtes, villes, ports & mouillages. Par Mr. Bellin, Ingenieur de la marine &c. in 4. à Paris de l'imprimerie de Didot. 1771.

Da des P. Coronelli sein Atlante Veneto so unrichtig ist, und den Schiffern, die sich darnach hätten richten wollen, sogar gefährlich gewesen wäre, so hat Hr. Bellin nichts unversucht gelassen, etwas vollständigeres zu liefern. Sein Werk enthält 49. Karten oder Plane, welche jeder Schiffer nothwendig kennen muß, der in dem venetianischen Meerbusen und den Küsten von Morea Geschäfte hat.

Abb. 2: Rezension zu Jacques-Nicolas Bellin, Description géographique du golfe de Venise et de la Morée, Paris 1771, in: Auszüge aus den besten litterarischen Journalen Europens, Wien, Trattner 1773, Erstes Quartal, pag. 61 (Wien, ÖNB, Bildarchiv und Grafiksammlung, Sign. 275068-B.1773,1)

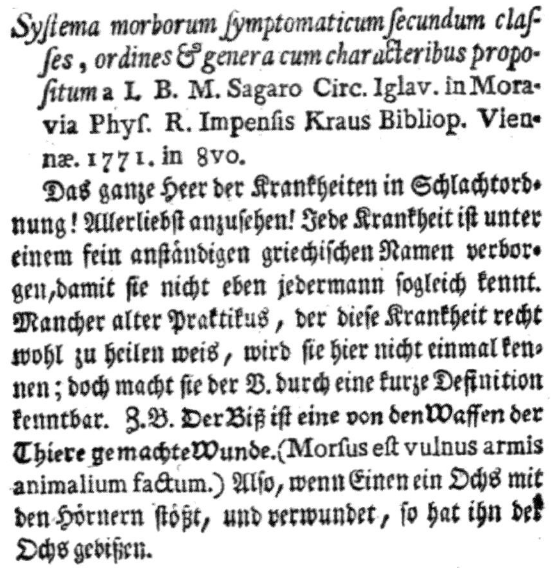
Systema morborum symptomaticum secundum classes, ordines & genera cum characteribus propositum a I. B. M. Sagaro Circ. Iglav. in Moravia Phys. R. Impensis Kraus Bibliop. Viennæ. 1771. in 8vo.

Das ganze Heer der Krankheiten in Schlachtordnung! Allerliebst anzusehen! Jede Krankheit ist unter einem fein anständigen griechischen Namen verborgen, damit sie nicht eben jedermann sogleich kennt. Mancher alter Praktikus, der diese Krankheit recht wohl zu heilen weis, wird sie hier nicht einmal kennen; doch macht sie der V. durch eine kurze Definition kenntbar. Z. B. Der Biß ist eine von den Waffen der Thiere gemachte Wunde. (Morsus est vulnus armis animalium factum.) Also, wenn Einen ein Ochs mit den Hörnern stößt, und verwundet, so hat ihn der Ochs gebissen.

Abb. 3: Rezension zu Johann Baptist Michael Sagar, Systema morborum symptomaticum, secundum classes, ordines et genera, cum characteribus propositum, Wien 1771, in: Auszüge aus den besten litterarischen Journalen Europens, Wien, Trattner 1773, Erstes Quartal, pag. 64 (Wien, ÖNB, Bildarchiv und Grafiksammlung, Sign. 275068-B.1773,1)

8 Vgl. Bachleiter 2017.

Wissensdisziplinen im Fokus des jeweiligen Periodikums standen, wird oft schon aus dem Titel ersichtlich: *Sammlungen nützlicher und angenehmer Gegenstände aus allen Theilen der Naturgeschichte, Arzneywissenschaft, und Haushaltungskunst*; *Anzeige und Rezensionen der neuesten erscheinenden Werke der Militärliteratur*; *Bibliothek der österreichischen Litteratur*, wobei der Terminus „Litteratur" oft die Gesamtheit der Buchproduktion, ohne inhaltliche Unterscheidung umfasste.

In den Vorworten wird meist die Vollständigkeit anstrebende Erfassung der erschienenen, einschlägigen Werke versprochen – ein Unterfangen, das bei zunehmender Buchproduktion natürlich nicht mehr eingehalten werden konnte. Diese Vorwörter sind insofern häufig von großem Informationswert, als sie in vielen Fällen erst verfasst wurden, als die einzelnen Stücke der jeweiligen Zeitschrift zu einem Band zusammengefasst wurden und erneut auf den Markt kamen. So hatten die Herausgeber noch die Möglichkeit, ihre Erfahrungen mit dem Lesepublikum zu beschreiben, auf eventuelle Unzufriedenheit zu reagieren oder noch einmal ihre Standpunkte zu bekräftigen.

Die Wiener *Gelehrten Nachrichten*

Wie erwähnt waren die *Gelehrte[n] Nachrichten* [später *Beyträge*] *zu dem Wienerischen Diarium* oder *Auszüge aus verschiedenen ausländischen Monat- und Wochenschriften*,[9] erschienen ab Samstag, den 5. April 1766, gemeinsam mit der Nummer 28 des Hauptblattes, das erste in Wien gedruckte Blatt dieser Art, das dem Publikum gesammeltes Wissen über aktuelle Buchpublikationen näherbrachte (Abb. 4).

Die *Gelehrten Nachrichten / Beyträge* nahmen jeweils drei Seiten der Samstagsausgabe des *Wien[n]erischen Diarii* ein. In ihnen finden sich bereits ausführliche Buchbesprechungen, die sich über mehrere Seiten erstrecken, und darüber hinaus Diskussionsbeiträge sowie Briefe an den Herausgeber, die sich mit dem Format der Rezension und der Objektivität des Rezensenten auseinandersetzen. Daneben werden reine Buchhändlernachrichten abgedruckt in Form von tabellarischen Übersichten der lieferbaren Titel in diversen Wiener Buchhandlungen und Artikel, die aus den verschiedensten europäischen Blättern übernommen worden waren.[10] Die Beilage stellt also eine publizistische Mischform aus gelehrten Abhandlungen und Rezensionen dar. Das Themenspektrum ist sehr weit gestreut: Naturwissenschaften, Geschichte, schöne Literatur, gemischte Rezensionen – oft in Fortsetzungen gedruckt.

Das erste besprochene Werk ist Carolius Krapfs Beschreibung seiner und Hofrat Anton von Störks (ab 1767 Maria Theresias Leibarzt) Versuche, die heilsame Wirkung von Pflanzen, genauer des Hahnenfußes nachzuweisen.[11] Das Mittel wurde gegen

9 Hrsg. Unbekannt, 3 Jgg., Wien: Ghelen, ab 5. April 1766–1769, 4°. Online: AustriaN Newspaper Online (ANNO) der Österreichischen Nationalbibliothek ANNO unter http://anno.onb.ac.at/cgi-content/anno?aid=wrz [29.01.2019].

10 Seidler / Seidler 1988, 72–73; Reisner / Schiemer 2016.

11 D. i. Caroli Krapf, Magni Hetruriae Ducis, Archiducis Austriae, Archiatri, Acad. Botan. Florent. Sodalis Experimenta de nonnullorum Ranunculorum venenata qualitate, horum externo, & interno usu., Viennae (ex Offic. Kraus) 1766.

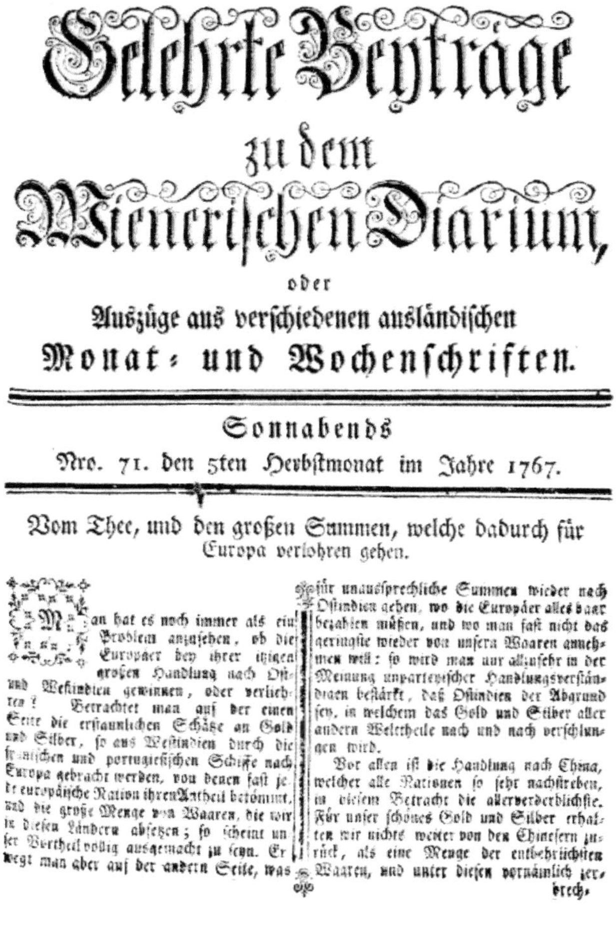

Gelehrte Beyträge zu dem Wienerischen Diarium, oder Auszüge aus verschiedenen ausländischen Monat- und Wochenschriften.

Sonnabends Nro. 71. den 5ten Herbstmonat im Jahre 1767.

Vom Thee, und den großen Summen, welche dadurch für Europa verlohren gehen.

Man hat es noch immer als ein Problem anzusehen, ob die Europäer bey ihrer itzigen grossen Handlung nach Ost- und Westindien gewinnen, oder verliehren? Betrachtet man auf der einen Seite die erstaunlichen Schätze an Gold und Silber, so aus Westindien durch die spanischen und portugiesischen Schiffe nach Europa gebracht werden, von denen fast jede europäische Nation ihren Antheil bekömmt, und die grosse Menge von Waaren, die wir in diesen Ländern absetzen; so scheint unser Vortheil völlig ausgemacht zu seyn. Erwegt man aber auf der andern Seite, was für unaussprechliche Summen wieder nach Ostindien gehen, wo die Europäer alles baar bezahlen müssen, und wo man fast nicht das geringste wieder von unsern Waaren annehmen will: so wird man nur allzusehr in der Meinung unparteyischer Handlungsverständigen bestärkt, daß Ostindien der Abgrund sey, in welchem das Gold und Silber aller andern Weltheile nach und nach verschlungen wird.

Vor allen ist die Handlung nach China, welcher alle Nationen so sehr nachstreben, in diesem Betracht die allerverderblichste. Für unser schönes Gold und Silber erhalten wir nichts weiter von den Chinesern zurück, als eine Menge der entbehrlichsten Waaren, und unter diesen vornämlich zer-

brech,

Abb. 4: Gelehrte Beyträge zu dem Wienerischen Diarium, 5. September 1767, Titelblatt (ÖNB / ANNO)

Warzen und Geschwüre aller Art angepriesen, wobei der Verfasser der Rezension wiederholt auf Widersprüche in der Darstellung der Wirksamkeit hinweist und auch die Innovation der Versuche hinterfragt. Anton von Störck gilt durch seine Pflanzenversuche und die Untersuchung der Wirkung von Extrakten auf Gesunde als einer der Begründer der Homöopathie. Auch das zweite besprochene Werk ist ein medizinisches, Joseph Jakob Plencks Schreiben über Quecksilber und Schierling an Georg Ludwig Rumpelt, den churfürstlich Sächsischen „Wundarzt", ebenfalls in Wien bei Kraus 1766 erschienen.[12] Beide Buchbesprechungen wurden anonym publiziert, sind

12 D. i. Joseph Jakob Plencks, Meisters der Wundarztneykunst, und Geburtshülfe, Schreiben an Hrn. Georg Ludwig Rumpelt, churfürstl. Sächsischer Hofwundarzt; worinn die Wirksamkeit des ätzenden sublimirten Quecksilbers, und des Schierlings, wider den Herrn L. E. Hirschel, der Arztney, wie auch der Wundarztneykunst Doctorn, dargethan wird, Wien (bey Paul Kraus) 1766.

aber eindeutig von einem fachkundigen Mediziner oder Chemiker verfasst worden. Gelobt wird in beiden Fällen die Wiener Medizin und Gerhard van Swieten als erfolgreicher, innovativer Arzt.[13] Die nächste Nummer der Beilage widmet sich dem Thema der Moral und Tugend und bezieht sich auf einen Vortrag, den Christian Fürchtegott Gellert 1765 in der Universitätsbibliothek Leipzig gehalten hatte. Der Text war bei Weidmann in Leipzig erschienen und wurde durch den Rezensenten als Lektüre zwar wärmstens, wenn auch auf drastische Weise empfohlen.[14] Als „Elende Witzlinge“, die durch ihre Trägheit tieferer Überlegungen unfähig seien und die „Oberfläche der Weisheit, der Wissenschaft von ferne erblickten“, wird das Publikum angesprochen und ihm der Rat gegeben, zu lesen und dabei zu „erröthen“.[15]

Die *Gelehrten Nachrichten* tragen dieselbe Folgenummer und dasselbe Datum wie das jeweilige Hauptblatt und dürften vermutlich nicht getrennt zu beziehen gewesen sein. Die Samstagsausgabe des *Wien[n]erischen Diarii* war in der zweiten Hälfte des 18. Jahrhunderts immer schon um einen Anhang erweitert gewesen, der sich optisch in seiner einspaltigen Form von dem Hauptteil mit zwei Spalten abhebt. Nach nur drei Jahren kam allerdings das Aus für diese spezifische rezensierende Publikation. Die neueste Forschung kam zu dem Schluss, dass es letztendlich am kritischen gelehrten Publikum in Wien gemangelt habe und das Supplement deswegen wieder eingestellt worden sei.[16]

Die *Bibliothek der österreichischen Litteratur*

1769 bringt sich bereits der Drucker und Buchhändler Johann Thomas Trattner mit der leider kurzlebigen *Bibliothek der österreichischen Litteratur*, herausgegeben von Dominik von Fidler, ins Spiel.[17] In der Ankündigung beruft sich der Verfasser, also vermutlich Fidler, auf einen österreichischen Kulturauftrag, der sich an das deutsche Vorbild anlehnt, nämlich: „Was die beyden leipziger Bibliotheken der schönen Wissenschaften und der freyen Künste, was die berliner Litteraturbriefe, was Klozens Bibliothek, was die allgemeine deutsche Bibliothek in Beziehung auf die ganze Litteratur Deutschlands vor Augen hatten und noch haben, dies soll unter den bestimmten

---

13 Vgl. Reisner / Schiemer 2016, 109.

14 D. i. Von der Beschaffenheit, dem Umfange, und dem Nutzen der Moral; eine Vorlesung auf Befehl, und in hoher Gegenwart Sr. Churfürstlichen Durchlauchtigkeit zu Sachsen Friedrich Augusts, den 29sten April 1765. Auf der Universitätsbibliothek zu Leipzig gehalten von C.F. Gellert. Leipzig bey M.G. Weidmanns Erben.

15 Ebenda.

16 Reisner / Schiemer 2016, 109.

17 65 Stücke, Wien: Trattner 1769–1770, 8°, vierteljährlich. Die *Bibliothek* wurde von Fidler herausgegeben, wobei mancherorts Klemm als Mitherausgeber bezeichnet wird. Jedoch dürfte dies nicht den Tatsachen entsprechen: Die *Bibliothek* war eindeutig gegen Klemm eingestellt und griff ihn auch zuweilen heftig an. Auch Klotz (*Bibliothek der schönen Wissenschaften*), der selbst immer wieder gegen Klemm Stellung bezog, verwehrte sich gegen die denunziatorische Art der Zeitschrift (vgl. die *Rezension der Briefe über die neuere österreichische Litteratur* im 3. Bd., 112–117, sowie 314 und 4. Bd., 262); Seidler / Seidler 1988, 49–50.

Schranken der österreichischen Litteratur, gegenwärtiger periodischen Schrift festgesetzter einziger Gegenstand seyn."[18] Der Geschmack der Österreicher sollte verbessert, der Wille und die Neigung zum Lesen gefördert, Werke vor dem Vergessen gerettet werden. Man wollte „guten Schriftstellern [...] sagen, daß sie gut sind; schlechten, daß sie schlecht sind".[19] Eingeleitet wurde die Zeitschrift durch einen Text zum *Plan zu einer Geschichte der österreichischen Litteratur*, Ovids Zitat „Et pius est patriae facta referre labor" wurde als Motto gewählt, also die Taten des Vaterlandes zu preisen, sollte das Bemühen des Blattes sein. Dieser *Plan* berichtet vom Stand der Wissenschaften und der Literatur in Österreich und lobt die Regierungszeit Maria Theresias, die den Beginn einer neuen, die Sprache und die Wissenschaften fördernden Ära in der Geschichte der Monarchie darstelle. Sie sei gekennzeichnet durch einen Aufschwung, der sich unter anderem der Verdrängung der Jesuiten von ihrem Schulmonopol verdanke.

Der Verfasser des detailreichen Überblicks berichtet darin nicht nur über die Wissenschaften und die Literatur, über gute und schlechte Protagonisten auf den Gebieten, er geht auch auf die eben erst in den Anfängen stehende Zeitschriftenlandschaft Österreichs ein und nennt Verfasser wie Mitarbeiter der in der Regel anonym erschienenen Blätter. Der Beitrag stellt somit eine wichtige zeitgenössische Quelle für die Medienforschung dar. In den einzelnen Stücken finden sich in der Folge neben den Rezensionen auch einige gelehrte Abhandlungen, Berichte aus den bildenden Künsten und anderes. Das erste besprochene Werk ist ein literarisches, die von Christoph Regelsperger, einem Professor der „Dichtkunst" an der Universität Wien verfassten *Idyllen auf die Abreise der Erzherzogin M. Carolina nach Neapel* (1768), die bei Trattner erschienen sind. Auf das überschwängliche Lob, das dem Autor gilt, folgt der Abdruck einiger Oden, allerdings ohne jegliche Besprechung der Texte. Die zweite Buchnachricht betrifft einen *Versuch in Fabeln*, verfasst von einem gewissen D. Schwarz, 1768 bei Ghelen publiziert, zu dessen Kritik sich der Verfasser erst nach dreimaligem Lesen überwinden konnte. „Nehmen wir sie wieder zur Hand. Kommen sie also heraus Herr D. Schwarz! Es wird im Angesicht des ganzen Publikums über sie Gericht gehalten."[20] Der Autor kommt in der Rezension nicht gut weg, seine Texte werden mit jenen der deutschen Fabeldichter Lichtwer und Gellert verglichen, wobei sogar zwei Texte, Gellerts *Lerche* und Schwarzens Text einander direkt gegenübergestellt werden, um Schwarz des Plagiats zu überführen. Die *Fabeln* hätten keine Aussage, kein moralisches Leitmotiv: „Uns deucht immer, Herr Schwarz habe so auf gerathewohl Fabeln hingeschrieben, ohne zu wissen, was eigentlich eine Fabel sey."[21] Der Beitrag endet mit einer Anlehnung an Lessings Definition der Fabel als eine Geschichte, „in welcher man den allgemeinen Satz anschauend erkennet".[22] Der

18 Bibliothek der österreichischen Litteratur, Bd. 1, Wien 1769, Ankündigung, unpaginiert.

19 Ebenda.

20 Bibliothek der österreichischen Litteratur, Bd. 1, Wien 1769, 36–37.

21 Ebenda, 48.

22 Ebenda.

Herausgeber spart also nicht mit Kritik an den in Wien erscheinenden Lektürestoffen, mahnt bessere Qualität von Übersetzungen ein, ist durch die sogenannte „Strichelkunst“[23] belustigt, die er als reines Seitenschinden betrachtet. „Wenn wir über die Arbeiten des Hrn. Erfassers überhaupt ein Urtheil fällen sollen, so riethen wir ihm, [...] erstens seine Muttersprache zu lernen, sodann die anderen Sprachen, aus denen er Stücke übersetzen will, ganz zu studiren, [...] zweytens zu feilen, zu verdauen, selbst zu arbeiten, [...] drittens Horazen, Aristoteln, Weissen, Lessing, Homen, die englische Schaubühne statt den magern Komödienbüchelchen zu lesen, sich zu prüfen, und seinen Beruf zu fühlen“, ermahnt er einen unbekannten Autor und Übersetzer von Theaterstücken.[24] Die Wiener Lokalgrößen Joseph von Sonnenfels, Karl Mastalier, Michael Denis und der Dichterkreis aus dem Wiener *Theresianum* wurden häufig und lobend besprochen. Erwähnenswert ist noch der *Versuch einer griechischen Sprachlehre* im dritten und vierten Band.[25]

Die *Bibliothek* ist jedoch noch kein reines Rezensionsorgan, der Inhalt ist vielfältig und die Kritik selbst zu persönlich und trägt gerne einen satirischen Unterton. Das Lob Trattner'scher Editionen gegenüber anderen Verlegern ist deutlich herauszulesen.

Die ersten *Sammlungen*

Das erste Wiener Periodikum, das den Begriff „Sammlung“ de facto im Titel trägt, ist die *Sammlung nützlicher und angenehmer Gegenstände aus allen Theilen der Naturgeschichte, Arzneywissenschaft, und Haushaltungskunst* von Franz Xaver Wasserberg aus dem Jahr 1772 (Abb. 5). Der Verfasser Wasserberg hatte zunächst in Wien Medizin studiert, übte den Beruf des Arztes allerdings nie aus, sondern wurde Philiater (Korrektor) orientalischer Drucke in der Buchdruckerei Anton Edlen von Schmids. Zudem war er Herausgeber zahlreicher natur- und medizinwissenschaftlicher Handbücher, deren fremdsprachige Originale er meist selbst übersetzte. So bestand auch sein großer Verdienst darin, die einschlägigen Werke der berühmtesten Mediziner und Naturgelehrten seiner Zeit wie Nicolaus Joseph von Jacquin, Herman Boerhaave, Joseph Jacob Plenck, Ferdinand Joseph Leber und anderer ins Deutsche übersetzt und deren Verbreitung damit maßgeblich vorangetrieben zu haben. Wasserberg ist auch als zeitweiliger Mitarbeiter der Wiener *Realzeitung* bekannt.[26] Im Vorwort schreibt er, er wolle ohne viel Aufwand Schriften verbreiten, die sonst schwer zugänglich seien und die nicht jeder Interessierte sich anzuschaffen imstande sei. „Der Geschmack für periodische Schriften, in welchen eine Sammlung allgemein nützlicher, und gewählter Gegenstände dem Leser fürgelegt wird, hat sich zu unsern Zeiten also verbreitet, daß beynahe

23 „Strichelkunst“: Ein stilistisches Mittel, die Gedanken des Lesers zu unterbrechen oder das gemeinsame Verständnis über eine Sache auszudrücken, war die Aneinanderreihung von Gedankenstrichen in Publikationen der Zeit. Der Autor kritisiert diese „Unsitte“ mehrfach, bezeichnet sie als Unsinn und unnötige Platzverschwendung mit dem einzigen Grund, den Umfang der Publikation zu mehren.

24 Bibliothek der österreichischen Litteratur, Bd. 1, Wien 1769, 121.

25 Ebenda, Bd. 3, Wien 1769, 288–312; ebenda, Bd. 4, Wien 1770, 26–89.

26 Vgl. auch De Luca 1778, 240.

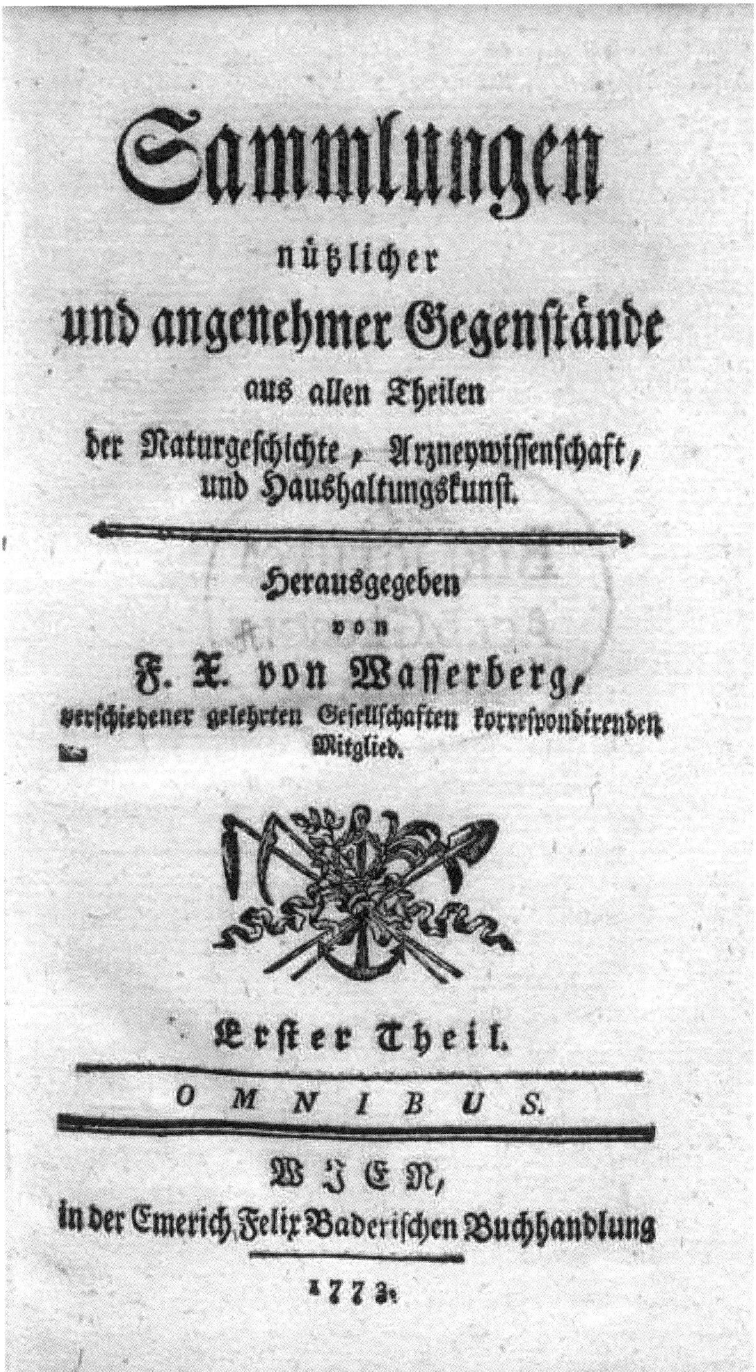

Sammlungen
nützlicher
und angenehmer Gegenstände
aus allen Theilen
der Naturgeschichte, Arzneywissenschaft, und Haushaltungskunst.

Herausgegeben
von
F. X. von Wasserberg,
verschiedener gelehrten Gesellschaften korrespondirenden Mitglied.

Erster Theil.

OMNIBUS.

WJEN,
in der Emerich Felix Baderischen Buchhandlung
1773.

Abb. 5: Franz Xaver Wasserberg, Sammlung nützlicher und angenehmer Gegenstände aus allen Theilen der Naturgeschichte, Arzneywissenschaft, und Haushaltungskunst, 1. Teil, Wien 1773, Titelblatt (SUB / Göttinger Digitalisierungszentrum)

keine namhafte Stadt anzutreffen, die nicht ihre besondere Sammlungen, Magazine, Tagebücher, u.s.w. hätte. Der allgemeine Nutzen; die angenehme Abwechslungen; der Vortheil, ohne vielem Aufwande dennoch Schriften lesen zu können, die nicht ein jeder sich anzuschaffen im Stande wäre, die dennoch sehr nützlich, und öfters beynahe unumgänglich zu wissen nöthig sind, scheinen die Ursache einer so günstigen Aufnahme zu bestimmen. Man hat sich für verpflichtet gehalten, Liebhabern der Gelehrsamkeit das wesentlichste mit kurzen Worten allhier anzuzeigen, ohne sie mit einer längeren Vorrede aufzuhalten."[27] Im Falle von Rezensionen, die ebenfalls Teil der Publikation sein sollten, will er den Weg der Behutsamkeit und Diplomatie gehen: „Man wird hiebey Sorge tragen, das Angenehme mit dem Nützlichen genau zu verbinden, allen verständlich zu seyn, niemanden, auf was immer für eine Weise, zu beleidigen [...] ohne in beissende Kritiken, schiefe Anspielungen, durch welche einige Gelehrte sich besonders zu unterscheiden glauben, oder Machtsprüche, überzugehen."[28] Das inhaltlich durchaus ambitionierte Blatt wurde indessen nach diesem ersten Teil eingestellt, ohne dass es zu den angekündigten Rezensionen gekommen wäre. Die Beiträge, die Wasserberg einrückte, waren aus ausländischen gelehrten Magazinen übernommen worden und sind tatsächlich dem Bereich der Naturwissenschaften zuzuordnen, wobei oft praxisbezogene Anleitungen vermutlich die Experimentierfreude des Leserpublikums animierten. Die Quellen Wasserbergs waren unter anderem die Londoner *Medical Transactions*, das *Strahlsunder Magazin*, die *Gazette Salutaire* (1761–1793), das *Neue Hamburger Magazin*, aber auch die *Wiener Realzeitung* und diverse aktuelle Handbücher der Medizin, Zoologie und Botanik.

Die 1773 ebenfalls bei Trattner herausgegebenen *Auszüge* [später *Rezensionen und Auszüge*] *aus den besten litterarischen Journalen Europens* des Franz de Paula Rosalino bilden den Beginn des Vertriebs reiner Rezensionszeitschriften in Wien (Abb. 6).[29] Rosalino hatte einen bemerkenswerten Lebensweg: Er studierte Philosophie und Theologie in Wien, wurde nach einem längeren Aufenthalt auf dem Land als Seelsorger zunächst Mathematik- und Physiklehrer, verließ diesen Posten allerdings, um sich ganz dem Studium der Literatur widmen zu können und wurde schließlich 1782 theologischer Bücherzensor unter Joseph II. In dieser Position machte sich der fortschrittliche Aufklärer, der eng mit Gottfried van Swieten zusammenarbeitete, durch die Zulassung kirchenkritischer Schriften auch Feinde. Rosalino war Herausgeber mehrerer Zeitschriften vermischten Inhalts, war aber auch als Übersetzer gefragt. Bei den zwei Jahrgänge überdauernden *Auszügen* handelt es sich um ein Rezensionsorgan, das sich sowohl mit Naturwissenschaften, politischen Publikationen, historischen Werken als auch mit der schönen Literatur, Reisebeschreibungen und ähnlichem beschäftigte. Man findet darin vornehmlich Besprechungen ausländischer Werke vor allem französischen

27 Sammlung nützlicher und angenehmer Gegenstände aus allen Theilen der Naturgeschichte, Arzneywissenschaft, und Haushaltungskunst, Jg. 1, Wien 1772, Vorbericht unpaginiert.

28 Ebenda.

29 Franz de Paula Rosalino, Franz Radakowsky, 5 Bde., Wien (Trattner) 1773–1774, 8; vgl. Seidler / Seidler 1988, 43.

Ursprungs, aber auch die österreichische zeitgenössische Literatur wird rezensiert, vor allem – sehr naheliegend –, wenn sie bei Trattner erschienen ist.

Rosalino spricht in der „Vorrede die eigentlich eine Nachrede ist“[30] von den Schwierigkeiten, ein breites Publikumsspektrum zu befriedigen, und den Unzufriedenheiten, mit denen auch er als Herausgeber von Periodika konfrontiert ist: „Bald hatten wir uns nicht genau an unsern Plan gehalten; bald wurden nichtsbedeutende Bücher recensiert; sogar von verbottenen Büchern gab man Nachricht; einige Recensionen waren zu kurz, andre zu lang, andre wohl auch zu beleidigend, einige zu schmeichelhaft, viele ganz unrichtig und falsch.“[31] Aus seiner Erfahrung als Kritiker zog er die Conclusio, dass man nicht immer recht haben müsse und das Gekränktsein eine zu erwartende Reaktion desjenigen ist, mit dessen Werk man sich nicht einverstanden erklärt. Die Auswahl des Stoffes sei nach bestem Wissen erfolgt: „Wenigstens haben wir es uns stets angelegen seyn lassen, alles, was zum Glücke und Besten der Menschheit geschrieben ist, anzurühmen, und alle Barbarey, Verfolgung, Unterdrückung, etc. etc. zu tadeln und zu verabscheuen, und das halten wir für unser einziges Verdienst.“[32] Rosalino eröffnet die Zeitschrift mit der zehn Seiten umfassenden Beschreibung des Bandes *Art militaire des Chinois*, aus dem Chinesischen ins Französische übersetzt von Pater Jean Joseph Marie Amiot, einem Missionar in Peking, 1772 in Paris herausgegeben. Einige Beispiele weiterer rezensierter Werke: *Lettres d'un Persan* (Fortsetzung der Briefe Montesquieus; 74) – *Lettres de quelques Juifs portugais & allemands a Mr. de* Voltaire (281) – *Die Lieder Sineds des Barden [...] von M. Denis* (313) – Über die Liebe des Vaterlandes von J. v. Sonnenfels (Anhang, 4) – *Joan Sajnovics Ungari Tordasiensis Demonstratio, Idioma Ungarorum & Lapponum idem esse* (4. Quart., 231).

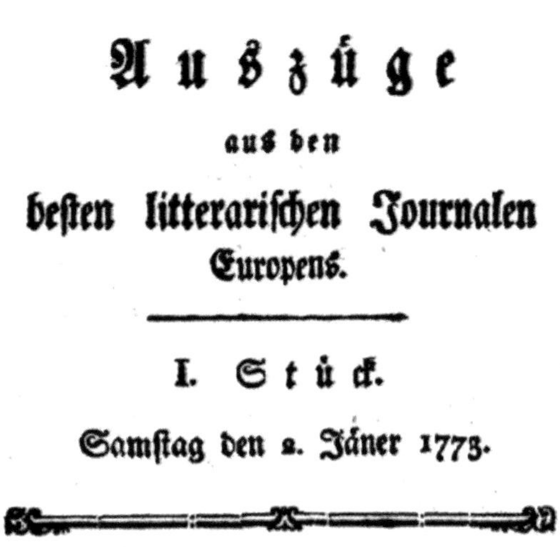
Auszüge
aus den
besten litterarischen Journalen
Europens.

I. Stück.
Samstag den 2. Jäner 1773.

Abb. 6: Auszüge aus den besten litterarischen Journalen Europens, 1. Stück, 2. Jänner 1773, Titelblatt

Michael Denis' Lieder werden im XX. Stück 1773 umfassend auf 13 Seiten besprochen und auch der Verkauf des Werkes beworben. In den Verkaufsanzeigen findet sich

30 Die Überschrift weist darauf hin, dass dieses Vorwort erst nach Zusammenfassung der einzelnen Stücke in einen Band geschrieben wurde.

31 Auszüge aus den besten litterarischen Journalen Europens, Erstes Quartal, Wien 1773, 4.

32 Ebenda, 7.

auch die Preisangabe für eine Ausgabe mit 1 Gulden und 25 Kreutzern.[33] Als Anhang erschienen einige Hefte, die in thematischer Gliederung kurze Berichte über neu erschienene Werke auf dem Markt gaben, darunter Joseph von Sonnenfels' *Ueber die Liebe des Vaterlandes* (Wien, Kurzböck 1771).[34] Unter der Rubrik „Weltweisheit" lesen wir dazu folgende Bekanntmachung: „Diese ausführliche Abhandlung des H. V., die das wärmste menschliche Gefühl, und den redlichsten Trieb, seine Mitbürger zu belehren, durchgängig verräth, haben wir mit vielem Vergnügen durchgelesen. Er schildert allda die reizenden Bilder einer patriotischen Nation, eines patriotischen Regenten, Staatsbedienten, Soldaten, Gelehrten, Künstlers, Vaters, und Ehelosen."[35] Auch der Brief, den die Witwe Gerhard van Swietens anlässlich seines Ablebens an die Nürnberger Gesellschaft der Naturforscher schrieb (20. Juni 1772), wurde sowohl in französischer als auch in deutscher Sprache aufgenommen.[36]

In der Fortsetzung trug das Blatt bereits im Titel den Hinweis auf die eingerückten Rezensionen. Neben dem hilfreichen Autorenregister enthielt es ein ausführliches Sachregister. Dieses Blatt fand seine Fortsetzung in der Zeitschrift *Litterarische Nachrichten von den Werken der besten Schriftsteller unserer Zeit* des Jahres 1775.[37]

Die josephinische Zeit

In den 1780er-Jahren änderte sich die Presselandschaft in Wien nicht zuletzt aufgrund der neuen Presse- und Zensurbestimmungen unter Joseph II. Trotz der signifikanten Belebung des Zeitschriftenmarktes stieg die Anzahl reiner Rezensionsorgane kaum merklich. Die wenigen einschlägigen Blätter waren erfolglos und extrem kurzlebig. Fünf Zeitschriften sind in den zehn Jahren unter Josephs Regentschaft dem Segment der Rezensionszeitschriften zuzuordnen:

Josef Eyerels *Annalen der Litteratur in den kayserlichen Erbländern*, 1781 im Verlag Kurzböck in nur einem Heft erschienen; die *Anzeigen und Recensionen der neuesten erscheinenden Werke der Militär-Litteratur* von Johann W. von Bourscheid, 1781 bei Trattner, insgesamt zehn Hefte, die sich in erster Linie mit ausländischen, deutsch- und französischsprachigen, oft in der Buchhandlung von Johann Thomas Trattner zu beziehenden strategischen Werken des Militärs und der Kriegsführung beschäftigten; das *Allgemeine Bücherjournal von Wien*, 1782–1783 herausgegeben vom Drucker und Verleger Johann Edler von Schönfeld. Von der Zeitschrift sind ebenfalls nur fünf

33 Leslie Bodi analysiert den Geldwert jener Zeit anhand von Aufzeichnungen von Ignaz De Luca: der Preis für ein Mittagessen 8–10 Kreuzer, für ein halbes Kilo Kaffee 40–55 Kreuzer. In den Gesellschaftsschichten, aus denen das neue Lesepublikum hervorging, lag das Einkommen zwischen 300 und 600 Gulden im Jahr; vgl. Bodi 1995, 441–442.

34 Online: https://archive.org/details/bub_gb_LcsPAAAAQAAJ [17.08.2020].

35 Auszüge aus den besten litterarischen Journalen Europens, Erstes Quartal, Wien 1773, Anhang, 1. Stück, 4.

36 Ebenda, 16.

37 Litterarische Nachrichten von den Werken der besten Schriftsteller unserer Zeit, Wien 1775–1776, Erscheinungsweise zweimal wöchentlich.

Nummern nachweisbar. Die Stücke 3, 4 und 5 des Jahres 1782 sind, wie aus dem *Verzeichnis aller bis 1ten Jänner 1784 verbothenen Bücher*[38] ersichtlich, von der Zensur verboten worden. Das Blatt enthielt literarische Nachrichten, Rezensionen und Ankündigungen von „Büchern und Schriften, die theils in Wien neu gedruckt und erschienen, theils vom Auslande angekommen, und bey verschiedenen Buchhändlern zu haben sind". Kritische Anmerkungen findet man zu Alois Blumauers *Aeneis*, fallweise finden sich Rezensionen zu religionskritischen Broschüren in dem Blatt. Ende August 1782 übernahm die Druckerei Sonnleithner die Herausgabe dieser Zeitschrift. Von der *Sammlung verschiedener Abhandlungen über einige vorzügliche Gegenstände der Weltweisheit* Weisseggers ist 1784 nur ein Teil erschienen, laut Wurzbach auch dieser eigentlich in Leipzig. Zuletzt seien die *Allgemeinen Wiener Bücher-Nachrichten*, ohne Kennzeichnung des Herausgebers, des Jahres 1786 genannt.[39]

Letzteres Blatt wollte sämtliche, in den k. k. Ländern erscheinende Literatur bewerben: „Bisweilen dürfte man wohl auch dieser Anzeige eine Beurtheilung beyfügen, die aber immer nach der strengsten Unpartheylichkeit eingereichet seyn wird. [...] Auswärtige Schriften werden zwar auch, doch, da sie meistens schon in auswärtigen Journalen recensirt sind, nur kurz angezeigt werden." Der Zweck des Wochenblattes sei die Verbreitung der Literatur und die damit einhergehende Werbung für Neuerscheinungen durch die Aufforderung zur Subskription.[40] Der größte Teil der angezeigten Bücher stammte aus dem Trattner'schen Verlag, dementsprechend weitgestreut sind auch die Themenbereiche.

Dieses Blatt ist wahrscheinlich eine Fortsetzung zweier bei Trattner erschienener Rezensionsblätter, das *Kritische Bücher-Verzeichniß*, 1781 von Samuel J. Schröckh herausgegeben, und das *Allgemeine Wiener Verzeichnis neuer Bücher*, 1783–1784 von Heinrich W. Behrisch redigiert.[41] Die beiden Blätter sind nicht mehr nachweisbar.

Kurz zu den Akteuren: Josef Eyerel war ein bayerischer Mediziner, der in Wien lebte und hier zahlreiche medizinische und naturwissenschaftliche Texte übersetzte und herausgab. Über seine *Annalen* des Jahres 1781 ist im *Allgemeinen Sachregister über die wichtigsten deutschen Zeit und Wochenschriften* zu lesen, es bestehe aus „Kleine[n] Abhandlungen und magere[n] Anzeigen der wenigsten nicht einmal besten herausgekommenen Schriften, ohne Belang".[42] Johann W. von Bourscheid, Rezensent von Militärliteratur und Rittmeister in Wien, der auch selbst militärische Werke zum Teil über Kriegstaktik und -logik herausgab, die Beachtung fanden; und Joseph Maria Weissegger von Weißeneck, ein Historiker, Jurist, Übersetzer und ab 1784 Professor

38 Verzeichniß aller bis 1ten Jäner 1784 verbottenen Bücher, [ohne Ort und Jahreszahl], Wienbibliothek im Rathaus, Sign. B 6075 [= Katalog der Josephinischen Rezensur].

39 Angaben zu allen Titeln vgl. Seidler / Seidler 1988.

40 Allgemeine Wiener Bücher-Nachrichten, Wien, Trattner 1786, Ankündigung, unpaginiert.

41 Vgl. dazu auch Seidler / Seidler 1988.

42 Allgemeines Sachregister über die wichtigsten deutschen Zeit- und Wochenschriften. Voran als Einleitung ein *raisonnirendes litterarisches Verzeichniß aller in diesem Jahrhundert bis jetzt erschienenen periodischen Blätter, nach Dezennien gearbeitet und mit einem Namenverzeichniß aller dabei befindlichen Mitarbeiter*, Leipzig, Weygand 1790.

für Weltgeschichte an der Universität Freiburg. Der Großteil der Rezensenten in josephinischer Zeit, wie auch jener in maria-theresianischer Zeit, stand im Dienste des erfolgreichen Wiener Buchhändlers und Verlegers Johann Thomas Trattner.

Wie aus obigen Ausführungen zu sehen, wagten sich in Wien nur wenige Redakteure und Verleger an die Edition von Rezensionsorganen. Trattner, das führende Verlagshaus, stellte dabei eine Ausnahme dar. Im Vergleich zur ausländischen Presselandschaft machen diese Blätter jedoch einen verschwindend geringen Anteil der gesamten Produktion von Periodika aus. Auf dem österreichischen Medienmarkt überwog eindeutig die hybride Form aus „Gelehrter Zeitschrift" mit eingerückten Buchbesprechungen oder – noch häufiger – überhaupt nur die Buchhändlerwerbung im Anhang einer Publikation bzw. auf dem sogenannten „Blauen Mantel", wie der Einband von Zeitschriften aufgrund seiner Farbe genannt wurde. Aus den Vorworten und Rezensionen der Blätter selbst lässt sich herauslesen, dass diese neue, offene Form der Kritik vermutlich sowohl den kritisierten Autoren als auch den bisweilen angegriffenen Rezensenten Probleme bereitete. Der Umgang mit den „Feindseligkeiten" musste erst gelernt werden. Auch dürfte Christian Oggolder recht damit haben, dass der Buchmarkt der habsburgisch regierten Länder für reine Rezensionsorgane doch zu klein war, und die Drucker und Buchhändler mit deren Edition Verluste schrieben.

Das *Allgemeine Bücherjournal von Wien* (1782–1783) wurde 1789 im *Journal von und für Deutschland*, herausgegeben von Siegmund Freyherrn von Bibra, rezensiert und vor allem der Beschluss zur Einstellung des Blattes besprochen, dessen Herausgeber Schönfeld sich darin auf äußere Umstände berufen hatte: „[...] so muss er doch bemerken, dass hauptsächlich die von einer gewissen Seite unfreundliche Miskennung seiner Hauptabsicht ihn zu diesem Entschluß mit bestimmen konnte. – Übrigens hält er sich überzeugt, daß es der Ehre eines rechtschaffenen Mannes nichts benehmen kann, das Opfer seines guten Willens zu werden."[43] Der Rezensent führt etwas abschätzig aus, es habe sich bei dem *Allgemeinen Bücherjournal* ohnehin inhaltlich meist um die Aufzählung bloßer Büchertitel gehandelt, die bisweilen von Anzeigen begleitet waren, und schließt: „Das ganze eine Buchhändler-Speculation, die nicht viel Vortheil mag getragen haben und darum hauptsächlich unterblieben wird sein."[44]– Eine Feststellung, die vermutlich für die meisten der oben erwähnten Wiener Blätter und ihre Verleger ihre Gültigkeit hatte.

---

43 Journal von und für Deutschland, 6. Jg., 7. St., Frankfurt a. M. 1789, 469.

44 Ebenda.

Thomas Wallnig

Wissen in Wien, 1780

Eine digitale Annäherung

Eine eigentümliche Analogie verbindet den *Iconic Turn* der Wissenschaften des 18. Jahrhunderts mit dem gegenwärtigen Amalgamierungsprozess von traditionellen und digitalen Methoden in den Geisteswissenschaften. Im 18. Jahrhundert entfaltete die bereits vorhandene wissenschaftliche Bildgebung ihre eigenständige Epistemologie und fand in der Ästhetik eine Basis, dies mit Blick auf die Spannung von Subjekt und Objekt zu reflektieren; zugleich ermöglichte die Verfügbarkeit großer Mengen an Bildmaterial die Frage nach der Morphologie in verschiedenen Wissensbereichen und lenkte damit den Blick vom Individuellen auf das Allgemeine.

Die heute vielfach einsetzende digitale Bearbeitung historischen Materials eröffnet ein ähnliches Spannungsfeld, nämlich respektive das nach der Aussagekraft und dem Aussagewert von quantifizierten Daten und visuellen Darstellungsformen. In beiden Fällen kann uns eine Auffassung von *wissenschaftlichem Wissen* als spezifischer diskursiver Formation und nicht als ahistorischer Gegebenheit helfen, jenseits einer Polarität von *Fakt* und *Fiktum*, von *belastbaren Daten* und *arbiträren Bildern*, die dabei stattfindenden Erkenntnisprozesse selbst zu betrachten.[1]

Der folgende Text tut dies nicht analytisch, sondern experimentell und ist auch unter diesem Vorbehalt zu verstehen. Er entwickelt das gestellte Thema „Wissen in Wien, 1780", indem er es von verschiedenen Seiten umkreist, also unterschiedliche Datenbestände darauf bezieht und unter Heranziehung verschiedener digitaler Methoden andeutet.[2] Das Thema selbst ergibt sich aus der Aufgabenstellung, gleichsam zur Kontextualisierung der anderen Beiträge des Bandes anhand eines arbiträren Zeitschnitts einen Überblick zu bieten.

Ein solcher Überblick aber kommt nicht an einer dominanten Erfolgserzählung vorbei, die sich wohl am besten in dem Bild Kaiser Franz Stephans im Kreis seiner Sammlungsleiter ausdrückt (Tafel 1). Will man sich dieser Erzählung verweigern, so kann man bei entsprechenden Quellenstudien und feinem methodischen Werkzeug zu tatsächlich neuen Ergebnissen kommen, wie der abschließende Abschnitt zeigen wird. Hat man jedoch keine solchen Quellenstudien aufzuweisen, so können digitale Methoden wenigstens einen alternativen Blick auf Bekanntes ermöglichen.

Ausgangspunkt hierfür bildet das angesprochene Bild von einem mit einzelnen namhaften Persönlichkeiten und Institutionen bevölkerten Diorama habsburgischer

1 Zwei unterschiedliche Zugänge zu diesem Problemfeld repräsentieren etwa die Historisierung bildlicher Episteme (Daston / Galison 2007) oder die wissenschaftstheoretischen Reflexionen zu „Design" (Latour 2008).

2 Der Pool an verfügbaren Daten erweitert sich ständig; die Herausforderung besteht darin, die richtigen Daten für die digitale Bearbeitung richtig aufzubereiten und dann die passenden Methoden anzuwenden.

Gelehrsamkeit. Dieses Bild wird in der Folge, unter bewusster Vermeidung narrativ-biographischer Darstellungen,[3] im ersten Abschnitt anhand eines Textvergleiches analysiert (I). Will man aber die Voraussetzungen dieses Bildes ergründen, so bietet sich das zweibändige Werk *Das gelehrte Österreich* von Ignaz de Luca an, das 1776/1778 eine umfassende Bio-bibliographie der habsburgischen Länder bot und somit den imaginären Raum habsburgischer Gelehrsamkeit kartierte. Mit diesem Werk wird in zwei Schritten gearbeitet. Zuerst wird der Text als Personennetzwerk analysiert (II), anschließend wird der angesprochene geographische Raum visualisiert (III).

Es folgen drei Gegenproben zur „Verortung" von Wien und seiner Gelehrsamkeit anhand von digital aufbereiteten historischen Quellenbeständen: einmal die Druckorte der vom Verleger Johann Thomas Trattner, Edler von Trattnern 1777 in Wien angebotenen Werke (IV), dann die Referenzorte der *Göttinger Anzeigen von gelehrten Sachen* aus dem Jahr 1780 (V) und schließlich die Korrespondenznetzwerke, die sich zu drei namhaften Gelehrten aus der Korrespondenzdatenbank *Kalliope* extrahieren lassen (VI). Anschließend wird anhand einiger einfacher Beispiele aus dem *Wien[n]erischen Diarium* gezeigt, welches Potenzial korpuslinguistische Ansätze in diesem Bereich haben könnten (VII), ehe abschließend eine Reflexion über das entstandene Bild angestellt wird.

Der vorliegende Text leidet unter den Beschränkungen, die digitale Fallstudien oft zu gewärtigen haben: Das Datensample ist nicht arbiträr gewählt, aber doch klein und an einigen Stellen auch nicht repräsentativ; die Daten wurden in dem Bewusstsein extrahiert, dass sie nicht in jedem einzelnen Fall eindeutig sind; und einzuwenden bleibt, dass bei Weitem nicht alle Möglichkeiten der digitalen Datenanalyse ausgeschöpft wurden.

Auf der anderen Seite ist festzuhalten, dass die digitalen Vignetten das bekannte Bild – das Pantheon mit Ignaz von Born, Nikolaus Joseph von Jacquin, Carl Anton Martini, Josef Anton Stefan von Riegger, Joseph von Sonnenfels, Gottfried van Swieten und anderen – in bemerkenswerter Weise bestätigen und zugleich relativieren: Was als gesamteuropäische und „deutsche" Dimension bei De Luca noch angelegt, aber nicht hervorgehoben war, ist im heutigen Narrativ weitgehend zugunsten einer Dimension des „habsburgischen Zentraleuropa" verschwunden. Die Dekonstruktion des zweiteren könnte in Zukunft mit einer Rekonstruktion der ersteren einhergehen.

I. Narrativ, heute: Hamann und Vocelka

Will man sich schnell einen fundierten Überblick über die Protagonisten des Wiener bzw. österreichischen Wissenschaftsbetriebes um 1780 verschaffen, so findet man mit *Glanz und Untergang der höfischen Welt* von Karl Vocelka eine geglückte und

3 Biographische Information zu allen in der Folge genannten Personen findet sich online unter: https://www.deutsche-biographie.de [28.02.2019]; dieses Portal enthält die einschlägigen Artikel der *Allgemeinen Deutschen Biographie* und der *Neuen Deutschen Biographie*. Nicht selten fußen die bis heute verwendeten biographischen Angaben auf teilweise fehlerhaft tradierten zeitgenössischen Darstellungen: Wallnig / Wallnig 2017.

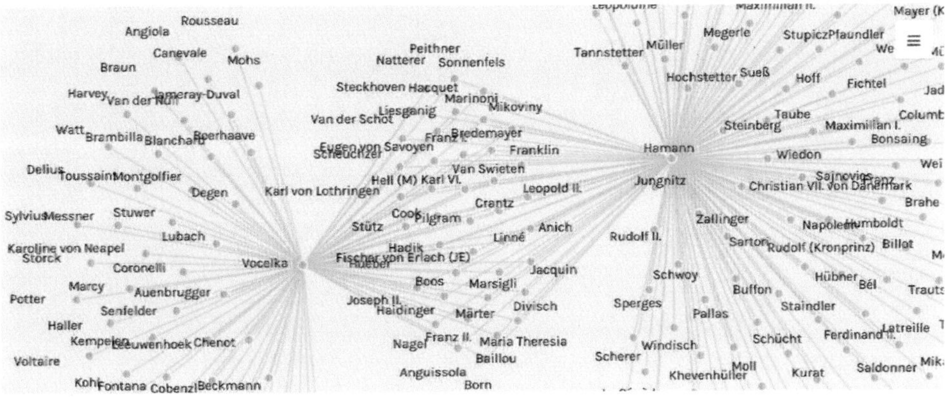

Graphik 1: Überschneidungen von Personennennungen bei Vocelka 2003 und Hamann 1983, Ausschnitt (Thomas Wallnig / Palladio)

kompakte Darstellung in der von Herwig Wolfram herausgegebenen Publikationsreihe *Österreichische Geschichte*.[4] Der betreffende Abschnitt ist mit „Wissenschaftspflege im Zeitalter der Aufklärung“ betitelt und führt die in der Graphik auf der linken Seite genannten Personen, Institutionen und Schlagwörter an (Graphik 1). Will man einwenden, die *Österreichische Geschichte* beziehe sich auf Österreich in den Grenzen von 1945, so ist ein Vergleich mit dem Artikel *Wissenschaftspflege im aufgeklärten Absolutismus* von Günther Hamann erhellend.[5] Die hier genannten Personen finden sich auf der rechten Seite der Graphik.[6]

Es sind zwar zum einen die erwartbaren Personen, die in beiden Beiträgen vorkommen, doch ist die Überschneidung (41 gemeinsame Namen gegen eine Gesamtsumme von 167 bei Hamann und 91 bei Vocelka) doch nicht allzu groß. Dies deutet neben unterschiedlichen Themen auch auf unterschiedlich gebaute Wissenskontexte und -genealogien hin: Während Hamann etwa die Kontinuität der Wissenspflege durch habsburgische Regenten seit dem 15. Jahrhundert wichtig ist, evoziert Vocelka andere europäische Wissenschaftsgenealogien und -kontexte.

Zugleich kann aber festgehalten werden, dass ein Teil der Namen in der Schnittmenge recht klar den immer von Neuem evozierten Personalstand der österreichischen Wissenschaft um 1780 abbildet.

4 Vocelka 2003.

5 Hamann 1983.

6 Die Daten wurden händisch aus den beiden Texten extrahiert und mit „Palladio“ visualisiert, vgl. http://hdlab.stanford.edu/palladio/ [28.02.2019]. Es wurde jeweils nur eine Nennung einer Person verzeichnet. Bei Hamann wurde darauf zurückgegriffen, dass die „maßgeblichen“ Personennamen im Text durch Kursivierung ausgezeichnet sind (!) und somit gleichsam den Leitfaden des Narrativs bilden. Diese Personennamen wurden übernommen.

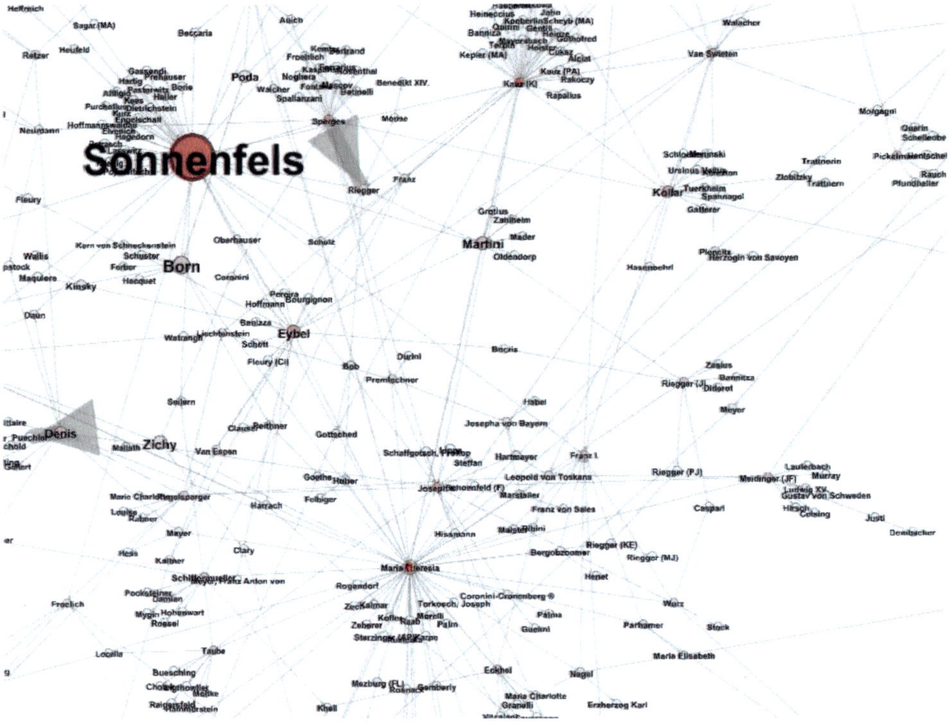

Graphik 2: Visualisierung von De Luca 1776/1778 als Personennetzwerk, Ausschnitt (Thomas Wallnig / Gephi)

II. Narrativ, 1776/1778: De Luca als Netzwerk

Woher aber rührt dieses Pantheon? Eine zeitgenössische Publikation, bei der man sowohl eine bewusste gelehrsamkeitspolitische Ausrichtung als auch ein reges Nachleben konstatieren kann, ist Ignaz de Lucas zweibändiges Werk *Das gelehrte Österreich*.[7] Der Staatswissenschaftler und Sonnenfels-Schüler brachte seine zweibändige Bio-Bibliographie in den Jahren 1776/1778 heraus und setzte damit der Wissenschaftskultur der Habsburgermonarchie, der er selbst angehörte, ein Denkmal. National oder regional ausgerichtete Bio-Bibliographien gehörten zum fixen diskursiven Repertoire der vormodernen Gelehrtenrepublik, und neben De Luca sind zahlreiche andere zeitgenössische Werke und Initiativen zu stellen, etwa *Das gelehrte Teutschland* von Georg Christoph Hamberger und Johann Georg Meusel oder, etwas früher, Christian Gottlieb Jöchers *Gelehrten-Lexicon*.

De Luca legt in seinem alphabetisch gegliederten Werk mitunter umfänglichere Lebensbeschreibungen der Gelehrten vor,[8] die nicht selten von deren Kontakten während des Studien- und Berufslebens handeln. Ergänzt werden können diese

7 Vgl. Grünberger 1955.

8 Der Terminus ist tatsächlich geschlechtsneutral zu verstehen. Die Präsenz von Frauen ist beschränkt, aber gegeben, vgl. etwa die Artikel zu Maria Anna Sagar oder Helena Wrazda.

Angaben durch die Nennung von Personennamen in den Titeln der gegebenen Bibliographien.[9]

Die so erhobenen Daten[10] ermöglichen es, das *Gelehrte Österreich* als Netzwerk darzustellen (Graphik 2). Die Intensität der Knoten in der Graphik – von Transparent zu Opak – bezieht sich auf den *Grad*, also die Menge an Verbindungen im Netzwerk: Maria Theresia weist bei weitem den höchsten Grad auf (58), weil sie in sehr vielen Artikeln als Gönnerin, Widmungsempfängerin oder Förderin von Karrieren genannt wird. Gemäß der Messung des Grades folgen auf Maria Theresia Sonnenfels (38), Constantin Franz von Kauz (36), Jakob Friedrich Isenflamm (32; sein biographischer Artikel enthält eine große Anzahl an Personennennungen), De Luca (25), August Friedrich Cranz, Maximilian Hell (je 23) und Joseph II. (20).

Die Größe der Knoten hingegen bezieht sich auf die *Betweenness-Zentralität*, also auf das Ausmaß, in dem ein Knoten Teil eines kürzesten Weges im Netzwerk ist. So können jene Knoten ermittelt werden, welche die intensivste Verbindung mit möglichst großen Teilen des Netzwerks unterhalten, wobei deutlich sein muss, dass dieses Netzwerk eine aus den Daten der Personenbeziehungen in De Lucas Text generierte Abstraktion, nicht aber etwa „reale" Gegebenheiten abbildet.[11]

Die Prädominanz von Sonnenfels als Person mit der höchsten Betweenness-Zentralität (441,5) ist nicht zu übersehen, doch finden sich im mittleren Bereich wieder einige der bekannten Namen, von Born (103,5), Cranz (221,5), Anton von Störk (222) und Hell (92,5) über Martini (55,5) zu Michael Denis (41,5), Adam František Kollár (31,5), Joseph Valentin Eybel (49,5) und De Luca selbst (110); auch andere Mitglieder der kaiserlichen Familie sind hier feststellbar.

Wiederum existieren an den Rändern Referenznamen, die eine internationale Kontextualisierung andeuten sollen – von Isaac Newton (Grad: 5; Betweenness-Zentralität: 0) über Denis Diderot (1; 0) hin zu Gottfried Wilhelm Leibniz (2; 0) und Christian Wolff (6; 0). Doch ist deutlich sichtbar, dass die dargestellte Vernetzung sich vor allem auf die breitere politische und intellektuelle Elite des Habsburgerstaates beziehen sollte, unter der eben einige Personen hervorstachen.

III. Narrativ, 1776/1778: De Luca und „Österreich" als Raum

Dieses Bild erhält zusätzliche Plastizität, wenn man De Lucas Gelehrtenlexikon geographisch visualisiert. Dieser Zugang ist in dem Werk selbst angelegt, weil De Luca,

9 Gemeint sind hier Werke, die sich im Titel auf die Urheber wissenschaftlicher Theorien – etwa Newton – beziehen; diese Namen wurden in der Analyse mitberücksichtigt. Nicht aufgenommen wurden hingegen Verleger und historische Personen, die – grob geschätzt – aus der Zeit vor 1600 stammen.

10 Die Graphik wurde mit *Gephi* erarbeitet und weist in ihrem vollen Umfang 845 Kanten bei 765 Knoten auf.

11 Eine gut nachvollziehbare Anleitung für einfache Visualisierungen mit *Gephi*, der hier gefolgt wurde, spielt das analytische Szenario anhand der Personenbeziehungen in Victor Hugos *Les Misérables* durch: https://gephi.org/tutorials/gephi-tutorial-quick_start.pdf [28.02.2019].

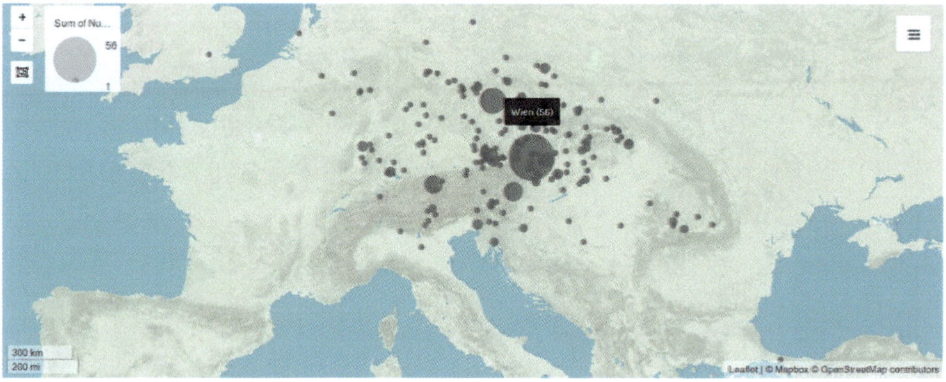

Graphik 3: Geographische Visualisierung von De Luca 1776/1778, Ausschnitt (Thomas Wallnig / Palladio)

selbst Statistiker, am Ende des zweiten Bandes die Geburtsorte der genannten Schriftsteller und Künstler grob nach Kronländern sortiert und somit eine räumlich geprägte Lesart vorgibt (Graphik 3).[12]

In der Graphik gut erkennbar sind einerseits die großen urbanen und universitären Zentren der Monarchie (Wien, Prag, Graz, Innsbruck, Freiburg), Verdichtungen zeigen sich auch in Oberösterreich, wo De Luca am Linzer Lyzeum tätig gewesen war, ebenso im oberungarischen Bergdistrikt und in Siebenbürgen. Im Reich (außerhalb der habsburgischen Länder) ist (konfessionell gemischt) Ober- und Mitteldeutschland vertreten.

Dieses Bild entspricht der imperialen Inszenierung im Netzwerk (Abschnitt II). Vor diesem Hintergrund erklärt sich eine bis heute markttaugliche Perplexität darüber, Wien als Teil der europäischen Gelehrtenwelt auffassen zu wollen.[13]

War Wien 1780 denn Teil der europäischen Gelehrtenrepublik, auch wenn diese Dimension De Luca eben nicht oder bestenfalls sekundär interessierte und wenn wir bis heute seiner Sichtweise zu folgen scheinen?

Die folgenden Betrachtungen versuchen, sich der Frage von Quellen her zu nähern, die in ihrer Ausrichtung keine Intention zur gelehrsamkeitspolitischen Identitätsbildung erkennen lassen. Es kann vorweggenommen werden, dass diese nicht in hinreichendem Ausmaß und in zufriedenstellender Qualität verfügbar sind, um ein Gegenbild zu entwerfen. Das mag auch zum Teil die Prädominanz des wesentlich leichter greifbaren „habsburgischen" Bildes erklären.

12 Die Aufstellung findet sich bei De Luca 1778, 481–502. Es werden auch außerhalb der Habsburgermonarchie geborene Schriftsteller berücksichtigt (503–506). – Pro territorialer Einheit findet sich auch eine zahlenmäßige Aufstellung der Schriftsteller nach Stand bzw. Orden, die hier jedoch nicht zur Auswertung herangezogen wurde.

13 Vgl. den Vortrag von Vittoria Feola (Oxford 2011), The Viennese Imperial Library and the Republic of Letters; online: https://vimeo.com/35263146 [17.08.2020].

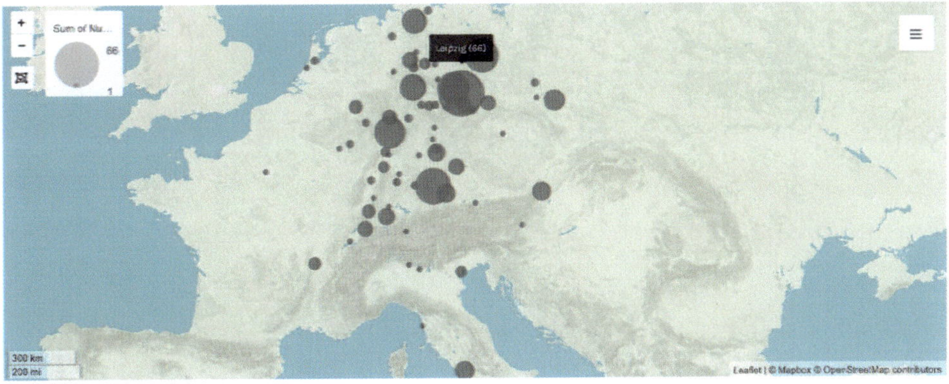

Graphik 4: Geographische Visualisierung von Trattner 1777, 3–43, Ausschnitt (Thomas Wallnig / Palladio)

IV. Buchhandel in Wien: Trattner 1777 visualisiert

Johann Thomas Trattner ist (ebenso wie seine Gattin) bereits im vorangegangenen Abschnitt als kleinerer Knoten des De-Luca-Netzwerks aufgefallen. Tatsächlich stand dieser Verleger stets selbst an der Schwelle zur Gelehrtenwelt, und er ist eines der privilegierteren Studienobjekte der Forschung zur habsburgischen Aufklärung.[14]

Die gezeigte Graphik visualisiert die Druckorte der unter dem Buchstaben „A" feilgebotenen Werke im Verlagskatalog von 1777 (Graphik 4).[15] Das Bild ist nun ein anderes. Es zeigt die Dominanz des deutschen Buchmarktes, und zwar des protestantischen: Wohl liegt Augsburg (41 Einträge) an zweiter Stelle hinter Leipzig (66), doch folgen dann in vergleichbarer Dimension Berlin (36), Halle (33), Frankfurt am Main (31), Göttingen (22), Hamburg (19), Breslau (14) und Kopenhagen (13). Erst dann finden sich mit Rom (12), Wien (11) und München (11) wieder katholische Druckorte.

Bemerkenswert ist auch die Präsenz kleinerer mitteldeutscher und preußischer bzw. baltischer Druckorte (etwa Chemnitz, Danzig, Gießen, Glogau, Lemgo, Quedlinburg, Riga), wohingegen Prag, Innsbruck und Graz jeweils nur mit einem Eintrag vertreten sind.

Die „rezeptive" Einbettung Wiens in den Buchmarkt erscheint also – in dem Ausmaß, in dem das kleine Datensample überhaupt Schlüsse zulässt – recht dezentral und breit gestreut, was den Raum deutschsprachigen Druckgewerbes betrifft, und jenseits davon auch an kleinere regionale Zentren gebunden. Zugleich wird auch, in geringerem Maße, Frankreich und Italien mit bedacht.

14 Frank / Frimmel 2008, 198–200.

15 Trattner 1777, 3–43. Der Aufwand der Datenerhebung war hier so beträchtlich, dass von einer Erweiterung der Quellengrundlage abgesehen werden musste.

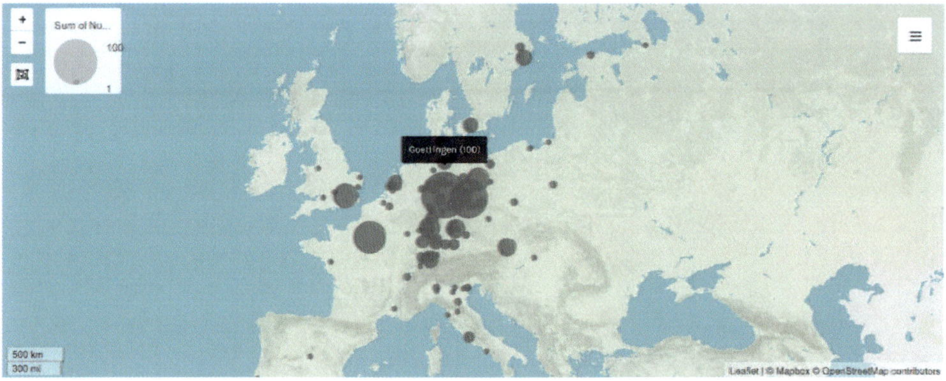

Graphik 5: Geographische Visualisierung der Ortsnennungen am Beginn von Einträgen in den *Göttingischen Anzeigen von gelehrten Sachen,* Ausschnitt (Thomas Wallnig / Palladio)

V. Gelehrte Periodika im Reich: *Göttingische Anzeigen von gelehrten Sachen,* 1780

Wie gestaltet sich aber die Wahrnehmung der Wiener – und habsburgischen – Gelehrsamkeit in einem der einschlägigen periodischen Druckwerke der Zeit, den *Göttingischen Anzeigen von gelehrten Sachen* aus dem Jahr 1780?[16]

Die Bedeutung von Rezensionszeitschriften wie den *Göttingischen Anzeigen* lag nicht nur in der Bekanntmachung von Neuerscheinungen aus verschiedenen Wissensgebieten, sondern auch in der Schaffung eines bestimmten Wissenschaftskanon und der Definition einer Topographie des Wissens. So gesehen trifft auf diese Quelle nicht völlig zu, dass sie gelehrsamkeitspolitisch nicht identitätsbildend wirkte, doch ist die Intention hinter der Kanonbildung keine explizite – wie bei De Lucas *Gelehrtem Österreich* – und auch keine staatlich gesteuerte; vielmehr diente das Organ der Selbstvergewisserung der Universität Göttingen. In welcher Weise das nun gezeigte Bild seinerseits ein Göttinger Erfolgsnarrativ abbildet, wäre eine andernorts zu behandelnde Frage (Graphik 5). Sieht man von dem naheliegend dominanten Anteil an Göttinger Einträgen (100) ab, so bleibt dennoch ein auffallend gemischtes Feld: Es folgen Leipzig (71), Paris (49), London (27), Berlin (24), Mannheim (20), Nürnberg (16), doch dann bereits Wien (15), noch vor Zürich (13), Halle (12), Stockholm (11) und Kopenhagen (10).

Betrachtet man die Betreffe der 15 Wiener Einträge,[17] so finden sich hier tatsächlich die bekannten Namen aus unterschiedlichen Wissensbereichen wieder (wie Ignaz von Born, Max Hell oder Michael Denis), daneben aber auch Autoren, die selbst bei De Luca keinen Eintrag haben (etwa Lorenzo Soardi, Wolfgang Mucha, Wolfgang von Bethlen oder Franz de Paula Neumann). Auch wenn der Unterschied von zwei bzw.

16 Zur Zeitschrift vgl. Habel 2007. Die Ausgabe ist online verfügbar: https://rep.adw-goe.de/handle/11858/00-001S-0000-0001-943F-F?show=full [28.02.2019].

17 Auf den Seiten: 12, 171, 220, 289, 308, 350, 469, 779, 835, 881, 917, 921, 981, 1162, 1224.

vier Jahren zwischen De Luca und den *Göttingischen Anzeigen* hier zu berücksichtigen ist, kann dennoch festgehalten werden, dass aus Göttinger Sicht Wien weit mehr Teil eines deutschen und europäischen Gelehrtennetzwerks war, als De Luca dies darstellen wollte. Auffallend ist zudem, dass Wien nicht mit einem spezifischen Wissensgebiet assoziiert wurde, sondern dass die Einträge verschiedene Bereiche der Naturwissenschaften (etwa Physik oder Hydrographie), der Philosophie sowie verschiedene historisch-antiquarische Disziplinen umfassten (Numismatik oder Diplomatik).

VI. Korrespondenzen: drei (nicht aussagekräftige) Experimente mit *Kalliope*

Es wäre wünschenswert, diesen Befund anhand umfangreicher Corpora von Gelehrtenkorrespondenzen gegenprüfen zu können. Dies ist jedoch zum gegenwärtigen Zeitpunkt nicht in seriöser Weise möglich, da kaum entsprechende Korrespondenzkataloge vorliegen, die als Daten ausgewertet werden könnten.

Die folgenden drei Visualisierungen stellen den Versuch dar, aus der Nachlassdatenbank *Kalliope*[18] Korrespondenz-Metadaten zu extrahieren, welche die räumliche Streuung des Briefwechsels individueller Gelehrter dokumentieren: von Nikolaus Joseph von Jacquin, Joseph von Sonnenfels und Ignaz von Born. Die Samples sind allerdings zu klein, um irgendeine Aussagekraft zu besitzen: Es handelt sich um insgesamt 31 (Jacquin), 10 (Sonnenfels) und 12 (Born) Briefe (Graphiken 6–8).

Für eine belastbare Verortung von „Wissen in Wien, 1780“ anhand von Gelehrtenkorrespondenzen wird es notwendig sein, die Datenbasis erheblich zu erweitern. Dass dies möglich ist und entsprechend aussagekräftige Analysen zulässt, zeigen mehrere auf Grundlage von spezifischen Settings konzipierte Plattformen, wie *Briefe und Texte aus dem intellektuellen Berlin um 1800*[19], *Circulation of Knowledge and Learned Practices in the 17th-century Dutch Republic*[20] oder – angelegt als gesamteuropäische Infrastruktur – *Early Modern Letters Online*[21]. Keine von ihnen erlaubt derzeit freilich eine Abfrage zur Wiener Gelehrsamkeit um 1780.

Begriffe und Themen: drei Abfragen im *Wien[n]erischen Diarium*

Ähnliches wie zu den Metadaten für Korrespondenzen muss zu größeren digitalen Textcorpora gesagt werden. Im westeuropäischen und nordamerikanischen Bereich wird seit mehreren Jahrzehnten an der Erstellung solcher Corpora gearbeitet, was (etwa rund um die digitale Version der *Encyclopédie*)[22] zu interessanten Zugängen im Bereich der Geschichts- und Literaturwissenschaft geführt hat: Es geht hier etwa um die quantitative Gegenüberstellung von tatsächlich in der *Encyclopédie* zitierten

18 https://kalliope-verbund.info/de/index.html [01.09.2020].

19 https://www.berliner-intellektuelle.eu/ [28.02.2019].

20 http://ckcc.huygens.knaw.nl/epistolarium/ [28.02.2019].

21 http://emlo.bodleian.ox.ac.uk/ [28.02.2019].

22 The ARTFL Encyclopédie: https://encyclopedie.uchicago.edu/ [28.02.2019].

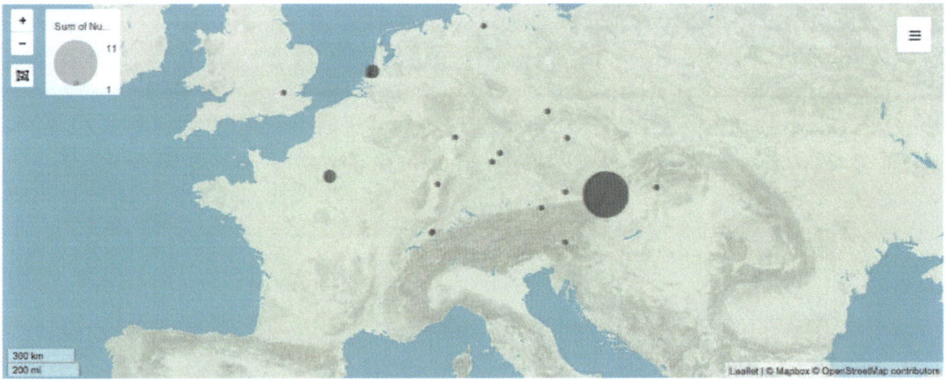

Graphik 6: Geographische Visualisierung der Korrespondenzmetadaten zu Nikolaus von Jacquin aus *Kalliope* (Stand: 15. März 2018) (Thomas Wallnig / Palladio)

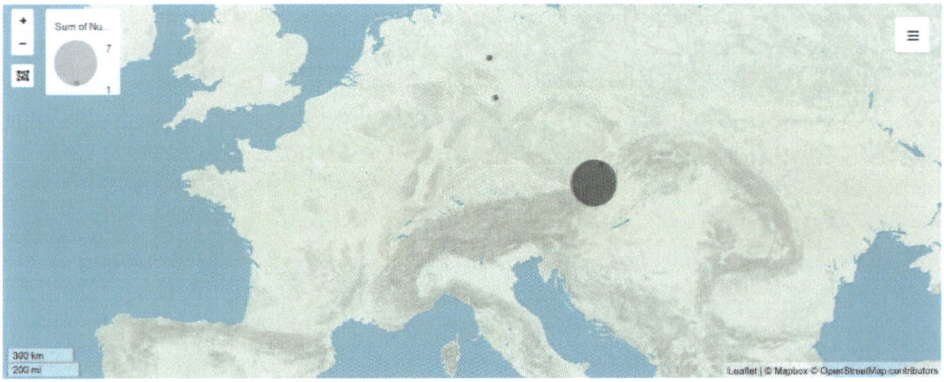

Graphik 7: Geographische Visualisierung der Korrespondenzmetadaten zu Joseph von Sonnenfels aus *Kalliope* (Stand: 15. März 2018) (Thomas Wallnig / Palladio)

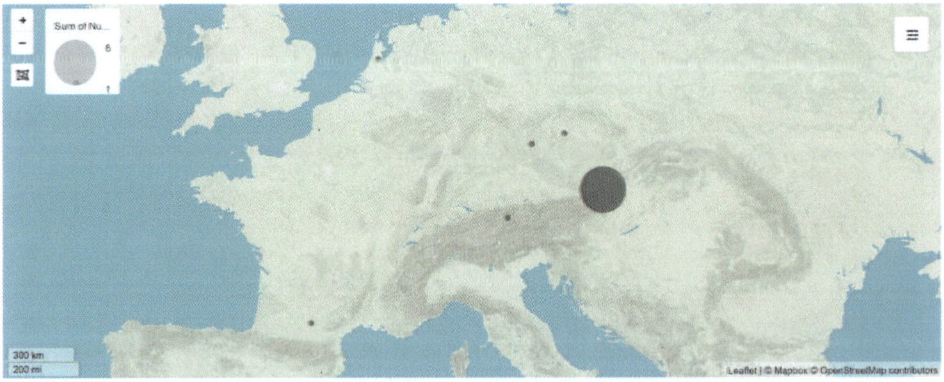

Graphik 8: Geographische Visualisierung der Korrespondenzmetadaten zu Ignaz von Born aus *Kalliope* (Stand: 15. März 2018) (Thomas Wallnig / Palladio)

	„Wissen"	„Wissenschaft"	„Aufklärung"
1740–1749	485	158	0
1750–1759	798	267	1
1760–1769	918	440	10
1770–1779	1042	653	40
1780–1790	1085	803	218

Graphik 9: Abfragen aus dem *Wien[n]erischen Diarium* / der *Wiener Zeitung* zum Zeitraum 1740–1790 (Stand: 16. März 2018) (Thomas Wallnig)

anciens und *modernes*.[23] In einer anderen Studie wird mit Wortfeldanalyse der semantische Wandel des Wortes „révolution" um 1789 betrachtet.[24]

Dass vergleichbare Studien auch für die Frage nach der Wissenskultur in Wien und Zentraleuropa relevant sein können, mögen die drei gezeigten Treffer-Abfragen aus dem *Wien[n]erischen Diarium* / der *Wiener Zeitung* zum Zeitraum 1740–1790 verdeutlichen (Graphik 9):[25]

Gerade bei „Aufklärung" ist bemerkenswert, dass die ebenfalls erfassten Leipziger *Neuen Zeitungen von Gelehrten Sachen* jeweils um mehrere Jahre zuvor eine Konjunktur des Begriffes aufweisen (für die betrachteten fünf Jahrzehnte: 4; 23; 46; 87; k. A., doch haben hier die erfassten *Göttingischen Anzeigen* 332 Treffer).

Freilich bleiben diese Ergebnisse wenig belastbar, da die Textqualität der digitalisierten Bände höchst unterschiedlich ist und wenig verlässliche Treffer erwarten lässt. Ebenso wäre anhand eines gut bearbeiteten Corpus an erster Stelle die semantische Umgebung der Begriffe zu eruieren: „wissen" ist ein generisches Wort, und „Wissenschaft" wird sehr häufig im Hinblick auf ein Objekt verstanden, also „Wissenschaft von etwas". Nichtsdestoweniger kann festgehalten werden, dass die betrachteten Begriffe in der zweiten Jahrhunderthälfte durchwegs eine Konjunktur erfuhren, bei „Aufklärung" möglicherweise abhängig vom Wortgebrauch in Mitteldeutschland.

VIII. Schluss

Was aber sagt uns all dies über „Wissen in Wien, 1780"? Es legt uns an erster Stelle nahe, dass von allen in diesem Band behandelten „habsburgischen Sammlungen" vielleicht jene De Lucas die wirkmächtigste war, weil sie einer durchaus heterogenen

23 Edelstein 2010.

24 Baker 2016.

25 Das *Wien[n]erische Diarium* wurde von 2016 bis 2020 an der Österreichischen Akademie der Wissenschaften in einem Projekt am Austrian Centre for Digital Humanities (Claudia Resch) in Kooperation mit dem Institut für kunst- und musikhistorische Forschungen, Abteilung Kunstgeschichte (Anna Mader-Kratky) in einer Auswahl digital aufbereitet: https://digitarium.acdh.oeaw.ac.at/ [28.02.2019]. Gearbeitet wurde im Folgenden mit einer auf die Ausgaben der Jahre 1740–1790 eingeschränkten Volltextsuche zu den dargestellten Begriffen.

Wissenslandschaft ein eindeutig habsburgisches Gepräge gegeben hat, das unseren Blick bis heute bestimmt.

Dieses traditionelle Narrativ ist eines von Gründungen, Sammlungen und Expeditionen, es ist eine klassische Stifter-Erzählung: „Mit größter, in diesem Erzhause traditioneller Freigiebigkeit“[26] wurde eine Wissenschaft gefördert, die leicht in eine Erzählung vom aufgeklärten Staat integriert werden konnte, in welchem – ebenso wie in den 1980er-Jahren – die widerstrebenden Kräfte friedlich miteinander interagieren konnten: „Daß ausgerechnet das Haupt der Freimaurer *Born* den Chorherrn *Stütz* in den höheren Wissenschaftsdienst beim Kaiser holte und daß an diesem Beispiel freundschaftliche Querverbindungen sichtbar werden zwischen jener aufklärerischen Gesinnungsgemeinschaft und der die österreichisch-böhmisch-ungarische Geistesgeschichte stark und positiv prägenden, gebildeten Geistlichkeit – das ist kennzeichnend für jene Zeit mit ihren (in unserem Geschichtsbewußtsein zu wenig beachteten) Ansätzen und Möglichkeiten. Der Verlauf der Französischen Revolution und die Art, in der man sich infolgedessen am Wiener Hof mit ‚Westeuropäischem‘ auseinanderzusetzen pflegte, verdarb eben alles, was sich da hätte anbahnen können, ja zum Teil schon angebahnt hatte.“[27] Hinzu kommt der Anspruch, eine als ungerechtfertigt empfundene wissenschaftsgeschichtliche Defizienz zu widerlegen, sei es bei einem Vergleich von Thaddäus Haenke und Alexander von Humboldt,[28] der Entwicklung des Blitzableiters durch Prokop Divisch[29] oder der Rolle von Jakob Degen „am Beginn der Entwicklung des ‚Fliegens schwerer als Luft‘, das sich letztendlich durchsetzen sollte“.[30] All dies spiegelt die Vorstellung einer „österreichischen Wissenschaft“, die es so um 1780 zu konstruieren galt, die aber damals bei Weitem nicht das einzige mögliche Paradigma darstellte.

Es soll mit dieser Schlussfolgerung keinesfalls angedeutet sein, dass digitale Momentaufnahmen wie die dargebotenen einen Ersatz für quellenbasierte und akademisch verschriftlichte Forschungsarbeit darstellen können und sollen. Dass diese durchaus in der Lage ist, einen anderen und neuen Blick auf das späte 18. Jahrhundert in der Habsburgermonarchie zu ermöglichen, zeigen zwei rezente Studien: Die von Helga Hühnel und Marianne Klemun vorgelegte Studie zu Nikolaus Joseph von Jacquin, die wissenschaftsgeschichtlich sehr aufmerksam auf Orte und Räume der Wissensgenerierung eingeht und dabei stets die Selbstinszenierung des habsburgischen Wissenschaftlers im Blick hat;[31] oder die Untersuchung von Franz Fillafer, in welcher die unterschiedlichen Aneignungsstrategien und -praktiken der „habsburgischen“

26 Hamann 1983, 166.
27 Ebenda, 164.
28 Ebenda, 156.
29 Ebenda, 177.
30 Vocelka 2003, 269.
31 Klemun / Hühnel 2017.

Aufklärung(en) durch seine Beamten und/oder Gelehrten im frühen 19. Jahrhundert nachgezeichnet und ideengeschichtlich kontextualisiert werden.[32]

Digitale Zugänge hingegen ermöglichen einen neuen Blick auf bekannte Quellen. In diesem Sinn sind sie – wie eingangs betont – in einem experimentell-probabilistischen, nicht in einem analytisch-definitorischen Aussagemodus zu verstehen. Haben die dargebotenen Ausführungen also möglicherweise nur ephemeres Gewicht (und werden schon bald von einem aktualisierten Datenbestand oder einer besseren Datenerschließung obsolet gemacht worden sein), so mögen sie doch eine gangbare Alternative zur notorischen Relektüre des unvermeidlichen *Kaiserbildes* darstellen.

32 Fillafer 2020.

Debora J. Meijers

Gnade, Vergünstigung oder Recht

Die Zugänglichkeit der k. k. Hofsammlungen in Wien und das Publikum (1765–1825)

In den letzten Jahren haben die Forschungen zu den habsburgischen Sammlungen des Hofes in Wien an Dynamik gewonnen, wobei insbesondere die zweite Hälfte des 18. Jahrhunderts in den Mittelpunkt des Interesses rückte.[1] Im Folgenden soll versucht werden, die Interpretation des Quellenmaterials einen weiteren Schritt voranzubringen, und zwar speziell in Bezug auf die Öffnung der Sammlungen für ein neues, mehrschichtiges Publikum durch Maria Theresia und Joseph II. und die anschließende Kehrtwende unter Franz II. (I.). Als Quellen dienen insbesondere die Verordnungen seitens des Hofes zwischen etwa 1765 und 1825 sowie die Reaktionen der jeweiligen Kabinetts- und Galeriedirektoren und anderer Beteiligter. Des Weiteren liegen einige Zeugnisse von Besuchern und Publizisten in Reise- und Stadtbeschreibungen vor.

Bei der Sichtung dieser Materialien zeichneten sich drei Aspekte ab, denen bislang wenig Aufmerksamkeit geschenkt wurde. Zunächst fällt auf, dass auf die schrittweise Öffnung der Hofsammlungen rasch Beschwerden seitens der Verwalter, insbesondere des Naturalienkabinetts und der Bildergalerie, über die neuen Besucher folgten. Man gewinnt den Eindruck, dass die Kaiserin keine realistische Vorstellung von den Folgen ihrer Maßnahmen hatte. Dieser „Irrtum" lässt sich erst verstehen, wenn wir betrachten, in welches Denkmuster die Öffnung der Sammlungen seinerzeit passte. Ein erster Anstoß dazu wird hier durch ein *Close Reading* der Verordnungen und der hervorgerufenen Reaktionen gegeben. Dabei stellt sich heraus, dass der Zugang zwischen ca. 1765 und 1825 nacheinander auf drei unterschiedliche Weisen verstanden wurde: als *Gnade*, als *Vergünstigung* und als *Recht*. Diese drei Konzepte, die als repräsentativ für die einzelnen Phasen der Beziehung zwischen Monarch und Untertanen angesehen werden können, werden sich im ersten Abschnitt abzeichnen.

Der zweite Aspekt bezieht sich auf die Zusammensetzung der überraschend breiten und bunten Palette an Besuchergruppen, die eine weitere Öffnung der Sammlungen mit sich brachte. Anhand zeitgenössischer Äußerungen lässt sich nahezu eine Stratifizierung der Bevölkerungsgruppen durchführen. Im zweiten Abschnitt wird der Versuch unternommen, die einzelnen Besuchergruppen in Bezug auf ihr Interesse an einem Besuch der Hofsammlungen zu charakterisieren.

Der dritte Aspekt ist begriffshistorischer Natur und bezieht sich auf „das Publikum" als Terminus. Nach ca. 1765 eroberte es als Lehnwort aus dem Französischen auch den deutschen Sprachraum.[2] Abschnitt drei wird jedoch zeigen, dass in den

1 Hassmann 2013 und 2015; Swoboda 2013; Fischer 2013; Hohn 2017.

2 Hölscher 1979; Kernbauer 2007. Aus Perspektive des Sammlungs- und Museumsbesuchs im 18. Jahrhundert wurde der Begriff *Publikum* noch wenig untersucht (Meijers 2016), anders als im Verhältnis zur Leserschaft und zum Theater- und Konzertbesuch.

Hofdokumenten kaum von „Publikum" gesprochen wird, zumindest nicht, um damit die Besucher der Galerie und der Kabinette zu bezeichnen. In dieser Bedeutung wird dieses Wort am Hof erst seit Anfang des 19. Jahrhunderts verwendet, beispielsweise 1813 von Galeriedirektor Heinrich Friedrich Füger und 1825 von Galeriedirektor Josef Rebell. Da dieser Umstand bislang vernachlässigt wurde, gilt es zu untersuchen, von wem und in welcher Bedeutung dieser Begriff bereits früher verwendet wurde und ob sich daraus Schlüsse hinsichtlich der Zugänglichkeit der Hofsammlungen ziehen lassen.

Stadien und Formen von Öffentlichkeit

An den meisten europäischen Fürstenhöfen war es schon vor Mitte des 18. Jahrhunderts üblich, Personen von Stand, Gelehrten und Liebhabern Zugang zu den dort zusammengetragenen Sammlungen zu gewähren.[3] Schließlich konnten diese Besitztümer eines Königshauses nur vom materiellen und geistigen Reichtum zeugen, wenn sie gesehen wurden. Am kaiserlichen Hof in Wien galt diese repräsentative Öffentlichkeit[4] ganz besonders für die Gemäldegalerie. Die drei Kabinette für Naturalien (Mineralien, Fossilien und Muscheln), für physikalische, astronomische und mathematische Instrumente und für moderne Münzen waren jedoch Privatbesitz von Kaiser Franz I. Stephan, dem Gemahl Maria Theresias, und dienten mehr seiner privaten Nutzung. Der Kaiser setzte sich aktiv für die wirtschaftliche Entwicklung der Erblande, insbesondere den Bergbau ein. Neben einem Labor und einer Bibliothek stellten seine Sammlungen dabei sein Arbeits- und Dokumentationsmaterial dar. Die Zahl der Besucher, der Gelehrten, Studenten und anderen direkt Interessierten blieb dadurch begrenzt.[5] Das änderte sich binnen kurzer Zeit, als sich zwischen 1769 und 1773 eine breitere Öffnung dieser Kabinette und der Schatzkammer auch für andere Bevölkerungsgruppen vollzog.[6] Die Gemäldegalerie folgte im Jahr 1777[7]; Künstler hatten dort seit Anfang 1773 Zugang erhalten, und zwar im Rahmen der Reorganisation der Akademie der bildenden Künste.[8]

Um den Stellenwert dieser Entwicklungen richtig einschätzen zu können, müssen sie aus drei Perspektiven untersucht werden. Zunächst passen sie in ein internationales

---

3 In Ländern ohne Monarchie wie der Republik der Vereinten Niederlande, der Schweiz und der Republik Venedig war ein gewisses Maß an Zugänglichkeit für (städtische) Sammlungen bereits seit dem 17. Jahrhundert, bisweilen sogar seit dem 16. Jahrhundert üblich: Bergvelt 2010, 172; Meijers 2007, 42.

4 Habermas 1974, 22–25. Vgl. z. B. die Besichtigung der Hofsammlungen, mit denen Joseph II. den Großherzog Paul von Russland bei seinem Besuch in Wien im Winter 1781 unterhielt; Beales 2009, 126–131.

5 Zedinger 1999, 221–222, und dies. 2000, 132–139; Hassmann 2015, 16 und Dok. 5, 60–61.

6 Hassmann 2013, Dok. 18, 43 und 49. Für die Schatzkammer bedurfte es einer Voranmeldung. Vgl. auch die schematische Darstellung bei dies. 2015, 71.

7 Ebenda, 85 und 69 (Exkurs zu Dok. 20). Vorhaben für die breitere Öffnung der Bildergalerie gab es bereits 1774; vgl. Hassmann 2013, Dok. 18. Die Verlegung der Galerie in das Obere Belvedere war am 3. Mai 1776 abgeschlossen. Danach galten ab April 1777 Montag, Mittwoch und Freitag als allgemeine Besuchstage; ebenda, Dok. 24 und 43.

8 Zimmermann 1903, Nr. 19379.

Muster: Der Zeitraum von ca. 1765 bis 1780 lässt sich in museologischer Hinsicht als erste Phase eines Prozesses tief greifender Veränderungen sehen, die sich auf die administrative Zuordnung, den Standort im Palast, die Ordnung und die Zugänglichkeit von Hofsammlungen bezogen.[9] Zweitens sind die Maßnahmen vor dem Hintergrund von Maria Theresias Reformpolitik und insbesondere ihrer Neuorganisation des Bildungswesens zu betrachten.[10] Und schließlich gab ein ganz persönlicher Faktor den unmittelbaren Anstoß: das Ableben ihres Gemahls Franz Stephan im Jahr 1765. Der Prozess der Öffnung begann kurz nach seinem Tod und zu seinem Gedenken mit der räumlichen Zusammenführung der drei Sammlungen, die er hinterließ.[11] Ab 1766 in acht Sälen entlang des Augustinerganges ausgestellt, bildeten das Naturalienkabinett, das moderne Münzkabinett und das Physikalische Kabinett fortan gemeinsam mit dem habsburgischen (antiken) Münzkabinett eine für Besucher zugängliche Galerie.[12] Überdies wurden sie „in die Hofstaatsverwaltung überführt“ und damit neben der Gemäldegalerie und der Schatzkammer unter die Verwaltung des Oberstkämmereramtes gestellt.[13] Die Kabinette befanden sich nun, so Hassmann, „in der Randzone des Hofburgkomplexes, außerhalb des Kern- und Wohnbereichs, in unmittelbarer Nähe zur Hofbibliothek“.[14]

Dieser Artikel konzentriert sich auf den nächsten Schritt: die Öffnung der Galerie und Kabinette für mehr Bevölkerungsgruppen. Es begann mit dem Naturalienkabinett, für das es, wie in der Stadtbeschreibung von Mathias Fuhrmann erwähnt, „Ihro Kaiserlich-Königliche Apostolische Majestät“ zu verordnen geruhte, den Zugang ab 1769 nicht mehr auf Gelehrte und Personen von Rang zu beschränken, sondern den Montagvormittag von 9 bis 12 Uhr für „alle Künstler, alle vom Handel- und Bürgerstand beyderley Geschlechts“ zu reservieren. Ziel war es, „den Nutzen dieses herrlichen Denkmales der Munifizenz weiland Ihro Majestät des Kaisers glorreichstes Andenken, allgemein zu machen“, und der Beschluss wurde „in der Zuversicht, dass das Publicum diese allerhöchste Gnade, durch ungeziemendes Betragen keineswegs missbrauchen werde“,[15] gefasst.

9 Vgl. u. a. Savoy 2006; Buttlar 2006; Meijers 2013.

10 Diese Beziehung würde eine eigene Studie verdienen. Zur Bildungsreform Maria Theresias vgl. u. a. Vocelka 2017, 41–53; Kowalská 2017.

11 Vgl. den Beitrag von Christa Riedl-Dorn in diesem Band.

12 Hassmann 2015, 16 und Dok. 5, 60–61; Lorenz / Mader-Kratky 2016, 503–507 (Anna Mader-Kratky und Jochen Martz).

13 Lhotsky 1941–1945, 422, verwendet den verwirrenden Terminus „verstaatlicht“; Hassmann 2015, 37, spricht von „hofstaatlicher Verwaltung“; ebenda, Dok. 31, 24. Dezember 1774: Maria Theresia ordnete eine gemeinsame Administration durch das Obersthofmeisteramt und das Oberstkämmereramt an. Ende des 19. Jahrhunderts stellte man fest, dass diese Verwaltungsform keineswegs bedeutete, dass die k. k. Sammlungen Staatseigentum waren; sie waren immer noch habsburgischer Besitz; vgl. auch Meijers 2013, 397–400.

14 Hassmann 2015, 16–17 und Abb. 5, 13, 14; vgl. auch dies. in diesem Band.

15 Hassmann 2015, 85 und 69 (Exkurs zu Dok. 20), verweist auf die Stadtbeschreibung von Fuhrmann 1770, III, 589. Der Montagvormittag galt traditionell in vielen Klein- und Handwerksbetrieben als freier Vormittag (*Blauer Montag*). Vgl. unten auch die kritische Anmerkung von Pezzl im Jahr 1787.

Es lohnt sich, die einzelnen Bestandteile dieser entscheidenden Botschaft näher zu betrachten, umso mehr, als es sich hier vermutlich um die Paraphrase eines offiziellen Berichts seitens des Hofes handelt. Hier soll zunächst die Charakterisierung dieser neuen Zulassungspolitik als *allerhöchste Gnade* erörtert werden.

Ende des 18. Jahrhunderts beschreibt Johann Christoph Adelung den Begriff *Gnade* als „die unverdiente Neigung eines Höhern, einem Geringern Wohlthaten zu erweisen", eine Definition, in der religiöse Konnotationen mitschwingen.[16] Bevor die Gewährung des Zugangs zu Hofsammlungen ein *Recht* wurde, war noch ein langer Weg zu gehen, der in mehreren Etappen selbst bis ins 20. Jahrhundert hinein reichte. Den ersten Wendepunkt auf diesem Weg stellte die Französische Revolution dar, und zwar nicht so sehr in Hinblick auf das *Maß* der Zugänglichkeit (das in den davor liegenden Jahrzehnten insbesondere im deutschen Sprachraum bereits erheblich zugenommen hatte),[17] als vielmehr in Hinblick auf die rechtliche *Grundlage*, auf die sich diese Zugänglichkeit stützte. Mit der Ausrufung der Französischen Republik und der Verstaatlichung der ehemals königlichen Sammlungen hatte dort generell die gesamte Bevölkerung Zugangs*recht* erhalten. In der Habsburgermonarchie hingegen hatte die aufgeklärt-absolutistische Politik Maria Theresias und Josephs II. diese revolutionäre Entwicklung abgefangen, indem ab 1769 schrittweise als „allerhöchste Gnade" an bestimmten Tagen unbegrenzter und unentgeltlicher Zugang zu den Hofsammlungen gewährt wurde.[18]

Dass das Konzept Zugangs*recht* von Frankreich aus auch Österreich erreicht hatte, wenn auch in negativem Sinne, davon zeugen zumindest die Worte von Friedrich Heinrich Füger, Direktor der kaiserlichen Gemäldegalerie, vom 26. April 1813. Aus Unmut über die Folgen der „ehemals [d. h. seit 1777] aus den besten und humansten Absichten bestehenden unbedingten freyen Einlasse in die Galerie" bat er um Maßnahmen zur Regulierung des Zulaufs unerwünschter Besucher und erinnerte daran, „daß der öffentliche Einlaß eine Vergünstigung Seiner Majestät, aber kein unbedingtes Recht" war.[19] Damit gibt er faktisch zu erkennen, dass die Zugänglichkeit der k. k. Bildergalerie im Jahr 1813, kurz nach ihrer Wiedereröffnung nach der französischen Besetzung, immer noch auf den Prämissen des Ancien Régime fußt, mit dem Unterschied, dass er nicht mehr von der eher religiös konnotierten *Gnade* sprach, sondern vielmehr den säkular geprägten Begriff *Vergünstigung* verwendete.[20]

Mit diesen Begriffen bietet Fügers Aussage ein Hilfsmittel, mit dem sich Phasen und Modalitäten der Zugangsgewährung charakterisieren lassen. Aber der Rest seiner Argumentation wirft Fragen auf. So legt er dar, dass in den Kabinetten durchaus

16 Adelung 1793–1801, II, 1796, 736–738.

17 Savoy 2006.

18 Hassmann 2015, 69–72: „Exkurs zu den Öffnungszeiten der k. k. Sammlungen", auf Seite 71 schematisch zusammengefasst.

19 Wien, HHStA, OKäA, Akt Nr. 686 ex 1813: Direktor Füger beantragt am 26. April 1813, die Öffnung der Bildergalerie für das allgemeine Publikum von drei Besuchstagen auf zwei zu beschränken und Eintrittskarten einzuführen; zit. nach Lhotsky 1941–1945, 488.

20 Adelung 1793–1801, III, 1798, 1001–1003, Recht: „[...] ein in den Gesetzen gegründetes Befugniß, ein in denselben gegründeter Anspruch." Ebenda, IV, 1801, 1053, Vergünstigung: „[...] Erlaubniß."

„Anstand und Ordnung“ herrschen, während in der Galerie die Erfahrung mit dem „ehemals aus den besten und humansten Absichten bestehenden unbedingten freyen Einlasse“ das Gegenteil gezeigt hat. Wenn er damit meint, dass für die Kabinette regulierende Maßnahmen ergriffen worden sind und für die Galerie nicht, so drängt sich die Frage auf, was die Ursachen für diese unterschiedlichen Herangehensweisen gewesen sein können.

Bereits ein halbes Jahrhundert vor Fügers Bitte um Regulierung hatte die verstärkte Zugänglichkeit bei einigen Kabinettsdirektoren Unmut hervorgerufen. Die erste belegte Beschwerde datiert von 1766 und stammt aus dem modernen Münzkabinett. In dem Fall ging es um die Zunahme der üblichen traditionellen Besucher, die bereits im ersten Jahr nach der Verlegung der drei kaiserlichen Kabinette in den oben erwähnten Augustinergang festzustellen war. Nach Aussage des Direktors des Münzkabinetts Valentin Jamerey Duval bewirkte der Zustrom dieser *curieux* viel mehr Arbeit, wodurch eine Erhöhung der Besoldung und ein zusätzlicher Mitarbeiter wünschenswert wären, wollte er in der Lage bleiben, seine Arbeiten, insbesondere die Inventarisierung der Münzsammlung, die ihm die Kaiserin aufgetragen hatte, ordnungsgemäß zu erledigen.[21]

Die folgenden Maßnahmen spitzten die Situation für die Kabinettsdirektoren zusätzlich zu, weil sie neue Besucherkategorien mit sich brachten. Wie bereits erwähnt, ging es zunächst um das Naturalienkabinett, das seit 1769 jeden Montagvormittag eigens für „alle Künstler, alle vom Handel- und Bürgerstand beyderley Geschlechts“ geöffnet worden war. Kurzum, Bevölkerungsgruppen, deren Berufsausübung die Kenntnis der Natur zugutekommen und die so von mehr Nutzen für den Staat sein konnten.[22] Wenn wir der Beschwerde von Direktor Ludwig Balthasar von Baillou vom 1. Mai 1773 jedoch glauben dürfen, öffnete diese gut gemeinte Maßnahme lauter Nichtsnutzen die Tür, die man unablässig beaufsichtigen müsse und an denen der Zweck der Öffnung, „den Nutzen [des Kabinetts] allgemein zu machen“, völlig vorbeigehe. Kurzum Leute, die ihn ebenso wie seinen Kollegen Duval von seiner momentanen Arbeit an der Inventarisierung des Naturalienkabinetts abhielten.[23]

Interessanterweise war die allgemeine Öffnung am Montagvormittag (soweit bekannt) eine Initiative des Hofs und kein Beschluss, der auf Drängen kritischer Stimmen aus der Bevölkerung gefasst worden war.[24] Maria Theresia und ihren Beratern war offenkundig nicht bewusst, was eine solche unbeschränkte Zugänglichkeit mit sich

21 Hassmann 2015, 40 und 60–62, Dok. 5: 22. Aug. 1766. Von 1772 bis 1773 beauftragte Maria Theresia im Rahmen der Reorganisation der Kabinette und der Gemäldegalerie alle Direktoren, Inventare anzufertigen: ebenda, 17 und Dok. 16, 17, 21; dies. 2013, Dok. 8.

22 Vgl. unten in diesem Beitrag (S. 223).

23 Hassmann 2015, 68–69, Dok. 20, 1. Mai 1773.

24 Allerdings erschienen in der Presse Anschuldigungen hinsichtlich einer Vernachlässigung der kaiserlichen Gemäldegalerie in der Stallburg; vgl. z. B. Brief von Wien 1763, 326. Nicht zufällig hatte sich der Autor längere Zeit in Paris aufgehalten, wo ab 1740 in unterschiedlichen Pamphleten die Öffnung der Sammlungen des Königs gefordert wurde. McClellan 1994, 15–24; Meijers 2016, 39–40.

bringen konnte. Auf Baillous Bitte hin nahm die Kaiserin diese lediglich teilweise und vorübergehend zurück.[25]

Mittlerweile hatte die Kaiserin auch beschlossen, den Zugang zum Physikalischen Kabinett und zum Münzkabinett auszudehnen. Ab spätestens Anfang Februar 1773 standen diese sogar an allen Tagen der Woche, den Montag ausgenommen, „dem Publikum offen".[26] Außerdem wurde ab Januar 1774 „den jenigen Lehrern, denen besagte Cabinette als ein Hülff Mittel zu ihren Wissenschaften dienen könnte", freier Zugang zu allen drei Kabinetten eingeräumt, ohne dass eine Beschränkung auf bestimmte Tage genannt wurde.[27] Auch hier bestand das Ziel letztendlich darin, dass die Sammlungen für die Berufsausübung dieser neuen Besucherkategorie – und damit für den Staat – von möglichst großem Nutzen sein sollten.

Kaum 14 Jahre später jedoch wurden dem Beispiel der Schatzkammer folgend, für die das schon von Anfang an galt, zuerst im Münzkabinett (1787) Maßnahmen ergriffen, die Zahl der Besucher zu reduzieren und sie durch eine vorgeschriebene Voranmeldung zu reglementieren. Das Naturalienkabinett, das 1790 nach der Verlegung des Physikalischen Kabinetts um einen dritten Raum vergrößert worden war, folgte: Als einzige allgemeine Besuchszeit wird dort 1793 Dienstag von halb zehn bis zwölf angegeben, ebenfalls gegen Voranmeldung.[28] Dass Füger 1813 feststellen konnte, dass in den Kabinetten „Anstand und Ordnung" herrschten, wird diesen Maßnahmen zu verdanken sein. Sein Antrag, die Öffnung der Bildergalerie für das allgemeine Publikum von drei auf zwei Besuchstage zu beschränken und Eintrittskarten einzuführen, wurde im selben Jahr 1813 bewilligt.[29] Die Frage ist allerdings, warum das nicht wie bei den Kabinetten schon in den Jahren 1780 oder 1790 passierte.

Nur ein gewisses Maß an Regulierung nahm man in der Bildergalerie bereits 1779 vor, zwei Jahre nach der Eröffnung im Oberen Belvedere, wie eine Fußnote bei Kurzböck bezeugt: „Montags, Mitwochs, und Freitags steht die Galerie jedermann offen. Hier müssen wir anmerken, dass es verboten ist, mit einem Stock in die Galerie zu treten, weil verschiedene Vorwitzige die Gemälde damit betastet haben. Dieses Verbot ist sehr billig, so man sollte vielen nasenweisen Herren, wenn es möglich wäre, ihre Finger ablegen heissen."[30]

Anschließend erklangen Beschwerden über „niederen" Besuch in Johann Pezzls *Skizze von Wien* aus dem Jahr 1787: An den allgemeinen Öffnungstagen (seinerzeit immer noch montags, mittwochs und freitags) würden insbesondere „in den wärmeren

25 Vgl. unten in diesem Beitrag (S. ##) und Anm. 64.

26 Hassmann 2015, 69, verweist auf einen Bericht in der *Realzeitung* vom 6. März 1773 (9. Stück, 136).

27 Ebenda, 88, Dok. 26 vom 27. Januar 1774.

28 Ebenda, 19, 39, 71 und Tabelle bei Dok. 20. Dies bedeutete, dass die *Blauer-Montag*-Besucher/innen ausgeschlossen wurde. Inwieweit eine regressive Staatspolitik dabei eine Rolle spielte, müsste weiter untersucht werden.

29 Ebenda, 15, Randnote 7, 40 und 72: Künftig sollte das allgemeine Publikum, sofern anständig gekleidet, nur montags und donnerstags (Festtage und Schlechtwettertage ausgenommen) Zugang erhalten; Vorbericht Fügers, undatierter Katalogentwurf, KHM Gemäldegalerie, Galerieakten; Engerth 1881, LXXXVII.

30 Kurzböck 1779, 54–56.

Monaten" zahlreiche weniger erwünschte Besucher die Nachmittage in der Galerie verbringen: „Bürgerleute von den unteren Klassen, Handwerksburschen [...] ja sogar geringe Dienstmädchen mit Kindern auf den Armen."[31] Deshalb wurde an diesen Tagen eine Schildwache aufgestellt.[32] Anschließend wiederholt Kurzböcks *Wegweiser* im Jahr 1797: „[...] nur muss der Eintritt ohne Stock und Degen, und mit gesäuberten Schuhe geschehen. [...] Auch die Kinder sind der Galerie gefährlich; weil sie manches Mal mit schmutzigen Fingern die vortrefflichsten Stücke betasten. Wofür eine Schildwache sorgt, und die Nachlässigen oder Unwissenden erinnert. Bey schmutzigem Wetter wird die Galerie nicht geöffnet." Und er ergänzt: „Junge Künstler erhalten sehr leicht die Erlaubniß selbst gewählte Stücke zu copieren."[33]

Aber auch mit den Künstlern, die seit 1773 Zugang zur Galerie hatten, als sich diese noch in der Stallburg befand,[34] wurde es auf Dauer ein Durcheinander. Aus diesem Grund galten seit dem 1. November 1798 Einschränkungen für Akademieschüler, die in der Galerie kopieren wollten. Sie mussten ein von ihrem Professor ausgestelltes Zeugnis ihrer Fähigkeiten vorlegen, damit der Platz in der Galerie nicht von denjenigen in Anspruch genommen werde, die, wie Kaiser Franz II. (I.) es ausdrückte, „nur Zimmer und Schankhäuser ausmahlen gelernd haben".[35]

Wir können somit schlussfolgern, dass auch bei der Gemäldegalerie zwischen (spätestens) 1779 und 1798 mehrere Regeln aufgestellt und Umstände geschaffen wurden, um das Verhalten der Besucher zu lenken, dass jedoch der im Jahre 1777 gewährte freie Zugang nicht beschränkt wurde, das heißt keine Maßnahmen ergriffen wurden, um bestimmte Besucherkategorien fernzuhalten (Pflicht zur Voranmeldung, Eintrittskarten usw.), wie es dagegen bei den Kabinetten der Fall war.

Man kann sich fragen, ob eine ideelle Absicht dahintersteckte, dass, um wieder mit Füger zu sprechen, die „unbedingten freyen Einlasse in die Galerie" im Gegensatz zu den Kabinetten bis Anfang des 19. Jahrhunderts bestehen blieben.[36] Möglicherweise spielte der unterschiedliche Standort eine Rolle; in politisch sensiblen Zeiten kann die Auswahl des Zustroms ins Innere der Hofburg als wichtiger angesehen werden als in das außerhalb der Stadt gelegene Belvedere, das seit 1774 sowieso schon ein öffentlicher Spazierpark war.[37]

Versuch einer Stratifizierung der Besucher

Die nach 1765 in kurzer Zeit eingeführte allgemeine Zugänglichkeit der Wiener Hofsammlungen und die ungewohnte Situation, die diese bei den Kabinetts- und Galeriedirektoren hervorrief, bewirkten so manche heftige Äußerung über die neuen

31 Hassmann 2015, 39, zit. Pezzl 1787, 3. Heft, 440–441.
32 Hassmann 2015, 39 und Anm. zu Dok. 218.
33 Schryen 2006, 493–494, zit. Kurzböck 1797, 168–169.
34 Zimmermann 1903, Nr. 19379; Meijers 1995, 63; Hassmann 2013, Dok. 18.
35 Hassmann 2015, 39–40 und Randnote 99, 100.
36 Wien, HHStA, OKäA, Akt Nr. 686 ex 1813; zit. nach Lhotsky 1941–1945, 488.
37 Hassmann 2013, Anm. zu Dok. 65. Vgl. auch unten Anm. 70.

Besucher.[38] Es lohnt sich, diese Reaktionen näher zu betrachten. Bemerkenswert ist, wie darin eine Übersicht der damaligen Bevölkerung (mit Ausnahme von Bauern, Bettlern und Kriminellen) präsentiert wird.[39]

Nachstehend folgt eine Übersicht der vier Besucherkategorien, die sich anhand der jeweiligen Quellen zwischen 1773 und 1813 unterscheiden lassen. Bei jeder Kategorie wird, soweit möglich, angegeben, was sie (selbst) in den Sammlungen suchten und welchen Nutzen sich die Obrigkeit von ihrem Besuch erwartete.

1) „Ansehnliche Standespersonen" aus dem In- und Ausland bzw. „Les Personnes de distinction", „Personen vom Range", „besondere distinguirte Personen"[40]

Im täglichen Leben der Standespersonen – der Mitglieder des Adels und der *Haute Bourgeoisie* – konnte der Besuch einer Sammlung ernsthaften Studienzwecken dienen, aber auch eine Form der Entspannung und Unterhaltung sein. Außerdem konnte es die Form einer sozialen Veranstaltung annehmen, während der die Bande mit Standesgenossen gepflegt und neue Kontakte geknüpft wurden. Die Tagebücher des Grafen Karl von Zinzendorf vermitteln einen Eindruck dieser „Multifunktionalität". So zeichnete er am 3. Juni 1761 einen Besuch des seinerzeit noch im Privatbesitz von Kaiser Franz Stephan befindlichen Naturalienkabinetts auf, während der die Gesellschaft eine Führung von „Monsieur Balliot" (= Direktor Baillou) erhielt. Zunächst führt der seit Kurzem in Wien wohnhafte junge Graf wie bei allen seinen sozialen Aktivitäten die Namen der wichtigsten Anwesenden auf. Daran schließt sich eine ausführliche Auflistung der ausgestellten Minerale und Steinsorten an (vermutlich mithilfe von Baillous *Déscription*). Am 6. Juni 1761 folgte ein Besuch der Gemäldegalerie und der Schatzkammer. Die Gesellschaft bestand jeweils aus etwa fünf bis zehn aristokratischen Damen und Herren aus den Häusern Fürstenberg, Kaunitz, Stroganow und anderen sowie bisweilen einigen ausländischen Gästen. Ein Zeichen des sozialen Charakters des Geschehens war auch der Umstand, dass sie als Gruppe gingen und sich vorab bei einem von ihnen zu Hause verabredeten.[41]

Zum Adel und der oberen Schicht des Bürgertums gesellten sich zwar ab 1769 andere Besuchergruppen hinzu, aber sie genossen auch weiterhin ihre traditionellen Privilegien. Während „jedermann" spezielle Tage zugewiesen wurden,[42] erhielten

38 Die verfügbaren Informationen beschränken sich (nahezu) auf die Gemäldegalerie und das Naturalienkabinett. Möglicherweise waren dies die am häufigsten besuchten Hofsammlungen, auch weil sie (ebenfalls) montags geöffnet waren. 1790 wurde das Physikalische Kabinett aufgehoben und das Naturalienkabinett um einen dritten Raum vergrößert; Hassmann 2015, 19.

39 Vgl. AK Adel, Bürger, Bauern 1980.

40 „Les Personnes de distinction" (Maria Theresia 1774, vgl. Hassmann 2015, 68; vgl. Pezzl 1787; Baillou 1773), „Personen vom Range" (Fuhrmann 1770), „besondere distinguirte Personen" (Franz II. [I.] 1798; vgl. Hassmann 2015, 70).

41 Breunlich / Mader 1997, 205 (1761 VI 3: Cabinet d'histoire naturelle), 206 (1761 VI 6: Galerie des tableaux de la cour et le trésor).

42 Vgl. die schematische Darstellung mit den „Allgemeinen Öffnungszeiten der k. k. Sammlungen [...]" bei Hassmann 2015, 71.

Standespersonen ebenso wie Gelehrte, Liebhaber und andere *curieux* immer Zugang. Fuhrmann, der in seiner Stadtbeschreibung aus dem Jahr 1770 die Öffnung des Naturalienkabinetts am Montagvormittag bekannt gab, ergänzte dies nachdrücklich,[43] und auch Baillou, der Direktor dieses Kabinetts, der 1773 darum bat, von der allgemeinen Öffnung erlöst zu werden, versicherte der Kaiserin, dass „les Personnes de distinction, les Savants, les Amateurs et les Curieux qui demandent a voir le Cabinet avec l'explication seront toujours ajournés comme ils l'ont été jusqu'a present […]".[44] Daraus geht hervor, dass Standespersonen in diesem Kontext in einem Atemzug mit Gelehrten, Liebhabern und *curieux* genannt wurden. Da die Merkmale dieser beiden Besuchergruppen sich zwar überschneiden, aber nicht durchwegs decken, werden sie hier dennoch als getrennte Kategorien behandelt.

2) „Gelehrte, Wissbegierige und Kenner" aus dem In- und Ausland, „die gebildeten Stände"[45]

Auch bei dieser Kategorie handelt es sich um einen Besuchertypus, der seine Privilegien behielt. Es sieht allerdings so aus, als seien sie stärker von den Zugeständnissen getroffen worden, die den neuen Besuchern seitens des Hofes gemacht wurden. Mehrere Äußerungen und Ereignisse bezeugen dies.

So berichtet Staatskanzler Wenzel Anton Fürst Kaunitz-Rietberg dem Kaiser 1780 über seine Intervention bei Christian von Mechels Neueinrichtung der Gemäldegalerie: Ohne dem chronologischen System Gewalt anzutun, hat er im zweiten Obergeschoss so einige schlechte oder „doppelte" Gemälde entfernt und bisweilen durch bessere ausgetauscht. „En même tems", so setzt er fort, „J'ai taché de faire simetriser un peu plus, qu'on n'avait fait jusqu'à présent, parce qu'il n'est pas indifférent du tout que l'oeuil [sic] de la multitude puisse être tout aussi satisfait de ce qu'il voit, ques [sic] celui de l'homme docte et intelligent."[46]

Der Begriff *multitude* verweist – nach Eva Kernbauer – nicht auf *das niedere Volk* oder *die Masse*, Begriffe aus dem 19. Jahrhundert, die eine (vermeintliche) zusammenhängende Identität voraussetzen, sondern kann als *die Menge* oder *der große Haufen* übersetzt werden. Es sind Begriffe, die für „die Unabgeschlossenheit, Wandelbarkeit und Heterogenität einer Ansammlung von Menschen" stehen, die „die Schließung zur

---

43 „Was übrigens die Gelehrte, und Personen von Rang betrift, welche von den in mehr erwehnten Kabinet befindlichen Stücken ausführliche Erklärung verlangen, so können sich selbe wie bishero bey dem Director um Bestimmung des Tages melden, an welchem er ihrem Begehren am füglichsten willfahren kann." Zit. nach Hassmann 2015, 85, und Exkurs zu Dok. 20 verweist auf Fuhrmann 1770, 589–590.

44 Hassmann 2015, 68–69, Dok. 20, 1. Mai 1773.

45 Gelehrte (Maria Theresia 1774, Baillou 1773 über Naturalienkabinett, vgl. Hassmann 2015, 68–69); die gebildeten Stände (Füger, Vorbericht 1813); Wissbegierige, Kenner (Haidinger 1782); les Amateurs et les Curieux (Baillou 1773); Liebhaber (Franz II/I 1798, vgl. Hassmann 2015, 70).

46 Kaunitz an Joseph II., 15. Juli 1780, zit. nach Gruber 2008, 199 (dort „multitude" mit „Masse" übersetzt; berichtigt bei Fischer 2013b, 50: „Zugleich habe ich versucht symmetrischer zu hängen, als es bisher der Fall war, denn es ist keinesfalls gleichgültig, dass das Auge der Menge gleichermaßen, von dem was es sieht, befriedigt wird, wie das des gelehrten und intelligenten Menschen.").

Öffentlichkeit (‚public') unmöglich" machte.[47] Tatsächlich kann mit Kaunitz' Äußerung über „l'oeuil [sic] de la multitude" genauso gut der Geschmack der neuen Besucher wie der der Standespersonen gemeint sein.[48]

Durchaus geringschätzend klingt der Begriff jedoch bei Kabinettsadjunkt Karl Haidinger, der in der *Eintheilung der k. k. Naturaliensammlung* von 1782 darauf hinweist, dass die allgemeine Zugänglichkeit die konsequente Durchsetzung der von ihm beabsichtigten lehrreichen, systematischen Anordnung des Kabinetts verhindert hatte. Er musste „dem grossen Haufen", der „sich gemeiniglich von dem äussern Glanze hinreissen lässt", Rechnung tragen. Deshalb hatte er in den Vitrinenkästen „zur Befriedigung des Neugierigen, […] die grösseren, auffallenden, und glänzenden Schaustücke" in einer symmetrischen Anordnung ausgestellt, was mit sich brachte, dass nicht immer die richtige Reihenfolge der Arten beibehalten werden konnte. In den geschlossenen Schubladen war dies hingegen glücklicherweise durchaus möglich, „und der Wissbegierige wird die Verschiedenheit der natürlichen Körper, die er studieren will, der Kenner aber die lehrreichen, diesen, oder jenen Zweifel aufklärenden Stücke nur in diesen dem Auge der Profanen verborgenen Behältnissen aufsuchen müssen […]".[49] Interessant ist, dass sich Haidinger in einer Zeit der zunehmenden Öffentlichkeit für den Wert des Verborgenen und den Rückzug aus dem „nichtsbedeutenden Lärm der Welt" ausspricht.[50] Der Ruf nach Stille ertönt hier bereits in einem wissenschaftlichen Kabinett im Jahr 1782 und stammt also nicht erst aus dem (Kunst)Museum des 19. Jahrhunderts. Allerdings erhielt dieses Bedürfnis unter dem Einfluss der romantischen Kunstbetrachtung einen zusätzlichen Ansporn. In der Bildergalerie schürte die nachdrückliche Anwesenheit des allgemeinen Publikums sogar das Ideal stiller Kontemplation, jetzt in der romantischen Form, die seit etwa 1800 bei Künstlern und Kennern aufgekommen war. So wies Füger 1813 darauf hin, dass durch die Begrenzung der allgemeinen Öffnungstage und die Einführung von Eintrittskarten „den gebildeten Ständen des Publicums […] der Genuss der Galerie um so viel angenehmer werden [wird], der nur bei geräuschloser Betrachtung der Kunstwerke stattfinden kann."[51]

47 Kernbauer 2007, 146–147.

48 Die Kontroversen über Mechels systematische Einrichtung der k. k. Bildergalerie aus den Jahren um 1780 bezeugen dies bis zu einem gewissen Grad; vgl. Meijers 1995, Abschnitt 3.

49 Haidinger 1782, Vorrede (nicht paginiert; 12–15). Das Buch beschreibt die neue, systematische Anordnung, die der Mineraloge und Freimaurer Ignaz von Born in den vorangegangenen Jahren im Naturalienkabinett vorgenommen hatte.

50 Ebenda. Das Zitat geht weiter mit: „so wie man etwa den von seinen Mittbürgern verkannten Weisen, der, zufrieden durch seine Kenntnisse etwas zur allgemeinen Aufklärung beytragen zu können, sich dem nichtsbedeutenden Lärm der Welt entzogen hat, in seinem Winkel aufsuchen muß, wenn man ihn nützen, oder sich durch ihn belehren lassen will."

51 Wien, HHStA, OKäA, Akt Nr. 686 ex 1813; zit. nach Lhotsky 1941–1945, 488. Vgl. auch den Kunstkenner und -sammler Johann Gottlob von Quandt, der, als er 1813 die Hofgartengalerie in München besichtigen wollte, zu seiner Freude zu Zeiten kommen durfte, „welche nicht für das Publicum bestimmt sind. […] wenn nicht so Viele sich um mich herum bewegen, welche diesen Ort nur um gesehen zu werden besuchen, wenn ich nicht die oft ausgesprochenen Kunstformeln hören muss". Meijers 2016, 43, zit. nach Granzow 2006, 539.

3) „alle Künstler, alle vom Handel- und Bürgerstand beyderley Geschlechts“, „Lehrer“

Die Gruppen dieser Kategorie haben gemein, dass die Erlaubnis für den Besuch der Sammlungen ihrer Berufsausübung dienen sollte. Im Mittelpunkt steht dabei der Nützlichkeitsgrundsatz. Man ging davon aus, dass eine Qualitätssteigerung der Produktion (insbesondere von Luxusartikeln) und Förderung des Handels dem allgemeinen Wohlstand des Staates zugutekommen.

Maria Theresias Maßnahme aus dem Jahr 1769, dieser Kategorie Interessierter Zugang zu den Kabinetten zu gewähren, war wortwörtlich dazu gedacht, „den Nutzen [der Sammlungen] allgemein zu machen“.[52] In gewissem Sinne setzte sie den Nutzungsansatz ihres Gemahls Franz Stephan fort und dehnte ihn auf das gesamte Berufsbürgertum aus. Um sich ein Bild davon zu machen, auf welche Bevölkerungsgruppen es die Kaiserin vermutlich abgesehen hatte, können wir wieder Fuhrmann zurate ziehen, der in seiner Stadtbeschreibung auch die Wirtschaftstätigkeit von Wien und Umgebung behandelt.[53] Hier ist beispielsweise an Meister, Gesellen und Handwerker, Männer wie Frauen, von Webereien und Druckereien von Luxusstoffen, Porzellanmanufakturen, Silber- und Goldschmieden, Ateliers für Galanteriewaren aus Kristall, Perlmutt, Schildpatt usw., Edelsteinschleifereien, Fabriken für Maschinenbauteile und Manufakturen physikalischer und mathematischer Instrumente zu denken.[54] Neben den Werkstätten, in denen Lehrlinge in die Praxis eingewiesen wurden, waren bei bestimmten Unternehmen auch Ausbildungen entstanden.[55] Wahrscheinlich aber waren es in erster Linie die Lehrer der von Maria Theresia neu gegründeten Schulen und Bildungsinstitute, die ab 1774 freien Zugang zu den Kabinetten erhielten, „als ein Hülff Mittel zu ihren Wissenschaften“.[56] Mit „alle vom Handelstand“ meinte die Kaiserin wahrscheinlich die Händler der oben erwähnten Produkte.[57]

Wegen Fehlens von Besucherbüchern oder vergleichbaren Quellen ist nicht überliefert, inwieweit die Mitglieder dieser Zielgruppen tatsächlich von der ihnen erwiesenen *Gnade* Gebrauch machten. Auch über ihre Erfahrungen damit wissen wir nichts. Anhand der oben zitierten Anmerkungen Kaunitz’ und Haidingers können wir lediglich vermuten, dass diese Gruppen in ihren Augen Teil der *Menge* waren, die „die […]

52 Fuhrmann 1770, 589.

53 Ebenda, Kapitel XXXIV, „Von verschiedenen Fabriken und Manufacturen“ (530–540), und Kapitel XXXV, „Von Niederlagsverwandten, bürgerlichen Handelsleuten, und andern zum Negotio gehörigen Künstlern und Commercial-Profeßionisten“ (540–559).

54 Ebenda, 531–546.

55 Ebenda, 532, erwähnt eine Manufaktur für bedruckte Stoffe mit einer daran gekoppelten Ausbildung für „junge Weibspersonen“.

56 Hassmann 2015, Dok. 26. Vgl. auch Anm. 10 über die Bildungsreform der Jahre 1770. Für unser Thema ist vor allem relevant, dass Physik, Geometrie und Naturgeschichte Pflichtfächer in den Hochschulen wurden (1775) und dass Normalschulen für die Lehrerausbildung gegründet wurden (1774). Von den fachspezifischen Bildungsinstituten ist v. a. die Bergakademie in Schemniz erwähnenswert (1770); Vocelka 2017, 53; Kowalská 2017, 65–66.

57 Als Bezugsrahmen können die Besucherbücher des Fridericianums in Kassel dienen, die das Interesse an Museumsbesuchen bei dieser Berufskategorie umfassend belegen; vgl. Linnebach 2014, 224–238.

glänzenden Schaustücke“ gerne in einer symmetrischen Anordnung sehen würden. Auch über die bildenden Künstler ist bislang nur indirekt etwas bekannt.

Bemerkenswert ist, dass „alle Künstler“[58] gemeinsam mit „allen vom Handel- und Bürgerstand beyderley Geschlechts“ vier Jahre früher Zugang zu den Kabinetten als zur Bildergalerie erhalten haben. Letzteres erfolgte, wie bereits erwähnt, Anfang 1773 im Rahmen der Reorganisation der Akademie der bildenden Künste, die mit einem eindringlichen Plädoyer einherging, die berühmte kaiserliche Gemäldegalerie für das Heranziehen neuer Talente nicht ungenutzt zu lassen.[59] Seither hatten die Studenten die Gelegenheit, Kunstwerke zu studieren und zu kopieren, auch nach der Verlegung der Galerie in das Obere Belvedere im Jahr 1776. Obgleich diese Politik generell begrüßt wurde, gab es auch mancherlei Bedenken gegen die Folgen (Andrang, Pfuscherei), wie die oben angeführten beschränkenden Maßnahmen, die ergriffen wurden, zeigen.[60]

4) „Geringe Leuthe“

Während sich bei den berufstätigen Personen der vorigen Kategorie wenigstens einige indirekte Anzeichen für ihre mögliche Nutzung der Hofsammlungen finden, fehlen diese bei der letzten Kategorie völlig.[61] Es scheint, dass die „geringen Leuthe“, wie sie genannt wurden,[62] sozusagen im Windschatten der vorigen Kategorie mitkamen. Was faktisch über ihren Besuch dokumentiert ist, verhält sich umgekehrt proportional zu der Menge äußerst stigmatisierender Anmerkungen über sie.

Wie wir oben bereits sahen, öffnete die gut gemeinte Maßnahme aus dem Jahre 1769 nach Ansicht des Direktors des Naturalienkabinetts Baillou lauter Nichtsnutzen die Tür. Seine Charakterisierung dieser neuen Besucher erstaunt moderne Leser einigermaßen: Baillou sah vorrangig „des domestiques, des juifs, des garçons ouvriers désœvrés, et des Filles lesquelles voyant du Bastion telle compagnie, viennent s'y joindre“.[63] Wie bereits erwähnt, sah die Kaiserin das allerdings ein wenig anders: Baillous Antrag, von der allgemeinen Öffnung am Montagvormittag erlöst zu werden,[64] willigte sie nur teilweise ein. Das Kabinett musste für jedermann zugänglich bleiben, „jedoch wäre *wenigstens bis der Catalogue fertig seyn wird* [Kursivierung der Autorin],

---

58 Es ist anzunehmen, dass hier nicht ausschließlich die Hersteller der eben genannten Luxusgüter gemeint waren, sondern auch bildende Künstler.

59 Zimmermann 1903, Nr. 19379.

60 Hassmann 2015, 39–40 und Randnote 99, 100: Seit 1798 mussten sie ein von ihrem Professor ausgestelltes Zeugnis ihrer Fähigkeiten vorlegen.

61 Eine Bemerkung von Pezzl in Bezug auf die Bildergalerie spricht dafür, dass diese Besucher in den warmen Sommermonaten dort Abkühlung suchten. Pezzl 1787, 3. Heft, 440–441 (vgl. auch Anm. 31).

62 Stekl 1985, 291–292, warnt vor der Verwendung des modernen Terminus *Unterschichten* als Bezeichnung für die Glücklosen, die in den unteren Regionen der Gesellschaft gelandet waren; vgl. ferner Pils / Weigl 2003, 241–270.

63 Hassmann 2015, 68–69, Dok. 20, 1. Mai 1773. Vgl. für die Stellung der Juden zu Zeiten Maria Theresias: Hödl 2003, 299–302.

64 Hassmann 2015, 68–69, Dok. 20 vom 1. Mai 1773.

geringen Leuthen, welcher ein blosser unnuzer Fürwiz antreibet, der Zutritt nicht zu gestatten".[65] Wie sich herausstellte, finden wir ähnliche Charakterisierungen 1787 bei Pezzl im Zusammenhang mit der Gemäldegalerie: „An den Montagen ist gewöhnlich ein gedrängvolles Getümmel. Bürgersleute von den untern Klassen, Handwerksbursche, die den Blauen Montag machen, ja sogar geringe Dienstmädchen mit Kindern auf den Armen, besuchen, um den Nachmittag angenehm zu verbringen, die Bildergallerie." Dabei charakterisiert er überdies das Betrachtungsverhalten von diesen „Kindern und andern ganz niedrigen Leuten", die „nichts bessers aus der Ansicht derselben zu schöpfen wissen, als wenn sie aus langer Weile den Gukkasten eines Savoyarden ansähen".[66] Und zum Schluss, zurückkehrend zum Antrag von Direktor Füger aus dem Jahr 1813 zur Regulierung des dortigen Besucherstroms: Dieser hoffte, damit dem Zustrom der „Tagwerker und Kellnerburschen, Wäscher- und Kuchelmenscher mit ihren Galanen sowie die gemeinsten Weiber mit halbnackten Kinder", kurzum der „allergeringsten Volksclassen von der Straße [...] für welche Kunst- und wissenschaftliche Sammlungen nicht geeignet sind", ein Ende zu bereiten.[67]

Die genannten Zitate laden zu einer Stratifizierung ein. Klar ist, dass das Kriterium für die Zulassung zu den Hofsammlungen ab 1769 nicht mehr a priori der gesellschaftliche Stand, sondern das (voraussichtliche) Vermögen der betreffenden Bevölkerungsgruppe ist, den Nutzen der Sammlungen dahingehend zu erweitern, dem allgemeinen Wohlstand zu dienen. Dieses Kriterium wurde in unterschiedlichen Tonarten genannt und führte zur Öffnung der Hofsammlungen für neue Besucherkategorien. Konkret vernehmen wir jedoch kaum etwas über diese Zielgruppen und nichts von ihnen. Wir hören ausschließlich und in groben Worten über die unerwünschten „geringen Leuthe". Offen bleibt dabei im Übrigen, ob einige der von den Galerie- und Kabinettsdirektoren als „unerwünscht" bezeichneten Besucher in Wahrheit nicht zu den von der Politik beabsichtigten Berufsgruppen der Künstler und des Bürgertums gehörten. Schließlich wurden keine Besucherbücher geführt, in denen man sich, wie es in Kassel der Fall war, identifizieren musste. Dank dieser Quelle wissen wir, dass sich dort ab ca. 1770 eine breite Palette an berufstätigen Bürgern, wie Kaufleute und Handwerker, präsentierte.[68]

Das *Publikum* als Terminus

Eine wichtige Frage ist, welche der oben erörterten Besucherkategorien seinerzeit als *das Publikum* betrachtet wurde und wer dieses Prädikat zuwies. In Bezug auf Letzteres

65 Ebenda, 72–73, Dok. 21 vom 5. Mai 1773.

66 Pezzl 1787, 3. Heft, 441–442, über die Gemäldegalerie. Möglicherweise wurde auch das *Thier-Cabinet* mit seiner habitatartigen Einrichtung als für einfache Menschen und Kinder geeignet angesehen, wie das Puppentheater mit seinem banalen Realismus. Zum *Physikalischen und astronomischen Kunst- und Natur-Thier-Cabinett* vgl. Hassmann 2015, 20 und 38; Lhotsky 1941–1945, 471–473 und 495; Riedl-Dorn 1998, 57–62, und dies. 2000, 124.

67 Wien, HHStA, OKäA, Akt Nr. 686 ex 1813; zit. nach Lhotsky 1941–1945, 488.

68 Linnenbach 2014, 224–238.

ist es bemerkenswert, dass der Terminus *Publikum* in den hier besprochenen Dokumenten aus dem Archivbestand des k. k. Oberstkämmereramtes kaum vorkommt. Obgleich die Zugänglichkeit der Hofsammlungen ebenso wie die Ausdehnung der unterschiedlichen Besuchergruppen ein stets wiederkehrendes Thema ist, begegnet uns der Terminus *Publicum* (mit c) nur ein einziges Mal in der Bedeutung *Galeriepublikum*, und zwar am Ende dieses Zeitraums in Fügers mittlerweile bekanntem Antrag aus dem Jahr 1813 um Einschränkungen der Zulassungspolitik, sodass „den gebildeten Ständen des Publicums […] der Genuss der Galerie um so viel angenehmer werden [wird], der nur bei geräuschloser Betrachtung stattfinden kann".[69] Die übrigen beiden Male, in denen vom *Publikum* die Rede ist, geht es um die Zugänglichkeit des Belvedereparks und nicht der Gemäldegalerie.[70]

Wir können demnach nicht ohne Weiteres davon ausgehen, dass die Besucher einer Galerie oder eines Kabinetts in jener Zeit von jedem und in jedem Kontext als *ihr Publikum* bezeichnet werden, wie dies heute der Fall ist.[71] Um die Verwendung dieses Begriffs zu ergründen, müssen wir die Perspektive des Hofstaates und der Hofbeamten verlassen und gegen die der Autoren von Katalogen, Stadtführern, Zeitungen und Zeitschriften eintauschen. Wie bereits dargelegt, sind es anfangs diese Verfasser, die – als Sprachrohr für die Bevölkerung (oder Teile der Bevölkerung) oder als selbst ernannte Vermittler zwischen Herrscher und Volk – die Kabinett- und Galeriebesucher als *das Publikum* bezeichnen.[72]

So teilt beispielsweise die *Realzeitung* ihren Lesern am 6. März 1773 mit, dass das Naturalienkabinett „alle Montage Vormittag dem Publikum offen" stehe, „die zwey anderen aber alle Tage, den Montag allein ausgenommen".[73] Auch Christian von Mechel spricht als Vermittler, als er in seinem *Verzeichniß* der k. k. Gemäldegalerie aus dem Jahre 1783 an „die zwei erhabenen jetzigen Stifter und Wiederhersteller der Gallerie [Maria Theresia und Joseph II.], die, denen das Publikum diese wahre Zierde Wiens, den öffentlichen, gemeinnützigen Gebrauch davon und all das Gute, so daraus entspringen kann, schuldig ist", erinnert.[74]

69 Wien, HHStA, OKäA, Akt Nr. 686 ex 1813; zit. nach Lhotsky 1941–1945, 488.

70 Hassmann 2013, Anm. zu Dok. 65 mit zwei Verweisen: 1779 empfahl Generalhofbaudirektor Ernst Christoph Graf Kaunitz-Rietberg der Kaiserin, den Garten „allein als ein Lust-Garten vor das Publicum zum Spatzieren" einzurichten, schlicht ohne Obstbäume, Blumen usw. 1774 war bereits festgestellt worden, dass der Garten „nur für das Publikum" war, Grund genug, weshalb es nicht nötig war, „die Vasen der Treillage-Häuschen […] zu vergolden". Vgl. dazu auch Fuhrmann 1770, III, 589. Die offizielle Registrierung des erwähnten Beschlusses ist offenkundig nicht erhalten geblieben. Deshalb ließ sich auch nicht feststellen, ob vonseiten des Hofes bereits der Terminus *Publicum* verwendet wurde oder ob er aus dem Wortgebrauch Fuhrmanns stammt. Letzteres scheint am wahrscheinlichsten.

71 Als Sammlungshistoriker/innen sollten wir daraus Schlüsse für den eigenen Wortgebrauch ziehen, indem wir für das 18. Jahrhundert nur mit Vorbehalten vom (Galerie-, Kabinetts- und Museums-) *Publikum* reden.

72 Meijers 2016, 41–43.

73 Hassmann 2015, 69, verweist auf die *Realzeitung* vom 6. März 1773, 9. Stück, 136.

74 Meijers 2016, 42 zit. Mechel 1783, XII.

Pezzl fungiert anschließend als Sprachrohr für seine Mitstreiter, indem er in seiner *Skizze von Wien* aus dem Jahr 1787 einen Missstand anprangert: „Ich glaube, man könnte, ohne dem Publikum einen Zwang zu thun, Kindern und andern ganz niedrigen Leuten den Eingang verwehren […].“[75] Aus dieser Formulierung können wir ebenfalls ableiten, dass für Pezzl und seine Anhänger „ganz niedrige Leute“ und Kinder nicht zum *Publikum* gehörten. Das Publikum waren nur die erwünschten Besucher.

Bei Füger zeigt sich in seinem bereits zitierten Antrag aus dem Jahr 1813 eine wesentliche Verschiebung, indem er *als Hofbeamter* die Galeriebesucher mit dem Wort *Publikum* bezeichnet: „Die willkürliche Zulassung der allergeringsten Volksclassen von der Straße wird dadurch [durch die regulierenden Maßnahmen] vermindert, für welche Kunst- und wissenschaftliche Sammlungen nicht geeignet sind, und den gebildeten Ständen des Publicums wird der Genuss der Gallerie um so viel angenehmer werden, der nur bei geräuschloser Betrachtung stattfinden kann.“[76] Die Konturen des Begriffs sind hier weiter gefasst: Indem von bestimmten *Ständen des Publicums* gesprochen wird, scheint das *Publikum* selbst zu einer undefinierten Allgemeinheit zu werden, die mehrere „Stände“ umfassen kann, auch jene der *Un*gebildeten – nur nicht „geringe Leuthe“, die offenkundig wie niemand anderer für Unruhe sorgten.

Ein nächster Schritt findet sich in den *Verhaltungsmassregeln für die Gallerie-custoden*, die Galeriedirektor Josef Rebell 1825 aufstellte und beim Oberstkämmereramt einreichte. Punkt 4 daraus lautet: Die Custoden „müssen an Tagen, wo dem Publicum der Einlass gestattet ist, […] zugegen sein, für Anstand und Ordnung wachen und den erscheinenden Personen die Gemälde mit Bereitwilligkeit erklären“.[77] Hier wird der Terminus *Publicum* jetzt auch *hofintern* zur Bezeichnung schlichtweg der *Galeriebesucher* verwendet.[78] Für unsere Ohren klingt das so selbstverständlich, dass wir vergessen, dass dies ein paar Jahrzehnte zuvor noch nicht der Fall war, auch wenn der Hof – als *Gnade* – ein großes Maß an Zugänglichkeit eingeführt hatte.

So können wir vorsichtig schlussfolgern, dass in der Museumsgeschichte erst ab jenem Zeitpunkt von einem Galerie- bzw. Kabinetts- und schließlich Museumspublikum gesprochen werden kann, an dem der Zugang nicht mehr bestimmten Kategorien der Gesellschaft als *Gnade* gewährt wurde, sondern zumindest als *Vergünstigung* und eigentlich erst vollständig als *Recht* für alle.

75 Pezzl 1787, 3. Heft, 441–442; Schryen 2006, 489–490.

76 Lhotsky 1941–1945, 487–488, verweist auf Oberstkämmereramt Nr. 23 ex 1825; Schryen 2006, 301.

77 Ebenda.

78 Es ging um diejenigen, die außerhalb der allgemeinen Öffnungszeiten keinen Anspruch auf eine persönliche Verabredung mit dem Direktor erheben konnten. Vgl. Anm. 51 über Johann Gottlob von Quandt, der dieses Vorrecht 1813 durchaus genoss.

Eva Kernbauer

„Science magique“ und „science pratique“

Martin Ferdinand Quadals *Der Aktsaal der Wiener Akademie im St. Anna Gebäude* (1787)

Aufklärung und bildende Kunst: Je nach Verständnis von Aufklärung als publizistisches Phänomen, Bildungsideal, philosophische Haltung oder spezifische Form kultureller Soziabilität scheinen sich unterschiedliche Rollenzuschreibungen und Beitragspotenziale für die bildende Kunst des 18. Jahrhunderts anzubieten. Die Frage nach dem Verhältnis von Kunst und Wissenschaft, die uns in diesem Band beschäftigt, muss vor dem Horizont dieser Debatten gestellt werden, wenngleich diese eher weitere Fragen als Antworten mit sich bringen. Denn welche Einsatzmöglichkeiten, etwa analog zur Literatur, die sich als so nutzbringende Schwester zur Philosophie erwies, waren für die Bildkünste überhaupt möglich? Für die Zeitgenossen eröffnete diese Frage eine Diskussion über die gesellschaftliche Rolle und letztlich das Wesen der Kunst, die unterschiedliche Themenkreise berührte: Sollte Kunst als Bildungsinstrument zur Vermittlung der Inhalte der Aufklärung dienen (etwa im Bereich der Popularisierung der Naturwissenschaften)[1] oder stellte sie eine opake Visualität dar, die sich jeglicher didaktischer Vereinnahmung entzog? Zeichnete sich gute Kunst dadurch aus, universell verständlich zu sein oder war Kennerschaft einer kleinen Runde von Eingeweihten vorbehalten? Und schließlich: Welche Form von Bildung war Künstlern[2] zuträglich?

Selbst für ihre Protagonisten war der aufklärerische Bezugsrahmen der bildenden Kunst schwieriger zu definieren als derjenige der Literatur. Thomas Crow hat schon vor dreißig Jahren festgestellt,[3] dass aufklärungskritische Zugänge besonders häufig in Hinblick auf die bildende Kunst auftraten. Während Francesco Algarotti meinte, dass die Philosophie, die in seinem Zeitalter in alle Wissensgebiete vorgedrungen sei, auch zu einem Richter über die Schönen Künste geworden sei,[4] gab es ebenso viele Gegenmeinungen, die die bildende Kunst als außerhalb des Zugriffs der Vernunftserörterung erachteten. Die Forderung nach der Integration der Kunst in die Gesellschaft, die zu Anfang des Jahrhunderts noch mit selbstverständlichem Optimismus postuliert worden war, war zunehmender Kritik ausgesetzt: Im *Discours préliminaire* der *Encyclopédie* ordnete Jean Le Rond d’Alembert das künstlerische „génie“ der „imagination“ zu, frei vom Zugriff der Vernunftserörterung. Es sei nicht im gleichen Maß wie die Philosophie dem gesellschaftlichen Fortschritt ausgesetzt, denn „le génie aime mieux créer

1 Busch 1999.

2 Da Frauen im Laufe des 18. Jahrhunderts die Wege der professionellen Kunstausbildung rechtlich versperrt wurden, bezogen sich diese Diskussionen in der Regel ausschließlich auf männliche Künstler.

3 Crow 1986.

4 Algarotti 1756 (Bonora 1969), 307.

que discuter" („Der Schöpfergeist bringt lieber hervor, als zu diskutieren").[5] Der aufklärerische Bezugsrahmen für die bildende Kunst, der „science magique de la peinture",[6] der Wissenschaft also, die verborgenen Regeln zu gehorchen schien, war schwierig zu fassen. Dabei bestanden verschiedene Denkmodelle über längere Zeit nebeneinander: auf Rationalität basierende, an Bildthemen und -inhalten orientierte Vorstellungen von Kunstgenuss sowie Konzepte wie dasjenige der „sinnlichen Erkenntnis" (*cognitio sensitiva*), wie es Alexander Gottlieb Baumgarten 1750 entwickelt hatte. Dies belegt nicht nur die zuweilen gespalten anmutende Identität Denis Diderots, der sich in seinen Kritiken je nach Situation und Bedarf bald in einen sinnlich mit dem Kunstwerk verschmelzenden, bald in einen rein verstandesorientiert urteilenden Kunstrezipienten verwandelte. Karl Philipp Moritz' Zuordnung der Kunst zu einer Welt, die rationaler Erkenntnis verschlossen bleibt,[7] fand ebenso Anhänger wie Johann Georg Sulzers traditionellere, an den deutschsprachigen Kunstakademien vermittelte Haltung, der „wichtigste Dienst, den die schönen Künste den Menschen leisten können, besteht ohne Zweifel darin, daß sie wolgeordnete herrschende Neigungen, die den sittlichen Charakter des Menschen und seinen moralischen Werth bestimmen, einpflanzen können".[8]

Wie weit beeinflussten diese Kontroversen die gesellschaftliche Rolle und das Selbstbild von Künstler/innen? Deren Anteil an der aufklärerischen Rolle der Kunst wurde in der Regel eher gering eingeschätzt: Die *Kunst*, nicht die *Künstler* erleuchteten. Auch unter geneigten Beobachter/innen fanden sich nur wenige, die die Ansicht vertreten hätten, dass Künstler als Wissenschaftler oder als Gelehrte gelten dürften. Immerhin wurde zuweilen, etwa mit Hinweis auf Leonardo da Vinci, das Zugeständnis geäußert, „qu'il n'est pas impossible à un Peintre d'être savant" („dass es nicht ausgeschlossen ist, dass ein Maler ein Gelehrter ist")[9]. Die Frage nach der Sinnhaftigkeit „gelehrter", also theoretischer Bildung für Künstler wurde strittig diskutiert, auch wenn an den Akademien deren Rolle zunehmend aufgewertet wurde. Dies war auch in Wien nicht anders: In einer Rede anlässlich der Gründung der Wiener Kupferstecherakademie 1768 bot der Sekretär Joseph von Sonnenfels den Kunstpraktizierenden einen Bund mit den schönen Wissenschaften an und unterstrich so die Bedeutung der kunsttheoretischen Fundierung künstlerischer Praxis.[10] Und auch der Umgang mit Kritik musste erst geübt werden: Anlässlich der Verleihung von Preisen an die besten Studierendenarbeiten 1771 betonte er im Vortrag *Von der Urbanität der Künstler* die Bedeutung des Wettbewerbs und die durch die soziale Einbindung der Künste

5 Alembert 1751, xvi (Übersetzung der Autorin).

6 Observations sur l'exposition de peintures, sculptures et gravures du Salon du Louvre, tirées de *l'Observateur littéraire*, 1759, 834 – 837, zit. nach: Paris, BnF, Collection Deloynes (Collection de pièces sur les Beaux-arts imprimées et manuscrites), Bd. 44, Dok. 1259, unpaginiert.

7 Moritz 1788.

8 Sulzer 1771, 314.

9 Caylus 1759, 198 (Übersetzung der Autorin).

10 Sonnenfels 1786a.

notwendige Kollegialität, Sittsamkeit und Gefügigkeit im Umgang mit Kritik.[11] Es ging dabei nicht nur um die moralische Erziehung einzelner Studierender, obwohl die zahlreichen Fehden unter den Akademiemitgliedern auch dazu Anlass gegeben hätten, sondern um die Objektivierung künstlerischer Qualität. In diesen akademienahen Texten also tauchte das Bezugsphänomen der Aufklärung in der erwähnten mannigfaltigen Gestalt auf: als neue Form der Publizität und Kritik, als Wissensform und als Ideal sozialer und moralischer Bildung.

II

In der Frage, ob die Kunst im Zuge der Aufklärung dem Wissen zuzuordnen sei (und wenn ja, dann welcher Wissensform?), bezieht auch die Darstellung des *Aktsaals der Wiener Akademie im St. Anna Gebäude* von Martin Ferdinand Quadal aus dem Jahr 1787 Stellung (Tafel 7). Dieses Gruppenporträt wird häufig im Kontext der Geschichte der Wiener Akademie der bildenden Künste erwähnt, aber selten eingehend innerhalb des Aufklärungsdiskurses thematisiert. Der 1736 geborene Quadal (oder Chvátal) war ein mährischer Maler und Graphiker, der an der Wiener Akademie von 1758 bis 1762 bei Martin van Meytens studierte.[12] Mit Unterstützung von Prinz Karl Alexander von Lothringen und François Boucher, der eine wichtige Anlaufstelle für Neuankömmlinge in Paris bot, wurde er 1767 an der Pariser Kunstakademie eingeschrieben[13] und stellte 1772, 1773 und 1787 bei deren *Salons* aus. In den Folgejahren bereiste Quadal als vielseitiger Porträt-, Landschafts- und Genremaler zahlreiche Städte Europas und scheint trotz rasch wechselnder Patronagen gut beschäftigt gewesen zu sein. Von 1771 bis 1773 war er in London, wo er an der Royal Academy ausstellte, und in York, 1779 in Dublin, 1783 in Rom und Florenz. 1784 traf er in Neapel auf seinen nächsten Förderer Graf Anton Franz de Paula Lamberg-Sprinzenstein, den er porträtierte und nach Wien begleitete. Dort war Quadal von 1786 bis 1790 tätig. Außer dem *Aktsaal*-Gemälde befinden sich heute fünf seiner Genre- und Jagdszenen im Bestand der Akademie; alle stammen aus der Schenkung Lamberg 1822 und dokumentieren die mehrjährige Verbindung des Malers zu seinem Förderer.[14] Danach folgten wieder Reisejahre, die Quadal zurück nach England führten, wo er 1791 und 1793 bei der Royal Academy und bei der Society of Artists of Great Britain ausstellte. Später reiste er nach

11 Sonnenfels 1786b. Vgl. dazu auch den Beitrag von Werner Telesko in diesem Band.

12 Die folgenden Angaben basieren auf dem Eintrag zu Quadal im Allgemeinen Künstlerlexikon / Internationale Künstlerdatenbank online: https://www.degruyter.com/view/AKL/_10163901 [04.10.2017] und ergänzen ihn.

13 Dies ist in den „registres d'inscription" der Académie royale de peinture et de sculpture von 1767 belegt; vgl. AK Boucher 1986, 80.

14 Gemäldegalerie der Akademie der bildenden Künste Wien: Bildnis Anton Graf Lamberg-Sprinzenstein (Inv.-Nr. GG-294); Zwei Doggen neben erlegtem Eber (Inv.-Nr. GG-354); Zwei Wildhunde neben totem Wild (Inv.-Nr. GG-369); Löwengruppe (Inv.-Nr. GG-329) – dieses Gemälde wurde von Dominique-Vivant Denon gestochen und im Pariser *Salon* von 1787 ausgestellt; Selbstbildnis (Inv.-Nr. GG-336); Trnek 1989, 188–189.

Deutschland und Holland, bis er 1796 Hofmaler in Sankt Petersburg und 1804 Mitglied der dortigen kaiserlichen Kunstakademie wurde. Er starb 1808 in Russland.

Das *Aktsaal*-Gemälde[15] entstand ursprünglich für die Sammlung Lamberg; es handelte sich also weder um ein Aufnahmestück noch um ein Auftragswerk für die Wiener Akademie. Das Bild gelangte noch zu Lebzeiten Lamberg-Sprinzensteins in den Besitz der Akademie, dessen Ehrenmitglied und Präses er 1809 und 1818 wurde.

Damit dieses Gemälde nun im Kontext der Auseinandersetzung um das Verhältnis von Kunst und Wissen betrachtet werden kann, sind zunächst mehrere Exkurse oder Exkursionen zu Quadals künstlerischen Stationen notwendig. Seine Reisen durch die Städte, Förderkreise und Ausbildungsstätten Europas führten ihm unterschiedliche Zugänge vor, wie die gesellschaftliche Rolle der Kunst und ihr Potenzial als Wissensform im 18. Jahrhundert gedacht wurde. Es gab einerseits diejenigen, bereits im 17. Jahrhundert entworfenen geschichtsphilosophischen Denkkonzepte, die Aufstieg und Blüte der Künste eng an den politischen und gesellschaftlichen Fortschritt banden. Diese bildeten die Grundlage der französischen Kunstpolitik des Hochabsolutismus und waren bis ins späte 18. Jahrhundert für die Leitbilder von Kunstakademien verbindlich, die entlang dieses Modells orientiert waren. Es bündelten sich darin zahlreiche für das Zeitalter der Aufklärung charakteristische Gedanken: Die „Prinzipien der Publizität und Diskursivität der künstlerischen Produktion",[16] die gesellschaftliche Öffnung der Kunst mithilfe ihrer theoretischen Fundierung und neuer Präsentationsformate (etwa Kunstausstellungen); die Bildung der Künste durch den Geschmack bzw. die Bildung des Geschmacks durch die Kunst; die Indienstnahme der Kunst zur Vermittlung moralisierender Inhalte und dergleichen.

Neben diesen Denkkonzepten der breit angelegten gesellschaftlichen und politischen Einbindung von Kunst im Sinne ihrer Nützlichkeit und allgemeinen Verfügbarkeit gab es andere, die ihre Anbindung an einzelne Wissenschaftsdisziplinen und Wissensgesellschaften vorsahen. Zur Nobilitierung der Kunst als Imitation der immerwährenden Natur bot sich dabei besonders die Orientierung an den empirisch fundierten, exakten Wissenschaften an, die eine wichtige und breit popularisierte Form des Wissens im 18. Jahrhundert darstellten. Dieses exklusivere Verständnis von Kunst als Fachwissen prägte immer wieder die praktische Ausbildung von Künstlern und wurde dementsprechend auch in Lehrbüchern und wohl auch im praktischen Unterricht an den Kunstakademien vertreten. Insbesondere in der englischen Kunstszene war dieses Selbstverständnis und die ihm entsprechende soziale Organisationsform des *Club* verbreitet. Auch die Royal Academy gab ihren Clubcharakter nur so weit auf, wie es politisch und ökonomisch unbedingt notwendig war. Die Royal Academy war eine private Organisation, die sich nur nominell auf das Königshaus berief. Ein breiter öffentlicher Resonanzraum war für ihr Selbstverständnis nicht notwendig,

15 Gemäldegalerie der Akademie der bildenden Künste Wien, Der Aktsaal der Wiener Akademie im Sankt-Anna-Gebäude, signiert *MF. Quadal/Pinx.1787*, Öl auf Leinwand, 144 × 207 cm (Inv.-Nr. GG-100); Trnek 1989, 187.

16 Germer 1997, 348.

wohl aber zu ihrem wirtschaftlichen Erhalt, da sie sich über ihre Ausstellungen finanzierte.

Hinsichtlich der Organisation der Wiener Kunstakademie folgte man (zumindest auf dem Papier, wobei dies auch in Paris kaum anders war) dem der absolutistischen Kulturpolitik verpflichteten Modell, das Jean-Baptiste Colbert im 17. Jahrhundert entworfen hatte. Damit war ein Maßnahmenprogramm verbunden, das die Abhaltung von Ausstellungen, die Reglementierung der kunsttheoretischen Ausbildung, die Veranstaltung von innerakademischen *conférences* zur Diskussion einzelner Werke und die Ausschreibung von Preisen unter den Schülern der Académie vorsah.[17] Die bildende Kunst war mit einem Mal als Wissensform organisiert und deutlich stärker als die anderen akademisch organisierten Künste dem hochkomplexen Resonanzraum des absolutistischen Öffentlichkeitsanspruchs ausgesetzt. Die Statuten der französischen Kunstakademie von 1648 waren schon bei der Wiedereinrichtung der Wiener Akademie durch Jakob van Schuppen 1725 verbindlich gewesen, der die Pariser Académie aus erster Hand kannte.[18] Ausstellungen schrieben dann die Wiener Akademiesatzungen von 1751 und 1767 vor.[19] Auch der begleitende Diskurs war von Anfang an am französischen Vorbild orientiert. Schon in den Akademieakten der 1730er-Jahre ist – wie in Paris – von einer „feste publique“ die Rede und davon, dass die Exponate von der Akademie „und von allen unseren Kunstverständigen, welche diesen actu beizuwohnen sich werden belieben lassen [...] unparteiisch und auf eine sehr convenable art zu judiciren sein werden“.[20]

Veranstaltet wurden die Ausstellungen – wie in Paris – zunächst unregelmäßig. Zwischen 1731 und 1754 begannen sie zwei Wochen vor den Preisverleihungen in den Räumlichkeiten der Akademie,[21] unter Kaunitz 1774 und 1777 im Kleinen Redoutensaal der Hofburg.[22] Die letztgenannte Ausstellung ist insofern bemerkenswert, als dazu erstmals ein gedrucktes Verzeichnis der ca. 200 Exponate publiziert und die

17 Montaiglon 1875, 251, 256–257.

18 Lützow 1877, 14.

19 Zunächst jährlich (Lützow 1877, 153), in der Satzung von 1767 im Zweijahresabstand (Ebenda, 157). Auch die Kupferstecherakademie sah die Abhaltung von Ausstellungen vor.

20 UAAbKW, VA 1, Mapp. 1, 1706–1738, fol. 45d: Ankündigung einer Preisausstellung von 1733. Ausführliche Angaben zum Ablauf der Ausstellungen finden sich bei der Ankündigung der ersten Ausstellung, 4.–11. November 1731 (UAAbKW, VA 1, Mapp. 1, 1706–1738, fol. 26b bzw. Lützow 1877, 23): Diese enthält Details zur Vorbereitung der Ausstellung im Jahreslauf und den Verweis darauf, dass es im Vorjahr aus Zeitgründen nicht möglich war, den diesbezüglichen Anweisungen zu folgen. Der gewünschte Ablauf wird wiederholt: In der letzten Septemberwoche findet eine Vorauswahl unter den Studierenden statt. Nur die besten sollen zur Ausstellung zugelassen werden, um den anderen und der Akademie öffentliche Schmach zu ersparen: „une preuve generalle dans l'academie mesme par la quel l'on puisse conoistre ceux qui sonts capable a faire despargner secretement la honte que recevroit ceux qui ne sont pas capable en Exposant au publique de mauvaisse chosses qui feroit afront a L'academie et a leurs auteurs.“ Der gesamte Oktober war der Vorbereitung der Exponate gewidmet: „Le cours du mois d'octobre sera donné pour faire les desseins sur le quel sera jugé publiquement et exposé pendant huit jours.“ Am Ende fand die Preisverleihung durch den Generalhofbaudirektor und Protektor der Akademie statt.

21 Von 1754 bis 1772 fanden keine Preisverteilungen statt; Lützow 1877, 40, Anm. 1.

22 Ebenda, 62.

Ausstellung also als wichtig genug erachtet wurde, um für ihre Verbreitung und Dokumentation zu sorgen.[23] Darauf wurde auch bei den folgenden Akademieausstellungen nicht mehr verzichtet. Der Umzug der Akademie ins St. Anna Gebäude im Frühjahr 1786 erlaubte schon bald die Abhaltung einer ersten Ausstellung in eigenen Räumlichkeiten, die bei ihrer Eröffnung durch einen Besuch Josephs II. geehrt wurde. Das gedruckte Verzeichnis der 173 Exponate enthält mehrere Jagd- und Marktstücke von Quadal, der sich zu diesem Zeitpunkt also bereits in Wien aufhielt.[24] In der Ausstellung von 1790 schließlich war, neben anderen seiner Werke, auch das Gruppenporträt der Akademiker im Aktsaal im St. Anna Gebäude zu sehen, zusammen mit einem Mezzotinto, das Johann Jakobé nach dem Gemälde angefertigt hatte.[25]

Mehrere Reiseberichte und Stadtbeschreibungen Wiens von Friedrich Nicolai[26], Johann Pezzl[27] und János Fekete[28] aus den 1780er-Jahren erwähnen die Ausstellungen. Dennoch waren sie keineswegs in vergleichbarem Maß populär und spektakulär, wie dies in Paris der Fall war. Dass der Resonanzraum der ausgestellten Kunstwerke in Wien immer noch die Krone als Verkörperung der absolutistischen Kunsttheorie war und weniger die tatsächlich durch sie angezogene Öffentlichkeit, illustriert eine 1790 entstandene *Allegorie auf eine Preisverteilung an der Wiener Akademie unter Wenzel Anton Fürst Kaunitz-Rietberg* von Franz Anton Maulbertsch (Abb. 1). Die Darstellung steht im Einklang zu zentralen Anliegen der Akademie, insbesondere dem Privilegienstreit mit den Zünften, den Joseph II. 1783 recht unsanft zugunsten der Akademie entschied. Ein adeliger Jüngling rechts im Vordergrund präsentiert sein Gemälde. Die Künste (Bildhauerei, Zeichnung und Baukunst sowie, prominenter hervorgehoben, die Malerei, die gerade geehrt wird) haben sich versammelt, während eine Chronosfigur den Neid vertreibt. Im Zentrum des Bildes präsentiert die Wahrheit die Preismedaille, weitere Medaillen liegen schon bereit, während dahinter der Präses der

23 AK Catalogue des ouvrages 1777.

24 Zur Ausstellung von 1786 vgl. Lützow 1877, 74–75, sowie AK Akademie 1786.

25 AK Akademie 1790, Nr. 183: „Modellsaal der k. k. Akademie bildender Künste. Von M. Quadal gemalt, und geschaben von Johann Jakobe, Lehrer der geschabenen Kupferstecherei.“ Das Katalogmanuskript (UAAbKW, VA, 1790, fol. 125b) erwähnt unter Nr. 60 Quadals Gemälde: „La Salle du Modèle de l'Académie des beaux arts, où les artistes sont representés travaillant d'àpres le Modele de Nu à la lumière des Lampes, et les Directeurs et Professeurs de l'Academie peints et portraitès au Naturel, par Martin Ferdin Quadal.“ („Modellsaal der k. k. Akademie bildender Künste, wo die Kunstverwandten eben nach den [sic!] beleuchtetem [sic!] Akt arbeiten. Die Direktoren und Lehrer sind sämtlich nach dem Leben gemalt.“)

26 Nicolai 1784, 492: „Die Akademie pflegt zuweilen auf dem Redutensaale eine Ausstellung der neuen Werke der Wiener Künstler zu veranstalten. Eine nützliche Anordnung, um unter den Künstlern Wetteifer, und zugleich beym Publikum Theilnehmung an den Kunstwerken zu befördern.“

27 Pezzl 1787, 606: „Jährlich werden an die Schüler, welche die beßten Preisstüke verfertigen, goldene Münzen ausgetheilt. Von Zeit zu Zeit wird auch eine öffentliche Ausstellung neuer sehenswürdiger Stüke von bereits vollendeten hiesigen Künstlern, und andern akademischen Mitgliedern, in dem grossen Modellsaal und einigen Nebenzimmern veranstaltet, und ein eigener Katalog darüber gedrukt.“

28 Fekete 1787, 69, erwähnt „un college des Jésuites, voué entierement à l'Académie & à l'Ecole de Peinture, leur fournit des salles spacieuses pour y exposer comme au Louvre, les Tableaux qu'ils croyent dignes de l'attention du Public“.

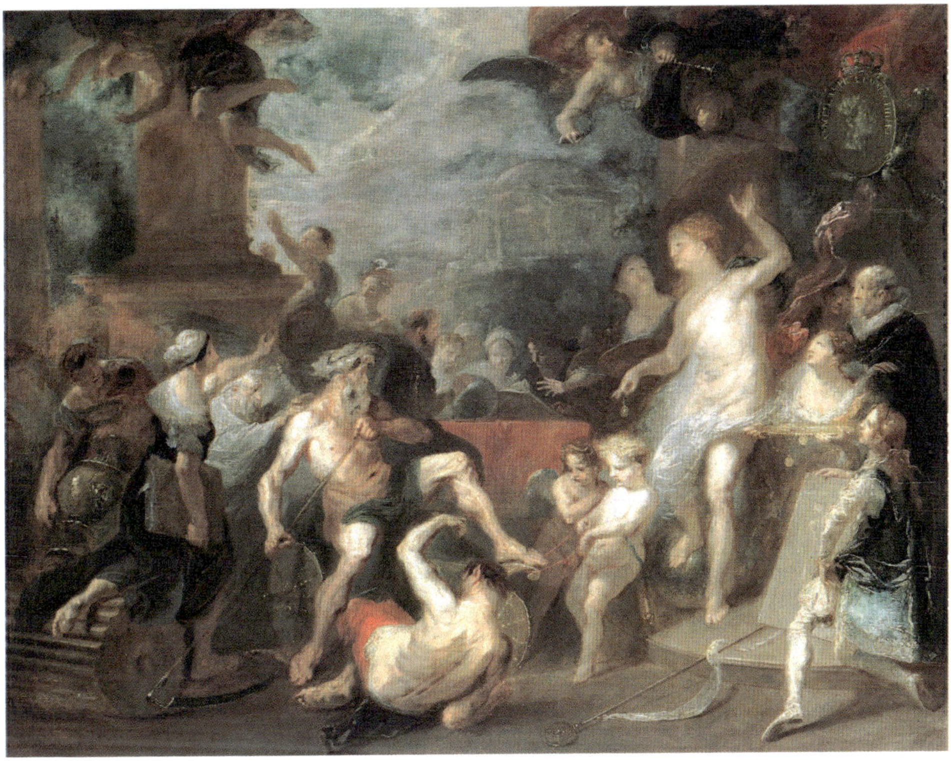

Abb. 1: Franz Anton Maulbertsch, Allegorie auf eine Preisverteilung an der Wiener Akademie unter Wenzel Anton Fürst Kaunitz-Rietberg, um 1790 (Belvedere, Wien, Inv.-Nr. 4573)

Akademie, Kaunitz' rechte Hand Joseph von Sperges, wacht. Über all dem verkündet die Fama den Ruhm des Protektors, dessen Medaillon von einem Genius gehalten wird.[29] Indem die *Allegorie* die gute Förderung der Akademie zur Blüte der Künste ins Zentrum stellt, bleibt sie ganz in tradierten Darstellungsmustern verhaftet – und macht indirekt anschaulich, dass in Wien die Aufklärung (im wahrsten Sinne des Wortes) von oben kam. Zum Vergleich: In Paris versuchte Gabriel de Saint-Aubin, die Funktion der Pariser Ausstellung als „irdischen Parnass" darzustellen (Abb. 2). Der Ruhm schwebt dabei über dem Publikum im Salon Carré im Louvre; und dieses – als die neue Öffentlichkeit – war aufgerufen, in der Ausstellung über Gelungenes und Misslungenes zu richten. Der Publikumsandrang im Pariser Salon hatte also zur Modifizierung der klassischen Allegorie geführt.

Dass Quadal neben den Akademieausstellungen auch andere Formen der Adressierung der Öffentlichkeit kannte, belegt schon der Umstand, dass er sein Gemälde 1790 gemeinsam mit Johann Jacobés Nachdruck in Mezzotinto präsentierte, der in Form

29 Ich folge weitgehend der Interpretation des Gemäldes durch Georg Lechner (in: AK Maulbertsch 2009, Kat.-Nr. 26, 90), die in einer Rezension des Bandes teilweise angezweifelt wird (Hosch 2012); die grundsätzliche Interpretation als Allegorie einer Preisverleihung bzw. genereller des Stipendiensystems bleibt aber aufrecht.

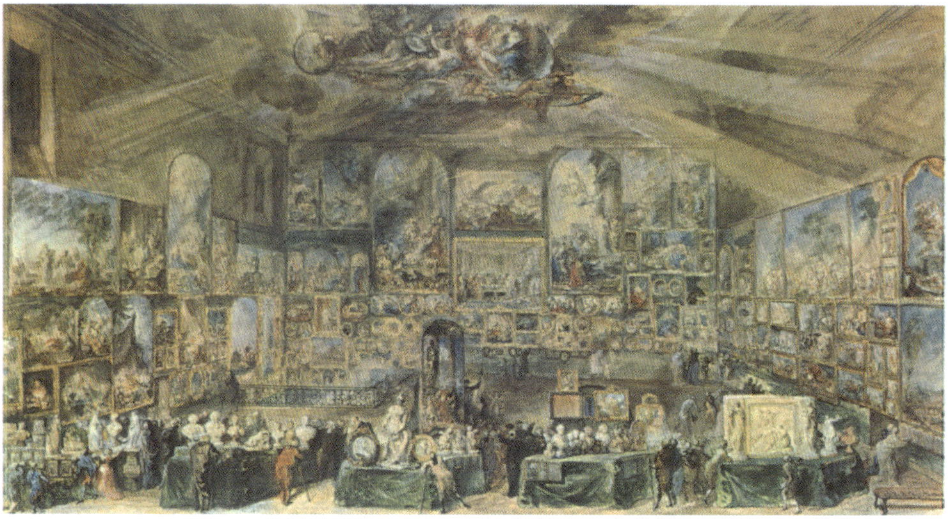

Abb. 2: Gabriel de Saint-Aubin, Ansicht des Salons von 1767 (Paris, Privatsammlung)

einer Subskription finanziert worden war. Über die Subskriptionsbedingungen war bereits 1787 in einem kurzen Artikel in der *Wiener Zeitung* informiert worden, der zugleich auch die Präsentation des Gemäldes in Quadals Atelier auf der Wieden ankündigte.[30] Diese Einzelbildpräsentation kennzeichnet den unternehmerischen Geist des weit gereisten Künstlers, der sich nicht nur an den konventionellen akademischen Karrieremöglichkeiten orientierte. Auch das Gruppenporträt von Lehrenden und Schülern im Aktsaal, für das Quadal explizit auf neue Bildmodelle aus England zurückgriff, illustriert den komplexen Spielraum des kosmopolitischen Künstlers innerhalb des Wiener Öffentlichkeits- und Wissenschaftsverständnisses des 18. Jahrhunderts.

Das Gruppenporträt entstand „nach der Natur“, basierte also vermutlich auf Einzelporträtsitzungen (wobei weder Zeichnungen noch Skizzen dieser Sitzungen erhalten oder dokumentiert sind). Die Identifizierung der Dargestellten wird durch eine Nachzeichnung des Gemäldes im Bestand der Akademie erleichtert, die diese namentlich kenntlich macht.[31] Das Gemälde zeigt den Aktsaal der Akademie in einer Idealsituation, ausgestattet mit Requisiten, die das Zeichnen und Modellieren nach der Natur ermöglichen. Im Vordergrund sitzend blickt sich Quadal zum Betrachter um und unterbricht damit seine Arbeit an einer Zeichnung, aus der das Gruppenporträt hervorgehen wird. Links neben ihm weist, in prominenter Position, der Direktor der

30 [Franz Benedikt] Ratakowsky, Kunstsachen Ankündigung (datiert auf den 6. Oktober), in: Wiener Zeitung Nr. 82 (13. Oktober 1787), pag. 2495. Ich danke Gernot Mayer für die Übersendung des Eintrags.

31 Akademie der bildenden Künste Wien, Kupferstichkabinett (Inv.-Nr. KuKa-30.020B). Möglicherweise entstand diese Zeichnung in Vorbereitung für Jacobés Mezzotinto von 1790. Ich stimme der gängigen Literatur nicht zu, die eine eigenhändige Vorzeichnung Quadals annimmt, da es sich in meinen Augen offenkundig um eine Nachzeichnung handelt.

Kupferstecherschule Jacob Matthias Schmutzer auf Quadal. Wieder links daneben modelliert der Professor für Skulptur, Franz Anton Zauner, ein Tonbozetto auf einer Drehscheibe, beobachtet vom Direktor der Architekturschule Johann Ferdinand Hetzendorf von Hohenberg. Es folgen, ganz in ihre Arbeit vertieft, der Bildhauer Niklas Andreoni und der Schabkunstprofessor Johann Jacobé. Dazwischen sind zwei Schüler dargestellt, die in der Legende namenlos bleiben (bezeichnet jeweils mit *un ecolier*). Ein weiterer Schüler sitzt mit dem Rücken zum Betrachter knapp vor dem Modell am linken Rand vor einer Dreiergruppe, die den Professor für Landschaftsmalerei Johann Christian Brand, den Lehrer für historische Zeichnungsgründe Hubert Maurer und den Professor für Ornamente in der Architektur Vinzenz Fischer zeigt.[32]

Ganz in der Mitte posiert das Modell vor der Blendwand, über ihm eine große Lampe, die die wichtigste Lichtquelle darstellt.[33] Rechts davon sitzt ein weiterer Staffageschüler vor einer Lampe; es folgt eine Dreiergruppe aus Franz Anton Maulbertsch, Friedrich Oelenheinz und Anton Meidinger. Maulbertsch hält die Hand zur Abschirmung des Lichts vor die Augen, was den Fernblick des Freskomalers andeuten könnte, zugleich aber auf ein frühes Selbstbildnis seines fast exakten Zeitgenossen, des damaligen Londoner Akademiepräsidenten Joshua Reynolds, verweist[34] und damit auf ein selbstbewusstes, wissenschaftlich-wissendes Sehen, das über das reine Malen hinausgeht.

Im rechten Bildvordergrund arbeitet der Direktor der Maler- und Bildhauerschule Heinrich Friedrich Füger an einem Gemälde nach dem Aktmodell, neben ihm der Professor für Historienmalerei Johann Baptist Lampi sowie, im verlorenen Profil, ein Studierender, dessen Arbeit vom Professor für Anatomie Johann Martin Fischer am rechten Bildrand kritisch betrachtet wird.

Mit Andreoni, Meidinger und Oelenheinz sind drei „schutzverwandte Maler" dargestellt, also nicht Mitglieder der Akademie, sondern Assoziierte, die von manchen Freizügigkeitsprivilegien profitierten. Bei den (in der Nachzeichnung) als Schüler bezeichneten Namenlosen könnte es sich um ebensolche handeln, oder aber um professionelle Außenstehende, denen wie den Akademieangehörigen der Zeichenunterricht nach Antiken und nach dem lebenden Modell offenstand.

III

Was für eine Gruppe hat sich also hier versammelt? Es handelt sich nicht ausschließlich um Akademiemitglieder, auch wenn die Komposition des Gruppenporträts die akademische Rangordnung weitgehend beachtet. Die Darstellung greift den englischen Porträttypus des *Conversation Piece* auf, das – unabhängig von Stand und Status

32 Zu den Dargestellten vgl. Hagen 2002, 36.

33 Nach den Gehaltslisten könnte es sich bei dem Modell um Lorenz Clar oder Matthäus Mayer handeln: UAAbKW, VA 1779, fol. 143. Vgl. Knofler 2000, 18 und 21, Anm. 66.

34 Joshua Reynolds, Selbstporträt, ca. 1748, Öl auf Leinwand, National Portrait Gallery, London, Inv.-Nr. NPG 41.

– Gleichgesinnte beim gleichberechtigten Austausch zeigt und dennoch subtile Hinweise auf die jeweiligen Kompetenzen und Hierarchien der Dargestellten gibt. Zwar wird das berufsbezogene Gruppenporträt in älteren Definitionen aus dem *Conversation Piece* ausgenommen.[35] In diesem Falle aber ermöglicht gerade die Anwendung des Bildtypus die soziale Charakterisierung der Dargestellten als Mitglieder der „Polite Society". Durch die Wahl des Bildtypus wird die Kunstakademie von einer Repräsentationsstätte kaiserlicher Kunstpolitik in ein Soziotop transformiert, das eher einem privaten Kreis von Kennern oder Gelehrten nahekommt. Für diese Idee, durch eine neuartige Anwendung des *Conversation Piece* ein akademisches Gruppenporträt um- oder aufzuwerten, gibt es ein klares Vorbild, nämlich Johann Zoffanys Porträt der Gründungsmitglieder der erst drei Jahre zuvor eingerichteten Royal Academy von 1771/1772 (Abb. 3). Tatsächlich wird Quadals Gruppenbild in dem oben erwähnten Artikel in der *Wiener Zeitung* von 1787 als „würdiges Gegenstück zu der berühmten Londnerakademie nach Zoffany" bezeichnet, „die man der Vorstellung nach die theoretische, und diese [Quadals „Akademie"] die ausübende nennen könnte".[36] Man kann davon ausgehen, dass Quadal Zoffanys Gemälde aus erster Hand kannte, da es in der Ausstellung der Royal Academy 1772 zu sehen war, an der er selbst teilnahm.

Zoffanys Gemälde zeigt 34 Personen und damit fast alle männlichen Mitglieder der Royal Academy, angeordnet um die ranghöchsten Akademiker, den Präsidenten Joshua Reynolds und den Treasurer William Chambers, wobei der Maler selbst im linken Bildvordergrund, die Palette in der Hand, aus dem Bild blickt.[37] Die Mitglieder haben sich wie zu einer Bühnenprobe einer Aktzeichenstunde versammelt. Das Modell wird eingerichtet und manche Darstellungsutensilien stehen bereit, aber keiner der Anwesenden scheint darauf eingerichtet zu sein, nun tatsächlich mit der Arbeit zu beginnen, zumindest nicht praktisch. In Zoffanys Bild wird beobachtet, diskutiert, ausprobiert, wobei die Antikenstatuen gemeinsam mit dem gerade „eingerichteten" Modell den künstlerischen Horizont der Aktdarstellung zwischen anatomischer Wahrheit und idealischer Schönheit eröffnen. Sehr eingängig wird illustriert, wie mit ihrer Hilfe der Aktsaal zum Schauplatz eines antikisierenden *Reenactments* wird. Das *Conversation Piece* tut ein Weiteres, um die Akademie auf ihre antiken Wurzeln zurückzuführen: auf den Austausch zwischen Gelehrten, ohne Unterscheidung zwischen Kunst und Wissenschaft, entsprechend ihrer noblen antikisch-klassizistischen Traditionslinie. Quadal nahm diesen Umstand deutlich wahr, sollte doch sein Aktsaalbild keine „theoretische", sondern eine „ausübende" Akademie darstellen. Dabei bot

35 Dies hat zumindest einer der frühesten Autoren zum *Conversation Piece* in seiner Definition des Bildtypus vorgeschlagen: Praz 1971. Für neuere Forschungen zum *Conversation Piece* vgl. Busch 1987; Paulson 1975, 121–136 (Kapitel 8 „The Conversation Piece in Painting and Literature"); Pointon 1993; Solkin 1993; Lerche 2006, bes. 17–46.

36 [Franz Benedikt] Ratakowsky, Kunstsachen Ankündigung (datiert auf den 6. Oktober), in: Wiener Zeitung, Nr. 82 (13. Oktober 1787), pag. 2495.

37 Dazu kommen noch Porträtmedaillons der beiden weiblichen Gründungsmitglieder Angelika Kauffmann und Mary Moser, die als notgedrungen permanent „Abwesende" im Aktzeichensaal nicht persönlich, sondern in Form des *imago clipeata* dargestellt sind. Zu dieser Darstellungsform vgl. Pointon 1997, 165, Anm. 4.

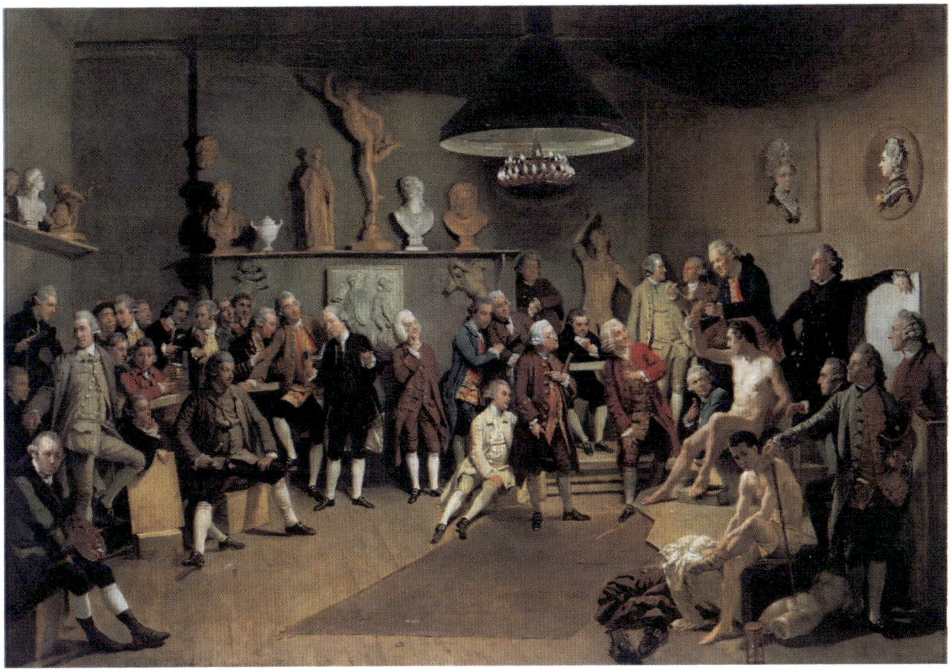

Abb. 3: Johann Joseph Zoffany, The Academicians of the Royal Academy, 1771–1772 (London, Royal Collection Trust / © Her Majesty Queen Elizabeth II 2020, Inv.-Nr. RCIN 400747)

Zoffany ihm nicht nur als Schöpfer dieser ungezwungenen Adaption der *Schule von Athen* und als Erneuerer des *Conversation Piece* Anregungen; auch der kosmopolitische Lebensweg des gebürtigen Frankfurters, der in Italien, England und Indien gearbeitet hatte und der in den 1770er-Jahren für seine Tätigkeit für den Wiener Hof von Maria Theresia nobilitiert wurde, muss sich als Vorbild angeboten haben.[38]

Zoffany hatte noch weitere *Conversation Pieces* geschaffen, die die Gattung durch ungewöhnliche Übertragungen auf neue thematische Anwendungsbereiche belebt haben. Im Kontext seiner zahlreichen Darstellungen von Künstlern und Kunstgelehrten mag man an das (aus Sicht der Auftraggeberin Queen Charlotte zu ungezwungene) Gruppenbild von Künstlern und Sammlern in der Tribuna in den Uffizien (1772–1777) denken oder an sein Gemälde der *Antikenschule der Royal Academy im New Somerset*

38 Bisher gibt es keine Hinweise darauf, dass Quadal auf einer seiner Stationen quer durch Europa, so wie Zoffany, jemals Mitglied einer Freimaurerloge geworden wäre. Gerade hinsichtlich der Frage der sozialen Positionierung Quadals wäre es interessant, diesen Punkt noch weiter zu verfolgen. Erste Recherchen im Österreichischen Staatsarchiv haben ergeben, dass Quadal, im Unterschied zu den auch im Aktsaalgemälde dargestellten Künstlern Schmutzer und Zauner, kein Mitglied der Loge „Der wahren Eintracht" war, die allerdings zum Zeitpunkt seiner Ankunft in Wien auch bereits in Auflösung begriffen war. Er ist auch nicht im Mitgliederverzeichnis der Londoner Old Kings Arms Lodge genannt, bei der Zoffany (ab 1763) Mitglied war (Auskunft von Diane Clements, The Library and Museum of Freemasonry, E-Mail-Nachricht vom 24. Oktober 2017).

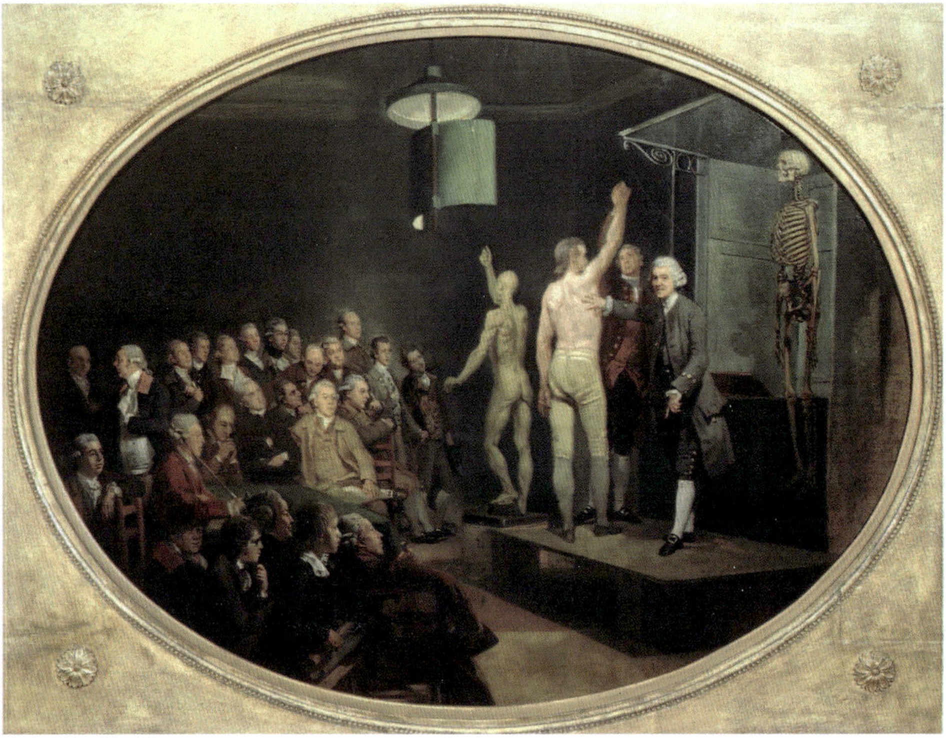

Abb. 4: Johann Joseph Zoffany, Portrait of William Hunter lecturing at the Royal Academy of Arts, um 1772 (London, Royal College of Physicians, Inv.-Nr. X142)

House (Tafel 8).[39] Ähnlich wie das Wiener Aktsaalbild stellt es einen neu eingerichteten Arbeitsraum in einem neuen Akademiegebäude dar, wobei das Antikenstudium mithilfe professioneller Lampen im Vordergrund steht, wie sie auch im Wiener Gemälde gezeigt werden. Dass diese Beleuchtungssituation Zoffany ebenso wie Quadal fasziniert hat, zeigt ein weiteres, unvollendetes Gemälde aus demselben Themenkreis: *William Hunter Lecturing at the Royal Academy* (Abb. 4), das ebenfalls eine große Lampe mit Reflektorschirm in das Bildzentrum stellt. In Quadals Gemälde sind neben dem herablassbaren Blechzylinder im Zentrum noch sechs weitere, teils völlig unterschiedliche Lichtquellen aus Kerzen und Öllampen dargestellt (Abb. 5, hervorgehoben), die individuelle Anpassungen der Helligkeit erlauben. Sie geben Auskunft darüber, dass es sich um einen Abendakt handelt und unterstreichen den professionellen Anspruch der Aktklasse im neu eingerichteten Akademiegebäude. Es handelt sich größtenteils um Cardanlampen (Quadal selbst zeichnet im Licht einer Handpumpenlampe, wie sie 1765 erfunden wurde). Die Beleuchtung ist in der Ankündigung des

39 Dieses Bild hat Quadal vermutlich nicht mehr gekannt, da er sich zu diesem Zeitpunkt bereits in Italien aufhielt. Beide Gemälde, *The Academicians of the Royal Academy* und *The Tribuna of the Uffizi*, sind ausführlich in Shawe-Taylor 2009 diskutiert: Nr. 24, 124–129, sowie Nr. 25, 130–137.

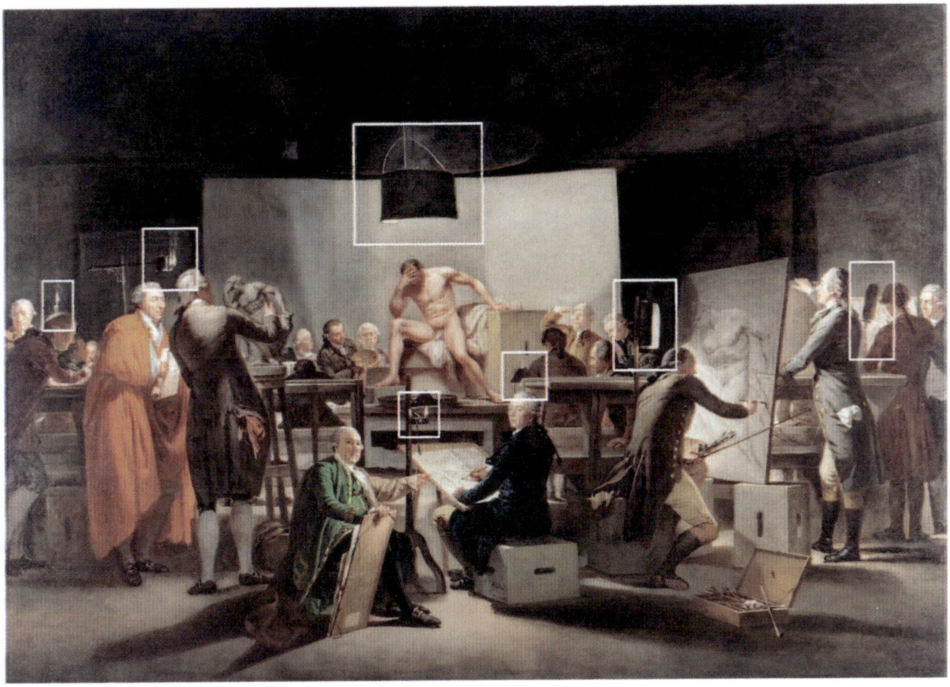

Abb. 5: Martin Ferdinand Quadal, Der Aktsaal der Wiener Akademie im St. Anna Gebäude (mit hervorgehobenen Lichtquellen), 1787 (Gemäldegalerie der Akademie der bildenden Künste Wien, Inv.-Nr. 100)

Bildes im Ausstellungsverzeichnis von 1790 erwähnt[40] und wird von Maulbertsch' prominent nahe an der Bildmitte platzierter abschattierender Handhaltung noch unterstrichen. Während Beleuchtungssituationen in traditionelleren Aktsaaldarstellungen häufig zur idealisierenden Auratisierung des nachahmend-schöpferischen Akts eingesetzt wurden,[41] geht es hier um deutlich nüchternere Detailschilderungen technisch avancierter Beleuchtung, die eine wissenschaftliche Kontextualisierung der dargestellten Tätigkeit andeuten. Die Lichtsituation bei Quadal ist zu Recht mit Joseph Wright of Derbys *Experiment mit der Luftpumpe* (Abb. 6) verglichen worden.[42] Die Gruppe der Akademiker wird damit wie ein gelehrter Arbeitskreis geschildert, der Aktsaal als Laborsituation, in der praktisches Wissen gesammelt, geübt und vermittelt wird. Damit ist die Verbindung zu einem Bildtypus skizziert, der klar dem Wissenschaftskontext zuordenbar ist – ohne aber, dass die von Wright of Derby mitvermittelten religiösen Komponenten des wissenschaftlichen Experiments, die Werner Busch hervorgehoben hat,[43] übernommen worden wären.

40 Vgl. oben Anm. 25.

41 Vgl. Christoph Weigel nach Augustin Terwesten, *Die Kunstakademie wird in Berlin eingerichtet*, 1696, und Crispijn van de Passe II, Aktklasse aus *Van't Licht der Teken en Schilderkonst*, 1643.

42 Fleischer 2005, 127.

43 Busch 1986.

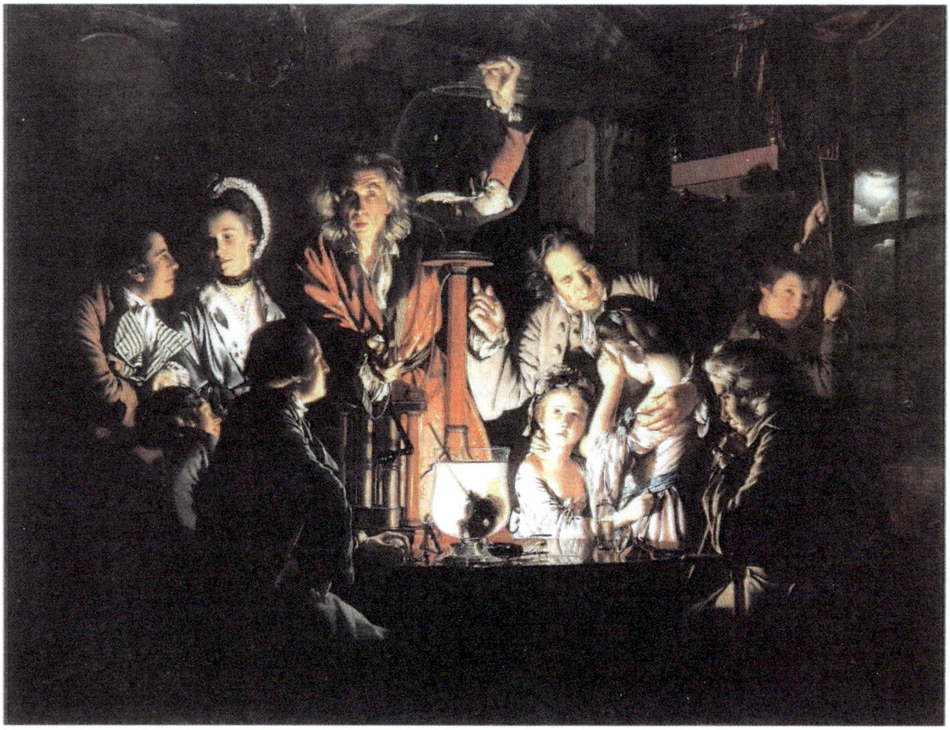

Abb. 6: Joseph Wright of Derby, Das Experiment mit der Luftpumpe, 1768 (London, National Gallery, Inv.-Nr. NG725)

IV

Diese zahlreichen sinnstiftenden Anleihen aus England zeigen, wie Quadal sein Gemälde als ambitionierte und vielschichtige Interpretation der bildenden Kunst als praktische Wissensform präsentierte. Ebenso wichtig aber waren die Abweichungen von Zoffanys Akademiedarstellung: Obwohl die Akademie unter der Ägide Kaunitz' über eine gut ausgestattete Antikensammlung und eine umfangreiche Bibliothek verfügte, war dieser Wissenshorizont der bildenden Kunst ebenso wenig dargestellt wie der Gedanke der Fortführung und Wiederbelebung der Antike. Nicht eine einzige Antike verweist auf den noblen historischen Praxishorizont der Akademiker und ihres Aktmodells, und bis auf vereinzelte Zwiegespräche bleibt der Austausch unter den Künstlern stumm. Im Zentrum steht das konzentrierte, versunkene praktische Arbeiten (das Zeichnen, Malen, Modellieren), dem als einziger Anhaltspunkt die Lichtquellen und als einziger Maßstab prüfende oder wohlwollende Blicke dienen: Quadals Aktsaalbild zeigt keine theoretische, sondern eine ausübende Akademie. Nicht nur wandte der Künstler damit eine Terminologie an, die der Klassifikation der Wissenschaften entlehnt war; er entwarf auch eine akademische Arbeitspraxis, die an zeitgenössischen wissenschaftlichen Darstellungen orientiert war. Bei aller sozialen

Idealisierung, die dieses harmonische und bemerkenswert stumme *Conversation Piece* prägt: Kaum ein Akademikerkreis ist nüchterner und nachdrücklicher im zeitgenössischen Hier und Jetzt verankert dargestellt worden. Der Qualitätsmaßstab, der der Kunst hier angelegt wird, ist ein denkbar einfacher, und er ist zugleich empirisch ermittelt wie auch exakt: Das genaue Sehen im Schein der Lampen, überprüft von einer gemeinschaftlich agierenden Gruppe professioneller Gleichgesinnter, deren Austausch den Fortschritt der Künste gewährleisten wird.

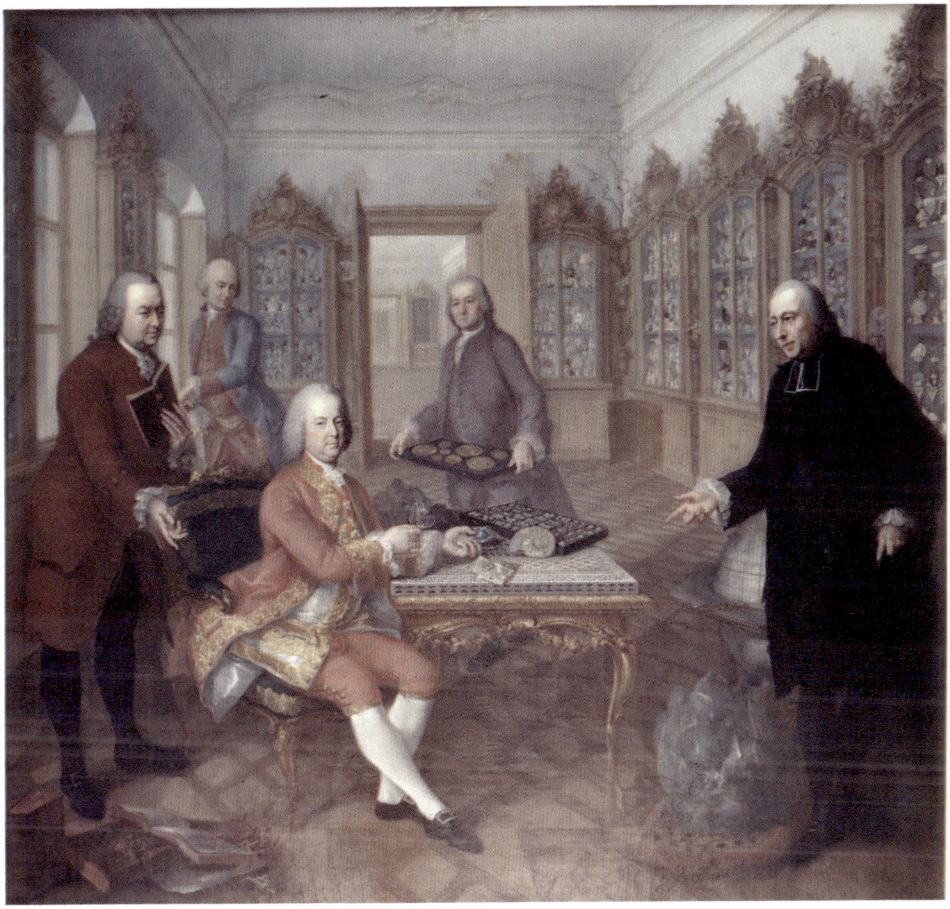

Tafel 1: Martin van Meytens (?), Franz Messmer und Jakob Kohl, Kaiser Franz I. Stephan im Kreis seiner Sammlungsleiter im Naturalienkabinett des Neuen Augustinerganges, 1767 (Wien, NHM, Inv.-Nr. 11-1-38)

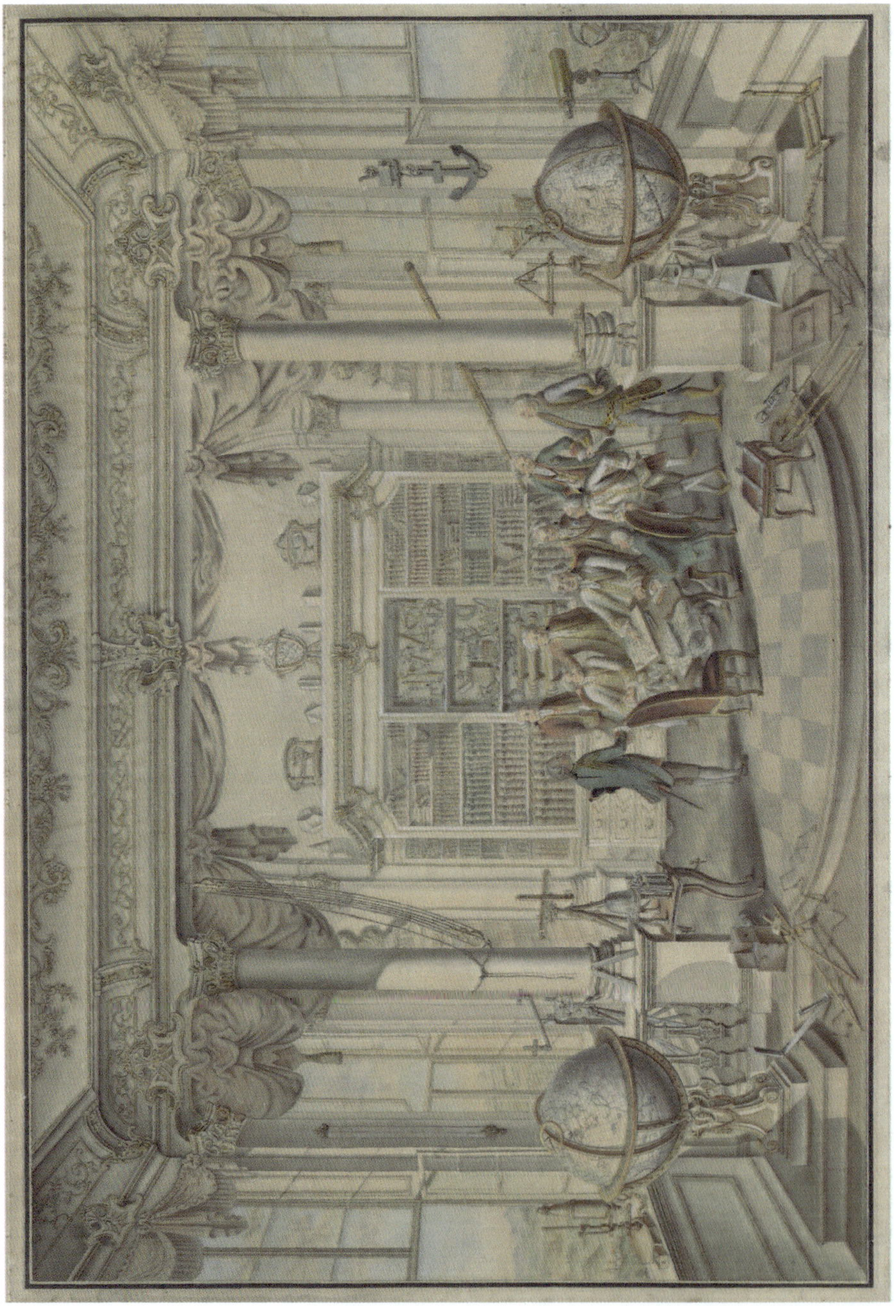

Tafel 2: Hieronymus Löschenkohl, Vermeintliche Darstellung des Physikalischen Kabinetts im Neuen Augustinergang der Wiener Hofburg, um 1793 (Wien Museum, Inv.-Nr. 56.344)

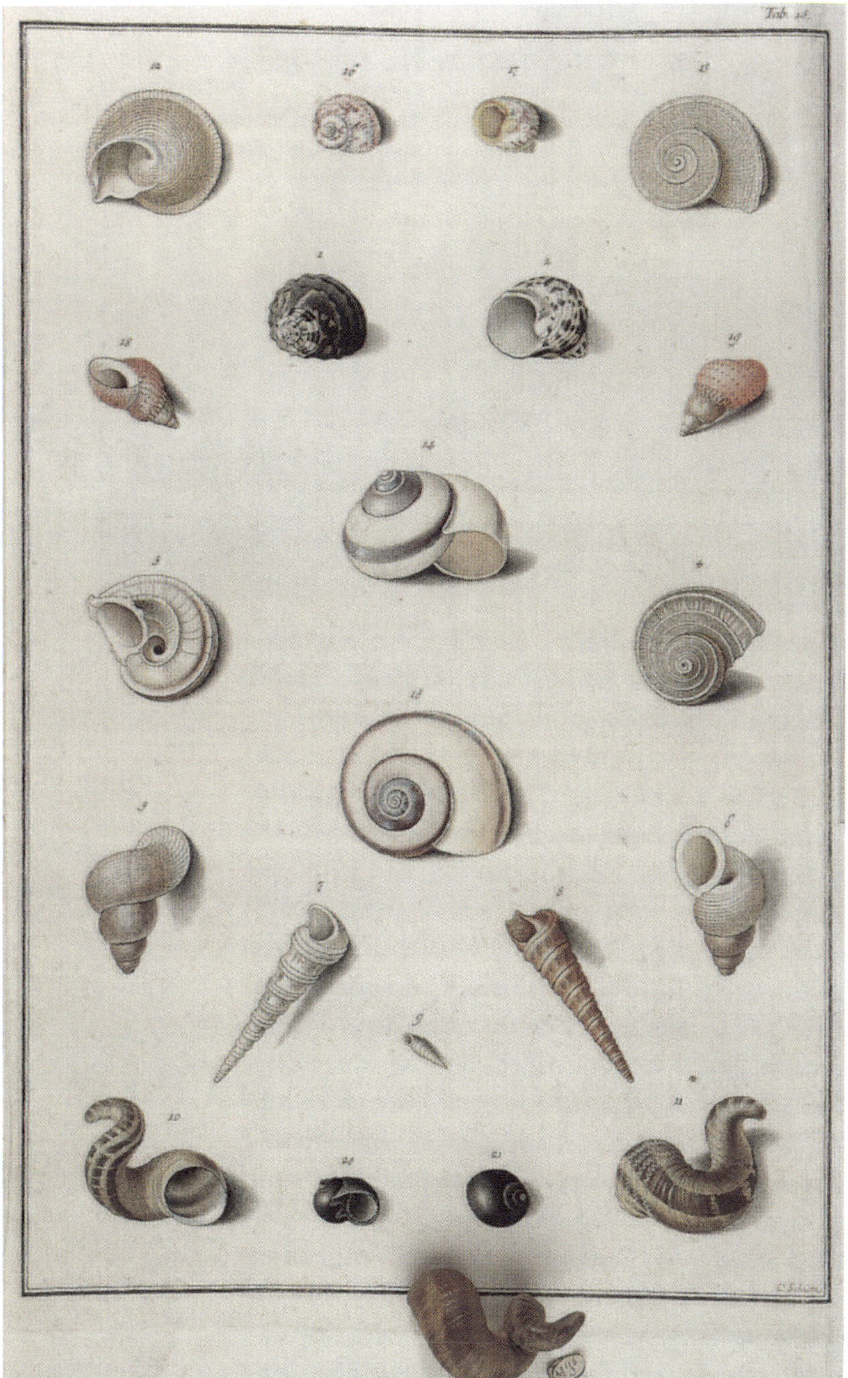

Tafel 3: Original und Abbildung einer abnormen Form der Helix aspersa, in: Ignaz Born, Musaei Caesarei Vindobonensis. Testacea, quae jussu Mariae Theresiae disposuit, Wien 1780, Tafel 15 (Wien, NHM, 3. Zoologische Abt., Molluskensammlung, Inv.-Nr. 77.836)

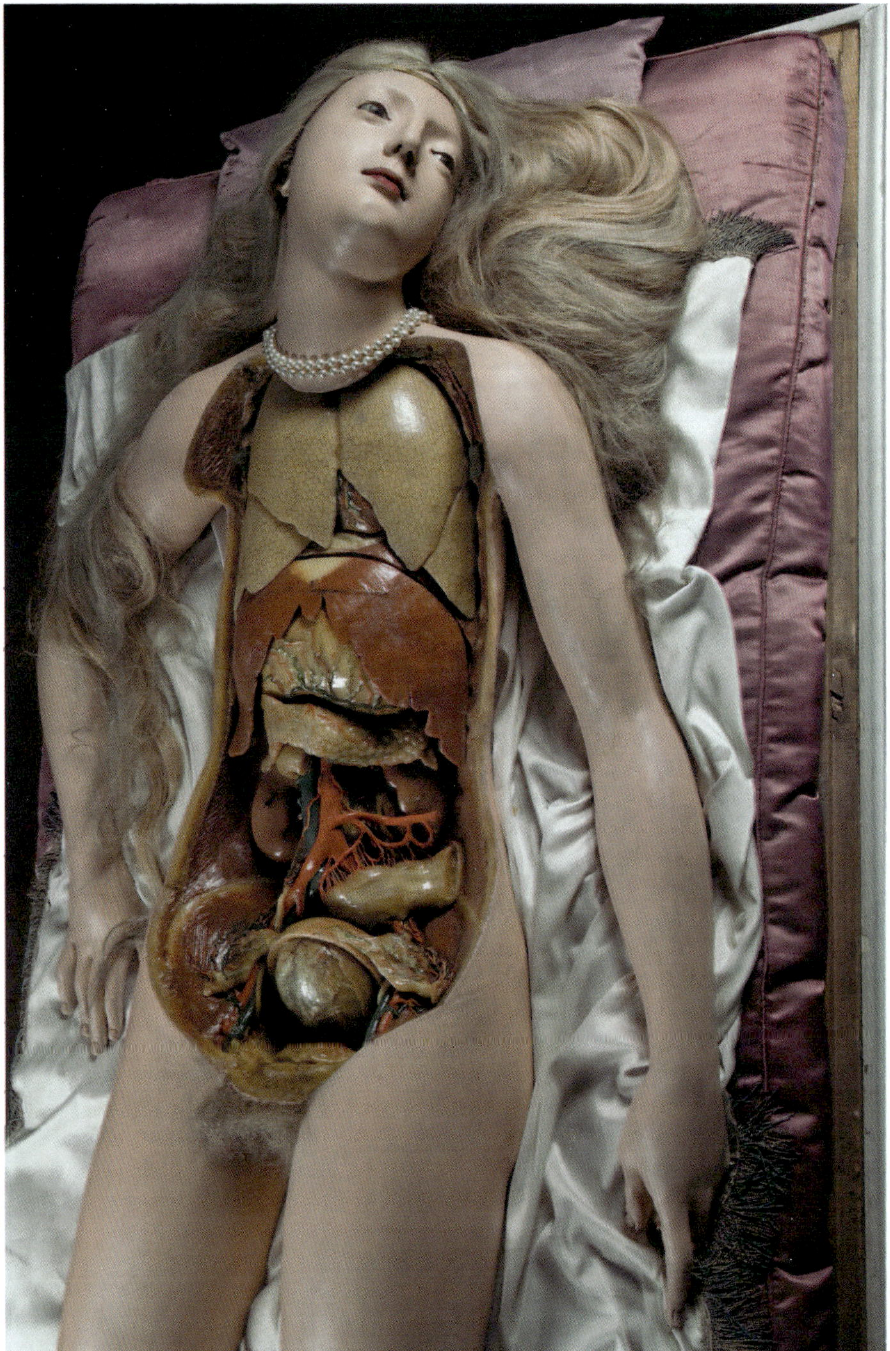

Tafel 4: Josephinum, Lebensgroßes Wachsmodell eines weiblichen Körpers, sog. Anatomische Venus (Josephinum – Ethik, Sammlungen und Geschichte der Medizin, MedUni Wien, Inv.-Nr. MUW-244)

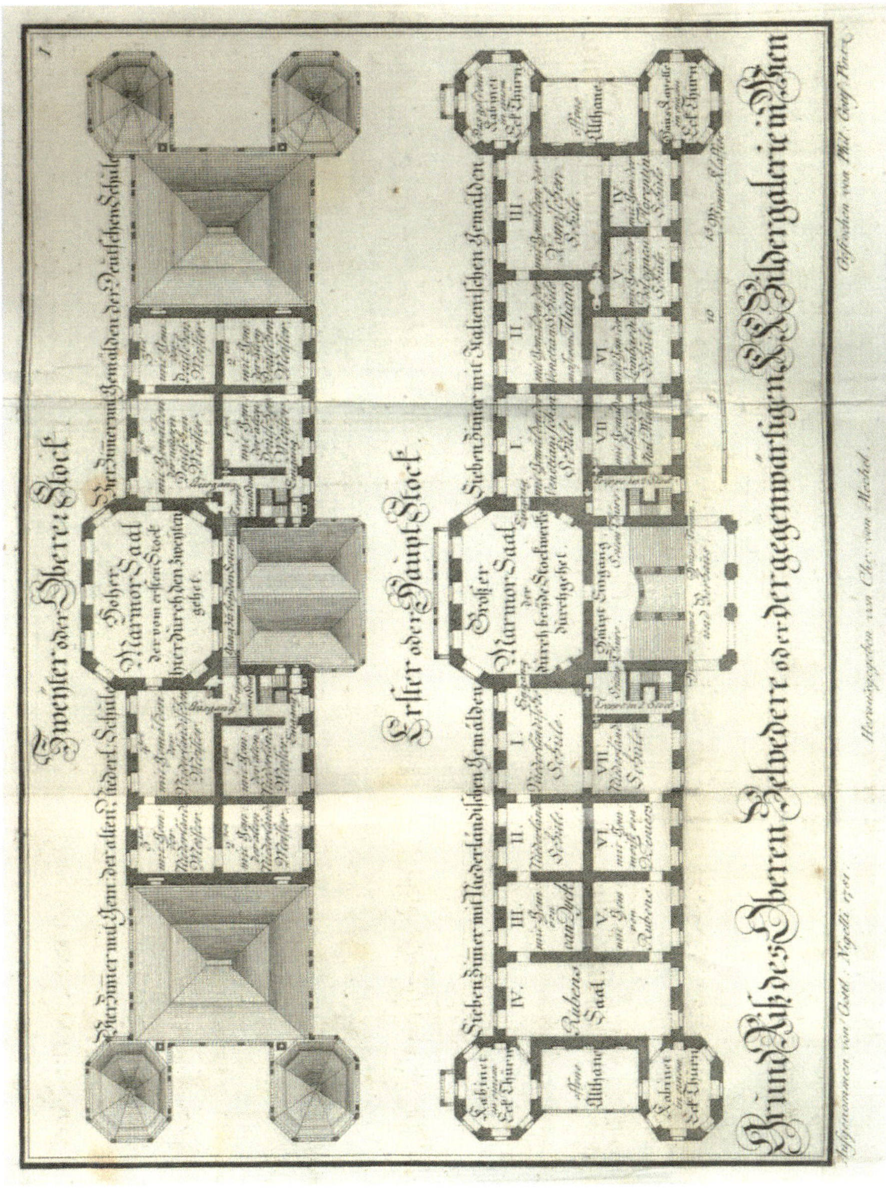

Tafel 5: Grundriss des Oberen Belvedere, in: Christian von Mechel, Verzeichniß der Gemälde der Kaiserlich Königlichen Bilder Gallerie in Wien, Wien 1783, Anhang (Privatbesitz)

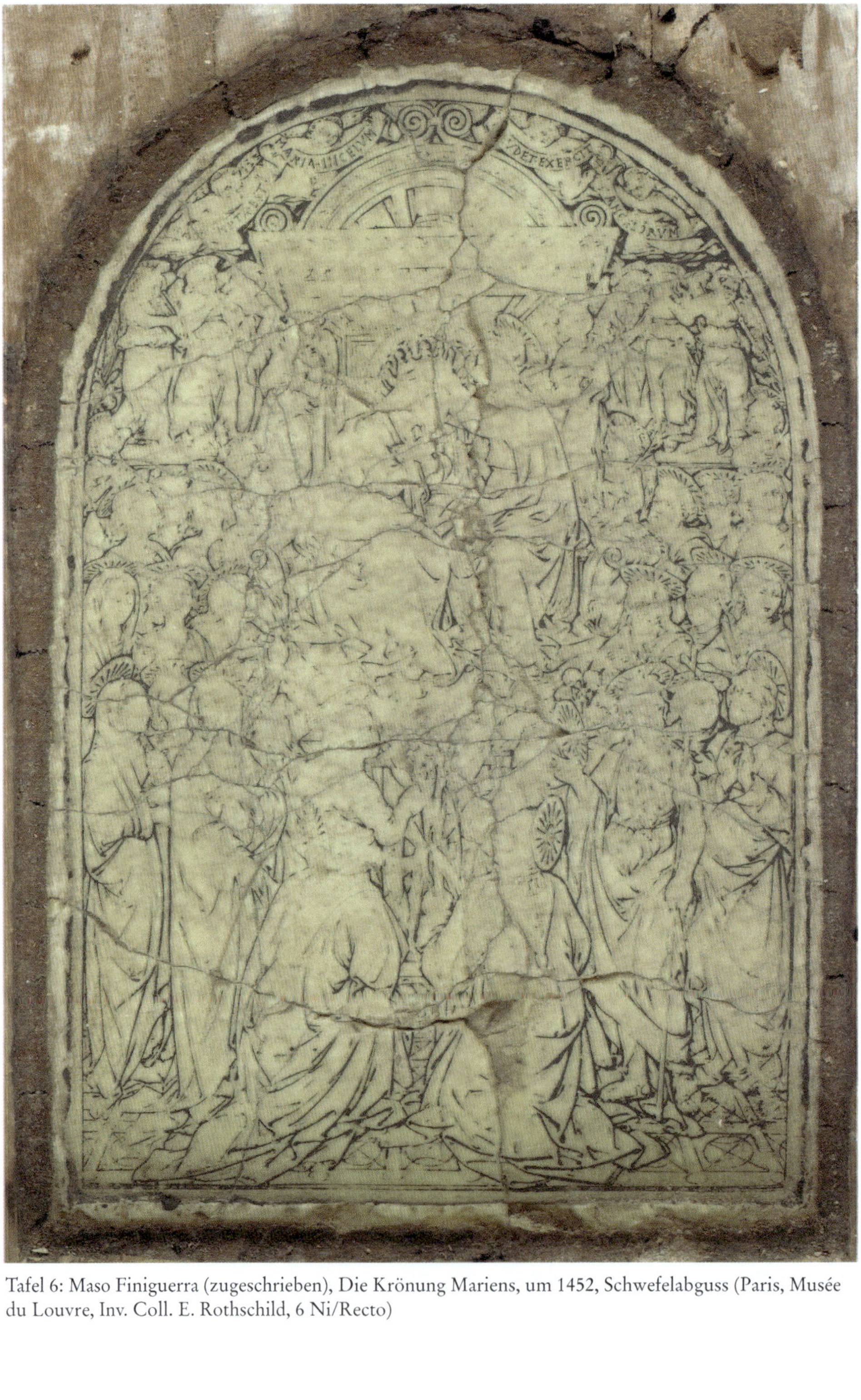

Tafel 6: Maso Finiguerra (zugeschrieben), Die Krönung Mariens, um 1452, Schwefelabguss (Paris, Musée du Louvre, Inv. Coll. E. Rothschild, 6 Ni/Recto)

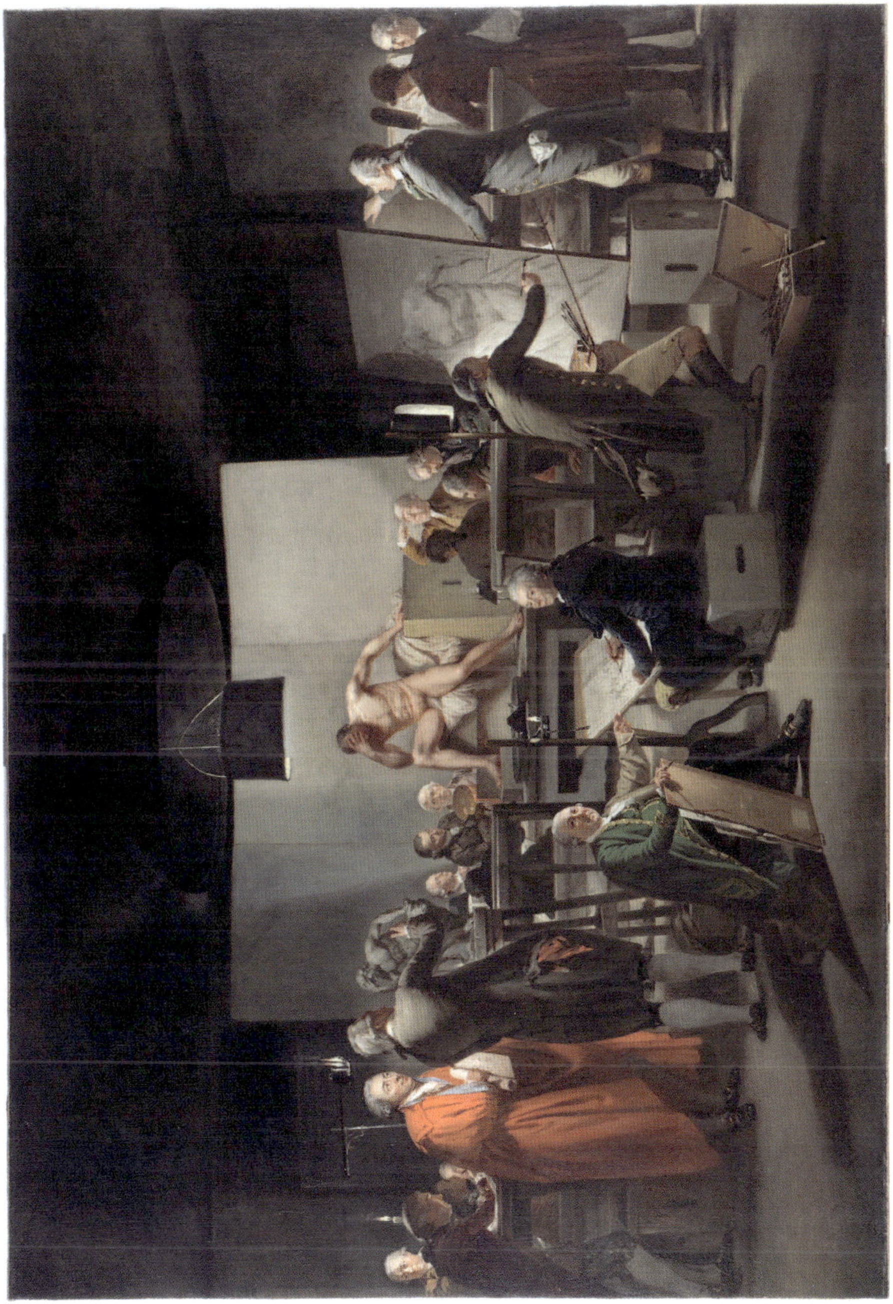

Tafel 7: Martin Ferdinand Quadal, Der Aktsaal der Wiener Akademie im St. Anna-Gebäude, 1787 (Gemäldegalerie der Akademie der bildenden Künste Wien, Inv.-Nr. 100)

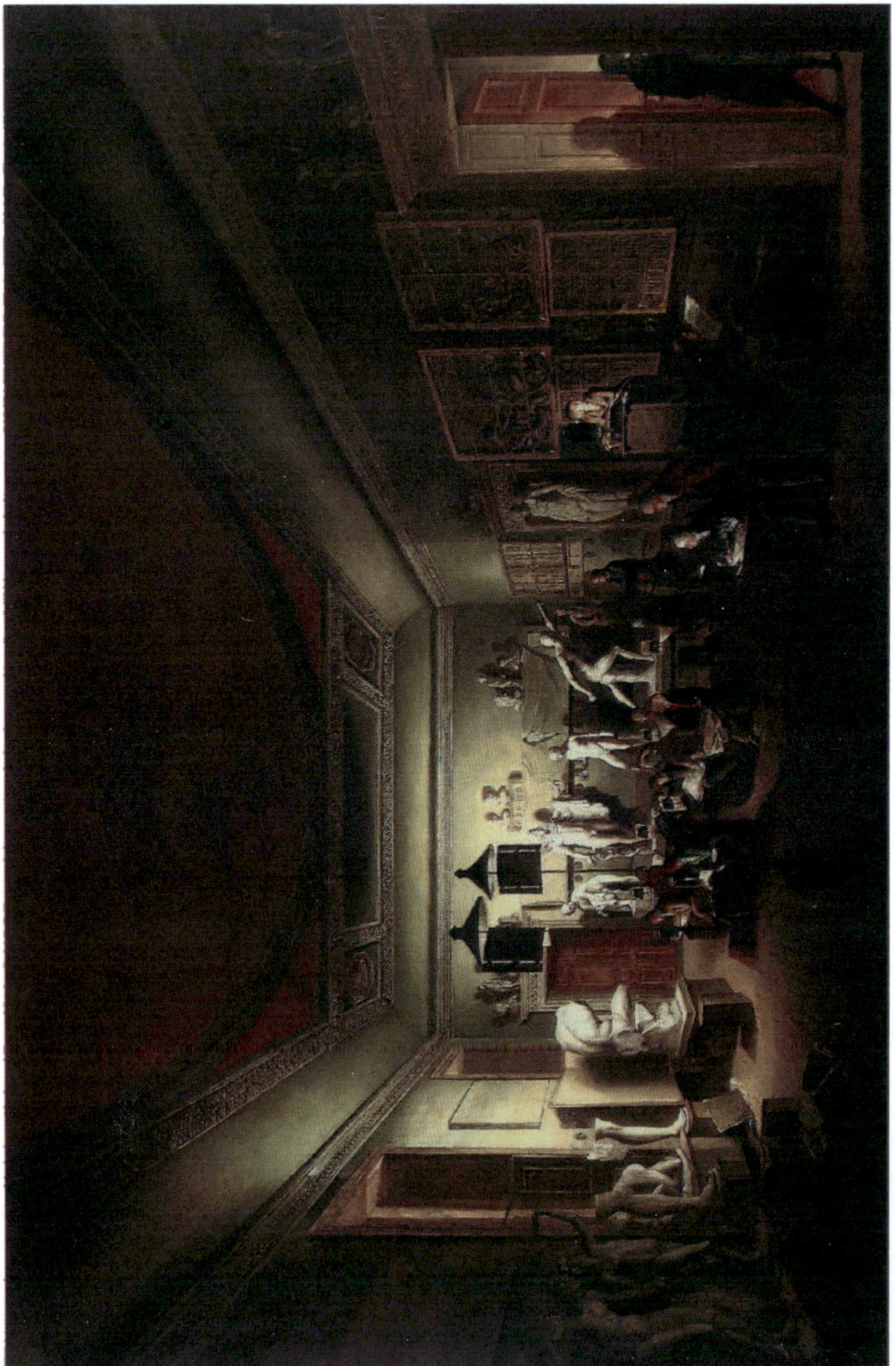

Tafel 8: Johann Joseph Zoffany (zugeschrieben), Die Antikenschule der Royal Academy im New Somerset House um 1780, 1783 (London, Royal Academy of Arts, Inv.-Nr. 03/846)

Bibliographie

Adelung 1793–1801
Adelung, Johann Christoph, Grammatisch-kritisches Wörterbuch der Hochdeutschen Mundart, 4 Bde., Leipzig [2]1793–1801 (Supplementband 1818).

AK Adel, Bürger, Bauern 1980
Ausstellungskatalog, Adel, Bürger, Bauern im 18. Jahrhundert, Schallaburg, Wien 1980.

AK Akademie 1786
Ausstellungskatalog, Verzeichnis der von der k. k. Akademie bildender Künste aufgestellten Kunstwerke, Wien 1786.

AK Akademie 1790
Ausstellungskatalog, Verzeichnis der von der k. k. Akademie bildender Künste aufgestellten Kunstwerke, Wien 1790.

AK Antike in Wien 2002
Ausstellungskatalog, Antike in Wien. Die Akademie und der Klassizismus um 1800, Gemäldegalerie der Akademie der bildenden Künste Wien, Mainz 2002.

AK Aufgeklärt bürgerlich 2006
Ausstellungskatalog, Aufgeklärt bürgerlich. Porträts von Gainsborough bis Waldmüller 1750–1840, Belvedere Wien, München 2006.

AK Boucher 1986
Ausstellungskatalog, Francois Boucher 1703–1770, Metropolitan Museum of Art, New York / The Detroit Museum of Arts, Detroit / Réunion des Musées Nationaux, Grand Palais, Paris–New York 1986.

AK Catalogue des ouvrages 1777
Ausstellungskatalog, Catalogue des ouvrages de peinture, sculpture et gravure exécutes par des membres de l'Academie imp. et royal. des Beaux-Arts exposes dans le Sallon destiné à cet effet, Wien 1777.

AK Derby 1990
Ausstellungskatalog, Joseph Wright of Derby 1734–1797, Tate Gallery, London / Grand Palais, Paris / Metropolitan Museum of Art, New York–London 1990.

AK Lothringens Erbe 2000
Ausstellungskatalog, Lothringens Erbe. Franz Stephan von Lothringen (1708–1765) und sein Wirken in Wirtschaft, Wissenschaft und Kunst der Habsburgermonarchie, Schallaburg, St. Pölten 2000.

AK Magister Theodoricus 1998
Ausstellungskatalog, Magister Theodoricus. Court Painter to Emperor Charles IV. The pictorial decoration of the shrines at Karlštejn Castle, Prager Nationalgalerie, Prag 1998.

AK Maria Theresia 1980
Ausstellungskatalog, Maria Theresia und ihre Zeit. Zur 200. Wiederkehr ihres Todestages, Schloss Schönbrunn, Wien 1980.

AK Maria Theresia 2017a
Ausstellungskatalog, Maria Theresia 1717–1780: Strategin, Mutter, Reformerin, Kaiserliche Wagenburg / Schloss Hof / Schloss Niederweiden / Hofmobiliendepot, Wien 2017.

AK Maria Theresia 2017b
Ausstellungskatalog, Maria Theresia. Habsburgs mächtigste Frau, Österreichische Nationalbibliothek, Wien 2017.

AK Maulbertsch 2009
Ausstellungskatalog, Franz Anton Maulbertsch – Ein Mann von Genie, Belvedere Wien, Wien 2009.

AK Meytens 2014
Ausstellungskatalog, Martin van Meytens der Jüngere, Belvedere Wien, Wien 2014.

AK Soliman 2011
Ausstellungskatalog, Angelo Soliman ein Afrikaner in Wien, Wien Museum Karlsplatz, Wien 2011.

Alembert 1751
Alembert, Jean le Rond de, Discours préliminaire des editeurs, in: Denis Diderot / Jean le Rond d'Alembert (Hg.), Encyclopédie ou Dictionnaire raisonné des sciences, des arts et des métiers (1751–1780), Paris–Neuchâtel 1751, Bd. 1, i–xlv.

Algarotti 1756 (Bonora 1969)
Algarotti, Francesco, Saggio sopra l'architettura, in: Bonora, Ettore (Hg.), Opere di Francesco Algarotti e di Saverio Bettinelli (Illuministi Italiani, II), Mailand–Neapel 1969, 307–331.

Allerkamp / Mirbach 2016
Allerkamp, Andrea, / Mirbach, Dagmar (Hg.), Schönes Denken: A. G. Baumgarten im Spannungsfeld zwischen Ästhetik, Logik und Ethik, Hamburg 2016.

Allmer / Jantsch 1965
Allmer, Konrad / Jantsch, Marlene, Katalog der josephinischen Sammlung anatomischer und geburtshilflicher Wachspräparate im Institut für Geschichte und Medizin an der Universität Wien, Graz 1965.

Allroggen-Bedel 1982
Allroggen-Bedel, Agnes, Die Antikensammlung in der Villa Albani zur Zeit Winckelmanns, in: Beck / Bol 1982, 301–380.

Almanach 1773
Almanach de Vienne en faveur des etrangers ou abregé historique indiquant ce que la ville de Vienne renferme de plus remarquable et de plus curieux. Premiere partie, Wien 1773. [Wird mehrfach mit Joseph Kurzböck als Autor bibliographiert; die Wienbibliothek im Rathaus gibt Jean Theodor Gontier de Faifve als Autor an.]

Aly / Roth 1984
Aly, Götz / Roth, Karl Heinz, Die restlose Erfassung. Volkszählen, Identifizieren, Aussondern im Nationalsozialismus (Rotbuch 282), Berlin 1984.

Arneth 1872
Arneth, Alfred von, Joseph II. und Leopold von Toscana. Ihr Briefwechsel von 1781 bis 1790, Wien 1872.

Bachleiter 2017
Bachleiter, Norbert, Die literarische Zensur in Österreich von 1751 bis 1848, Wien 2017.

Baker 2016
Baker, Keith, Revolutionizing Revolution, in: Edelstein, Dan / Baker, Keith (Hg.), Scripting Revolution. A Historical Approach to the Comparative Study of Revolution, Stanford 2016, 71–102.

Bähr 2009
Bähr, Astrid, Repräsentieren, bewahren, belehren: Galeriewerke (1660–1800). Von der Darstellung herrschaftlicher Gemäldesammlungen zum populären Bildband, Hildesheim–Zürich–New York 2009.

Bailey 2007
Bailey, Colin B. (Hg.) Gabriel De Saint-Aubin. 1724–1780, Paris 2007.

Barth 1997
Barth, Susanne, Puppenschicksale. Zur Entstehung und Entwicklung der Puppengeschichte in der Mädchenliteratur um die Mitte des 19. Jahrhunderts, in: Grez, Dagmar / Wilkending, Gisela (Hg.), Geschichte der Mädchenlektüre. Mädchenliteratur und die gesellschaftliche Situation der Frauen, Weinheim–München 1997, 91–114.

Bartlová 2016
Bartlová, Milena, Unsere „nationale" Kunst. Studien zur Geschichte der Kunstgeschichte (Kompass Ostmitteleuropa 1), Ostfildern 2016.

Bartsch 1780 (Petschar / Strouhal / Zobernig 1999)
Bartsch, Adam, Einige Bemerkungen die Verfertigung eines neuen Catalogs der gedruckten Bücher in der k. k. Bibliothek betreffend, in: Petschar / Strouhal / Zobernig 1999, 125–138.

Bartsch 1811
Bartsch, Adam von, Le peintre graveur, Bd. 13, Wien 1811.

Bauer 1922 (Firla-Forkl 1993)
Bauer, Wilhelm A., Angelo Soliman, der hochfürstliche Mohr. Ein exotisches Kapitel Alt-Wien (Wien 1922), hg. v. Monika Firla-Forkl, Berlin 1993.

Baumgarten 1741
Baumgarten, Alexander Gottlieb, Philosophische Brieffe von Aletheophilus, Frankfurt–Leipzig 1741.

Baumgarten 1750–1758 (Mirbach 2007)
Baumgarten, Alexander Gottlieb, Aesthetica, 1750–1758, hg. v. Dagmar Mirbach, Ästhetik Lateinisch-deutsch. Übersetzt, mit einer Einführung, Anmerkungen und Registern, 2 Bde., Hamburg 2007.

Beales 2008
Beales, Derek, Joseph II. Volume 1: In the shadow of Maria Theresa. 1741–1780, Cambridge 2008.

Beales 2009
Beales, Derek, Joseph II. Volume 2: Against the World. 1780–1790, Cambridge 2009.

Beck / Bol 1982
Beck, Herbert / Bol, Peter C. (Hg.), Forschungen zur Villa Albani. Antike Kunst und die Epoche der Aufklärung, Berlin 1982.

Benedik 1996
Benedik, Christian, Organisierung und Regulierung der k. k. Generalbaudirektion und deren Landstellen, in: Das 18. Jahrhundert und Österreich – Jahrbuch der Österreichischen Gesellschaft zur Erforschung des 18. Jahrhunderts 11 (1996), 13–28.

Benedik 2006
Benedik, Christian, Die Reformierung des staatlichen Bauwesens unter Maria Theresia und Joseph II., in: Lachmayr, Herbert (Hg.), Mozart. Experiment Aufklärung im Wien des ausgehenden 18. Jahrhunderts. Essayband zur Mozart-Ausstellung, Wien–Ostfildern 2006, 147–153.

Benedik 2008
Benedik, Christian, Die Normierung der Idee – Der Verlust der graphischen Individualität im habsburgisch-staatlichen Bauwesen des 18. Jahrhunderts, in: Schmale, Wolfgang / Zedinger, Renate (Hg.), Josephinismus – eine Bilanz (Das 18. Jahrhundert und Österreich – Jahrbuch der Österreichischen Gesellschaft zur Erforschung des 18. Jahrhunderts 22), Bochum 2008, 175–185.

Benedik 2010a
Benedik, Christian, Die Bedeutung der Banater Cameral-Domäne für die Reformierung des habsburgischen Bauwesens in der zweiten Hälfte des 18. Jahrhunderts, in: Tischler-Hofer, Ulrike / Zedinger, Renate (Hg.), Kuppeln Korn Kanonen. Unerkannte und unbekannte Spuren in Südosteuropa von der Aufklärung bis in die Gegenwart, Innsbruck–Wien–Bozen 2010, 187–213.

Benedik 2010b
Benedik, Christian, Die Kupferstichsammlung von Prinz Eugen in der Albertina, in: Ausstellungskatalog, Prinz Eugen – Feldherr Philosoph und Kunstfreund, Belvedere Wien, München 2010, 155–156.

Bergmann 1857
Bergmann, Joseph, Pflege der Numismatik in Österreich im XVIII. Jahrhundert mit besonderem Hinblick auf das k. k. Münz- und Medaillen-Cabinet in Wien. Zweite Abtheilung: Von Eckhel bis zu dessen Tod (1774–1798), in: Sitzungsberichte der kaiserlichen Akademie der Wissenschaften, philosophisch-historische Classe 24, Wien 1857, 296–365.

Bergmann 1858
Bergmann, Joseph, Pflege der Numismatik in Österreich im XVIII. und XIX. Jahrhunderte. Dritte Abtheilung: Das k. k. moderne Münz- und Medaillen-Cabinet von 1798 bis 1816, in: Sitzungsberichte der kaiserlichen Akademie der Wissenschaften, philosophisch-historische Classe 28, Wien 1858, 537–598.

Bergvelt 2010
Bergvelt, Ellinoor S., Potgieter's "Rijksmuseum" and the Public Presentation of Dutch History in the National Museum (1800–1844), in: Jensen, Lotte / Leerssen, Joep / Mathijsen, Marita (Hg.),

Free Access to the Past. Romanticism, Cultural Heritage and the Nation, Leiden–Boston 2010, 171–195.

Bernhardt 1930
Bernhardt, Reinhold, Aus der Umwelt der Wiener Klassiker. Freiherr Gottfried van Swieten (1734–1803), in: Der Bär (Jahrbuch von Breitkopf & Härtel auf die Jahre 1929/1930), Leipzig 1930, 74–166.

Beyer 1784
Beyer, Wilhelm, Die neue Muse oder der Nationalgarten, Wien 1784.

Bickendorf 1998
Bickendorf, Gabriele, Die Historisierung der italienischen Kunstbetrachtung im 17. und 18. Jahrhundert, Berlin 1998.

Blöchinger von Bannholz 1868
Blöchinger von Bannholz, Carl Friedrich, Chevalier Jean de Baillou erster Director des k. k. Hof-Naturalien-Cabinets zu Wien und Oberstlieutenant in der Atillerie, Wien 1868.

Bodi 1995
Bodi, Leslie, Tauwetter in Wien. Zur Prosa der österreichischen Aufklärung 1781–1795, Wien [2]1995.

Bösel 1996
Bösel, Richard, Architektur und Zeichnung, in: Ausstellungskatalog, Exempla & Exemplaria, 1. Teil: Architekturzeichnungen der Graphischen Sammlung Albertina, Wien 1996, 11–29.

Bol 1989–1998
Bol, Peter C. (Hg.), Forschungen zur Villa Albani. Katalog der antiken Bildwerke, 5 Bde., Berlin 1989–1998.

Borea 1989/1990
Borea, Evelina, Vasari e le stampe, in: Prospettiva 57–60 (1989/1990), 18–38.

Born 1778
Born, Ignaz, Index Rerum Naturalium Musei Caesarei Vindobonensis. Pars I[a]: Testacea / Verzeichnis [d]er natürlichen Seltenheiten des k. k. Naturalien Kabinets zu Wien. Erster Theil: Schalthiere, Wien 1778.

Born 1780
Born, Ignaz, Testacea Musei Caesarei Vindobonensis, quae iussu Mariae Theresiae Augustae disposuit et descripsit Ignatius a Born, Wien 1780.

Borroni Salvadori 1988
Borroni Salvadori, Fabia, Il „Segretario di Stato“ Francesco Seratti, collezionista di stampe a Firenze, in: Mitteilungen des Kunsthistorischen Institutes in Florenz 32 (1988), 439–478.

Bosse 1981
Bosse, Heinrich, Autorschaft ist Werkherrschaft. Über die Entstehung des Urheberrechts aus dem Geist der Goethezeit (UTB 1147), Paderborn–München–Wien–Zürich 1981.

Brakensiek 2003
Brakensiek, Stephan, Das Sammeln von Druckgraphik in Deutschland 1565–1821, Hildesheim–Zürich–New York 2003.

Brakensiek 2009
Brakensiek, Stephan, Kennerschaft aus Kassetten. Die Loseblatt-Sammlung als offenes Modell zur nutzbringenden Organisation einer Graphiksammlung in der Frühen Neuzeit, in: Brakensiek, Stephan / Polfer, Michel (Hg.), Graphik als Spiegel der Malerei. Meisterwerke der Reproduktionsgraphik 1500–1830, Mailand 2009, 33–47.

Brambilla 1790
Brambilla, Giovanni Alessandro, Rede auf den Tod des Kaisers Joseph II., Wien 1790.

Breunlich / Mader 1997
Breunlich, Maria / Mader, Marieluise (Hg.), Karl Graf von Zinzendorf. Aus den Jugendtagebüchern 1747, 1752 bis 1763, Wien–Köln–Weimar 1997.

Brief von Wien 1763
Brief von Wien, den 12. Juni 1763, in: Bibliothek der schönen Wissenschaften und freyen Künste IX (1763), 326.

Brunner / Conze / Koselleck 1972
Brunner, Otto / Conze, Werner / Koselleck, Reinhart (Hg.), Geschichtliche Grundbegriffe. Historisches Lexikon zur politisch-sozialen Sprache in Deutschland, Bd. 1, Stuttgart 1972.

Büchner 1976
Büchner, Robert, Ignaz Weinhart / Maximilian Hell, Elogium rustici Tyrolensis celeberrimi Petri Anich Oberperfussensis, in: Kinzl, Hans (Hg.), Peter Anich 1723–1766. Der erste „Bauernkartograph" von Tirol. Beiträge zur Kenntnis seines Lebenswerkes (Tiroler Wirtschaftsstudien 32), Innsbruck 1976, 241–344.

Büsching 1781
Büsching, Anton Friedrich, Entwurf einer Geschichte der zeichnenden schönen Künste, Hamburg 1781.

Buffon 1780
Buffon, Georges Louis Leclerc, Les époques de la nature, Paris 1780.

Busch 1986
Busch, Werner, Joseph Wright of Derbys Experiment mit der Luftpumpe. Eine Heilige Allianz zwischen Wissenschaft und Religion, Frankfurt a. M. 1986.

Busch 1987
Busch, Werner, Die englische Kunst des 18. Jahrhunderts, in: ders. / Schmook, Peter (Hg.), Kunst. Die Geschichte ihrer Funktionen, Weinheim–Berlin 1987, 637–673.

Busch 1993
Busch, Werner, Das sentimentalische Bild. Die Krise der Kunst im 18. Jahrhundert und die Geburt der Moderne, München 1993.

Busch 1999
Busch, Werner, Materie und Geist. Die Rolle der Kunst bei der Popularisierung des Newtonschen Weltbildes, in: Ausstellungskatalog, Mehr Licht. Europa um 1770. Die Bildende Kunst der Aufklärung, Städelsches Kunstinstitut und Liebighaus / Museum alter Plastik, Frankfurt a. M., München 1999, 401–418.

Buzás 1975
Buzás, Ladislaus, Deutsche Bibliotheksgeschichte des Mittelalters (Elemente des Buch- und Bibliothekswesens 1), Wiesbaden 1975.

Buttlar 2006
Buttlar, Adrian von, Europäische Wurzeln und deutsche Inkunabeln der Museumarchitektur, in: Savoy 2006, 35–45.

Cahn 1991
Cahn, Michael, Der Druck des Wissens. Geschichte und Medium der wissenschaftlichen Publikation, Wiesbaden 1991.

Cammagre / Talon-Hugon 2007
Cammagre, Geneviève / Talon-Hugon, Carole, Diderot, l'expérience de l'art. Salons de 1759, 1761, 1763 et essais sur la peinture, Paris 2007.

Campori 1866
Campori, Giuseppe (Hg.), Lettere artistiche inedite, Modena 1866.

Canepa 2012
Canepa, Susanna, Il conte Durazzo, l'abate Pietro Zani e le Dissertazioni sulle Belle Arti. Corrispondenze per la storia della collezione di stampe Durazzo, in: Ausstellungsakatalog, Giacomo Durazzo. Teatro musicale e collezionismo tra Genova, Parigi, Vienna e Venezia, Museo di Palazzo Reale, Genova 2012, 161–171.

Cassirer 1932
Cassirer, Ernst, Die Philosophie der Aufklärung, Hamburg 1932.

Caylus 1759
Caylus, Anne-Claude-Philippe Comte de, Histoire de l'Académie royale des inscriptions et belles-lettres, avec Les Mémoires de Littérature tirés des Registres de cette Académie, Bd. 25, Paris 1759.

Chytil 1879
Chytil, Karel, Obrazy karlštejnské z Belvedere vídeňském, in: Památky archaeologickéa místopisné 11 (1879), 265–270.

Collareta 2015
Collareta, Marco, Per la fama di Maso Finiguerra. Ruhm und Wirkung eines Florentiner Goldschmieds, in: Bushart, Magdalena / Haug, Henrike (Hg.), Technische Innovationen und künstlerisches Wissen in der frühen Neuzeit, Köln–Weimar–Wien 2015, 27–39.

Contardi 2002
Contardi, Simone, La „Casa di Salomone" a Firenze. L'Imperiale e Reale Museo di Fisica e storia naturale (1775–1801), Florenz 2002.

Crow 1986
Crow, Thomas E., La critique des Lumières dans l'art du dix-huitième siècle, in: Revue de l'art 73 (1986), 9–16 (engl.: The Critique of Enlightenment in Eighteenth-Century Art, in: Art Criticism 3 [1987], 17–31).

Dacome 2007
Dacome, Lucia, Women, wax and anatomy in the 'century of things', in: Renaissance Studies 21/4 (2007), 522–550.

Dacome 2017
Dacome, Lucia, Malleable Anatomies: Models, Makers, and Material Culture in Eighteenth-Century Italy, Oxford 2017.

Daston / Galison 2007
Daston, Lorraine / Galison, Peter, Objectivity, New York 2007.

Décultot 2007a
Décultot, Élisabeth, Wie Kunst zum Gegenstand von Geschichte wird. Winckelmanns Arbeit an organischen Entwicklungsmodellen, in: Grave, Johannes / Locher, Hubert / Wegner, Reinhard (Hg.), Der Körper der Kunst, Göttingen 2007, 13–30.

Décultot 2007b
Décultot, Élisabeth, Johann Joachim Winckelmann (1717–1768), in: Pfisterer, Ulrich (Hg.), Klassiker der Kunstgeschichte, Bd. 1: Von Winckelmann bis Warburg, München 2007, 12–28.

Décultot et al. 2017
Décultot, Élisabeth / Dönike, Martin / Holler, Wolfgang / Keller, Claudia / Valk, Thorsten / Werche, Bettina (Hg.), Winckelmann. Moderne Antike, München 2017.

De Luca 1776/1778
De Luca, Ignaz, Das gelehrte Österreich. Ein Versuch, 2 Bde., Wien 1776/1778.

Denis 1777
Denis, Michael, Einführung in die Bücherkunde, Wien 1777.

De Piles 1699
De Piles, Roger, L'Idée du Peintre parfait. Pour servir de Régle aux jugemens que l'on doit porter sur les Ouvrages des Peintres, Paris 1699.

De Piles 1710
De Piles, Roger, Historie und Leben der berühmtesten Europaeischen Mahler: so sich durch ihre Kunst-Stücke bekand gemacht, samt einigen Reflexions darüber, und Abbildung eines vollkommenen Mahlers, nach welcher die Mahlerey als einer Regul kann beurtheilet werden, Hamburg 1710.

Dessoir 1902
Dessoir, Max, Geschichte der neueren deutschen Psychologie, Berlin ^{2}1902.

Dobrowsky 1787
Dobrowsky, Joseph, Bibliothekarische Nachrichten [=Rezension: Mechel, Christian von, Verzeichniß der Gemälde der kaiserlich königlichen Bilder Galerie in Wien, Wien 1783], in: Dobrowsky, Joseph (Hg.), Litterarisches Magazin von Böhmen und Mähren 3 (1787), 45–47.

Dosoudil / Cornaro 1994
Dosoudil, Ilse / Cornaro, Leopold, Universitätsbibliothek Wien: Hauptbibliothek, in: Handbuch der historischen Buchbestände in Österreich, Bd. 1, Hildesheim–Zürich–New York 1994, 177–207.

Dossi 1998
Dossi, Barbara, Albertina. Sammlungsgeschichte und Meisterwerke, München–New York 1998.

Dürbeck 2001
Dürbeck, Gabriele, Empirischer und ästhetischer Sinn. Strategien der Vermittlung von Wissen in der anatomischen Wachsplastik um 1780, in: Dies. (Hg.), Wahrnehmung der Natur, Natur der Wahrnehmung: Studien zur Geschichte visueller Kultur um 1800, Amsterdam–Dresden 2001, 35–54.

Eberhard 1786
Eberhard, Johann August, Ueber den Werth der Empfindsamkeit besonders in Rücksicht auf die Romane. Nebst einer Nachschrift über den sittlichen Werth der Empfindsamkeit, Halle 1786.

Ebert 1820
Ebert, Friedrich Adolf, Die Bildung des Bibliothekars, Leipzig ²1820.

Eckhel 1779
Eckhel, Joseph Hilarius, Catalogus Musei Caesarei Vindobonensis numorum veterum distributus in partes II, quarum prior monetam urbium, populorum, regum, altera romanorum complectitur. Disposuit et descripsit Josephus Eckhel, eidem Museo Caesareo, et rei antiquariae in Universitate Vindobonensi docende praefectus, Wien 1779.

Eckhel o. J. [1786/1787]
Eckhel, Joseph Hilarius, Kurzgefaßte Anfangsgründe zur alten Numismatik, zusammengetragen von Abbe Eckhel, Wien o. J. [1786 oder 1787].

Eckhel 1792–1798
Eckhel, Joseph Hilarius, Doctrina numorum veterum, 8 Bde., Wien 1792–1798.

Edelstein 2010
Edelstein, Dan, The Enlightenment. A Genealogy, Chicago 2010.

Ehemant 1779
Ehemant, Franz Lothar, Kunstsachen. Etwas zur Kunstgeschichte Böhmens, in: Dobrowsky, Joseph (Hg.), Böhmische Litteratur auf das Jahr 1779, 1.3, Prag 1779, 205–235.

Engerth 1881
Engerth, Eduard Ritter von, Kunsthistorische Sammlungen des Allerhöchsten Kaiserhauses. Gemälde. Beschreibendes Verzeichniss, Bd. 1: Italienische, spanische und französische Schulen, Wien 1881.

Erman 1908
Erman, Wilhelm, Die Königliche Bibliothek zu Berlin. Ihre Geschichte und ihre Organisation, in: Centralblatt für Bibliothekswesen 25 (1908), Nr. 10, 463–465.

Ernst 1992
Ernst, Wolfgang, Historismus im Verzug. Museale Antike(n)rezeption im britischen Neoklassizismus (und jenseits), Hagen 1992.

Fajt / Royt 1998
Fajt, Jiří / Royt, Jan, The pictorial decoration of the Great Tower at Karlštejn Castle, in: AK Magister Theodoricus 1998, 107–205.

Fauken 1794
Fauken, Johann Peter Franz Xaver, Entwurf zu einer Einrichtung der Heilkunde, Göttingen 1794.

Federici 1803
Federici, Domenico Maria, Memorie Trevigiane sulle opere di disegno dal mille e cento al mille ottocento per servire alla storia delle belle arti d'Italia, Venezia 1803.

Feil 1861
Feil, Joseph, Versuche zur Gründung einer Akademie der Wissenschaften unter Maria Theresia, in: Jahrbuch für vaterländische Geschichte 1 (1861), 318–407.

Fekete 1787
[Fekete, János], Esquisse d'un tableau mouvant de Vienne tracé par un cosmopolite, o. O. 1787.

Filipová 2008
Filipová, Marta, The Construction of National Identity in the Historiography of Czech Art, Diss. phil., Glasgow 2008.

Filipová 2014
Filipová, Marta, Writing and Displaying Nations: Constructing Narratives of National Art in Bohemia and Austria-Hungary, in: Kunstiteaduslikke Uurimusi 23 (2014), 134–156.

Fillafer 2020
Fillafer, Franz, Aufklärung habsburgisch. Staatsbildung, Wissenskultur und Geschichtspolitik in Zentraleuropa 1750–1850, Göttingen 2020.

Firla 1996
Firla, Monika, Angelo Soliman in der Wiener Gesellschaft vom 18. bis ins 20. Jahrhundert, in: Höpp, Gerhard (Hg.), Fremde Erfahrungen. Asiaten und Afrikaner in Deutschland, Österreich und in der Schweiz bis 1946 (Studien 4), Berlin 1996, 69–95.

Fischer 2013a
Fischer, Nora, Zwischen Ästhetik und Geschichte. Theoretische Positionen zur Systematik der kaiserlichen Gemäldesammlung in Wien im 18. und 19. Jahrhundert, Diss. phil. (Ms.), Wien 2013.

Fischer 2013b
Fischer, Nora, Kunst nach Ordnung, Auswahl und System. Transformationen der kaiserlichen Gemäldegalerie in Wien im späten 18. Jahrhundert, in: Swoboda 2013, I, 22–89.

Fischer / Moschner / Schönmann 1976
Fischer, Max / Moschner, Irmgard / Schönmann, Rudolf, Das Naturhistorische Museum in Wien und seine Geschichte, in: Annalen des Naturhistorischen Museums Wien 80 (November 1976), 1–24.

Fitzinger 1853
Fitzinger, Leopold Joseph, Versuch einer Geschichte der Menagerien des österreichisch-kaiserlichen Hofes. Mit besonderer Berücksichtigung der Menagerie zu Schönbrunn. Nebst einer Aufzählung der in denselben gehaltenen Thiere von der ältesten bis auf die neueste Zeit, Wien 1853.

Fitzinger 1856
Fitzinger, Leopold Joseph, Geschichte des kais. kön. Hof-Naturalien-Cabinetes zu Wien. I. Abteilung: Älteste Periode bis zum Tode Kaiser Leopolds II. 1792, in: Sitzungsberichte der kaiserlichen Akademie der Wissenschaften, mathematisch-naturwissenschaftliche Classe 21 (1856), 433–479.

Fleischer 1932
Fleischer, Julius, Das kunstgeschichtliche Material der geheimen Kammerzahlamtsbücher in den staatlichen Archiven Wiens von 1705 bis 1790 (Quellenschriften zur barocken Kunst in Österreich und Ungarn 1), Wien 1932.

Fleischer 2005
Fleischer, Martina (Hg.), Gemäldegalerie der Akademie der bildenden Künste Wien, London 2005.

Flügel 2003
Flügel, Helmut W., Carl Maria Haidinger und Abraham Gottlob Werners „Klassifikationen" der „Gebirgsarten" von 1787, in: Jahrbuch der Geologischen Bundesanstalt 143 (2003), Heft 3, 535–541.

Förstmann 1886
Förstmann, Ernst, Die Bibliotheksdiener, in: Centralblatt für Bibliothekswesen 3 (1886), 190–196.

Fortsetzung der Gedanken 1782
Fortsetzung der Gedanken über den Zustand der Künste in Sachsen, bei Gelegenheit der Ausstellung vom Jahr 1781, in: Deutsches Museum 2 (1782), 237–262.

Fournier 1876
Fournier, August, Gerhard van Swieten als Censor. Nach archivalischen Quellen, in: Sitzungsberichte der Akademie der Wissenschaften Wien 84 (1876), Nr. 3, 387–466.

Frank 1786–1787
Frank, Johann Peter, System einer vollständigen medicinischen Polizey, 3 Bde., Wien [3]1786–1787.

Frank 1953
Frank, Lucia, Die Wiener Realzeitung. Ein Beitrag zur Publizistik der theresianisch-josefinischen Epoche, Diss. phil. (Ms.), Wien 1953.

Frank / Frimmel 2008
Frank, Peter / Frimmel, Johannes, Buchwesen in Wien 1750–1850: kommentiertes Verzeichnis der Buchdrucker, Buchhändler und Verleger, Wiesbaden 2008.

Friesen 1980
Friesen, James, Kupferstecher der Wiener Akademie im späten 18. Jahrhundert, in: Mitteilungen der Gesellschaft für vergleichende Kunstforschung in Wien 32 (1980), Heft 3/4, 1–7.

Fuhrmann 1770
Fuhrmann, Mathias, Historische Beschreibung und kurz gefaßte Nachricht von der Römisch-Kaiserl. und Königlichen Residenz-Stadt Wien und Ihren Vorstädten, III. Teil, Wien 1770.

Gabrieli 1972
Gabrieli, Manlio (Hg.), Il Giornale di Vienna di Giuseppe Acerbi (settembre-dicembre 1814), Mailand 1972.

Geimer 2015
Geimer, Peter, Post-Scriptum. Zur Reduktion der Daten in Winckelmanns „Geschichte der Kunst des Alterthums", in: Baxmann, Inge u. a. (Hg.), Das Laokoon-Paradigma. Zeichenregime im 18. Jahrhundert, Berlin 2015, 64–88.

Germer 1997
Germer, Stefan, Kunst – Macht – Diskurs. Die intellektuelle Karriere des André Félibien im Frankreich von Louis XIV, München 1997.

Giesecke 1998
Giesecke, Michael, Der Buchdruck in der frühen Neuzeit. Eine historische Fallstudie über die Durchsetzung neuer Informations- und Kommunikationstechnologien (stw. Suhrkamp Verlag 1357), Frankfurt a. M. 1998.

Glafey 1734
Glafey, Adam Friedrich, Anecdotorum S.R.I. historiam ac jus publicum illustrantium collectio, Dresden–Leipzig 1734.

Gori 1759
Gori, Anton Francesco, Basilicae Baptisteri[i] Florentini Praepositi Thesavrvs Vetervm Diptychorvm Consvlarivm Et Ecclesiasticorum, Bd. 3, Florenz 1759.

Graesel 1902
Graesel, Arnim, Handbuch der Bibliothekslehre. Zweite, voellig umgearbeitete Auflage der „Grundzüge der Bibliothekslehre, Neubearbeitung von Dr. Jul. Petzholdts Katechismus der Bibliothekslehre", Leipzig 1902.

Granzow 2006
Granzow, Juliane, Die Hofgartengalerie in München, in: Savoy 2006, 333–347, 529–550.

Gregory 2012
Gregory, Sharon, Vasari and the Renaissance Print, Farnham 2012.

Gruber 2008
Gruber, Gerlinde, „En un mot j'ai pensé à tout". Das Engagement des Wenzel Anton von Kaunitz-Rietberg für die Neuaufstellung der Gemäldegalerie im Belvedere, in: Jahrbuch des Kunsthistorischen Museums Wien 10 (2008), 190–205.

Grünberger 1955
Grünberger, Adolf, De Luca und Wien, in: Wiener Geschichtsblätter 10 (1955), 81–86.

Gutkas 1989
Gutkas, Karl, Kaiser Joseph II. Eine Biographie, Wien–Darmstadt 1989.

Haarmann 2016
Haarmann, Daniela, Die Netzwerke des Franz de Paula Neumann (1744–1816), Leiter des Wiener k. k. Münz- und Antikenkabinetts, in: Krierer, Karl R. / Friedmann, Ina (Hg.), Netzwerke der Altertumswissenschaften im 19. Jahrhundert. Beiträge der Tagung vom 30. – 31. Mai 2014 an der Universität Wien, Wien 2016, 73–86.

Habart 1896
Habart, Johann, Unser Militär-Sanitätswesen vor hundert Jahren, Wien 1896.

Habel 2007
Habel, Thomas, Gelehrte Journale und Zeitungen der Aufklärung. Zur Entstehung, Entwicklung und Erschließung deutschsprachiger Rezensionszeitschriften des 18. Jahrhunderts, Bremen 2007.

Habermas 1974
Habermas, Jürgen, Strukturwandel der Öffentlichkeit. Untersuchungen zu einer Kategorie der bürgerlichen Gesellschaft, Neuwied–Berlin [6]1974.

Hagen 2002
Hagen, Bettina, Die Wiener Akademie unter Heinrich Füger und seinen Zeitgenossen, in: AK Antike in Wien 2002, 21–36.

Haidinger 1782
Haidinger, Karl, Eintheilung der kaiserl. königl. Naturaliensammlung zu Wien, herausgegeben von Karl Haidinger, Adjunkten am k. k. Naturalienkabinett, Wien 1782.

Hainz-Sator 1988
Hainz-Sator, Werner, Katalog der abendländischen Handschriften der Universitätsbibliothek Wien (Biblos-Schriften 146), Wien 1988.

Hamann 1983
Hamann, Günther, Zur Wissenschaftspflege des aufgeklärten Absolutismus: Naturforschung, Sammlungswesen und Landesaufnahme, in: Zöllner, Erich (Hg.), Österreich im Zeitalter des aufgeklärten Absolutismus, Wien 1983, 151–177.

Handbuch der historischen Buchbestände in Österreich 1994
Handbuch der historischen Buchbestände in Österreich, hg. von der Österreichischen Nationalbibliothek, Teil 1, Hildesheim–Zürich–New York 1994.

Harloe 2013
Harloe, Katherine, Winckelmann and the Invention of Antiquity. History and Aesthetics in the Age of Altertumswissenschaft, Oxford 2013.

Haslinger 2008
Haslinger, Kurt, Die Akademie der bildenden Künste in Wien im 18. Jahrhundert – Reformen unter Kaunitz, Dipl. Arbeit phil. (Ms.), Wien 2008.

Hassmann 2013
Hassmann, Elisabeth, Quellen zur Geschichte der kaiserlichen Gemäldegalerie in Wien (1765–1787). Eine Chronologie zu den Aufstellungen unter Rosa und Mechel, in: Swoboda 2013, I, 116–167.

Hassmann 2015
Hassmann, Elisabeth, Quellen und Regesten zur Schatzkammer, Gemäldegalerie und zu den drei Kabinetten aus dem Archivbestand des k. k. Oberstkämmereramtes. 1777 bis 1787 mit einem Nachtrag zu den Jahren 1748 bis 1776 (Jahrbuch des Kunsthistorischen Museums Wien 15/16), Wien–Köln–Weimar 2015.

Hassmann / Winter 2016
Hassmann, Elisabeth / Winter, Heinz, Numophylacium Imperatoris. Das Wiener Münzkabinett im 18. Jahrhundert (Schriften des Kunsthistorischen Museums 14), Wien 2016.

Haupt 1888
Haupt, Hermann, Eine Notiz über Kapseln zur Aufbewahrung des Blätterkatalogs, in: Centralblatt für Bibliothekswesen 5 (1888), Nr. 8, 362–364.

Heindl 2013
Heindl, Waltraud, Gehorsame Rebellen. Bürokratie und Beamte in Österreich, Band I: 1780 bis 1848 (Studien zu Politik und Verwaltung 36), Wien–Köln–Weimar [2]2013.

Heineken 1757
Heineken, Carl Heinrich von, Recúeil d'estampes d'après les plus célèbres tableaux de la Galerie Royale de Dresde. I. volume. Contentant cinquante pièces avec une description de chaque tableau en françois et en italien. Imprimé à Dresde M.DCC.LIII. II. volume. Contentant cinquante pièces avec une description de chaque tableau en françois et en italien, Dresden 1757.

Heineken 1771
Heineken, Carl Heinrich von, Idée générale d'une collection complette d'estampes, avec une dissertation sur l'origine de la gravure et sur les premiers livres d'images, Leipzig–Wien 1771.

Helfert 1902
Helfert, Joseph Alexander, Die Wiederherstellung der Burg Karls-Tein in Böhmen, in: Mitteilungen der k. k. Central-Commission für Erforschung und Erhaltung Kunst- und historischen Denkmale 28 (1902), 1–17.

Hempel-Kürsinger 1825
Hempel-Kürsinger, Johann-Nepomuk Freiherr von, Alphabetisch-chronologische Übersicht der k. k. Gesetze und Verordnungen vom Jahre 1740 bis zum Jahre 1843 als Hauptrepertorium über die politischen Gesetzessammlungen, Bd. 2, Wien 1825.

Hempel-Kürsinger 1826
Hempel-Kürsinger, Johann-Nepomuk Freiherr von, Alphabetisch-chronologische Übersicht der k. k. Gesetze und Verordnungen vom Jahre 1740 bis zum Jahre 1843 als Hauptrepertorium über die politischen Gesetzessammlungen, Bd. 6, Wien 1826.

Herder 1800 (Suphan 1888)
Herder, Johann Gottfried, Kalligone, Leipzig 1800, in: Suphan, Bernhard (Hg.), Herders sämtliche Werke, Bd. 12, Berlin 1888.

Hilchenbach 1781
Hilchenbach, Carl Wilhelm, Kurze Nachricht von der kaiserl. königl. Bildergalerie zu Wien und ihrem Zustande im Jenner 1781, Frankfurt a. M. 1781.

Hilsenbeck 1912
Hilsenbeck, Adolf, Zur Frage einheitlicher Katalogisierungsregeln, in: Centralblatt für Bibliothekswesen 29 (1912), Nr. 7/8, 310–321.

Hödl 2003
Hödl, Sabine, Die frühneuzeitliche Sozialstruktur: Die Juden, in: Vocelka / Traininger 2003, 282–302.

Hölscher 1979
Hölscher, Lucian, Öffentlichkeit und Geheimnis. Eine begriffsgeschichtliche Untersuchung zur Entstehung der Öffentlichkeit in der frühen Neuzeit, Stuttgart 1979.

Hönes 2014
Hönes, Hans Christian, Kunst am Ursprung. Das Nachleben der Bilder und die Souveränität des Antiquars, Bielefeld 2014.

Hofer 1955
Hofer, Paul, Ignaz von Born. Leben – Leistung – Wertung, Diss. phil. (Ms.), Wien 1955.

Hohn 2017
Hohn, Maike, Maria Theresia und die k. k. Gemäldegalerie im Belvedere, in: Ausstellungskatalog, Maria Theresia und die Kunst, Belvedere Wien, München 2017, 17–23.

Hoppe-Harnoncourt 2001
Hoppe-Harnoncourt, Alice, Geschichte der Restaurierung an der k. k. Gemäldegalerie. I. Teil: 1772 bis 1828, in: Jahrbuch des Kunsthistorischen Museums Wien 2 (2001), 135–206.

Hoppe-Harnoncourt 2013
Hoppe-Harnoncourt, Alice, Eine ungewöhnliche Einrichtung wird zum fixen Bestandteil der kunsthistorischen Ordnung. Die Malerschule der „Alten deutschen Meister“ von 1781 bis 1837, in: Swoboda 2013, I, 91–114.

Hosch 2012
Hosch, Hubert, Rezension von AK Maulbertsch 2009, in: Freies Kunst Forum https://www.freieskunstforum.de/hosch_2009_maulbertsch_belvedere.pdf [26.01.2018].

Huber 1786
Huber, Franz Xaver, Der blaue Esel. Eine Geschichte von einem gelehrten Maulthiere geschrieben, 2 Bde., Wien 1786.

Huber-Frischeis / Knieling / Valenta 2015
Huber-Frischeis, Thomas / Knieling, Nina / Vanenta, Rainer (Hg.), Die Privatbibliothek Kaiser Franz' I. von Österreich 1784–1835. Bibliotheks- und Kulturgeschichte einer fürstlichen Sammlung zwischen Aufklärung und Vormärz (Veröffentlichungen der Kommission für Neuere Geschichte Österreichs 111,1), Wien–Köln–Weimar 2015.

Hüsgen 1782
Hüsgen, Heinrich Sebastian, Untersuchung einiger sehr alten Oehlgemälde in der St. Michaelskapelle zu Frankfurt am Mayn, in: Meusel, Johann Georg (Hg.), Miscellaneen artistischen Inhalts (1782), Heft 12, 325–327.

Hunczovsky 1787
Hunczovsky, Johann, Ueber die neuere Geschichte der Chirurgie in den k. k. Staaten. Eine Rede gehalten am 8ten November 1787, als die k. k. Josephinische medicinisch-chirurgische Akademie zu Wien den Gedächtnistag ihrer Stiftung und Uebersetzung zum zweytenmale feyerte, Wien 1787.

Jacquin 1811
Jacquin, Nikolaus Joseph, Geschichte der Gärten zu Schönbrunn in der letzten Hälfte des achtzehnten Jahrhunderts, in: Allgemeines Teutsches Garten-Magazin oder gemeinnützige Beiträge für alle Theile des praktischen Gartenwesens, 8. Jg., Weimar 1811, 157–163.

Jacquin 1773–1778
Jacquin, Nikolaus Joseph, Florae austriacae, sive plantarum selectarum in Austriae archiducatu sponte crescentium, icones, ad vivum coloratae, et descriptionibus, ac synononymis illustratae, 5 Bde., Wien 1773–1778.

Jahn 1792
Jahn, Jan Quirin, Etwas von den ältesten Mahlern Böhmens, nebst einem Beytrage zur Oelmahlerey und Perspectiv, in: Riegger, Joseph Anton (Hg.), Archiv der Geschichte und Statistik, insbesondere von Böhmen, Dresden 1792, 1–93.

Jean Paul 1827
Jean Paul [Richter, Johann Paul Friedrich], Levana oder Erziehlehre, Bd. 2, Braunschweig ²1827.

Jeitler / Kalousek / Mader-Kratky / Weinberger 2019
Jeitler, Markus / Kalousek, Petra / Mader-Kratky, Anna / Weinberger, Manuel, Das Hofbauwesen, in: Hochedlinger, Michael / Maťa, Petr / Winkelbauer, Thomas (Hg.), Verwaltungsgeschichte der Habsburgermonarchie in der Frühen Neuzeit. Hof und Dynastie, Kaiser und Reich, Zentralverwaltung, Kriegswesen und landesfürstliches Finanzwesen, Bd. 1/1 (Mitteilungen des Instituts für Österreichische Geschichtsforschung, Ergänzungsband 62, Teilbd. 1), Wien 2019, 183–192.

Jochum 1991
Jochum, Uwe, Bibliotheken und Bibliothekare 1800–1900, Würzburg 1991.

Jochum 1993
Jochum, Uwe, Kleine Bibliotheksgeschichte (Reclam Universal Bibliothek 8915), Stuttgart 1993.

Jolles 1930
Jolles, André, Einfache Formen. Legende, Sage, Mythe, Rätsel, Spruch, Kasus, Memorabile, Märchen, Witz, Halle 1930.

Kayser 1790
Kayser, Albrecht Christoph, Ueber die Manipulation bey der Einrichtung einer Bibliothek und der Verfertigung der Bücherverzeichnisse: nebst einem alphabetischen Kataloge aller von Johann Jakob Moser einzeln herausgekommener Werke – mit Ausschluß seiner theologischen – und einem Realregister über die in diesem Kataloge nahmhaft gemachten Schriften, Bayreuth 1790.

Karmasin / Oggolder 2016
Karmasin, Matthias / Oggolder, Christian (Hg.), Österreichische Mediengeschichte, Band 1: Von den frühen Drucken zur Ausdifferenzierung des Mediensystems (1500–1918), Wiesbaden 2016.

Karner 2014
Karner, Herbert (Hg.), Die Wiener Hofburg 1521–1705. Baugeschichte, Funktion und Etablierung als Kaiserresidenz (Veröffentlichungen zur Bau- und Funktionsgeschichte der Wiener Hofburg 2; Veröffentlichungen zur Kunstgeschichte 13; Denkschriften der philosophisch-historischen Klasse 444), Wien 2014.

Karstens 2011
Karstens, Simon, Lehrer – Schriftsteller – Staatsreformer. Die Karriere des Joseph von Sonnenfels (1733–1817) (Veröffentlichungen der Kommission für Neuere Geschichte Österreichs 18), Wien–Köln–Weimar 2011.

Kernbauer 2007
Kernbauer, Eva, Der Platz des Publikums. Kunst und Öffentlichkeit im 18. Jahrhundert, Diss. phil. (Ms.), Trier 2007.

Kernbauer 2011
Kernbauer, Eva, Der Platz des Publikums: Modelle für Kunstöffentlichkeit im 18. Jahrhundert, Köln 2011.

Khevenhüller-Metsch 1756–1757 (Khevenhüller-Metsch / Schlitter 1914)
Aus der Zeit Maria Theresias. Tagebuch des Fürsten Johann Josef Khevenhüller-Metsch 1742–1776, hg. von Rudolf Graf Khevenhüller-Metsch, Hanns Schlitter, Bd. 4: die Jahre 1756–1757, Wien–Leipzig 1914.

Kittler, Friedrich 1995
Kittler, Friedrich, Aufschreibesysteme 1800/1900, München ^{3}1995.

Klemun / Hühnel 2017
Klemun, Marianne / Hühnel, Helga, Nikolaus Joseph Jacquin (1727–1817) – ein Naturforscher (er)findet sich, Göttingen 2017.

Klingenstein / Faber / Trampus 2009
Klingenstein, Grete / Faber, Eva / Trampus, Antonio (Hg.), Europäische Aufklärung zwischen Wien und Triest. Die Tagebücher des Gouverneurs Karl Graf Zinzendorf 1776–1782, Bd. 3, Wien–Köln–Weimar 2009.

Kment 1918
Kment, Rudolf, Ein bisher unbekannter Bericht Ehemannts über die Karlsteiner Reliquien, in: Mitteilungen des Vereines für Geschichte der Deutschen in Böhmen 56 (1918), 47–59.

Knauß 1780
Knauß, Friedrich von, Selbstschreibende Wundermaschinen, auch mehr andere Kunst- und Meisterstücke; als so viele nunmehr aufgelöste Problemen unter den drey glorwürdigsten Regierungen Franzens I. Josephs II. beyder römischen Kaiser; und Marien Theresiens kaiserl. königl. apostol. Majestät, der Künste und Wissenschaften allergrössesten Beförderinn und Beschützerinn, Wien 1780.

Knofler 2000
Knofler, Monika, Zeichnen nach dem lebenden Modell, in: Dies. (Hg.), Das Bild des Körpers in der Kunst des 17. bis 20. Jahrhunderts. Zeichnungen aus dem Kupferstichkabinett der Akademie der bildenden Künste Wien, Salzburger Museum für Moderne Kunst und Grafische Sammlung, Zürich 2000, 10–20.

Kolb 2015
Kolb, Karin, Carl Heinrich von Heineken und die Cranach-Rezeption im 18. Jahrhundert, in: Kulturstiftung Dessau-Wörlitz (Hg.), Cranach im Gotischen Haus in Wörlitz, München 2015, 179–193.

Koller 1800a
Koller, Matthias Fortunat, Der practische Baubeamte. Erster Theil, Wien ^{2}1800.

Koller 1800b
[Koller, Matthias Fortunat], Ein hundert und vierzig Kupfertafeln zum praktischen Baubeamten der zweyten verbesserten Auflage vom Jahre 1800, Wien 1800.

Koschatzky 1963a
Koschatzky, Walter, Die Gründung der Kunstsammlung des Herzogs von Sachsen-Teschen. Ein Beitrag zur Geschichte der Albertina, in: Albertina Studien 1 (1963), 5–14.

Koschatzky 1963b
Koschatzky, Walter, Jacob Graf Durazzo. Ein Beitrag zur Geschichte der Albertina (1. Fortsetzung), in: Albertina Studien 2 (1963), 47–61.

Koschatzky 1963c
Koschatzky, Walter, Das Fundament des Grafen Durazzo. Ein Beitrag zur Geschichte der Albertina (2. Fortsetzung), in: Albertina Studien 3 (1963), 95–100.

Koschatzky 1964
Koschatzky, Walter, Der Discorso Preliminare des Grafen Durazzo. Ein Beitrag zur Geschichte der Albertina, in: Albertina-Studien 1/2 (1964), 3–16.

Kowalská 2017
Kowalská, Eva, Schulwesen als Chefsache. Die Bildungsreform Maria Theresias, in: AK Maria Theresia 2017a, 64–56.

Krajewski 2010
Krajewski, Markus, Der Diener. Mediengeschichte einer Figur zwischen König und Klient, Frankfurt a. M. 2010.

Krajewski 2017
Krajewski, Markus, Zettelwirtschaft. Die Geburt der Kartei aus dem Geiste der Bibliothek (copyrights 4), Berlin ^{2}2017.

Krasa 1986
Krasa, Selma, „Imagines“: Die Stich- und Zeichnungssammlung des Prinzen Eugen, in: Bibliotheca Eugeniana. Die Sammlungen des Prinzen Eugen von Savoyen, Wien 1986, 293–297.

Krueger 2009
Krueger, Rita, Czech, German and Noble. Status and National Identity in Habsburg Bohemia, Oxford–New York 2009.

Kubiska-Scharl / Pölzl 2018
Kubiska-Scharl, Irene / Pölzl, Michael, Das Ringen um Reformen. Der Wiener Hof und sein Personal im Wandel (1766–1792) (Mitteilungen des Österreichischen Staatsarchivs 60), Innsbruck 2018.

Kurzböck 1779
Kurzböck, Joseph von, Neueste Beschreibung aller Merkwürdigkeiten Wiens. Ein Handbuch für Fremde und Inländer, Wien 1779.

Kurzböck 1797
Kurzböck, Joseph von, Neuester wienerischer Wegweiser für Fremde und Inländer, vom Jahre 1797, Wien 1797.

Kurze Biographie 1788
o. A., Kurze Biographie des sel. Prof. Ehemants, in: Materialien zur alten und neuen Statistik von Böhmen 6 (1788), 188–190.

Lanzi 1782
Lanzi, Luigi Antonio, La Real Galleria di Firenze accresciuta e riordinata per comando di S.A.R. l'Arciduca Granduca di Toscana, Pisa 1782.

Lanzi 1795/1796
Lanzi, Luigi Antonio, Storia pittorica dell'Italia dal Risorgimento delle belle arti in fin presso al fine del secolo XVIII, voll. 3, Bassano 1795/1796.

Latour 2008
Latour, Bruno, A Cautious Prometheus? A Few Steps Toward a Philosophy of Design (with Special Attention to Peter Sloterdijk), in: Hackne, Fiona / Glynne, Jonathan / Minto, Viv (Hg.), Proceedings of the 2008 Annual International Conference of the Design History Society, Falmouth, 3–6 September 2009, e-books, Universal Publishers, 2–10. Online: http://www.bruno-latour.fr/sites/default/files/112-DESIGN-CORNWALL-GB.pdf [28.02.2019].

Lein 1949
Lein, Hermann, Die Beziehungen der Wiener Universität zu den kaiserlichen Hofsammlungen 1790–1848, Diss. phil. (Ms.), Wien 1949.

Lengnich 1780
Lengnich, Carl Benjamin, Monnoies en Or et en Arg[ent] du Cabinet Imperial, in: Carl Benjamin Lengnichs Nachrichten zur Bücher- und Münzkunde, 1. Teil, Danzig 1780, 227–292.

Lerche 2006
Lerche, Christine, Painted Politeness, Private und öffentliche Selbstdarstellung im Conversation Piece des Johann Zoffany, Weimar 2006.

Lesky 1959
Lesky, Erna, Österreichisches Gesundheitswesen im Zeitalter des aufgeklärten Absolutismus (Archiv für österreichische Geschichte 122/1), Wien–Graz 1959.

Lesky 1973
Lesky, Erna, Gerard van Swieten. Auftrag und Erfüllung, in: Lesky, Erna / Wandruszka, Adam (Hg.), Gerard van Swieten und seine Zeit (Studien zur Geschichte der Universität Wien VIII), Wien–Köln–Graz 1973, 11–33.

Lessing 1774
Lessing, Gotthold Ephraim, Vom Alter der Oelmalerey aus dem Theophilus Presbyter, Braunschweig 1774.

Lewis 1961
Lewis, Lesley, Connoisseurs and secret Agents in Eighteenth Century Rome, London 1961.

Leyh 1961
Leyh, Georg, Aufstellung und Signaturen, in: ders., Bibliotheksverwaltung, (Handbuch der Bibliothekswissenschaft, begründet von Fritz Milkau, Bd. 2), Wiesbaden ^{2}1961, 684–734.

Lhotsky 1939
Lhotsky, Alphons, Führer durch die Burg zu Wien, I: Die Gebäude, Wien 1939.

Lhotsky 1941
Lhotsky, Alphons, Die Baugeschichte der Museen und der Neuen Burg (Festschrift des Kunsthistorischen Museums zur Feier des fünfzigjährigen Bestandes, 1. Teil), Wien 1941.

Lhotsky 1941–1945
Lhotsky, Alphons, Die Geschichte der Sammlungen. Zweite Hälfte: Von Maria Theresia bis zum Ende der Monarchie (Festschrift des Kunsthistorischen Museums zur Feier des fünfzigjährigen Bestandes, 2. Teil), Wien 1941–1945.

Liebenwein 1982
Liebenwein, Wolfgang, Die Villa Albani und die Geschichte der Kunstsammlungen, in: Beck / Bol 1982, Forschungen zur Villa Albani, 461–505.

Lindeboom 1973
Lindeboom, G. A., Gerard van Swietens erster Lebensabschnitt (1700–1745), in: Lesky, Erna / Wandruszka, Adam (Hg.), Gerard van Swieten und seine Zeit (Studien zur Geschichte der Universität Wien VIII), Wien–Köln–Graz 1973, 63–79.

Lindner 1986
Lindner, Dolf, Ignaz von Born – Meister der Wahren Eintracht. Wiener Freimaurerei im 18. Jahrhundert, Wien 1986.

Linnebach 2014
Linnebach, Andrea, Das Museum der Aufklärung und sein Publikum. Kunsthaus und Museum Fridericianum in Kassel im Kontext des historischen Besucherbuches,1769–1796, Kassel 2014.

Lisholm 1974
Lisholm, Birgitta, Martin van Meytens d. y. Hans liv och hans verk, Malmö 1974.

Loder 1806
Loder, Justus Christian, Ueber die Nachbildungen der Vaginalportion des Uterus und des Mutterbodens (hysteroplasmata) in verschiedenen Perioden der Schwangerschaft und Geburt […] Vom Hrn. Professor Froriep [...] Zusatz vom Herausgeber, in: Journal für die Chirurgie, Geburtshilfe und gerichtliche Arzneykunde, Bd. 4, Jena 1806, 182–193.

Löffler 1956
Löffler, Karl, Einführung in die Katalogkunde, Stuttgart [2]1956.

Lorenz / Mader-Kratky 2016
Lorenz, Hellmut / Mader-Kratky, Anna (Hg.), Die Wiener Hofburg 1705–1835. Die kaiserliche Residenz vom Barock bis zum Klassizismus (Veröffentlichungen zur Bau- und Funktionsgeschichte der Wiener Hofburg 3; Veröffentlichungen zur Kunstgeschichte 14; Denkschriften der philosophisch-historischen Klasse der Österreichischen Akademie der Wissenschaften 445), Wien 2016.

Lotz 1824
Lotz, Georg (Hg.), Originalien aus dem Gebiete der Wahrheit, Kunst, Laune und Phantasie, Bd. 8, Hamburg 1824.

Loytved 2007
Loytved, Christine, Die andere Wahrnehmung, der andere Blick. Objekte der Sammlung zur Geschichte der Geburtshilfe der Universität Göttingen im Alltag der Entbindungslehranstalt, in: Schultka, Rüdiger / Neumann, Josef N. (Hg.), Anatomie und anatomische Sammlungen im 18. Jahrhundert, Berlin 2007, 351–376.

Lützow 1877
Lützow, Carl, von, Geschichte der Kais. Kön. Akademie der Bildenden Künste. Festschrift zur Eröffnung des neuen Akademie-Gebäudes, Wien 1877.

L'vov (Lappo-Danilevskij 1998)
L'vov, Nikolaj A., Italienisches Tagebuch, hg. von Konstantin J. Lappo-Danilevskij, Köln–Weimar–Wien 1998.

Mader-Kratky 2016
Mader-Kratky, Anna, Karrieremodelle im Wiener Hofbauamt des 18. Jahrhunderts, in: Ammerer, Gerhard / Hannesschläger, Ingonda / Hlavačka, Milan / Holý, Martin (Hg.), Präzedenz, Netzwerke und Transfers. Kommunikationsstrukturen von Herrscherhöfen und Adelsresidenzen in der Frühen Neuzeit, Leipzig 2016, 149–168.

Mader-Kratky 2017
Mader-Kratky, Anna, Der Wiener Hofarchitekt Johann Ferdinand Hetzendorf von Hohenberg (1733–1816), Diss. phil. (Ms.), Wien 2017.

Maerker 2011
Maerker, Anna, Model Experts. Wax Anatomies and Enlightenment in Florence and Vienna, 1775–1815, Manchester 2011.

Maerker 2015
Maerker, Anna, „Wunderbare Vorrichtungen" oder „nutzloses Spielzeug"? Debatten über den öffentlichen Nutzen der Visualisierung des Körperinneren vom 17. bis zum 19. Jahrhundert, in: Nikolow, Sybilla (Hg.), Erkenne Dich selbst! Strategien der Sichtbarmachung des Körpers im 20. Jahrhundert, Köln–Weimar–Wien 2015, 133–143.

Märter 1785
Märter, Joseph, Herrn Professor Märters erstes Schreiben an Herrn Hofrath von Born, über seine Reise von Europa bis nach Philadelphia in Nordamerika, in: Physikalische Arbeiten der einträchtigen Freunde in Wien 1/3, Wien 1785, 53–66.

Maffioli 1999
Maffioli, Natale, Osservazioni sui resti della raccolta di Giacomo Durazzo ambasciatore cesareo a Venezia, in: Saggi e memorie di storia dell'arte 23 (1999), 83–112.

Marek 2004
Marek, Michaela, Kunst und Identitätspolitik. Architektur und Bildkünste im Prozess der tschechischen Nationsbildung, Köln–Weimar–Wien 2004.

Mayer 2017
Mayer, Gernot, Amici delle Arti: Giacomo Durazzo e Wenzel Anton von Kaunitz-Rietberg, in: Leoncini, Luca (Hg.), In Assenza. Il Carteggio Durazzo-Kaunitz di Brno (1748–1774), Genova 2017, 18–41.

Mayer 2020
Mayer, Gernot, Kulturpolitik der Aufklärung. Wenzel Anton von Kaunitz-Rietberg (1711–1794) und die Künste, Diss. phil. (Ms.), Wien 2020.

McAllister Johnson 1988
McAllister Johnson, William (Hg.), Hugues-Adrien Joly. Garde du Cabinet des Estampes de la Bibliothèque du Roy. Lettres a Karl-Heinrich von Heinecken 1772–1779, Paris 1988.

McClellan 1994
McClellan, Andrew, Inventing the Louvre. Art, politics, and the origins of the modern museum in eighteenth-century Paris, Cambridge–New York–Melbourne 1994.

Mechel 1783
Mechel, Christian von, Verzeichniß der Gemälde der Kaiserlich Königlichen Bilder Gallerie in Wien, Wien 1783.

Mechel 1784
Mechel, Christian von, Catalogue des tableaux de la galerie impériale et royale de Vienne, Wien 1784.

Medicinisch-Chirurgische Zeitung 1794
o. A., Ein Wort zu seiner Zeit, die k. k. medic. chirurg. Josephinische Akademie zu Wien betreffend, in: Medicinisch-chirurgische Zeitung (1794), Bd. 2, 321–334, Bd. 3, 49–64, Beilage zu Bd. 3, 65–75.

Megner 2010
Megner, Karl, Beamtenmetropole Wien 1500–1938. Bausteine zu einer Sozialgeschichte der Beamten vorwiegend im neuzeitlichen Wien, Wien 2010.

Meier 1748
Meier, Georg Friedrich, Anfangsgründe aller schönen Wissenschaften, Halle 1748.

Meijers 1991
Meijers, Debora J., Kunst als natuur. De Habsburgse schilderijengalerij in Wenen omstreeks 1780, Amsterdam 1991.

Meijers 1995
Meijers, Debora J., Kunst als Natur. Die Habsburger Gemäldegalerie in Wien um 1780 (Schriften des Kunsthistorischen Museums 2), Wien–Mailand 1995.

Meijers 2007
Meijers, Debora J., Christian von Mechel zwischen Kosmopolitismus und Patriotismus, in: Schubiger, Benno (Hg.), Sammeln und Sammlungen im 18. Jahrhundert in der Schweiz (Akten des Kolloquiums Basel, 16.–18. Oktober 2003), Genf 2007, 28–46.

Meijers 2013
Meijers, Debora J., The Kaiserlich Königliche Gemäldegalerie in Vienna seen from an International Perspective, in: Swoboda 2013, II, 384–405.

Meijers 2016
Meijers, Debora J., Das Galeriepublikum: Momente seiner Genese, 1625–1800, in: Ausstellungskatalog, Fürstenglanz: die Macht der Pracht, Winterpalais des Prinzen Eugen, Wien 2016, 35–45.

Meinel 1995
Meinel, Christoph, Enzyklopädie der Welt und Verzettelung des Wissens: Aporien der Empirie bei Joachim Jungius, in: Eybl, Franz M. / Harms, Wolfgang / Krummacher, Hans-Henrik / Welzig, Werner (Hg.), Enzyklopädien der Frühen Neuzeit. Beiträge zu ihrer Erforschung, Tübingen, 162–187.

Metz-Becker 1997
Metz-Becker, Marita, Der verwaltete Körper. Die Medikalisierung schwangerer Frauen in den Gebärhäusern des frühen 19. Jahrhunderts, Frankfurt a. M.–New York 1997.

Meusel 1788
Johann Georg Meusel (Hg.), Museum für Künstler und Kunstliebhaber, 3. St., Mannheim 1788.

Michel 2014
Michel, Eva, „Vielleicht di schönste und erlesenste in Europa". Die Sammlung Herzog Alberts von Sachsen-Teschen, in: Ausstellungskatalog, Die Gründung der Albertina. 100 Meisterwerke der Sammlung, Albertina Wien, Ostfildern 2014, 13–33.

Milkau 1912
Milkau, Fritz, Die Bibliotheken, in: Hinneberg, Paul (Hg.), Die allgemeinen Grundlagen der Kultur der Gegenwart (Die Kultur der Gegenwart. Ihre Entwickelung und ihre Ziele, T. 1, Abt. 1), Berlin–Leipzig ^{2}1912, 580–629.

Mikoletzky 1961
Mikoletzky, Hanns Leo, Kaiser Franz I. und der Ursprung des Habsburgisch-Lothringischen Familienvermögens (Österreich Archiv, Schriftenreihe des Arbeitskreises für Österreichische Geschichte 10), Wien 1961.

Montaiglon 1875
Montaiglon, Anatole de (Hg.), Procès-verbaux de l'Académie royale de Peinture et de Sculpture 1648–1792, Bd. 1 (1648–1672), Paris 1875.

Moritz 1788
Moritz, Karl Philipp, Über die bildende Nachahmung des Schönen, Braunschweig 1788.

Mosel 1835
Mosel, Ignaz F. Edler von, Geschichte der k. k. Hofbibliothek zu Wien, Wien 1835.

Mraz 1980
Mraz, Gottfried, Das Banat von Temesvár in der theresianischen Zeit, in: Ausstellungskatalog, Maria Theresia als Königin von Ungarn, Schloss Halbturn, Eisenstadt 1980, 139–145.

Müller 1997
Müller, Thomas J., Der Realienunterricht in den Schulen August Hermann Franckes, in: Raabe, Paul (Hg.), Schulen machen Geschichte. 300 Jahre Erziehung in den Franckeschen Stiftungen zu Halle, Halle 1997, 43–65.

Murr 1776
Murr, Christoph Gottlieb von, Versuch einer Geschichte der Kupferstecherkunst bis auf die Zeiten Albrecht Dürers, in: Journal zur Kunstgeschichte und zur allgemeinen Litteratur 2 (1776), 180–256.

Murr 1787
Murr, Christoph Gottlieb von, Neue Beyträge zur Geschichte der Oelmalerey, in: Journal zur Kunstgeschichte und zur allgemeinen Litteratur 15 (1787), 10–20.

Murr 1804
Murr, Christoph Gottlieb von, Beyträge zur Geschichte der ältesten Kupferstiche, Augsburg 1804.

Nachrichten von dem gegenwärtigen Zustand 1780
[o. A.], Nachrichten von dem gegenwärtigen Zustand der kaiserlichen Bildergalerie in Wien. Eingelaufen im Junio 1780, in: Meusel, Johann Georg (Hg.), Miscellaneen artistischen Inhalts (1780), Heft 4, 58–61.

Nadolny 2003
Nadolny, Jilleen, The first century of published scientific analyses of the materials of historical painting and polychromy, circa 1780–1880, in: Reviews in Conservation 4 (2003), 39–51.

Neuwirth 1896
Neuwirth, Joseph, Mittelalterliche Wandgemälde und Tafelbilder der Burg Karlstein in Böhmen (Forschungen zur Kunstgeschichte Böhmens. Veröffentlicht von der Gesellschaft zur Förderung deutscher Wissenschaft, Kunst und Litteratur in Böhmen), Prag 1896.

Nicolai 1784
Nicolai, Friedrich, Beschreibung einer Reise durch Deutschland und die Schweiz, im Jahre 1781. Nebst Bemerkungen über Gelehrsamkeit, Industrie, Religion und Sitten, Bd. 4, Berlin 1784.

Notice des Tableaux des Écoles Primitives 1814
[o. A.], Notice des Tableaux des Écoles Primitives de l'Italie, de l'Allemagne, Et de Plusieurs Autres Tableaux de Différentes Écoles, Exposés dans le Grand Salon du Musée Royal, Paris 1814.

Oberhuber 1976
Oberhuber, Konrad, Vasari e il mito di Maso Finiguerra, in: Il Vasari storiografo e artista (atti del Congresso internazionale nel IV centenario della morte, Arezzo–Firenze, 2–8 settembre 1974), Florenz 1976, 383–393.

Onians 2007
Onians, John, Neuroarthistory. From Aristotle and Pliny to Baxandall and Zeki, New Haven 2007.

Osiander 1794–1795
Osiander, Friedrich Benjamin, Denkwürdigkeiten für die Heilkunde und Geburtshülfe. Aus den Tagebüchern der königlichen praktischen Anstalten zur Erlernung der Wissenschaften in Göttingen, 2 Bde., Göttingen 1794–1795.

Osiander 1797–1799
Osiander, Friedrich Benjamin, Neue Denkwürdigkeiten für Ärzte und Geburtshelfer, 2 Bde., Göttingen 1797–1799.

Panofsky 1964
Panofsky, Erwin, Tomb Sculpture, New York 1964.

Pastres 2009
Pastres, Paolo (Hg.), Luigi Lanzi. Lettere a Mauro Boni 1791–1809, Udine 2009.

Paulson 1975
Paulson, Ronald, Emblem and Expression. Meaning in English Art in the 18th century, Cambridge, Mass. 1975.

Pelli Bencivenni 1759–1808
Pelli Bencivenni, Giuseppe, Efemeridi, 1759–1773/1773–1808. Online: http://pelli.bncf.firenze.sbn.it/ [28.01.2019].

Petschar 1993
Petschar, Hans, Niederländer, Europäer, Österreicher. Hugo Blotius, Sebastian Tengnagel, Gérard Freiherr van Swieten, Gottfried Freiherr van Swieten. Vier Präfekten der kaiserlichen Hofbibliothek in Wien (Sonderausstellungen 1993, 3), Wien 1993.

Petschar 1999
Petschar, Hans, Einige Bemerkungen, die sorgfältige Verfertigung eines Bibliothekskatalogs für das allgemeine Lesepublikum betreffend, in: Petschar / Strouhal / Zobernig 1999, 17–42.

Petschar / Strouhal / Zobernig 1999
Petschar, Hans / Strouhal, Ernst / Zobernig, Heimo (Hg.), Der Zettelkatalog. Ein historisches System geistiger Ordnung, Wien–New York 1999.

Pezzl 1787
Pezzl, Johann, Skizze von Wien, Bd. 4, Wien–Leipzig 1787.

Pfisterer 2007
Pfisterer, Ulrich, Kunstgeschichte, Klassiker und Kanon-Korrekturen, in: Ders. (Hg.), Klassiker der Kunstgeschichte, Bd. 1: Von Winckelmann bis Warburg, München 2007, 7–11.

Pfisterer 2008
Pfisterer, Ulrich, Lysippus und seine Freunde. Liebesgaben und Gedächtnis im Rom der Renaissance oder: Das erste Jahrhundert der Medaille, Berlin 2008.

Philipp 2012
Philipp, Klaus Jan, Der professionelle Architekt im späten 18. und frühen 19. Jahrhundert in Deutschland, in: Nerdinger, Winfried (Hg.), Der Architekt. Geschichte und Gegenwart eines Berufsstandes, Bd. 1, München–London–New York 2012, 121–135.

Pils / Weigl 2003
Pils, Susanne C. / Weigl, Andreas, Die frühneuzeitliche Sozialstruktur, in: Vocelka / Traninger 2003, 241–282.

Plattner 2008
Plattner, Irmgard, Josephinismus und Bürokratie, in: Reinalter, Helmut (Hg.), Josephinismus als Aufgeklärter Absolutismus, Wien–Köln–Weimar 2008, 53–96.

Pohl 1968
Pohl, Brigitte, Das Hofbauamt. Seine Tätigkeit zur Zeit Karls VI. und Maria Theresias, Diss. phil. (Ms.), Wien 1968.

Pointon 1993
Pointon, Marcia, Hanging the Head. Portraiture and Social Formation in Eighteenth Century England, New Haven, Conn.–London 1993.

Pointon 1997
Pointon, Marcia, Strategies for Showing. Women, Possession and Representation in English Visual Culture 1665–1800, Oxford 1997.

Pommier 2006
Pommier, Edouard, Wien 1780 – Paris 1793. Welches der beiden Museen war wohl das revolutionärste?, in: Savoy 2006, 55–65.

Potts 1994a
Potts, Alex, Flesh and the Ideal. Winckelmann and the Origins of Art History, New Haven–London 1994.

Potts 1994b
Potts, Alex, Leben und Tod des griechischen Ideals: Historizität und ideale Schönheit bei Winckelmann, in: Pommier, Edouard (Hg.), Winckelmann: Die Geburt der Kunstgeschichte im Zeitalter der Aufklärung, Stendal 1994, 11–30.

Prahl 2004
Prahl, Roman, K počátkům a předpokladům dějin umění (František Lothar Ehemant), in: Umění 52 (2004,), 3–10.

Prange 1998
Prange, Peter, Die Wiener Kunstakademie zwischen Reform und Stagnation, in: Tacke, Andreas (Hg.), Herbst des Barock: Studien zum Stilwandel. Die Malerfamilie Keller (1740–1904), München–Berlin 1998, 339–353.

Praz 1971
Praz, Mario, Conversation Piece. A Survey of the Informal Group Portrait in Europa and America, London 1971.

Primisser 1824
Primisser, Alois, Ueber die alten Gemälde auf dem Schlosse Karlstein bey Prag, in: Jahrbücher der Literatur. Anzeige-Blatt für Wissenschaft und Kunst 27 (1824), 33–52.

Quicchelberg 1565
Quicchelberg, Samuel, Inscriptiones vel tituli Theatri Amplissimi, complectentis rerum universitatis singulas materias et imagines eximias. ut idem recte quos dici possit: promptuarium artificiosarum miraculosarumque rerum, ac omnis rari thesauri et pretiosae supellectilis, structurae atque picturas, quae hic simul in theatro conquiri consuluntur, ut eorum frequenti inspectione tractationeque singularis aliqua rerum cognitio et prudentia admirande, cito, facile ac tuto comparari possit. auctore Samuele a Quiccheberg Belga, München 1565.

Radlecker 1950
Radlecker, Kurt, Gottfried van Swieten. Eine Biographie, Diss. phil. (Ms.), Wien 1950.

Raffler 1999
Raffler, Marlies, Austriae extensio in orbem ultimum. Naturforscher aus der Habsburgermonarchie in Übersee, in: Jahrbuch der Österreichischen Gesellschaft zur Erforschung des 18. Jahrhunderts 13 (1999), 181–196.

Rampley 2013
Rampley, Matthew, The Vienna School of Art History. Empire and the Politics of Scholarship. 1847–1918, University Park 2013.

Redford 2008
Redford, Bruce, Dilettanti. The Antic and the Antique in Eighteenth-Century England, Los Angeles 2008.

Reinalter 1991
Reinalter, Helmut (Hg.), Die Aufklärung in Österreich. Ignaz von Born und seine Zeit (Schriftenreihe der Internationalen Forschungsstelle Demokratische Bewegungen in Mitteleuropa 1770–1850), Frankfurt a. M. 1991.

Reisner / Schiemer 2016
Reisner, Andrea / Schiemer, Alfred, Das Wien(n)erische Diarium und die Entstehung der periodischen Presse, in: Karmasin / Oggolder 2016, 87–112.

Richter 1785–1797 (Paunel 1917)
Paunel, Egon von (Hg.), Richter, Joseph, Die Eipeldauer Briefe 1785–1797, Bd. 1, München 1917.

Richter 1787
Richter, Joseph, Das Affenland oder der Doctor Fanfarone, Salzburg 1787.

Riedl-Dorn 1987
Riedl-Dorn, Christa, Briefe von Ignaz von Born an Nikolaus Joseph von Jacquin im Archiv der Botanischen Abteilung des Naturhistorischen Museums in Wien, in: Studien zur Wiener Geschichte – Jahrbuch des Vereins für Geschichte der Stadt Wien 43 (1987), 35–74.

Riedl-Dorn 1998
Riedl-Dorn, Christa, Das Haus der Wunder. Zur Geschichte des Naturhistorischen Museums in Wien, Wien 1998.

Riedl-Dorn 2000
Riedl-Dorn, Christa, Chevalier de Baillou und das Naturalienkabinett, in: AK Lothringens Erbe 2000, 111–115.

Riedl-Dorn 2001
Riedl-Dorn, Christa, Franz Stephan als Förderer naturwissenschaftlicher Aktivitäten / Frantisek Stefan ako podporovatel' prírodovedných aktivít, in: Die goldene und silberne Reise des Kaisers Franz Stephan von Lothringen / Zlatá a strieborná cesta cisára Frantiska Stefana Lotrinského postredoslovenských banských mestách, Schemnitz (Banská Stavnica) 2001, 29–39.

Riedl-Dorn 2002
Riedl-Dorn, Christa, Tiere auf weiter Fahrt. Expeditionen für Tiergarten und Museum, in: Ash, Mitchell G. / Dittrich, Lothar (Hg.), Menagerie des Kaisers – Zoo der Wiener. 250 Jahre Tiergarten Schönbrunn, Wien 2002, 349–353.

Riedl-Dorn 2003
Riedl-Dorn, Christa, Die Schönbrunner Gartenexpeditionen 1754–1860, in: Österreichische Zeitschrift für Kunst und Denkmalpflege 57 (2003), Heft 3/4, 508–520.

Riedl-Dorn 2005
Riedl-Dorn, Christa, Der Nachwelt erhalten? – Tiere aus der Menagerie Schönbrunn am Naturhistorischen Museum, in: Pechlaner, Helmut / Schratter, Dagmar / Heindl, Gerhard (Hg.), Von Kaiser bis Känguru. Neues zur Geschichte des ältesten Zoos der Welt (Tiergarten Schönbrunn – Geschichte 1), Wien 2005, 231–266.

Riedl-Dorn 2008
Riedl-Dorn, Christa, Hohes Tier. Die Geschichte der ersten Giraffe in Schönbrunn, hg. von Helmut Pechlaner, Dagmar Schrattner und Gerhard Heindl (Tiergarten Schönbrunn – Geschichte 4), Wien 2008.

Riedl-Dorn 2009
Riedl-Dorn, Christa, Zu Freibeutern und Piraten im Auftrag des Kaisers. Forschungsreisen im 18. Jahrhundert, in: Zedinger / Schmale 2009, 269–291, 502–505.

Riedl-Dorn 2011
Riedl-Dorn, Christa, Zur Geschichte der Ordnung und Katalogisierung in naturwissenschaftlichen Sammlungen, in: Hochradner, Thomas / Reinhardt, Dominik (Hg.), Inventar und Werkverzeichnis. Ordnung und Zählung als Faktor der Rezeptionsgeschichte (Rombach Wissenschaften, Reihe klangreden 7), Freiburg i. Br.–Berlin–Wien 2011, 53–74.

Rittershausen 1785
Rittershausen, Joseph Sebastian, Betrachtungen über die kaiserliche königliche Bildergallerie zu Wien, Bregenz 1785.

Robinet 1768
Robinet, Jean-Baptiste-Réné, Vue philosophique de la gradation naturelle des formes de l'être, ou les essais de la nature qui apprend a faire l'homme, Amsterdam 1768.

Rößler 2013
Rößler, Hole, Das barocke Schloss als Wissensraum. Einleitende Überlegungen, in: Heinecke, Berthold / Rößler, Hole / Schock, Flemming (Hg.), Residenz der Musen. Das barocke Schloss als Wissensraum (Schriften zur Residenzkultur 7), Berlin 2013, 9–33.

Roth 1987
Roth, Erik, Die planmäßig angelegten Siedlungen im südwestlichen Banat 1765–1821, in: Österreichische Zeitschrift für Kunst und Denkmalpflege 41 (1987), Heft 2, 8–18.

Roloff 1961
Roloff, Heinrich, Die Katalogisierung, in: Leyh, Georg (Hg.), Bibliotheksverwaltung (Handbuch der Bibliothekswissenschaft, begründet von Fritz Milkau, Bd. 2), Wiesbaden ^{2}1961, 242–356.

Rosenstrauch-Königsberg 1986
Rosenstrauch-Königsberg, Edith, Die Realzeitung als Kommunikationsmittel in der Habsburger Monarchie, in: Fried, István (Hg.), Zeitschriften und Zeitungen des 18. und 19. Jahrhunderts in Mittel- und Osteuropa (Studien zur Geschichte der Kulturbeziehungen in Mittel- und Osteuropa 8), Berlin 1986, 117–137.

Sadílková 2000
Sadílková, Pavla, František Lothar Ehemant a první monografie Svatovítské katedrály. Příspěvek k poznání počátků gotického revivalu v Čechách, in: Umění 48 (2000), 335–350.

Saggio del Real Gabinetto di Fisica 1775
Saggio del Real Gabinetto di Fisica, e di storia naturale di Firenze, Rom 1775.

Saint-Laurent 1746
Saint-Laurent, Joannon, Description abrégée du fameux Cabinet de M. le Chevalier de Baillou, pour servir à l'histoire naturelle des pierres précises, métaux, minéraux et autres fossiles, Lucca 1746.

Sander 1784
Sander, Heinrich, Heinrich Sanders [...] Beschreibung seiner Reisen durch Frankreich, die Niederlande, Holland, Deutschland und Italien in Beziehung auf Menschenkenntnis, Industrie, Litteratur und Naturkunde insonderheit, 2. Teil, Leipzig 1784.

Santamaria 2012
Santamaria, Roberto, „Amantissimo di stampe e instancabile a farne raccolte“: nuovi elementi per la collezione di Giacomo Durazzo, in: Ausstellungskatalog, Giacomo Durazzo. Teatro musicale e collezionismo tra Genova, Parigi, Vienna e Venezia, Museo di Palazzo Reale, Genova 2012, 119–141.

Savoy 2006
Savoy, Bénédicte (Hg.), Tempel der Kunst. Die Geburt des öffentlichen Museums in Deutschland 1701–1815, Mainz 2006.

Schiffter 1982
Schiffter, Herbert, Vögel aus dem Tiergarten Schönbrunn im Naturhistorischen Museum Wien (I), in: Der Zoologische Garten, Neue Folge 52 (1982), 133–151.

Schiffter 2005
Schiffter, Herbert, 250 Jahre Vogelhaltung im Tiergarten Schönbrunn (1752–2002). Eine historische Übersicht, in: Pechlaner, Helmut / Schratter, Dagmar / Heindl, Gerhard (Hg.), Von Kaiser bis Känguru. Neues zur Geschichte des ältesten Zoos der Welt (Tiergarten Schönbrunn – Geschichte 1), Wien 2005, 137–230.

Schildereien 1834
[o. A.], Die Schildereien der böhmischen Königsburg Karlstein, in: Hormayr, Joseph von (Hg.), Taschenbuch für die vaterländische Geschichte 5 (1834), 69–96.

Schlegel 1812
Schlegel, Friedrich, Schloß Karlstein bey Prag, in: ders. (Hg.), Deutsches Museum 2 (1812), Heft 10, 357–365.

Schlözer 1771
Schlözer, August Ludwig, Allgemeine Nordische Geschichte, Halle 1771.

Schlumbohm 2012
Schlumbohm, Jürgen, Lebendige Phantome. Ein Entbindungshospital und seine Patientinnen 1751–1830, Göttingen 2012.

Schneider 2008
Schneider, Ulrich Johann (Hg.), Kulturen des Wissens, Berlin–New York 2008.

Schön 1987
Schön, Erich, Verlust der Sinnlichkeit oder Die Verwandlungen des Lesers. Mentalitätswandel um 1800 (Sprache und Geschichte 12), Stuttgart 1987.

Schönburg-Hartenstein 1987
Schönburg-Hartenstein, Johanna, Josef Anton Nagel – ein Direktor des Physikalischen Kabinettes (Sitzungsberichte der philosophisch-historischen Klasse der Österreichischen Akademie der Wissenschaften 482; Veröffentlichungen der Kommission für Geschichte der Mathematik, Naturwissenschaften und Medizin 45), Wien 1987.

Schönburg-Hartenstein / Zedinger 2004
Schönburg-Hartenstein, Johanna / Zedinger, Renate, Jean-Baptiste Brequin (1712–1785). Ein Wissenschaftler aus Lothringen im Dienst des Wiener Hofes (Forschungen und Beiträge zur Wiener Stadtgeschichte 42), Wien 2004.

Schreiber 1927
Schreiber, Heinrich, Quellen und Beobachtungen zur mittelalterlichen Katalogisierungspraxis besonders in deutschen Kartausen, in: Zentralblatt für Bibliothekswesen 44, Nr. 1/2 (1927), 1–19.

Schrettinger 1808
Schrettinger, Martin, Versuch eines vollständigen Lehrbuches der Bibliothek-Wissenschaft oder Anleitung zur vollkommenen Geschäftsführung eines Bibliothekars, Bd. I, München 1808.

Schryen 2006
Schryen, Annette, Über die k. k. Bilder-Gallerie im Oberen Belvedere in Wien, in: Savoy 2006, 484–502.

Schulz 2009
Schulz, Stefan, Die schwere Geburt als moralisches Problem. Das Denkkollektiv der Wiener Geburtshelfer 1754–1838, Saarbrücken 2009.

Schwab 1792
Schwab, Simplizius, Das Präsidium des Freiherrn Gerhard van Swieten und Anton von Störk, Halle–Frankfurt a. M. 1792.

Seidler / Seidler 1988
Seidler, Andrea / Seidler, Wolfram, Das Zeitschriftenwesen im Donauraum zwischen 1740 und 1809. Kommentierte Bibliographie der deutsch- und ungarischsprachigen Zeitschriften in Wien, Preßburg und Pest-Buda, Wien 1988.

Seidler 2016
Seidler, Andrea, Zur Entwicklung des Wiener Zeitschriftenwesens in der zweiten Hälfte des 18. Jahrhunderts, in: Karmasin / Oggolder 2016, 139–165.

Semler 1709
Semler, Christoph, Nützliche Vorschläge von Auffrichtung einer mathematischen Handwercks-Schule bey der Stadt Halle, Halle 1709.

Shawe-Taylor 2009
Shawe-Taylor, Desmond, The Conversation Piece. Scenes of Fashionable Life, London 2009.

Sheehan 2002
Sheehan, James J., Geschichte der deutschen Kunstmuseen, München 2002.

Smentek 2014
Smentek, Kristel, Mariette and the Science of the Connoisseur in Eighteenth-Century Europe, Farnham–Surrey–Burlington 2014.

Society of Dilettanti 1809
Society of Dilettanti (Hg.), Specimens of Antient Sculpture, Bd. 1, London 1809.

Solkin 1993
Solkin, David, Painting for Money. The Visual Arts and the Public Sphere in Eighteenth-century England, New Haven, Conn. 1993.

Sonnenfels 1768
Sonnenfels, Joseph von, Von dem Verdienste des Portraitmalers, Wien 1768.

Sonnenfels 1785
Sonnenfels, Joseph von, Über den Geschäftsstil. Die ersten Grundlinien für angehende österreichische Kanzleybeamten, Wien ^{2}1785.

Sonnenfels 1786a
Sonnenfels, Joseph von, Ermunterung zur Lektur an junge Künstler. Gelesen bei der ersten feyerlichen Austheilung der neuerrichteten k.k. Kupferstecherakademie, im Jahre 1769, in: Gesammelte Schriften, Bd. 8, Wien 1786, 273–296.

Sonnenfels 1786b
Sonnenfels, Joseph von, Von der Urbanität der Künstler. Gelesen bei der feyerlichen Austheilung der Preise in der Zeichnung und Kupferstecherakademie den 5. März 1771, in: Gesammelte Schriften, Bd. 8, Wien 1786, 297–324.

Spary 2012
Spary, Emma C. (Hg.), Centre and Periphery in the Eighteenth-Century Habsburg „Medical Empire", in: Studies in History and Philosophy of Biological and Biomedical Sciences 43/3 (2012), 583–740.

Springer 1996
Springer, Elisabeth, Die Josephinische Musterkirche, in: Das 18. Jahrhundert und Österreich – Jahrbuch der Österreichischen Gesellschaft zur Erforschung des 18. Jahrhunderts 11 (1996), 67–97.

Stafford 1976
Stafford, Barbara Maria, Arena of Virtue and Temple of Immortality: An early nineteenth-century Museum Project, in: Journal of the Society of Architectural Historians 35.1 (1976), 21–34.

Stein 1797
Stein, Georg Wilhelm, Theoretische Anleitung zur Geburtshülfe, Bd. 5, Marburg 1797.

Stekl 1985
Stekl, Hannes, Unterschichten und Obrigkeit im Wien des ausgehenden 18. Jahrhunderts, in: Plaschka, Richard Georg / Klingenstein, Grete u. a. (Hg.), Österreich im Europa der Aufklärung: Kontinuität und Zäsur in Europa zur Zeit Maria Theresias und Josephs II. (Internationales Symposion in Wien, 20.–23. Oktober 1980), 2 Bde., Wien 1985, I, 291–304.

Stenografické zprávy 1898/1899
[o. A.], Stenografické zprávy sněmu království Českého [Stenografische Berichte des Landtages des Königreiches Böhmen], Prag 1898/1899.

Stollberg-Rilinger 2017
Stollberg-Rilinger, Barbara, Maria Theresia. Die Kaiserin in ihrer Zeit. Eine Biographie, München 2017.

Stourton 2016
Stourton, James, Kenneth Clark. Life, Art and Civilisation, London 2016.

Strube 1990
Strube, Werner, Die Geschichte des Begriffs „Schöne Wissenschaften", in: Archiv für Begriffsgeschichte 33 (1990), 136–216.

Struck 2013
Struck, Neela, Vergleichendes Sehen. Die Numismatik als Wurzel der Stilkritik, in: Peter, Ulrike (Hg.), Translatio Nummorum. Römische Kaiser in der Renaissance, Mainz 2013, 265–278.

Stütz 1793
Stütz, Andreas Xaver, Neue Einrichtung der K. K. Naturalien Sammlung zu Wien. Mit drey gestochenen Grundrissen, Wien 1793.

Stummvoll 1968
Stummvoll, Josef (Hg.), Geschichte der Österreichischen Nationalbibliothek, Erster Teil: Die Hofbibliothek (1368–1922), Wien 1968.

Sulzer 1771
Sulzer, Johann Georg, Allgemeine Theorie der Schönen Künste. In einzeln, nach alphabetischer Ordnung der Kunstwörter auf einander folgenden, Artikeln abgehandelt, Bd. 1, Leipzig 1771.

Swieten 1787 (Stummvoll 1968)
Bericht des Freiherrn Gottfried van Swieten über die Entwicklung der Hofbibliothek in den Jahren 1765–1787. Entwurf mit eh. Korrekturen, in: Stummvoll 1968, 317–322.

Swoboda 2013
Swoboda, Gudrun (Hg.), Die kaiserliche Gemäldegalerie in Wien und die Anfänge des öffentlichen Kunstmuseums, Bd. 1: Die kaiserliche Galerie im Belvedere (1776–1837), Bd. 2: Europäische Museumskulturen um 1800, Wien–Köln–Weimar 2013.

Tantner 2000
Tantner, Anton, Die „Hemmungen" der „Maschine" – Störfälle der Benennung, Adressierung und Tabellierung während der Seelenkonskription in der Habsburgermonarchie 1770–1772, in: Technikgeschichte 67 (2000), 257–274.

Tantner 2007a
Tantner, Anton, Die Hausnummer. Eine Geschichte von Ordnung und Unordnung, Marburg 2007.

Tantner 2007b
Tantner, Anton, Ordnung der Häuser, Beschreibung der Seelen. Hausnummerierung und Seelenkonskription in der Habsburgermonarchie (Wiener Schriften zur Geschichte der Neuzeit 4), Innsbruck–Wien–Bozen 2007.

Tavernier 1986
Tavernier, Ludwig, Winckelmann und die Villa Albani. Zur Descrizione della Villa dell'Em. Allessandro Albani, in: Winckelmann (Moisy / Sichtermann / Tavernier 1986), 69–104.

Te Heesen 1997
Te Heesen, Anke, Der Weltkasten: die Geschichte einer Bildenzyklopädie aus dem 18. Jahrhundert, Göttingen 1997.

Telesko 2006
Telesko, Werner, Geschichtsraum Österreich. Die Habsburger und ihre Geschichte in der bildenden Kunst des 19. Jahrhunderts, Wien–Köln–Weimar 2006.

Tiraboschi 1786
Tiraboschi, Girolamo, Notizie de' pittori, scultori, incisori e architetti natii degli stati [...] di Modena, Modena 1786.

Toepfer 2017
Toepfer, Georg, Serialität als natürliches Phänomen. Beschreibungsmodell der Biologie und Evolutionsprodukt, in: Scholtz, Gerhard (Hg.), Serie und Serialität. Konzepte und Analysen in Gestaltung und Wissenschaft, Berlin 2017, 11–30.

Tormen 2009
Tormen, Gianluca (Hg.), L'epistolario Giovanni Antonio Armano – Giovanni Maria Sasso (Lettere artistiche del Settecento veneziano 3), Venezia 2009.

Torres 2011
Torres, Pascal, Du nielle à l'Estampe dans les premiers ateliers florentins, in: Ausstellungskatalog, Les premiers ateliers italiens de la renaissance. De Finiguerra à Botticelli, Musée du Louvre, Paris 2011, 127–143.

Trattner 1777
Trattner, Johann Thomas, Catalogus librorum universalis omnigenae facultatis. Allgemeines Verzeichniß der Bücher, welche bey Johann Thomas Edlen von Trattnern, kaiserl. königl. Hofbuchdruckern und Buchhändlern, um beygesetzte sehr billige Preise in dessen Handlungen zu Wien, Prag und Innsbruck zu haben sind, o. O. 1777.

Trnek 1989
Trnek, Renate (Hg.), Gemäldegalerie der Akademie der Bildenden Künste in Wien. Illustriertes Bestandsverzeichnis, Wien 1989.

Trnek 1997
Trnek, Renate (Hg.), Die Gemäldegalerie der Akademie der bildenden Künste in Wien. Die Sammlung im Überblick, Wien 1997.

Tuma 1975
Tuma, Irene, Franz Christoph von Scheyb (1704–1777). Leben und Werk, Diss. phil. (Ms.), Wien 1975.

Turrio Baldassarri 2003
Turrio Baldassarri, Monica, Lettere di Giovanni Antonio Armano a Giuseppe Pelli Bencivenni (1778–1779), in: Paragone Arte 54 (2003), 49, 63–106.

Uffenbach 1754
Uffenbach, Zacharias Conrad von, Merkwürdige Reisen durch Niedersachsen, Holland und Engelland, 3. Theil, Ulm 1754.

Vasari 1568
Vasari, Giorgio, Delle vite de' piu eccellenti pittori, scultori et architettori, 3.1, Firenze 1568.

Vigée-Lebrun 1835
Vigée-Lebrun, Louise-Élisabeth, Souvenirs de Madame Louise-Élisabeth Vigée-Lebrun, Bd. 2, Paris 1835.

Vismann 2000
Vismann, Cornelia, Akten. Medientechnik und Recht (Forum Wissenschaft Kultur & Medien, Fischer-Taschenbuch 14927), Frankfurt a. M. 2000.

VK Durazzo 1872
Verkaufskatalog, Catalog der kostbaren und altberühmten Kupferstich-Sammlung des Marchese Jacopo Durazzo in Genua […], 1, (Auktion H. G. Gutekunst, 19. November 1872), Stuttgart 1872.

Vocelka 2003
Vocelka, Karl, Glanz und Untergang der höfischen Welt: Repräsentation, Reform und Reaktion im habsburgischen Vielvölkerstaat: Österreichische Geschichte 1699–1815, Wien 2003.

Vocelka 2017
Vocelka, Karl, Aufbruch in neue Zeiten. Der Reformeifer Maria Theresias, in: AK Maria Theresia 2017a, 44–56.

Vocelka / Traninger 2003
Vocelka, Karl / Traninger, Anita (Hg.), Wien. Geschichte einer Stadt, Bd. 2: Die frühneuzeitliche Residenz (16. bis 18. Jahrhundert), Wien–Köln–Weimar 2003.

Voss 2007
Voss, Julia, Darwins Bilder. Ansichten der Evolutionstheorie 1837–1874, Frankfurt a. M. 2007.

Wackenroder 1797
Wackenroder, Wilhelm Heinrich, Herzensergießungen eines kunstliebenden Klosterbruders, Berlin 1797.

Wallnig / Wallnig 2017
Wallnig, Pia / Wallnig, Thomas, Die Gräfin und der Mönch, oder: sind sich Maria Anna Pignatelli Althann und Bernhard Pez je begegnet?, in: Keller, Katrin / Maťa, Petr / Scheutz, Martin (Hg.), Adel und Religion in der frühneuzeitlichen Habsburgermonarchie, Wien–Köln–Weimar 2017, 289–303.

Wagner 1967
Wagner, Walter, Die Geschichte der Akademie der bildenden Künste in Wien, Wien 1967.

Wangermann 1978
Wangermann, Ernst, Aufklärung und staatsbürgerliche Erziehung. Gottfried van Swieten als Reformator des österreichischen Unterrichtswesens 1781–1791 (Österreich Archiv), München 1978.

Weiskopf 1786
Weiskopf, Hieronimus, Kritische Bemerkung über den bei den Jakoberinnen zu Wien öffentlich zur Schaugestellten unverwesten Körper der Nonne Magdalena, Baronin von Walterskirchen, Augsburg 1786.

Wezel 1783
Wezel, Johann Karl, Auszüge aus Briefen. Wien, den 15. Dez. 1782, in: Deutsches Museum, Bd. 1 (1783), 184.

Whitmer 2015
Whitmer, Kelly Joan, The Halle Orphanage as Scientific Community, Chicago 2015.

Wieser 1968
Wieser, Walter G., Die Hofbibliothek in der Epoche der beiden van Swieten (1739–1803), in: Stummvoll 1968, 219–323.

Williams / Woytek 2015
Williams, Daniela / Woytek, Bernhard, The scholarly correspondence of Joseph Eckhel (1737–1798): a new source for the history of numismatics, in: Beiträge zum 6. Österreichischen Numismatikertag, Haller Münz-Blätter 8 (März 2015), 45–56.

Winckelmann 1764
Winckelmann, Johann Joachim, Geschichte der Kunst des Alterthums, Dresden 1764.

Winckelmann 1766
Winckelmann, Johann Joachim, Histoire de l'Art chez les Anciens, trad. Sellius, Gottfried / Robinet, Jean-Baptiste-Réné, 2 Bde., Paris 1766.

Winckelmann 1776
Winckelmann, Johann Joachim, Geschichte der Kunst des Alterthums, Wien 1776.

Winckelmann 1764/1776 (Borbein / Gaethgens / Irmscher / Kunze 2009)
Winckelmann, Johann Joachim, Geschichte der Kunst des Alterthums, Text: Erste Auflage Dresden 1764. Zweite Auflage Wien 1776, hg. von Adolf H. Borbein, Thomas W. Gaethgens, Johannes Irmscher und Max Kunze, Rhein ^{2}2009.

Winckelmann (Moisy / Sichtermann / Tavernier 1986)
Moisy, Sigrid von / Sichtermann, Hellmut / Tavernier, Ludwig (Hg.), Johann Joachim Winckelmann, Unbekannte Schriften. Antiquarische Relationen und Beschreibung der Villa Albani, München 1986.

Winckelmann 1759–1763 (Rehm 1954)
Rehm, Walther (Hg.), Johann Joachim Winckelmann, Briefe, Bd. 2: 1759–1763, Berlin 1954.

Winckelmann 1764–1768 (Rehm 1956)
Rehm, Walther (Hg.), Johann Joachim Winckelmann, Briefe, Bd. 3: 1764–1768, Berlin 1956.

Winckelmann (Rehm 1957)
Rehm, Walther (Hg.), Johann Joachim Winckelmann, Briefe, Bd. 4: Dokumente zur Lebensgeschichte, Berlin 1957.

Winckelmann (Rehm 2002a)
Nachrichten von dem berühmten Stoßischen Museo in Florenz von dem Herrn Winkelmann an den Herrn L. R. v. H., in: Rehm, Walther (Hg.), Johann Joachim Winckelmann, Kleine Schriften, Vorreden und Entwürfe, Berlin–New York ^{2}2002, 163–168.

Winckelmann (Rehm 2002b)
Von der Fähigkeit der Empfindung des Schönen in der Kunst, und dem Unterrichte in derselben, in: Rehm, Walther (Hg.), Johann Joachim Winckelmann, Kleine Schriften, Vorreden und Entwürfe, Berlin–New York ^{2}2002, 211–233.

Winckelmann (Usteri 1779)
Usteri, Leonhard (Hg.), Winckelmanns Briefe an seine Freunde in der Schweiz, Zürich 1779.

Winter 1943
Winter, Eduard, Der Josefinismus und seine Geschichte. Beiträge zur Geistesgeschichte Österreichs 1740–1848 (Prager Studien und Dokumente zur Geistes- und Gesinnungsgeschichte Ostmitteleuropa 1), Brünn–München–Wien 1943.

Wohlrab / Czeike 1972
Wohlrab, Hertha / Czeike, Felix, Die Wiener Häusernummern und Straßentafeln. Ein Beitrag zu ihrer historischen Entwicklung, in: Wiener Geschichtsblätter 27 (1972), Heft 2, 333–351.

Worringer 1924
Worringer, Wilhelm, Die Anfänge der Tafelmalerei, Leipzig 1924.

Wüthrich 1956
Wüthrich, Lukas Heinrich, Christian von Mechel. Leben und Werk eines Basler Kupferstechers und Kunsthändlers, Basel 1956.

Zani 1802
Zani, Pietro, Materiali per servire alla storia dell'origine e de' progressi dell'incisione in rame e in legno e sposizione dell'interessante scoperta d'una stampa originale del celebre Maso Finiguerra fatta nel gabinetto nazionale di Parigi, Parma 1802.

Zedinger 1999
Zedinger, Renate, Nebenschauplatz „Kaiserhaus". Zur kulturpolitischen Dimension der Toskanischen Kanzlei in Wien, in: Jahrbuch des Vereins für Geschichte der Stadt Wien 55 (1999), 211–233.

Zedinger 2000
Zedinger, Renate, Das physikalische Kabinett, in: AK Lothringens Erbe 2000, 132–140.

Zedinger 2009
Zedinger, Renate, „Kaiserliche Wunschliste": Die Instruktion für Nikolaus Joseph Jacquin, in: Dies. / Schmale 2009, 293–300.

Zedinger / Schmale 2009
Zedinger, Renate / Schmale, Wolfgang (Hg.), Franz Stephan von Lothringen und sein Kreis (Jahrbuch der österreichischen Gesellschaft zur Erforschung des 18. Jahrhunderts 23), Bochum 2009.

Zimmermann 1903
Zimmermann, Heinrich, Inventare, Akten und Regesten aus der Registratur Seiner k. und k. apostolischen Majestät Oberstkämmereramtes, in: Jahrbuch der kunsthistorischen Sammlungen des Allerhöchsten Kaiserhauses 24 (1903), 1–85.

Zinnenburg Carroll 2005
Zinnenburg Carroll, Khadija von, Re-Membering the figure: the ekphrasis of J. J. Winckelmann, in: Word & Image 21.3 (2005), 261–269.

Zobel 1773
Zobel, Rudolf Wilhelm, Briefe über die Erziehung der Frauenzimmer, Berlin–Stralsund 1773.

Abkürzungsverzeichnis

Abb.	Abbildung
Abt.	Abteilung
AfW	Wien, NHM, Archiv für Wissenschaftsgeschichte
AK	Ausstellungskatalog
Anm.	Anmerkung
ANNO	AustriaN Newspaper Online der Österreichischen Nationalbibliothek
AVA	Wien, Österreichisches Staatsarchiv, Allgemeines Verwaltungsarchiv
Az.	Wien, Albertina, Architekturzeichnung
Belvedere	Wien, Österreichische Galerie Belvedere
Bd.	Band
Bde.	Bände
BnF	Paris, Bibliothèque nationale de France
Cah.	Cahier
dat.	datiert
Dok.	Dokument
fl.	Gulden [Florint]
fol.	folio
FHKA	Wien, Österreichisches Staatsarchiv, Finanz- und Hofkammerarchiv
HA	Wien, HHStA, Hofarchive
HausA	Wien, HHStA, Hausarchiv
HBA	Wien, HHStA, Hofarchive, Hofbaudepartement
HHStA	Wien, Österreichisches Staatsarchiv, Haus-, Hof- und Staatsarchiv
Inv.-Nr.	Inventarnummer
Jg.	Jahrgang
K.	Karton
KA	Wien, HHStA, Kabinettsarchiv
Kaale Ö	Wien, FHKA, NHK, Österreichische Kamerale
Kat.-Nr.	Katalognummer
KHM	Wien, Kunsthistorisches Museum
KK	Wien, HHStA, Kabinettsarchiv, Kabinettskanzlei
MedUni	Medizinische Universtität
Ms.	Manuskript
MSIRI	Mauritius Sugar Industry Research Institute
MZA	Moravský zemský archiv v Brně
NHK	Wien, FHKA, Neue Hofkammer
NHM	Wien, Naturhistorisches Museum
o. A.	ohne Autor
ÖAW	Österreichische Akademie der Wissenschaften
ÖNB	Wien, Österreichische Nationalbibliothek
o. J.	ohne Jahr
OKäA	Wien, HHStA, Hofarchive, Oberstkämmereramt
OMeA	Wien, HHStA, Hofarchive, Obersthofmeisteramt
o. O.	ohne Ort
PAB	Wien, HHStA, Planarchiv Burghauptmannschaft
Sign.	Signatur
SR	Sonderreihe
SUB	Niedersächsische Staats- und Universitätsbibliothek Göttingen

UAAbKW	Universitätsarchiv der Akademie der bildenden Künste Wien
VA	UAAbKW, Verwaltungsakten
VK	Verkaufskatalog
WStLA	Wiener Stadt und Landesarchiv

Bildnachweis

Elisabeth Hassmann

Abb. 1: Wien, HHStA, PAB, C-VII-1, Nr. 1174
Abb. 2: Wien, KHM, Neg.-Nr. II-31.085
Abb. 3: Wien, ÖNB, Bildarchiv und Grafiksammlung, Pk 227,3
Abb. 4: Wien Museum, Inv.-Nr. 10.446
Abb. 5: Wien, ÖNB, Bildarchiv und Grafiksammlung, PORT 00159098–01
Abb. 6: Wien, KHM, Münzkabinett (vormals Gemäldegalerie, Inv.-Nr. 5863)
Abb. 7: Wien, KHM, Münzkabinett
Abb. 8: Wien, ÖNB, Bildarchiv und Grafiksammlung, Pb 207586-F.Por, Tafel 6

Christa Riedl-Dorn

Abb. 1: Wien, NHM, 3. Zoologische Abt. Molluskensammlung E, Inv.-Nr. 76.734
Abb. 2: Wien, NHM, Mineralogisch-Petrographische Abt., Sign. K37, Inv.-Nr. 11.229
Abb. 3: Wien, NHM, Mineralogisch-Petrographische Abt., Bibliothek
Abb. 4: Wien, NHM, Mineralogisch-Petrographische Abt., Archiv, Sign. „Alter Panzerschrank“
Abb. 5: Wien, NHM, Botanische Abt., Inv.-Nr. W 0051191
Abb. 6: Wien, NHM, Mineralogisch-Petrographische Abt., Inv.-Nr. Acq.-Post. A.y.190

Anna Maerker

Abb. 1: Foto © Joanna Ebenstein
Abb. 2: Florenz, Museo di Storia Naturale, La Specola
Abb. 3: Foto © Josephinum / Alexander Ablogin
Abb. 4: London, Science Museum, Inv.-Nr. A600052
Abb. 5: Wien Museum, Inv.-Nr. HMW 185.858
Abb. 6: Wien, ÖNB, Bildarchiv und Grafiksammlung, Sign. 253.183-B.Adl.5

Nora Fischer

Abb. 1: Wien, ÖNB
Abb. 2–7: Wien, KHM / Visualisierung: Nora Fischer

Gernot Mayer

Abb. 1–2: Brünn, MZA, G 436, K. 460, Inv. 4619
Abb. 3: Neuwirth 1896, Tafel I
Abb. 4: Neuwirth 1896, Tafel XXXI
Abb. 5: AK Magister Theodoricus 1998, 461
Abb. 6: AK Magister Theodoricus 1998, 458
Abb. 7: Neuwirth 1896, Tafel XXX

Hans C. Hönes

Abb. 1: Winckelmann (Moisy / Sichtermann / Tavernier 1986), Abb. 2
Abb. 2: Winckelmann (Moisy / Sichtermann / Tavernier 1986), Abb. 19
Abb. 3: Warburg Institute Library, Sign. CKN 1150.S62 1
Abb. 4: Stafford 1976, Abb. 6
Abb. 5: https://digi.ub.uni-heidelberg.de/diglit/winckelmann1764 [01.09.2020]

Werner Telesko

Abb. 1: Wien, ÖNB, Bildarchiv und Grafiksammlung, PORT 00138508_02
Abb. 2: http://digital.onb.ac.at/OnbViewer/viewer.faces?doc=ABO_%2BZ179945207 [01.09.2020]

Anna Mader-Kratky

Abb. 1: Wien, AVA, Plansammlung I, Mappen 632–635, Inv.-Nr. I c
Abb. 2: https://digi.ub.uni-heidelberg.de/diglit/koller1800 [01.09.2020]

Andrea Seidler

Abb. 1: ÖNB / ANNO
Abb. 2: http://digital.onb.ac.at/OnbViewer/viewer.faces?doc=ABO_%2BZ156110901&order=31&view=SINGLE [01.09.2020]
Abb. 3: http://digital.onb.ac.at/OnbViewer/viewer.faces?doc=ABO_%2BZ156110901&order=31&view=SINGLE [01.09.2020]
Abb. 4: ÖNB / ANNO
Abb. 5: SUB / Göttinger Digitalisierungszentrum
Abb. 6: Foto © Andrea Seidler

Thomas Wallnig

Graphik 1: Thomas Wallnig / Palladio
Graphik 2: Thomas Wallnig / Gephi
Graphik 3–8: Thomas Wallnig / Palladio
Graphik 9: © Thomas Wallnig

Eva Kernbauer

Abb. 1: © Belvedere, Wien
Abb. 2: Bailey 2007, 272
Abb. 3: Royal Collection Trust / © Her Majesty Queen Elizabeth II 2020
Abb. 4: © Royal College of Physicians
Abb. 5: Gemäldegalerie der Akademie der bildenden Künste Wien, Inv.-Nr. 100
Abb. 6: AK Derby 1990, 51, Abb. 2

Tafelteil

Tafel 1: Wien, NHM, Inv.-Nr. 11–1-38
Tafel 2: Wien Museum, Inv.-Nr. 56.344
Tafel 3: Wien, NHM, 3. Zoologischen Abt., Molluskensammlung, Inv.-Nr. 77.836
Tafel 4: Foto © Josephinum / Bene Croy
Tafel 5: Foto © Michael Nagl, 2009
Tafel 6: Foto © RMN-Grand Palais (musée du Louvre) / Stéphane Maréchalle
Tafel 7: Gemäldegalerie der Akademie der bildenden Künste Wien, Inv.-Nr. 100
Tafel 8: AK Aufgeklärt bürgerlich 2006, 13

Personenregister

Ortsregister (Sammlungen sind kursiv gesetzt)